O
TERCEIRO
CHIMPANZÉ

JARED DIAMOND

O TERCEIRO CHIMPANZÉ

Tradução de
CRISTINA CAVALCANTI

Revisão técnica de
ROSANA MAZZONI

9ª edição

EDITORA RECORD
RIO DE JANEIRO • SÃO PAULO
2022

CIP-BRASIL. CATALOGAÇÃO NA FONTE
SINDICATO NACIONAL DOS EDITORES DE LIVROS, RJ

D528t
9ª ed.

Diamond, Jared M., 1937-
    O terceiro chimpanzé / Jared Diamond; tradução Maria Cristina Torquilho Cavalcanti. – 9ª ed. – Rio de Janeiro: Record, 2022.

    Tradução de: The third chimpanzee
    Inclui bibliografia e índice
    ISBN 978-85-01-08773-7

    1. Evolução humana. 2. Evolução social. 3. Homem – Influência sobre a natureza. I. Título.

10-4803

CDD: 599.938
CDU: 599.89

Título original em inglês:
THE THIRD CHIMPANZEE

Copyright © 1992 by Jared Diamond

Texto revisado segundo o novo Acordo Ortográfico da Língua Portuguesa.

Todos os direitos reservados. Proibida a reprodução, armazenamento ou transmissão de partes deste livro, através de quaisquer meios, sem prévia autorização por escrito. Proibida a venda desta edição em Portugal e resto da Europa.

Direitos exclusivos de publicação em língua portuguesa para o Brasil adquiridos pela
EDITORA RECORD LTDA.
Rua Argentina, 171 – 20921-380 – Rio de Janeiro, RJ – Tel.: (21) 2585-2000
que se reserva a propriedade literária desta tradução

Impresso no Brasil

ISBN 978-85-01-08773-7

Seja um leitor preferencial Record.
Cadastre-se em www.record.com.br e receba
informações sobre nossos lançamentos e nossas promoções.

Atendimento e venda direta ao leitor:
sac@record.com.br

Aos meus filhos Max e Joshua,
para ajudá-los a compreender de onde
viemos e para onde podemos ir.

TEMA

Como a espécie humana, que era só uma espécie de grande mamífero, transformou-se em conquistadora mundial num certo espaço de tempo; e como adquirimos a capacidade de reverter esse progresso de um dia para o outro.

SUMÁRIO

Prólogo 9

PARTE UM
APENAS OUTRA ESPÉCIE DE GRANDE MAMÍFERO 19

1. A lenda dos três chimpanzés 23
2. O grande salto para a frente 41

PARTE DOIS
UM ANIMAL COM UM ESTRANHO CICLO VITAL 69

3. A evolução da sexualidade humana 77
4. A ciência do adultério 97
5. Como escolhemos os nossos pares e parceiros sexuais 113
6. A seleção sexual e a origem das raças humanas 125
7. Por que envelhecemos e morremos? 139

PARTE TRÊS
SINGULARMENTE HUMANO 155

8. Pontes para a linguagem humana 159
9. A origem animal da arte 187
10. Os benefícios ambivalentes da agricultura 199
11. Por que fumamos, bebemos e consumimos drogas perigosas? 213
12. Sós em um universo superpovoado 227

SUMÁRIO

PARTE QUATRO
CONQUISTADORES DO MUNDO 239

13. Os últimos primeiros contatos 245
14. Conquistadores acidentais 257
15. Cavalos, hititas e história 271
16. Em preto e branco 299

PARTE CINCO
A REVERSÃO DO NOSSO PROGRESSO DA NOITE PARA O DIA 335

17. A Idade de Ouro que nunca houve 341
18. *Blitzkrieg* e Ação de Graças no Novo Mundo 365
19. A segunda nuvem 375

Epílogo: Nada aprendido e tudo esquecido? 389

Agradecimentos 395
Outras Leituras 397
Índice 415

Prólogo

É ÓBVIO QUE A ESPÉCIE HUMANA SE DISTINGUE DE TODOS OS ANIMAIS. Também é óbvio que somos uma espécie de grande mamífero nos mais ínfimos detalhes da nossa anatomia e de nossas moléculas. Esta contradição é a característica mais fascinante da espécie humana. Ela é conhecida, mas ainda temos dificuldade em compreender como surgiu e o que significa.

Por um lado, entre nós e todas as demais espécies existe um fosso aparentemente intransponível, que reconhecemos na definição de uma categoria denominada "animais". Ela significa que consideramos que as centopeias, os chimpanzés e os moluscos compartilham características decisivas entre si, mas não conosco, e que não possuem características restritas a nós. Dentre as nossas características únicas está o fato de falarmos, escrevermos e construirmos máquinas complexas. Para sobreviver dependemos de ferramentas, não unicamente das próprias mãos. A maioria de nós usa roupas e desfruta da arte, e muitos de nós creem numa religião. Estamos espalhados por toda a Terra, dominamos grande parte de sua energia e produção e estamos começando a nos expandir pelas profundezas do mar e do espaço. Somos também singulares no que se refere a comportamentos mais obscuros, como o genocídio, o prazer na tortura, o vício em drogas e o extermínio de milhares de outras espécies. Enquanto um punhado de espécies animais apresenta formas rudimentares de um ou dois desses comportamentos (como o uso de ferramentas), nós ultrapassamos amplamente os animais mesmo nesses aspectos.

Assim, para fins práticos e legais, o homem não é considerado um animal. Quando, em 1859, Darwin afirmou que evoluímos dos primatas, é compreensível que inicialmente as pessoas tenham considerado a sua teoria absurda e continuassem a crer que fomos criados separadamente por Deus. Muitas pessoas, inclusive um quarto de todos os bacharéis americanos, mantêm essa crença ainda hoje.

Mas, por outro lado, obviamente somos animais, com as habituais partes corporais, moléculas e genes. Até o tipo de animal que somos é visível. Externamente somos tão semelhantes aos chimpanzés que os anatomistas do século XVIII que acreditavam na criação divina já reconheciam as nossas afinidades. Imaginemos pegar algumas pessoas normais, despi-las, privá-las de todas as suas posses e da capacidade da fala e reduzi-la a grunhidos, sem modificar nada na sua anatomia. Nós as colocamos numa jaula no zoológico ao lado das jaulas dos chimpanzés e deixamos que o resto de nós, gente vestida e falante, visite o zoológico. Aquela gente muda enjaulada seria encarada como o que verdadeiramente é: chimpanzés com poucos pelos que caminham eretos. Um zoólogo extraterrestre imediatamente nos classificaria como uma terceira espécie de chimpanzé, ao lado do pigmeu do Zaire e do chimpanzé comum, do resto da África tropical.

Estudos de genética molecular demonstraram que ainda compartilhamos mais de 98% do nosso programa genético com os outros dois chimpanzés. A distância genética total entre nós e os chimpanzés é ainda menor do que a distância entre espécies de pássaros muito próximas, como as juruviaras de olhos vermelhos e as de olhos brancos. Assim, ainda carregamos a maior parte de nossa velha bagagem biológica. Desde a época de Darwin, foram descobertos ossos fossilizados de centenas de criaturas intermediárias entre os primatas e os humanos modernos, o que impede que uma pessoa sensata negue as evidências contundentes. O que alguma vez pareceu absurdo — a nossa evolução dos primatas — realmente ocorreu.

Contudo, as descobertas de muitos elos perdidos só tornaram o problema mais fascinante, sem solucioná-lo totalmente. Os poucos elementos da nova bagagem que adquirimos — a diferença de 2% entre os nossos genes e os dos chimpanzés — devem ter sido responsáveis por todas as nossas características aparentemente únicas. Passamos por algumas pequenas mudanças muito rápidas e recentes que tiveram grandes consequências para a nossa história evolutiva. De fato, há apenas cem mil anos aquele zoólogo extraterrestre teria pensado que éramos apenas mais uma espécie de grande mamífero. É verdade que tínhamos alguns comportamentos peculiares, principalmente o controle do fogo e a dependência das ferramentas. Porém, para o visitante extraterrestre esses comportamentos não teriam sido mais curiosos do que o comportamento dos castores ou dos pássaros-arquitetos. De algum modo, no curto tempo de uma dezena de milhares de anos — um período quase infinitamente longo comparado com a memória de uma pessoa, mas que não passa de uma fração minúscula na história particular da nossa espécie — começamos a exibir as qualidades que nos tornam singulares e frágeis.

Quais foram esses poucos ingredientes que nos tornaram humanos? Como as nossas propriedades singulares surgiram tão recentemente e envolveram tão poucas mudanças, essas propriedades, ou ao menos seus precursores, já deviam estar presentes nos animais. Quais são os precursores animais da arte e da linguagem, do genocídio e do vício em drogas?

AS NOSSAS QUALIDADES singulares são responsáveis pelo nosso atual êxito biológico como espécie. Nenhum outro animal de grande porte é nativo em todos os continentes nem se reproduz em todos os hábitats, dos desertos e do Ártico à floresta tropical. Nenhum animal selvagem tem uma população comparável à nossa. Porém, dentre as nossas qualidades singulares há duas que atualmente põem em risco a nossa existência: a nossa propensão a matar os nossos semelhantes e a destruir o meio ambiente. Claro, isso também ocorre em outras espécies: os leões e vários outros animais se matam entre si, e os elefantes e outros destroem o meio ambiente. No entanto, essas propensões são muito mais ameaçadoras em nós do que em outros animais devido ao nosso poder tecnológico e à nossa alta densidade populacional.

Não há nada de novo nas profecias que dizem que o mundo acabará se não nos arrependermos. O novo é que esta profecia agora pode tornar-se realidade por duas razões óbvias. Primeira, as armas nucleares nos fornecem os meios de dar cabo de nós mesmos rapidamente; o homem nunca contou com esses meios antes. Segunda, já nos apropriamos de 40% da produtividade líquida da Terra (isto é, a energia captada da luz solar). Com a duplicação da população humana mundial a cada 40 anos, logo alcançaremos o limite biológico do crescimento, quando poderemos começar a lutar ferozmente uns contra os outros por uma fração dos recursos limitados do mundo. Além disso, diante da velocidade com que estamos exterminando espécies, a maior parte das espécies mundiais estará extinta ou em risco de extinção no século XXI,* mas dependemos de muitas delas para a nossa sobrevivência.

Por que repisar esses fatos deprimentes e conhecidos? E por que tentar traçar as origens animais das nossas qualidades destrutivas? Se elas realmente fazem parte da nossa herança evolutiva, isso equivale a dizer que são geneticamente fixadas e, portanto, imutáveis.

Na verdade, a nossa situação não é desesperadora. Talvez nosso impulso de matar estranhos ou rivais sexuais seja inato. Mas isso ainda não impediu as sociedades humanas de tentarem conter esses instintos e evitar que muita gente seja morta. Apesar das duas guerras mundiais, no século XX um número proporcionalmente menor de pessoas morreu de forma violenta nos países industrializados do que nas sociedades tribais da Idade da Pedra. Muitas populações modernas têm uma expectativa de vida maior do que a dos humanos do passado. Os ambientalistas nem sempre perdem as batalhas contra os construtores civis e os destruidores. Inclusive algumas doenças genéticas, como a fenilcetonúria e o diabetes juvenil, já podem ser mitigadas ou curadas.

O meu propósito ao estudar a nossa situação é ajudar a evitar a repetição dos nossos erros — usar o conhecimento sobre o passado e as nossas propensões para mudar o nosso comportamento. Essa é a esperança subjacente à dedicatória deste livro. Meus filhos gêmeos nasceram em 1987 e terão a idade que tenho hoje em 2041. O que fazemos agora está formando o mundo deles.

Este livro não propõe soluções específicas para o nosso problema, porque as que devemos adotar já foram claramente delineadas. Algumas dessas soluções incluem sustar o crescimento populacional, limitar ou eliminar as armas nucleares, criar meios pacíficos para resolver disputas internacionais, reduzir o impacto no meio ambiente e preservar espécies e hábitats naturais.

---

* A primeira edição deste livro é de 1992. Trata-se, logo, de uma previsão do autor dessa época. (N. da E.)

Diversos livros excelentes apresentam propostas detalhadas de como colocar em prática essas políticas. Algumas estão sendo atualmente implementadas em certos casos; precisamos "apenas" implementá-las de um modo consistente. Se hoje todos nos convencêssemos de que elas são essenciais, já saberíamos o suficiente para começar a colocá-las em prática amanhã.

Em vez disso, o que falta é a vontade política necessária. Neste livro procuro fomentar essa vontade ao traçar a história da nossa espécie. Os nossos problemas têm profundas raízes que remetem à nossa ancestralidade animal. Eles vêm crescendo há muito tempo junto a nosso crescimento numérico e nosso poder, e agora começam a se acelerar fortemente. Podemos nos convencer do resultado inevitável das nossas atuais práticas míopes examinando as muitas sociedades do passado que se destruíram ao destruírem suas próprias fontes de recursos, apesar de possuírem meios de autodestruição menos potentes que os nossos. Os historiadores políticos explicam que os estudos sobre Estados e governantes oferecem uma oportunidade de aprender com o passado. Essa justificativa se aplica ainda mais ao estudo da nossa história como espécie, porque suas lições são mais simples e evidentes.

UM LIVRO QUE PERCORRE um quadro tão abrangente como esse deve ser seletivo. O leitor descobrirá que alguns temas favoritos e absolutamente cruciais foram omitidos, ao passo que outros aspectos foram estudados em detalhes insólitos. Para que você não se sinta desorientado, explicarei logo no início os meus interesses particulares e a sua origem.

Meu pai é médico e minha mãe é musicista, com um dom para as línguas. Na infância, quando me perguntavam o que queria ser, eu respondia que queria ser médico, como o meu pai. No meu último ano na faculdade esse objetivo se desviara ligeiramente em direção ao campo correlato da pesquisa médica. Então me especializei em fisiologia, a disciplina que atualmente ensino e pesquiso na Faculdade de Medicina da Universidade da Califórnia em Los Angeles.

No entanto, aos sete anos eu também me interessei pela observação de pássaros e tive a sorte de frequentar uma escola que me levou a aprender sobre línguas e história. Depois que me doutorei, a perspectiva de dedicar o resto da minha vida exclusivamente à fisiologia começou a me parecer cada vez mais opressiva. Então, uma feliz coincidência de acontecimentos e pessoas me deu a oportunidade de passar um verão nas terras altas da Papua-Nova Guiné. O objetivo declarado era mensurar o êxito da nidação dos pássaros locais, um projeto que fracassou em poucas semanas, quando descobri que era incapaz de encontrar um só ninho de pássaro na floresta. No entanto, o verdadeiro propósito da viagem foi muito bem-sucedido: satisfazer minha sede de aventura e observar pássaros num dos lugares mais selvagens que ainda existia no mundo. O que observei nos fabulosos pássaros da Papua-Nova Guiné, inclusive os pássaros-arquitetos e as aves-do-paraíso, me levou a desenvolver uma segunda carreira paralela em ecologia das aves, evolução e biogeografia. Desde então, regressei à Papua-Nova Guiné e às vizinhas ilhas do Pacífico uma dúzia de vezes, para prosseguir pesquisando sobre aves.

Mas foi difícil trabalhar na Papua-Nova Guiné em meio à rápida destruição dos pássaros e florestas que eu amava sem me envolver com biologia da conservação. Então passei a aliar a pesquisa acadêmica com o trabalho prático de consultor governamental, aplicando o que conhecia sobre a distribuição animal ao planejamento de sistemas de parques nacionais e ao levantamento para projetos de parques nacionais. Também foi difícil trabalhar na Papua-Nova Guiné, onde as línguas mudam a cada 40 quilômetros e aprender os nomes dos pássaros em cada língua local era fundamental para explorar o conhecimento enciclopédico dos papuas sobre as aves, sem recuperar o meu antigo interesse pelas línguas. Acima de tudo, era difícil estudar a evolução e extinção de espécies de aves sem tentar compreender a evolução e a possível extinção do *Homo sapiens*, certamente a espécie mais interessante de todas. Era especialmente difícil ignorar este interesse na Papua-Nova Guiné, com sua enorme diversidade humana.

Estes são os caminhos que percorri em meu interesse pelos aspectos particulares da espécie humana de que trata este livro. Diversas excelentes publicações de antropólogos e arqueólogos já discutiram a evolução humana no quesito ferramentas e ossos, que este livro resume brevemente. Entretanto, esses outros livros dedicam muito menos espaço ao meu interesse particular no ciclo vital humano, na geografia humana, no impacto do homem no meio ambiente e nos humanos como animais. Esses temas são tão centrais para a evolução humana quanto os temas mais tradicionais que abordam ferramentas e ossos.

O que a princípio pode parecer uma pletora de exemplos da Papua-Nova Guiné é, na verdade, pertinente. É verdade que a Papua-Nova Guiné é só uma ilha localizada numa determinada parte do mundo (o Pacífico tropical) que dificilmente oferece uma amostra aleatória da humanidade moderna. Mas a Papua-Nova Guiné abriga uma fatia muito maior da humanidade do que se pode inferir à primeira vista com base na sua área. Dentre as aproximadamente cinco mil línguas faladas no mundo, mil são faladas unicamente na Papua-Nova Guiné. Grande parte da diversidade cultural que sobrevive no mundo moderno se encontra lá. Até pouco tempo atrás, todos os povos das terras altas no interior montanhoso eram camponeses da Idade da Pedra, ao passo que os grupos das terras baixas eram caçadores, coletores e pescadores nômades que praticavam uma agricultura de certa forma casual. A xenofobia local era extrema, e, em consequência, a diversidade cultural era mínima, e aventurar-se fora do território tribal, um gesto suicida. Muitos papuas que trabalharam comigo são exímios caçadores que na infância passaram pela experiência das ferramentas de pedra e da xenofobia. Então, a Papua-Nova Guiné é um modelo atual de como era uma grande parte do mundo humano.

A HISTÓRIA DA NOSSA ascensão e queda divide-se em cinco partes. Na primeira parte vou de muitos milhões de anos atrás até pouco antes do surgimento da agricultura, há dez mil anos. Esses dois capítulos tratam das evidências dos ossos, ferramentas e genes — as evidências preservadas nos registros arqueológicos e bioquímicos que fornecem informações mais diretas sobre como mudamos. Muitas vezes os ossos fossilizados e as ferramentas podem ser datados, o que também nos permite deduzir quando mudamos. Examinaremos os fundamentos da conclusão de que ainda somos 98% chimpanzés nos nossos genes e tentaremos entender qual diferença de 2% foi responsável pelo nosso grande salto para a frente.

A segunda parte trata das mudanças no ciclo vital humano, que são tão essenciais para o desenvolvimento da linguagem e da arte quanto as mudanças no esqueleto discutidas na Parte Um; é dizer o óbvio mencionar que alimentamos nossos filhos até depois do desmame em vez de deixá-los procurar comida por conta própria; que a maioria dos homens e mulheres se associa em casais; que a maioria dos pais e mães cuida dos filhos; que muitas pessoas vivem o suficiente para serem avós; e que as mulheres passam pela menopausa. Para nós, essas características são a norma; no entanto, segundo os padrões dos nossos parentes animais mais próximos, elas são esquisitas. Elas constituem importantes mudanças da nossa condição ancestral, mas, como não se fossilizam, não sabemos quando surgiram. Por isso são tratadas mais brevemente nos livros de paleontologia humana do que as mudanças no tamanho do cérebro e da pelve. Contudo, foram cruciais para o nosso desenvolvimento cultural singular e merecem igual atenção.

Depois de investigar os fundamentos biológicos do nosso florescimento cultural nas Partes Um e Dois, a Parte Três enfoca as características culturais que consideramos distintivas. As que primeiro vêm à mente são as que mais nos deixam orgulhosos: linguagem, arte, tecnologia e agricultura, que marcam a nossa ascensão. No entanto, nossos traços culturais distintivos também incluem marcas negativas, como o abuso de substâncias químicas tóxicas. É discutível se todas essas qualidades são exclusivamente humanas, mas elas ao menos constituem enormes avanços em relação aos precursores animais. Mas deve ter havido precursores animais, já que só recentemente essas qualidades floresceram na escala de tempo evolutiva. Quem eram esses precursores? O seu florescimento teria sido inevitável na história da vida na Terra? Inevitável a ponto de suspeitarmos que existam muitos outros planetas no espaço habitados por criaturas tão avançadas quanto nós?

Além do abuso de substâncias químicas, as nossas marcas negativas incluem outras duas tão graves que podem levar à nossa ruína. A Parte Quatro trata da primeira delas: a nossa propensão à matança xenófoba de outros grupos humanos. Essa característica tem precursores animais diretos — isto é, as disputas entre indivíduos e grupos que, em muitas espécies além da nossa, podem ser resolvidas por meio do assassinato. Nós usamos o nosso avanço tecnológico para aperfeiçoar o nosso poder de matar. Na Parte Cinco trataremos da xenofobia e do extremo isolamento que marcaram a condição humana antes que o surgimento dos Estados políticos começasse a nos tornar culturalmente mais homogêneos. Veremos como a tecnologia, a cultura e a geografia afetaram o resultado de dois dos mais familiares conjuntos históricos de disputas entre os grupos humanos. Depois investigaremos os registros mundiais de assassinatos xenófobos em massa. Trata-se de um tema doloroso, mas, acima de tudo, de um exemplo de como ao nos recusarmos a enfrentar a nossa história estamos condenados a repetir os erros passados numa escala ainda mais perigosa.

A outra marca negativa que agora ameaça a nossa sobrevivência é o ataque acelerado ao meio ambiente. Esse comportamento também tem precursores animais diretos. As populações animais que, por uma razão ou outra, escaparam ao controle dos predadores e parasitas de alguma forma escaparam também dos seus próprios controles numéricos internos, se multiplicaram até danificar sua fonte de recursos e, às vezes, a devoraram até extingui-la. Esse risco se aplica com força especial aos humanos, porque para nós a predação é agora insignificante, não há hábitats fora da nossa influência e o nosso poder de matar animais e destruir hábitats não tem precedentes.

Infelizmente, muita gente ainda se aferra à fantasia rousseauniana de que esse comportamento só surgiu com a Revolução Industrial, e que antes dela vivíamos em harmonia com a natureza. Se isso fosse verdade, não teríamos nada a aprender com o passado, exceto que um dia fomos virtuosos e agora nos tornamos maus. A Parte Cinco procura desmontar essa fantasia encarando nossa longa história de má administração ambiental. Nas partes Cinco e Quatro ressalto que a nossa situação atual não é nova, exceto no grau. A experiência de tentar gerenciar uma sociedade humana e ao mesmo tempo administrar o meio ambiente de forma equivocada já ocorreu diversas vezes, e o resultado aí está para nos ensinar.

Este livro conclui com um epílogo que traça a nossa ascensão da condição de animais. Ele também traça a aceleração dos meios para provocar a nossa destruição. Eu não o teria escrito se pensasse que esse risco é remoto, mas tampouco o teria escrito se pensasse que estamos condenados. Para que nenhum leitor se desalente com esses antecedentes a ponto de passar por alto esta mensagem, aponto os sinais promissores e maneiras de aprender com o passado.

PARTE UM

APENAS OUTRA ESPÉCIE DE GRANDE MAMÍFERO

As pistas sobre quando, por que e como deixamos de ser só outra espécie de grande mamífero provêm de três tipos de evidências. A Parte Um trata de algumas evidências tradicionais da arqueologia, que estuda ossos fossilizados e ferramentas preservadas, além de novas evidências da biologia molecular.

A nossa questão básica é: em que medida somos geneticamente diferentes dos chimpanzés? Isto é, os nossos genes são 10%, 50% ou 99% diferentes dos genes dos chimpanzés? A mera observação visual de humanos e chimpanzés ou a listagem dos traços visíveis não ajudaria, porque muitas mudanças genéticas não possuem nenhum efeito visível, ao passo que outras têm efeitos dramáticos. Por exemplo, as diferenças visíveis entre raças de cães como o dinamarquês e o pequinês são muito maiores do que as diferenças entre os chimpanzés e nós. No entanto, todas as raças caninas são férteis entre si, se reproduzem entre si (quando isso é mecanicamente factível) quando podem e pertencem à mesma espécie. Ao olhar um dinamarquês e um pequinês, um observador ingênuo poderia pensar que são geneticamente muito mais afastados do que os chimpanzés dos humanos. As diferenças visíveis de tamanho, proporção e cor da pelagem entre as raças caninas dependem de relativamente poucos genes que têm consequências insignificantes na biologia reprodutiva.

Então, como podemos calcular a nossa distância genética dos chimpanzés? Só nas últimas décadas esse problema foi resolvido pelos biólogos moleculares. A resposta não só é racionalmente surpreendente, como pode ter implicações éticas práticas no modo como tratamos os chimpanzés. Veremos que as diferenças genéticas entre nós e os chimpanzés, apesar de serem grandes comparadas às que existem entre as populações de seres humanos ou entre as raças caninas, ainda são pequenas se as compararmos às diferenças entre muitos outros pares familiares de espécies relacionadas. Evidentemente, mudanças em uma pequena porcentagem do programa genético dos chimpanzés tiveram enormes consequências para o nosso comportamento. Também se provou que é possível criar uma calibragem entre a distância genética e o tempo transcorrido e, portanto, chegar a uma resposta aproximada à indagação de quando nós e os chimpanzés nos separamos de nosso ancestral comum. A resposta é algo em torno de sete milhões de anos, com uma margem de alguns milhões de anos para mais ou para menos.

Esses resultados da biologia molecular oferecem medidas gerais da distância genética e do tempo transcorrido, mas não nos dizem nada sobre em que, especificamente, nos diferenciamos dos chimpanzés e quando surgiram essas diferenças. Então, prosseguiremos considerando o que podemos aprender com os ossos e as ferramentas deixados por criaturas intermediárias em graus variáveis entre nosso ancestral símio e o homem moderno. As mudanças nos ossos constituem o tradicional objeto de estudo da antropologia física. Especialmente importantes foram o aumento no tamanho do cérebro, as mudanças no esqueleto associadas à postura ereta, a diminuição da espessura do crânio, o tamanho dos dentes e os músculos da mandíbula.

O nosso cérebro maior certamente foi um requisito para o desenvolvimento da linguagem e da inovação humanas. Portanto, pode-se esperar que os registros fósseis apontem um paralelo estreito entre o aumento no tamanho do cérebro e a sofisticação das ferramentas. Na verdade, esse paralelo não é nada próximo. Essa é a maior surpresa e um enigma da evolução humana. As ferramentas de pedra permaneceram toscas ao longo de centenas de milhares de anos após a principal expansão do nosso cérebro. Num período recente, de uns 40 mil anos, o cérebro dos neandertalenses era ainda maior do que o do homem moderno, mas suas ferramentas não exibem sinais de inventividade nem de arte. Eles foram só outra espécie de grandes mamíferos. Inclusive, durante dezenas de milhares de anos depois, quando outras populações humanas alcançaram uma anatomia óssea praticamente moderna, as suas ferramentas continuaram sendo tão comuns quanto aquelas dos neandertalenses.

Esses paradoxos reforçam a conclusão indicada pelas evidências da biologia molecular. Na modesta porcentagem de diferenciação entre os nossos genes e os dos chimpanzés, deve ter havido uma porcentagem ainda menor, alheia às formas dos nossos ossos, responsável pelos atributos humanos distintivos da inovação, da arte e das ferramentas complexas. Pelo menos na Europa esses atributos surgiram de maneira súbita e inesperada na época da substituição dos homens de Neandertal pelos homens de Cro-Magnon. Foi quando, por fim, deixamos de ser só outra espécie de grande mamífero. Ao final da Parte Um, eu especulo sobre o que foram essas pequenas mudanças que causaram a nossa íngreme ascensão à condição de humanos.

CAPÍTULO 1

A lenda dos três chimpanzés

DA PRÓXIMA VEZ QUE VOCÊ FOR AO ZOOLÓGICO, NÃO DEIXE DE VISITAR as jaulas dos chimpanzés. Imagine que eles perderam toda a sua pelagem e imagine uma jaula ao lado com algumas pessoas infelizes, nuas e incapazes de falar, mas, de resto, normais. Agora tente calcular o quanto geneticamente similares a nós esses macacos são. Por exemplo, você arriscaria dizer que um chimpanzé compartilha 10%, 50% ou 99% do seu programa genético com os humanos?

Depois pergunte-se por que esses macacos são exibidos em jaulas, e por que outros macacos são usados em experiências médicas, se é proibido fazê-lo com humanos. Suponha que os genes dos chimpanzés sejam 99,9% idênticos aos nossos* e que as diferenças importantes entre eles e os humanos se devam a uns poucos genes. Você ainda acharia certo colocá-los em jaulas e fazer experimentos com eles? Considere as pessoas desafortunadas, com deficiências mentais e muito menos capacidade do que os primatas antropoides de resolver problemas, cuidar de si mesmas, comunicar-se, estabelecer relações sociais e sentir dor. Qual é a lógica que proíbe as experiências médicas com essas pessoas, mas não com os primatas antropoides?

Você pode responder que os primatas antropoides são "animais" e que os humanos são humanos e ponto final. O código de ética para tratar os huma-

---

*Um estudo de 2003 demonstrou que a diferença genética entre homens e chimpanzés é de aproximadamente 1,2%. (N. da E.)

nos não deve ser aplicado a um "animal", independentemente da similaridade entre os seus genes e os nossos e de sua capacidade de relacionamento social e de sentir dor. É uma resposta arbitrária, mas pelo menos consistente, que não pode ser facilmente descartada. Nesse caso, aprender mais a respeito das nossas relações ancestrais não trará consequências éticas, mas satisfará a nossa curiosidade intelectual de compreender de onde viemos. Todas as sociedades humanas têm uma profunda necessidade de entender as suas origens e respondem a essa necessidade com a sua própria história da Criação. A Lenda dos Três Chimpanzés é a História da Criação da nossa era.

HÁ SÉCULOS ESTÁ CLARO em que lugar nos situamos aproximadamente no reino animal. Obviamente somos mamíferos, o grupo de animais que se distingue por ter pelos, nutrir os filhotes e outras características. Dentre os mamíferos obviamente somos primatas, o grupo de mamíferos que inclui os macacos e os primatas antropoides. Compartilhamos com outros primatas diversas características inexistentes em outros mamíferos, como unhas retas nas mãos e nos pés em vez de garras, mãos preênseis, um polegar que pode estar em oposição aos outros quatro dedos e um pênis pendular que não está preso ao abdome. Já no século II o médico grego Galeno deduziu corretamente o nosso lugar aproximado na natureza ao dissecar vários animais e descobrir que um macaco era "muito similar ao homem nas vísceras, músculos, artérias, veias, nervos e na forma dos ossos".

Também é fácil localizar-nos entre os primatas, dentre os quais somos obviamente mais similares aos antropoides (os gibões, orangotangos, gorilas e chimpanzés) do que aos macacos. Para mencionar só um dos traços mais evidentes, os macacos têm rabo, algo de que nós e os primatas antropoides carecemos. Também é claro que os gibões, de pequeno porte e braços muito longos, são os antropoides mais singulares e que os orangotangos, os chimpanzés, os gorilas e os humanos são todos mais proximamente relacionados entre si do que qualquer um deles com os gibões. Mas ir adiante nessas relações torna-se inesperadamente difícil. Isso tem provocado um intenso debate científico, que gira em torno de três questões:

Qual é a árvore genealógica detalhada das relações entre os humanos, os primatas antropoides existentes e os antropoides ancestrais extintos? Por exemplo, qual dos primatas antropoides existentes é nosso parente mais próximo?

Quando nós e esse parente vivo mais próximo, seja ele quem for, compartilhamos um antepassado comum pela última vez?

Que fração do nosso programa genético compartilhamos com esse parente mais próximo?

A princípio parece natural pensar que a anatomia comparativa resolveu a primeira das três questões. Nós nos parecemos principalmente com os chimpanzés e os gorilas, mas diferimos deles em características óbvias, como nosso cérebro maior, a postura ereta, muito menos pelo corporal e diversos outros aspectos mais sutis. No entanto, quando os examinamos mais de perto, esses fatos anatômicos não são decisivos. Dependendo da característica anatômica que se considere mais importante e de como ela é interpretada, os biólogos se dividem entre os que afirmam que estamos mais próximos dos orangotangos (a visão minoritária), com os chimpanzés e gorilas se separando da nossa árvore genealógica antes de nos separarmos dos orangotangos, e os que afirmam que, pelo contrário, estamos mais próximos dos chimpanzés e dos gorilas (a visão majoritária), com os ancestrais dos orangotangos seguindo o seu caminho separado muito antes.

Dentro da visão majoritária, a maioria dos biólogos crê que gorilas e chimpanzés são mais similares entre si do que conosco, o que implica que teríamos nos separado antes de gorilas e chimpanzés divergirem entre si. Essa conclusão reflete a visão do senso comum de que chimpanzés e gorilas podem ser agregados numa categoria chamada "primata antropoide", ao passo que nós somos outra coisa. Contudo, também podemos imaginar que parecemos diferentes só porque os chimpanzés e os gorilas não mudaram muito desde que compartilhamos um antepassado com eles, ao passo que nós mudamos enormemente em algumas características importantes e altamente visíveis, como a postura ereta e o tamanho do cérebro. Nesse caso, os humanos podem ser mais similares aos gorilas, podem ser mais similares aos chimpanzés, ou então humanos, gorilas e chimpanzés podem estar mais ou menos equidistantes numa estrutura genética geral.

Assim, os anatomistas continuam debatendo a primeira questão, os detalhes da nossa árvore genealógica. Seja qual for a árvore que se escolha, os estudos anatômicos não nos dizem nada sobre a segunda e a terceira questões, o lapso de tempo da nossa divergência e o nosso distanciamento genético dos primatas antropoides. Entretanto, talvez as evidências fósseis possam, em princípio, resolver a questão da árvore genealógica correta e da datação, ainda que não a da distância genética. Isto é, se tivéssemos fósseis em abundância poderíamos esperar achar uma série de fósseis proto-humanos datados e outra série de fósseis protochimpanzés datados que convergissem na direção de um antepassado comum há uns dez milhões de anos, que, por sua vez, convergiriam para uma série de fósseis de protogorilas de 12 milhões de anos atrás. Infelizmente, essa esperança de esclarecimento a partir dos registros fósseis tem sido frustrada, porque na África não foi encontrado nenhum tipo de fóssil símio do período crucial, entre cinco e quatorze milhões de anos atrás.

A SOLUÇÃO PARA ESSAS questões a respeito das nossas origens surgiu de uma direção inesperada: a biologia molecular aplicada à taxonomia das aves. Por volta dos anos 1960, os biólogos moleculares começaram a perceber que os elementos químicos que compõem as plantas e os animais podem fornecer "relógios" com os quais mensurar as distâncias genéticas e determinar os tempos da divergência evolutiva. A ideia é a seguinte. Suponhamos que exista um tipo de molécula que ocorre em todas as espécies, e cuja estrutura particular em cada espécie seja geneticamente determinada. Suponhamos ainda que essa estrutura mude lentamente ao longo de milhões de anos devido a mutações genéticas, e que a velocidade da mudança seja a mesma em todas as espécies. Duas espécies derivadas de um ancestral comum surgiriam com formas moleculares idênticas, herdadas daquele antepassado. Mas as mutações ocorreriam de modo independente e produziriam mudanças estruturais entre as moléculas das duas espécies. Desse modo, as versões da molécula das duas espécies gradualmente divergiriam em suas estruturas. Se soubéssemos quantas mudanças estruturais ocorrem em média a cada milhão de anos, então poderíamos usar a atual diferença na estrutura das moléculas de qualquer par de espécies animais relacionadas como um relógio, para calcular quanto tempo se passou depois que as espécies compartilharam um ancestral comum.

Por exemplo, suponhamos que soubéssemos, por evidências fósseis, que os leões e os tigres divergiram há cinco milhões de anos. Suponhamos que a molécula nos leões fosse 99% idêntica na sua estrutura à molécula correspondente nos tigres, com uma diferença de unicamente 1%. Se tomássemos um par de espécies de história fóssil desconhecida e descobríssemos que a molécula diferia em 3% entre essas duas espécies, o relógio molecular diria que elas haviam divergido três vezes, há cinco ou quinze milhões de anos.

Ainda que esse esquema pareça bom no papel, testá-lo para saber se funciona na prática tem exigido muito esforço dos biólogos. Foi preciso fazer quatro coisas antes de aplicar os relógios moleculares: os cientistas tiveram de encontrar a melhor molécula; encontrar uma maneira rápida de mensurar as mudanças na sua estrutura; provar que o relógio funciona de maneira estável (isto é, que a estrutura da molécula realmente evolui na mesma velocidade entre todas as espécies estudadas); medir essa velocidade.

Os biólogos moleculares resolveram os dois primeiros problemas por volta de 1970. A melhor molécula era o ácido desoxirribonucleico (DNA), a famosa substância cuja estrutura consiste numa hélice dupla, segundo demonstraram James Watson e Francis Crick, que revolucionaram o estudo da genética. O DNA é composto por duas cadeias complementares e extremamente longas, cada uma composta por quatro tipos de pequenas moléculas, cuja sequência no interior da cadeia carrega toda a informação genética transmitida aos filhos pelos pais. Um método rápido de mensurar as mudanças na estrutura do DNA é misturar o DNA de duas espécies e então medir a quantos graus de temperatura o ponto de desnaturação do DNA mesclado (híbrido) se reduz abaixo do ponto de desnaturação do DNA puro de uma só espécie. Esse método geralmente é denominado hibridação do DNA. Como resultado, um ponto de desnaturação diminuído em um grau centígrado (abreviado: $\Delta T = 1°C$) significa que os DNAs das duas espécies diferem aproximadamente em 1%.

Nos anos 1970, a maioria dos biólogos moleculares e taxonomistas tinha pouco interesse pelos trabalhos uns dos outros. Um dos poucos taxonomistas que avaliou o potencial da nova técnica de hibridação do DNA foi Charles Sibley, um ornitólogo que naquela época era professor de ornitologia e diretor do Museu Peabody de História Natural da Universidade de Yale. A taxonomia das aves é um campo difícil, devido às graves limitações anatômicas que o voo impõe. Há poucas formas de projetar uma ave capaz de, digamos, caçar insetos em pleno voo, e o resultado é que aves de hábitos similares tendem a ter anatomias muito similares, independentemente de sua ancestralidade. Por exemplo, os abutres na América se comportam de maneira muito similar e se parecem com os abutres do Velho Mundo, mas os biólogos descobriram que os primeiros têm parentesco com as cegonhas e os segundos, com os gaviões, e que suas semelhanças devem-se ao estilo de vida em comum. Frustrados com as limitações dos métodos tradicionais para decifrar as relações entre as aves, em 1973 Sibley e Jon Ahlquist se dedicaram ao relógio do DNA, na mais vasta aplicação dos métodos da biologia molecular à taxonomia feita até agora. Só em 1980 os dois publicaram seus resultados, os quais mais tarde englobariam a aplicação do relógio do DNA a cerca de 1.700 espécies de aves — quase um quinto de todas as aves existentes.

A descoberta de Sibley e Ahlquist era monumental, mas inicialmente provocou muita controvérsia, uma vez que pouquíssimos cientistas possuíam a combinação de habilidades necessária para compreendê-la. Essas são algumas das reações típicas que ouvi dos meus amigos cientistas:

"Estou cansado de ouvir falar disso. Já não presto atenção em nada do que esses caras escrevem." (Um anatomista.)

"Os métodos estão corretos, mas por que alguém resolve se dedicar a uma coisa tão maçante como a taxonomia de aves?" (Um biólogo molecular.)

"Interessante, mas as conclusões exigem muitos testes com outros métodos antes que possamos acreditar neles." (Um biólogo evolucionista.)

"Os resultados deles são a Verdade Revelada, e é melhor acreditar neles." (Um geneticista.)

A minha própria avaliação é que a última opinião será considerada a mais acertada. Os princípios em que se apoia o relógio do DNA são inquestionáveis; os métodos usados por Sibley e Ahlquist são excelentes; e a consistência interna das suas medições da distância genética de mais de 18.000 pares híbridos de DNA de aves atesta a validade dos seus resultados.

Assim como Darwin teve o bom senso de reunir evidências sobre a variação nas cracas antes de discutir o tema explosivo da variação humana, Sibley e Ahlquist também se dedicaram às aves durante a maior parte da primeira década do seu trabalho com o relógio do DNA. Só em 1984 eles publicaram suas primeiras conclusões ao aplicarem os mesmos métodos do DNA às origens humanas — e refinaram as conclusões em publicações posteriores. O estudo deles se baseou no DNA de humanos e de todos os nossos parentes mais próximos: o chimpanzé comum, o chimpanzé pigmeu, o gorila, o orangotango, duas espécies de gibões e sete espécies de macacos do Velho Mundo. A figura 1 resume os resultados.

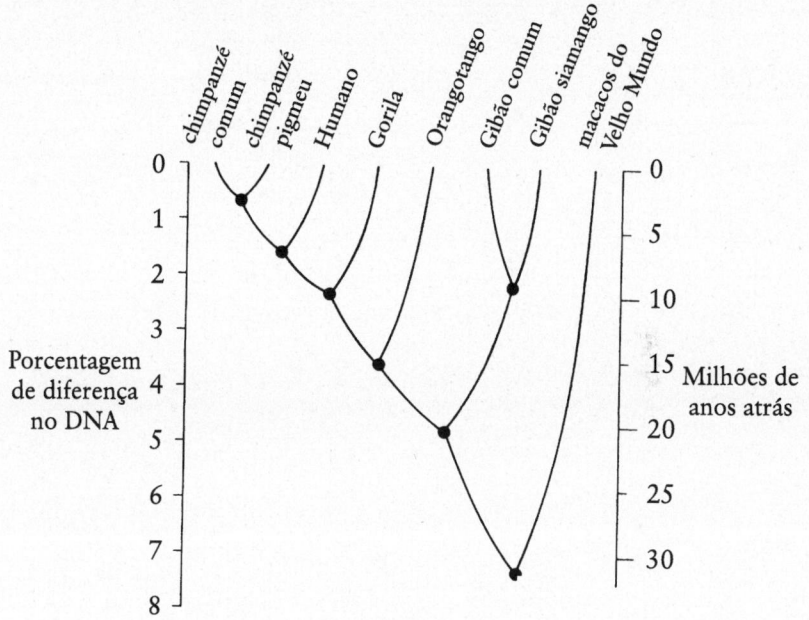

Figura 1. Ligue cada par de primatas superiores modernos ao ponto que os une. Os números à esquerda indicam a porcentagem da diferença entre os DNAs desses primatas modernos, e os números à direita indicam uma estimativa dos milhões de anos transcorridos desde que tiveram um ancestral em comum. Por exemplo, o DNA dos chimpanzés comum e pigmeu difere em cerca de 0,7% e eles divergiram por volta de três milhões de anos atrás; o nosso DNA difere do DNA de ambos os chimpanzés em 1,6% e divergimos de seu ancestral comum por volta de sete milhões de anos atrás; o DNA dos gorilas é cerca de 2,3% diferente do DNA dos chimpanzés ou do nosso e eles divergiram do ancestral comum que levou a nós e aos dois chimpanzés há aproximadamente dez milhões de anos.

Como qualquer anatomista poderia prever, a maior diferença genética, expressa pela grande diminuição do ponto de desnaturação do DNA, se encontra entre o DNA do macaco e o dos humanos ou de qualquer primata superior. Isso simplesmente confere números àquilo sobre o que todos concordam desde que a ciência conhece os antropoides: que o parentesco entre os humanos e os primatas antropoides é mais próximo do que o de qualquer um dos dois com os macacos. Os números atuais indicam que os macacos compartilham 93% da estrutura do DNA com os humanos e os primatas antropoides e diferem em 7%.

Igualmente surpreendente é a segunda maior diferença, de 5%, entre o DNA do gibão e o DNA de outros primatas antropoides ou dos humanos. Isso também confirma a visão aceita de que os gibões são os antropoides mais diferentes, e que a nossa afinidade é com gorilas, chimpanzés e orangotangos. Nesses três grupos de primatas antropoides, atualmente os anatomistas consideram o orangotango um pouco à parte, e essa conclusão também se encaixa na evidência do DNA: uma diferença de 3,6% entre o DNA do orangotango e o dos humanos, gorilas e chimpanzés. A geografia confirma que essas últimas três espécies divergiram dos gibões e orangotangos há bastante tempo: os gibões e orangotangos existentes e os fossilizados estão confinados ao Sudeste Asiático, ao passo que os gorilas e chimpanzés existentes e os fósseis humanos estão confinados à África.

No extremo oposto, mas igualmente surpreendente, é que os DNAs mais similares são os do chimpanzé comum e dos chimpanzés pigmeus, que são 99,3% idênticos e diferentes em unicamente 0,7%. Essas duas espécies de chimpanzés são tão similares na aparência que só em 1929 os anatomistas se preocuparam em designá-los de modos diferentes. Os chimpanzés que vivem no Zaire equatorial levam o nome de "chimpanzés pigmeus" porque em média são ligeiramente menores (e têm uma estrutura mais esguia e pernas mais longas) do que os "chimpanzés comuns" que habitam a África logo ao norte do equador. Contudo, nos últimos anos, com a ampliação do conhecimento sobre o comportamento dos chimpanzés, ficou claro que as modestas diferenças anatômicas entre os chimpanzés pigmeus e os comuns ocultam diferenças consideráveis na sua biologia reprodutiva. À diferença dos chimpanzés comuns, os chimpanzés pigmeus, assim como nós, assumem uma grande variedade de posições durante a cópula e inclusive ficam frente a frente; a cópula pode ser iniciada por qualquer um dos sexos, não só pelo macho; as fêmeas são sexualmente receptivas durante a maior parte do mês, não unicamente durante o breve período fértil; e existem fortes laços entre as fêmeas ou entre machos e fêmeas, não só entre os machos. Evidentemente, essa diferença de poucos genes (0,7%) entre os chimpanzés pigmeus e os comuns acarretam grandes consequências na fisiologia e nos papéis sexuais. Esse mesmo assunto — uma pequena porcentagem de diferença genética com grandes consequências — será abordado mais adiante neste e no próximo capítulo com relação às diferenças genéticas entre humanos e chimpanzés.

Em todos os casos que discuti até agora, a evidência anatômica das relações já era convincente, e as conclusões baseadas no DNA confirmaram o que os anatomistas já haviam observado. Mas o DNA também resolveu o problema no qual a anatomia falhou — as relações entre humanos, gorilas e chimpanzés. Como mostra a figura 1, os humanos diferem dos chimpanzés comuns e dos pigmeus em cerca de 1,6% do seu (nosso) DNA e compartilham 98,4%. Os gorilas diferem um pouco mais de nós e de ambos os chimpanzés — em cerca de 2,3%.

Façamos uma pausa para fixar as implicações desses números cruciais:

O gorila deve ter divergido da nossa árvore genealógica um pouco antes de nos separarmos dos chimpanzés comuns e dos pigmeus. Os nossos parentes mais próximos são os chimpanzés, não o gorila. Dito de outra forma: os parentes mais próximos dos chimpanzés não são os gorilas, mas os humanos. A taxonomia tradicional tem reforçado as nossas tendências antropocêntricas ao afirmar que há uma dicotomia fundamental entre o homem poderoso, sozinho no alto, e o conjunto dos antropoides no abismo da bestialidade. Porém, os taxonomistas do futuro podem vir a enxergar as coisas do ponto de vista dos chimpanzés; uma dicotomia débil entre os antropoides ligeiramente superiores (os *três* chimpanzés, incluído o "chimpanzé humano") e os antropoides ligeiramente inferiores (gorilas, orangotangos e gibões). A distinção tradicional entre "antropoides" (definidos como chimpanzés, gorilas etc.) e humanos tergiversa os fatos.

A distância genética (1,6%) que nos separa dos chimpanzés pigmeus e comuns é mais que o dobro da que separa os chimpanzés pigmeus dos comuns (0,7%). Ela é menor do que a que existe entre duas espécies de gibões (2,2%) ou entre espécies de aves norte-americanas proximamente aparentadas, como as juruviaras de olhos vermelhos e as de olhos brancos (2,9%). Os restantes 98,4% do nosso DNA não passam do DNA normal do chimpanzé. Por exemplo, a nossa principal hemoglobina, a proteína que transporta oxigênio que dá ao sangue a cor vermelha, é idêntica nas suas 287 unidades à hemoglobina do chimpanzé. Nesse aspecto, como na maioria dos demais aspectos, somos só uma terceira espécie de chimpanzé, e o que é bom para os chimpanzés comuns e pigmeus é bom para nós. As nossas importantes distinções visíveis — a postura ereta, o cérebro grande, a capacidade da fala, o escasso pelo corporal e as vidas sexuais peculiares — concentram-se em meros 1,6% do nosso programa genético.

Se as distâncias genéticas entre as espécies se acumulassem numa velocidade uniforme no tempo, funcionariam como um relógio de tique-taque suave. Só seria necessário calibrá-lo para converter a distância genética em tempo absoluto desde o nosso último antepassado comum, o que seria possível com um par de espécies das quais *conhecemos* a distância genética *e* o tempo de divergência, datados de forma independente pelos fósseis. De fato, há duas calibragens disponíveis para os primatas superiores. Por um lado, segundo as evidências fósseis, os macacos divergiram dos primatas antropoides entre 25 e 30 milhões de anos atrás, e agora têm uma diferença de aproximadamente 7,3% no DNA. Por outro lado, os orangotangos divergiram dos chimpanzés e dos gorilas entre 12 e 16 milhões de anos atrás, e agora têm uma diferença de cerca de 3,6% no DNA. Comparando esses dois exemplos, uma duplicação do tempo evolutivo, quando se vai de 12 a 16 e de 25 a 30 milhões de anos tem-se uma duplicação da distância genética (de 3,6% para 7,3% do DNA). Assim, o relógio do DNA tiquetaqueou de maneira relativamente estável entre os primatas superiores.

Com essas calibragens, Sibley e Ahlquist estimaram a seguinte escala temporal para a nossa evolução. Dado que a nossa própria distância genética dos chimpanzés (1,6%) é aproximadamente a metade da distância entre orangotangos e chimpanzés (3,6%), devemos estar em caminhos separados há cerca da metade dos 12 a 16 milhões de anos que os orangotangos tiveram para acumular sua distinção genética dos chimpanzés. Isto é, as linhas evolutivas dos humanos e dos "outros chimpanzés" divergiram entre seis e oito milhões de anos atrás. Nessa mesma linha de raciocínio, os gorilas divergiram do antepassado comum dos três chimpanzés por volta de nove milhões de anos atrás, e os chimpanzés comuns e os pigmeus divergiram por volta de três milhões de anos atrás. Em contraste, quando estudei antropologia física no primeiro ano da faculdade, em 1954, os livros didáticos diziam que os humanos haviam divergido dos primatas antropoides entre 15 e 30 milhões de anos atrás. Assim, a estratégia do relógio de DNA apoia fortemente uma conclusão controversa também derivada de diversos outros relógios moleculares baseados nas sequências de aminoácidos das proteínas, o DNA mitocondrial e o DNA de pseudogene de globina. Cada relógio indica que a história dos humanos como espécie distinta dos demais primatas antropoides é muito mais curta do que os paleontólogos pensavam.

O QUE ESSES RESULTADOS indicam sobre a nossa posição no reino animal? Os biólogos classificam os seres vivos em categorias hierárquicas, cada uma menos distinta que a seguinte: subespécies, espécies, gênero, família, superfamília, ordem, classe e filo. A *Enciclopédia Britânica* e todos os textos de biologia na minha estante afirmam que os humanos e os primatas antropoides pertencem à mesma ordem, denominada Primatas, e à mesma superfamília, denominada Hominoides, mas de famílias separadas, denominadas Hominídeos e Pongídeos. Se o trabalho de Sibley e Ahlquist muda ou não essa classificação, depende da filosofia da taxonomia. Os taxonomistas tradicionais agrupam as espécies em categorias maiores com base em avaliações um tanto subjetivas da importância da diferença entre as espécies. Esses taxonomistas classificam os humanos em uma família separada devido a características funcionais como o cérebro grande e a postura ereta, e essa classificação não seria afetada pelas mensurações da distância genética.

No entanto, outra escola de taxonomia, denominada cladística, argumenta que a classificação deve ser objetiva e uniforme, baseada na distância genética ou nos tempos de divergência. Hoje todos os taxonomistas concordam que as juruviaras de olhos vermelhos e as de olhos brancos pertencem ao gênero *Vireo*, e as várias espécies de gibões, ao gênero *Hylobates*. No entanto, membros dessas duas espécies são geneticamente mais distantes entre si do que os humanos dos outros chimpanzés e divergiram há muito tempo. Com base nisso, então, os humanos não constituem uma família distinta, nem um gênero diferente, mas pertencem ao mesmo gênero dos chimpanzés comuns e dos pigmeus. Como o nome do nosso gênero *Homo* foi proposto primeiro, ele tem prioridade, pelas regras da nomenclatura zoológica, sobre o nome genérico *Pan*, cunhado para os "outros" chimpanzés. Então, na Terra hoje não existe uma, mas três espécies do gênero *Homo*: o chimpanzé comum, *Homo troglodytes*; o chimpanzé pigmeu, *Homo paniscus*; e o terceiro chimpanzé ou chimpanzé humano, *Homo sapiens*. Como o gorila é só ligeiramente diferente, ele tem quase o mesmo direito de ser considerado uma quarta espécie de *Homo*.

Até os taxonomistas que abraçam a cladística são antropocêntricos, e para eles será difícil aceitar a ideia de colocar humanos e chimpanzés no mesmo gênero. Entretanto, não há dúvida de que quando os chimpanzés aprenderem a cladística ou quando os taxonomistas do espaço sideral visitarem a Terra para inventariar os seus habitantes, eles adotarão a nova classificação sem hesitar.

QUE GENES PARTICULARES nos diferem dos chimpanzés? Antes de considerar essa questão, primeiro precisamos compreender o que faz o DNA, o nosso material genético.

Uma grande parte ou a maior parte do nosso DNA não tem função conhecida e pode constituir unicamente "lixo molecular": isto é, as moléculas do DNA que se duplicaram ou perderam suas funções anteriores e não foram eliminadas pela seleção natural porque não nos provocam danos. Sobre as funções conhecidas do nosso DNA, as principais estão relacionadas às longas cadeias de aminoácidos denominadas proteínas. Certas proteínas compõem a maior parte da nossa estrutura corporal (como a queratina, dos cabelos, ou o colágeno, dos tecidos conjuntivos), ao passo que outras proteínas, denominadas enzimas, sintetizam e quebram a maior parte das restantes moléculas corporais. As sequências de pequenas moléculas componentes (bases de nucleotídeos) no DNA especificam a sequência de aminoácidos nas nossas proteínas. Outras partes do DNA funcional regulam a síntese de proteínas.

As nossas características observáveis mais fáceis de compreender geneticamente são as que surgem das proteínas ou de genes únicos. Por exemplo, a hemoglobina, a proteína que carrega o oxigênio no sangue, consiste em duas cadeias de aminoácidos, cada qual especificada por um único segmento de DNA (um único "gene"). Esses dois genes não têm efeitos observáveis, exceto pela especificação da estrutura da hemoglobina, que está confinada às nossas células sanguíneas vermelhas. A estrutura da hemoglobina, pelo contrário, é totalmente especificada por esses genes. O que você come ou o quanto você se exercita pode afetar a qualidade de hemoglobina que você produz, mas não os detalhes da sua estrutura.

Essa é a situação mais simples, mas também há genes que influenciam diversas características observáveis. Por exemplo, um distúrbio genético fatal conhecido como doença de Tay-Sachs envolve diversas anomalias comportamentais e anatômicas: produção excessiva de baba, postura rígida, pele amarelada, crescimento anormal da cabeça e outras alterações. Sabemos nesse caso que, de alguma forma, todos esses efeitos observáveis resultam de mudanças numa só enzima especificada pelo gene Tay-Sachs, mas não sabemos exatamente como. Como essa enzima está presente em muitos tecidos do nosso corpo e quebra um componente celular disseminado, alterações nessa determinada enzima têm consequências amplas e fatais. Pelo contrário, outras características, como a altura de um adulto, são influenciadas simultaneamente por muitos genes e por fatores ambientais (por exemplo, a alimentação na infância).

Os cientistas compreendem bem a função de numerosos genes que especificam proteínas individuais conhecidas, porém sabemos muito menos sobre a função dos genes envolvidos em características de determinação complexa, como a maioria dos comportamentos. Seria absurdo pensar que uma propriedade humana como a arte, a linguagem ou a agressividade depende de um só gene. Obviamente, as diferenças comportamentais entre um humano e outro estão sujeitas a enormes influências ambientais, e o papel dos genes nestas diferenças individuais é muito controverso. Contudo, provavelmente há diferenças genéticas envolvidas nos comportamentos que diferem de maneira consistente entre os chimpanzés e os humanos, apesar de ainda não conseguirmos especificar os genes responsáveis. Por exemplo, a capacidade de falar, que os humanos têm, mas não os chimpanzés, certamente depende de diferenças nos genes que especificam a anatomia das cordas vocais e as conexões cerebrais. Um jovem chimpanzé criado na casa de um psicólogo junto com um bebê humano deste da mesma idade continua parecendo um chimpanzé e não aprende a falar nem a caminhar ereto. Mas que um grupo individual humano seja fluente em inglês ou em coreano independe dos genes, como ficou provado com as aquisições linguísticas de bebês coreanos adotados por pais que falam inglês.

Diante disso, o que se pode dizer sobre o 1,6% do nosso DNA que difere do DNA dos chimpanzés? Sabemos que os genes da nossa principal hemoglobina não diferem e que alguns outros genes apresentam diferenças pequenas. Nas nove cadeias de proteínas estudadas até agora nos humanos e nos chimpanzés comuns, num total de 1.271 aminoácidos só cinco diferem: o aminoácido de uma proteína muscular chamada mioglobina, o de uma pequena cadeia de hemoglobina denominada cadeia delta e três numa enzima chamada anidrase carbônica. Mas ainda não sabemos quais são as partes do nosso DNA responsáveis pelas diferenças funcionais significativas entre os humanos e os chimpanzés, que serão discutidas nos capítulos 2 e 7: as diferenças no tamanho do cérebro, na anatomia da pelve, nas cordas vocais e na genitália, na quantidade de pelo corporal, no ciclo menstrual feminino, na menopausa e outras. Certamente essas importantes diferenças não provêm das cinco diferenças nos aminoácidos detectadas até agora. Atualmente, tudo o que podemos dizer com certeza é isto: grande parte do nosso DNA é lixo; já se sabe que pelo menos uma parte do 1,6% que nos faz diferir dos chimpanzés é composta de lixo; e as diferenças funcionais significativas devem estar limitadas a uma fração pequena, ainda não identificada, dos 1,6%.

Nessa pequena fração diferenciadora do DNA algumas diferenças têm maiores consequências do que outras para o nosso corpo. Para começar, a maioria dos aminoácidos das proteínas pode ser especificada por pelo menos duas sequências alternativas das bases de nucleotídeos no DNA. Mudanças nas bases de nucleotídeos de uma sequência para outra alternativa são mutações "silenciosas": elas não produzem mudanças nas sequências de aminoácidos das proteínas. Mesmo que a mudança numa base faça um aminoácido ser substituído por outro, alguns aminoácidos são muito semelhantes entre si em suas propriedades químicas ou estão localizados em partes relativamente insensíveis de uma proteína.

Mas outras partes são cruciais para a função da proteína. A substituição de um aminoácido nessa parte por um aminoácido quimicamente dessemelhante provavelmente produz algum defeito detectável. Por exemplo, a anemia falciforme é uma condição muitas vezes fatal, resultado de uma mudança na solubilidade da nossa hemoglobina, que, por sua vez, resulta de uma mudança em só um dos 287 aminoácidos da hemoglobina causada por uma mudança em só um dos três nucleotídeos que especificam esse aminoácido. Essa mudança, porém, substitui um aminoácido com carga negativa por outro sem carga, modificando, assim, a carga elétrica de toda a molécula de hemoglobina.

Não sabemos que genes específicos ou bases de nucleotídeos são cruciais para as diferenças observadas entre nós e os chimpanzés, mas há diversos precedentes sobre grandes impactos causados por um ou alguns genes. Acabo de mencionar as diferenças grandes e visíveis entre os pacientes de Tay-Sachs e as pessoas normais, todas de alguma maneira surgidas a partir de uma só mudança numa enzima. Esse é um exemplo de diferenças entre indivíduos da mesma espécie. Quanto às diferenças entre espécies aparentadas, um bom exemplo provém dos peixes ciclídeos do Lago Vitória, na África. Os ciclídeos são peixes de aquário populares, e há umas 200 espécies deles confinados naquele lago, onde evoluíram de um só antepassado nos últimos 200 mil anos. Essas 200 espécies diferem tanto entre si nos hábitos alimentares quanto as galinhas e os tigres. Alguns comem algas ou plâncton, outros comem outros peixes ou se especializam em esmagar caracóis, ou caçam insetos, mordiscam as escamas de outros peixes e roubam embriões das mães que cuidam de sua prole. Contudo, na média, todos esses ciclídeos do Lago Vitória diferem entre si em só 0,4% do DNA estudado. Dessa maneira, foi preciso muito menos mutações genéticas para transformar um esmagador de caracóis num assassino de embriões do que as mutações necessárias para nos produzir a partir de um grande primata.

As NOVAS DESCOBERTAS sobre a nossa distância genética dos chimpanzés terão implicações maiores, além de questões técnicas da taxonomia? É provável que as mais importantes se refiram a como pensamos o lugar dos humanos e dos primatas antropoides no universo. Os nomes não são meros detalhes técnicos, mas expressam e criam atitudes. (Para se convencer disso, experimente cumprimentar sua mulher hoje dizendo-lhe "sua porca", em vez de "meu bem", e usando a mesma expressão e tom de voz. As novas descobertas não indicam como *deveríamos* pensar sobre os humanos e os primatas antropoides. Mas, assim como ocorreu com *Origem das espécies,* de Darwin, elas provavelmente influenciarão a maneira como *pensamos*, e é provável que transcorram muitos anos até as nossas atitudes mudarem. Mencionarei só um exemplo de uma área controversa que pode ser afetada por isso: o modo como usamos os antropoides.

Atualmente fazemos uma distinção fundamental entre os animais (inclusive os primatas antropoides) e os humanos, e ela pauta o nosso código de ética e as nossas ações. Por exemplo, como observei no início deste capítulo, é aceitável exibir antropoides enjaulados nos zoológicos, mas não se considera aceitável fazer o mesmo com os humanos. Imagino o que o público sentirá quando a placa que identifica a jaula do chimpanzé no zoológico disser "*Homo troglodytes*". Todavia, se não fosse o interesse favorável pelos antropoides que muita gente desenvolve nos zoológicos, poderia haver menos financiamento público para apoiar os esforços dos conservacionistas por proteger os primatas antropoides selvagens.

Também observei antes que é considerado aceitável submeter primatas antropoides, mas não humanos sem o seu consentimento, a experimentos letais em pesquisas médicas. Isso ocorre porque os primatas antropoides são muito similares a nós geneticamente. Eles podem ser infectados com muitas doenças que adquirimos, e os seus corpos reagem de maneira similar aos organismos da doença. Então, os experimentos com antropoides são uma maneira muito melhor de aprimorar os tratamentos médicos para os humanos do que aqueles feitos com quaisquer outros animais.

A escolha ética apresenta um problema ainda mais difícil do que enjaular primatas antropoides nos zoológicos. Afinal, enjaulamos regularmente milhões de humanos criminosos em condições piores do que as dos antropoides dos zoológicos, mas não há um equivalente humano socialmente aceito de pesquisa médica em animais, ainda que os experimentos letais em humanos pudessem oferecer aos pesquisadores médicos informações muito mais valiosas do que os experimentos letais em chimpanzés. Contudo, os experimentos com seres humanos realizados pelos médicos nazistas nos campos de concentração são amplamente considerados uma das piores abominações nazistas. Por que se aceita fazer esses experimentos em chimpanzés?

Em algum lugar ao longo da escala que vai das bactérias aos humanos, precisamos decidir onde matar se transforma em assassinato e onde comer se transforma em canibalismo. A maioria das pessoas traça essas linhas entre os humanos e todas as demais espécies. Entretanto, há muitíssimos vegetarianos avessos ao consumo de carne (ainda que não ao consumo de plantas). E uma crescente minoria, pertencente ao movimento pelos direitos dos animais, protesta cada vez mais contra os experimentos médicos em animais — ou, pelo menos, em certos animais. Esse movimento é mais combativo na questão de experiências com gatos, cães e primatas, mas está menos preocupado com camundongos e geralmente silencia a respeito de insetos e bactérias.

Se o nosso código de ética faz uma distinção absolutamente arbitrária entre os humanos e todas as demais espécies, então temos um código baseado unicamente no nosso egoísmo descarado, desprovido de quaisquer princípios. Se, pelo contrário, o código distingue com base na nossa inteligência superior, relações sociais e capacidade de sentir dor, então torna-se difícil defender um código do tudo-ou-nada traçando uma linha entre todos os humanos e todos os animais. Em vez disso, diferentes restrições éticas deveriam se aplicar às pesquisas com diferentes espécies. Talvez unicamente o nosso egoísmo descarado, sob outro disfarce, defenda a concessão de direitos animais às espécies geneticamente mais próximas a nós. Mas pode-se fazer uma defesa objetiva, baseada nas considerações que acabo de mencionar (inteligência, relações sociais etc.) de que os chimpanzés e gorilas merecem considerações éticas preferenciais com relação aos insetos e bactérias. Uma espécie animal usada atualmente na pesquisa médica para a qual se justifica uma proibição absoluta desses procedimentos certamente é a dos chimpanzés.

O dilema ético proposto pelos experimentos com animais se agrava no caso dos chimpanzés pelo fato de estarem ameaçados como espécie. Nesse caso, a pesquisa médica não só mata indivíduos, como também ameaça aniquilar a própria espécie. Isso não significa que as necessidades de pesquisa tenham sido a única ameaça às populações de chimpanzés selvagens; a destruição do hábitat e a captura para zoológicos também representam grandes ameaças. Mas basta saber que a demanda para pesquisa é uma ameaça significativa. O dilema ético se agrava com outras considerações: que, na média, diversos chimpanzés selvagens são mortos no processo de captura de um exemplar vivo (geralmente um animal jovem que está sendo carregado pela mãe) e sua entrega a um laboratório de pesquisa, e que os cientistas médicos têm uma atuação insignificante na luta para proteger as populações de chimpanzés selvagens, apesar de seu interesse óbvio no caso; e que os chimpanzés usados em pesquisas costumam ser enjaulados em condições cruéis. O primeiro chimpanzé que vi sendo usado para pesquisa médica havia sido injetado com um vírus letal de ação lenta e foi mantido sozinho por vários anos até morrer numa pequena jaula, sem objetos para distraí-lo, no Instituto Nacional de Saúde dos EUA.

A criação de chimpanzés em cativeiro para pesquisa evita as objeções baseadas na eliminação das populações de chimpanzés selvagens. Mas isso ainda não resolve o dilema básico, assim como a escravização de filhos de negros nascidos nos EUA depois da abolição do tráfico negreiro não tornou a escravidão algo aceitável. Por que é certo fazer experiências com o *Homo troglodytes*, mas não com o *Homo sapiens*? À inversa, como devemos explicar aos pais de crianças que podem morrer de doenças que estão sendo estudadas em chimpanzés cativos que seus filhos são menos importantes que os chimpanzés? Em última instância, nós, o público, não só os cientistas, teremos de fazer essas terríveis escolhas. A única certeza é a de que nossa visão do homem e dos primatas antropoides vai determinar a nossa decisão.

Por fim, as mudanças nas nossas atitudes com relação aos primatas antropoides podem ser cruciais para determinar se eles conseguirão sobreviver em liberdade. Atualmente as suas populações são ameaçadas principalmente pela destruição dos hábitats nas florestas tropicais da África e da Ásia e pela captura e matança ilegais. Se persistirem as atuais tendências, quando a atual safra de bebês humanos entrar para a faculdade, só nos zoológicos será possível encontrar gorilas das montanhas, orangotangos, gibões-de-crista, gibões de kloss e possivelmente outras espécies de primatas antropoides. Não nos basta fazer pregações para os governos de Uganda, do Zaire e da Indonésia a respeito da responsabilidade moral de proteger seus primatas antropoides selvagens. Esses são países pobres, e criar e manter parques nacionais é muito dispendioso. Do ponto de vista dos próprios primatas antropoides, o efeito mais importante do que aprendemos recentemente sobre a lenda dos três chimpanzés será como nos sentiremos ao pagar essa conta.

CAPÍTULO 2

O grande salto para a frente

Durante a maior parte dos muitos milhões de anos desde que a nossa linhagem divergiu da linhagem dos primatas antropoides, continuamos vivendo como meros chimpanzés glorificados. Num período recente, de 40 mil anos atrás, o oeste europeu ainda era ocupado por neandertalenses, seres primitivos para os quais a arte e o progresso mal existiam. Então houve uma mudança abrupta, com o aparecimento de gente anatomicamente moderna na Europa, que trouxe arte, instrumentos musicais, lamparinas, comércio e progresso. Pouco depois, os neandertalenses desapareceram.

O Grande Salto Para a Frente na Europa provavelmente resultou de um salto similar, ocorrido antes no Oriente Próximo e na África ao longo de algumas dezenas de milhares de anos. Contudo, mesmo algumas dezenas de milênios são uma porção insignificante (menos de 1%) da nossa longa história separada da história dos primatas antropoides. Se houve um ponto determinado no tempo em que podemos dizer que nos tornamos humanos, foi naquele salto. Só foram necessárias mais umas dezenas de milênios para domesticarmos animais, desenvolvermos a agricultura e a metalurgia e criarmos a escrita. Aquilo foi só um pequeno passo em direção aos monumentos da civilização que distinguem os humanos dos animais e cruzou o que parecia um fosso intransponível — monumentos como a "Mona Lisa" e a sinfonia *Heroica*, a torre Eiffel e o Sputnik, os fornos de Dachau e o bombardeio de Dresden.

Este capítulo vai confrontar as indagações colocadas pela nossa abrupta ascensão à humanidade. O que tornou isso possível e por que ela foi tão súbita? O que manteve os neandertalenses para trás e qual foi o destino deles? Os neandertalenses e os povos modernos alguma vez se encontraram? Se isso tiver ocorrido, como se comportaram em relação uns aos outros?

Não é fácil compreender o Grande Salto Para a Frente nem escrever sobre ele. A evidência imediata provém dos detalhes técnicos de ossos preservados e ferramentas de pedra. Os registros arqueológicos estão repletos de termos obscuros para o leigo, como "tórulo occipital transversal", "arcos zigomáticos recessivos" e "facas châtelperronianas". O que realmente queremos entender — o modo de vida e a humanidade dos nossos ancestrais — não está diretamente preservado, mas é inferido a partir dos detalhes técnicos de ossos e ferramentas. A maioria das evidências desapareceu e os arqueólogos frequentemente discordam quanto ao significado das evidências que restaram. Os livros e artigos listados na seção Outras Leituras no final deste livro vão saciar a curiosidade dos leitores a respeito dos arcos zigomáticos recessivos; portanto, prefiro enfatizar as inferências baseadas nos ossos e ferramentas.

PARA COLOCAR A EVOLUÇÃO humana numa perspectiva temporal, recordemos que a vida teve origem na Terra há muitos bilhões de anos, e que os dinossauros foram extintos há cerca de 65 milhões de anos. Só entre seis e dez milhões de anos atrás os nossos ancestrais se distinguiram dos ancestrais dos chimpanzés e gorilas. Portanto, a história humana constitui uma porção ínfima da história da vida. Os filmes de ficção científica que mostram homens das cavernas fugindo de dinossauros são só isso, ficção científica.

O ancestral comum dos humanos, os chimpanzés e os gorilas viveram na África, local ao qual os chimpanzés e gorilas continuam confinados e ao qual estivemos confinados durante milhões de anos. Inicialmente, os nossos próprios ancestrais teriam sido classificados como só mais uma espécie de grande símio, mas uma sequência de três mudanças nos lançou na direção dos humanos modernos. A primeira delas ocorreu há cerca de quatro milhões de anos, quando a estrutura dos membros fossilizados demonstra que os nossos ancestrais habitualmente caminhavam eretos sobre os dois membros traseiros. Em contraste, os gorilas e chimpanzés só caminham eretos ocasionalmente, pois em geral andam de quatro. A postura ereta liberou os membros dianteiros dos nossos ancestrais para fazerem outras coisas, dentre as quais a confecção de ferramentas demonstrou ser a mais importante.

A segunda mudança ocorreu há uns três milhões de anos, quando a nossa linhagem se dividiu em pelo menos duas espécies distintas. Lembremos que membros de duas espécies de animais vivendo na mesma área devem desempenhar diferentes papéis ecológicos e normalmente não reproduzem entre si. Por exemplo, os coiotes e os lobos obviamente têm parentesco próximo e (até os lobos serem exterminados na maior parte dos Estados Unidos) compartilhavam as mesmas áreas da América do Norte. Contudo, os lobos são maiores, caçam principalmente grandes mamíferos, como cervos e alces, e geralmente vivem em grandes grupos, enquanto os coiotes são menores, caçam principalmente mamíferos pequenos, como coelhos e ratos, e costumam viver em pares ou em pequenos grupos. Coiotes geralmente acasalam com coiotes, e lobos com lobos. Em contraposição, todas as populações humanas existentes hoje já se acasalaram com todas as demais populações humanas com as quais tiveram amplo contato. As diferenças ecológicas entre os humanos existentes derivam inteiramente da educação infantil: não ocorre de alguns de nós nascermos com dentes afiados e dotados para caçar cervos, enquanto outros nascem com dentes que serram, coletam frutas e não se casam com caçadores de cervos. Daí que todos os humanos modernos pertencem à mesma espécie.

Em talvez duas ocasiões no passado, porém, a linhagem humana se dividiu em três espécies separadas, tão distintas quanto lobos e coiotes. A divisão mais recente, que descreverei mais adiante, pode ter ocorrido no Grande Salto Para a Frente. A mais remota foi há cerca de três milhões de anos, quando a nossa linhagem se dividiu em duas: um homem-símio com um crânio robusto e dentes muito grandes, que se presume ter sido herbívoro e frequentemente é denominado *Australopithecus robustus* (que significa "o robusto símio do sul"); e um homem-símio com um crânio de estrutura mais leve e dentes menores, que se supõe tenha sido onívoro, conhecido como *Australopithecus africanus*, ("o símio do sul da África"). O último homem-símio, denominado *Homo habilis* ("homem habilidoso"), evoluiu com um crânio maior. No entanto, os fósseis ósseos que para alguns paleontólogos

A ÁRVORE GENEALÓGICA HUMANA

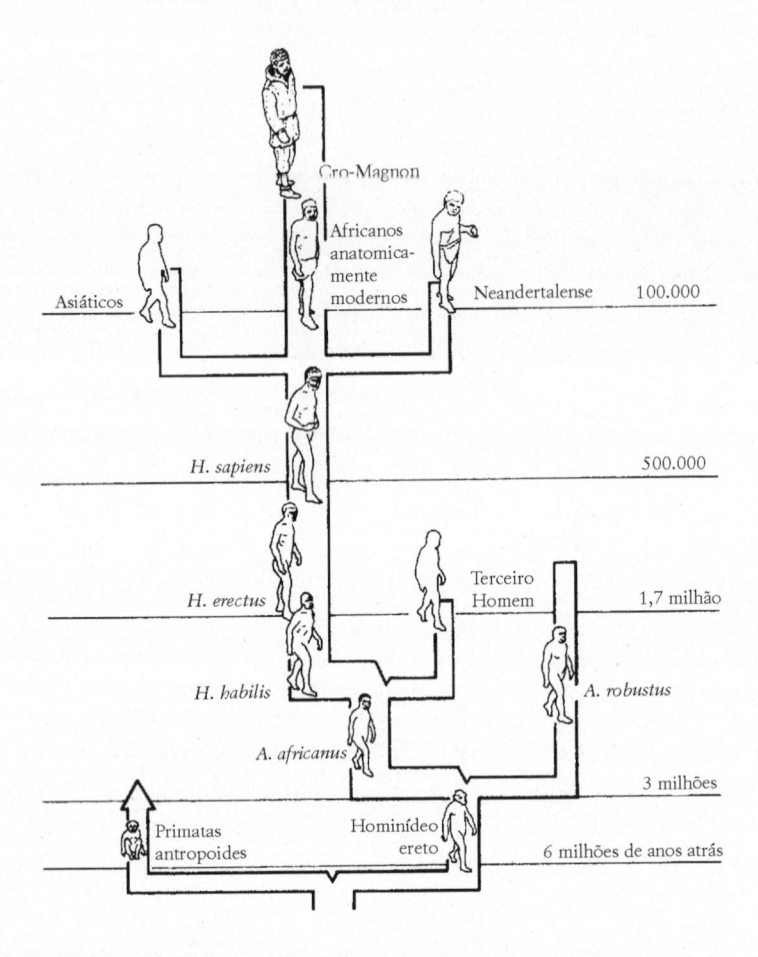

```
                    Cro-Magnon
                         │
         ┌───────────────┼────────────────┐
         │          Africanos             │
         │          anatomica-            │
         │          mente                 │
     Asiáticos      modernos        Neandertalense    100.000
         │               │                │
         └───────┬───────┘                │
                 │                        │
                 └────────────┬───────────┘
                              │
                          H. sapiens                   500.000
                              │
         ┌────────────────────┼──────────────┐
         │                                   │
     H. erectus                          Terceiro
         │                                Homem        1,7 milhão
         │                                   │
     H. habilis                          A. robustus
         │                                   │
         └──────────┬────────────────────────┘
                    │
               A. africanus                            3 milhões
                    │
   Primatas    Hominídeo
   antropoides   ereto                        6 milhões de anos atrás
```

Figura 2. Diversos ramos da nossa árvore genealógica foram extintos, inclusive o do robusto australopitecino, o dos neandertalenses, talvez um "Terceiro Homem" pouco estudado e uma população asiática contemporânea dos neandertalenses. Alguns descendentes do *Homo habilis* sobreviveram e evoluíram nos humanos modernos. Para distinguir por nomes diferentes as mudanças nos fósseis que representam essa linha, eles estão divididos de forma um tanto arbitrária em *Homo habilis*, depois em *Homo erectus* a partir de cerca de 1,7 milhão de anos atrás e depois em *Homo sapiens*, a partir de uns 500.000 anos atrás. *A.* refere-se ao nome do gênero dos *Australopithecus*, *H.* a *Homo*.

representam o *Homo habilis* macho e fêmea diferem tanto entre si no tamanho do crânio e nos dentes que podem, na verdade, indicar outra bifurcação na nossa linhagem, que levaria a duas espécies de *habilis*: o próprio *Homo habilis* e um misterioso "Terceiro Homem". Dessa forma, há dois milhões de anos havia pelo menos duas, e possivelmente três, espécies proto-humanas.

A terceira e última grande mudança que começou a tornar nossos ancestrais mais humanos e menos simiescos foi o uso regular de ferramentas de pedra. Esse é um marco humano com claros precedentes animais: os tentilhões, os abutres egípcios e as lontras marinhas são algumas das espécies animais que, tendo evoluído de maneira independente, empregam ferramentas para capturar ou processar comida, ainda que nenhuma delas dependa tanto de implementos quanto nós dependemos hoje. Os chimpanzés comuns também usam ferramentas, às vezes de pedra, mas não em número suficiente para entulhar o ambiente. Porém, cerca de dois milhões e meio de anos atrás, ferramentas de pedra muito incipientes surgiram em grande quantidade em áreas do leste africano ocupadas pelos proto-humanos. Como havia duas ou três espécies proto-humanas, quem as confeccionou? Provavelmente a espécie com crânio mais leve, já que tanto ela quanto as ferramentas persistiram.

Como só há uma espécie humana sobrevivente hoje, embora tenha havido duas ou três há alguns milhões de anos, é evidente que uma ou duas espécies devem ter se extinguido. Quem foi o nosso ancestral, qual espécie terminou sendo descartada no lixo da evolução e quando ocorreu essa transformação? O vencedor foi o *Homo habilis*, de crânio leve, cujo corpo e crânio continuaram a crescer. Por volta de 1.700.000 anos atrás, as diferenças eram suficientes para que os antropólogos dessem um novo nome à nossa linhagem, *Homo erectus*, o que significa "o homem que caminha ereto". (Fósseis de *Homo erectus* foram descobertos antes de todos os fósseis anteriores que estou analisando aqui, então os antropólogos não perceberam que o *Homo erectus* não foi o primeiro proto-humano a caminhar ereto.) O robusto homem-símio desapareceu em algum momento depois de 1.200.000 anos atrás, e o "Terceiro Homem" (se é que ele existiu) deve ter desaparecido pela mesma época. Só nos resta especular por que o *Homo erectus* sobreviveu e o robusto homem-símio não. Uma possibilidade plausível é que o robusto homem-símio já não podia competir, pois o *Homo erectus* comia tanto carne quanto vegetais, e as ferramentas e o crânio maior o tornaram mais eficiente até na coleta dos vegetais dos quais seu robusto irmão dependia. Também é possível que o *Homo erectus* tenha empurrado seu irmão para o esquecimento, matando-o por causa da carne.

Todos os desdobramentos que discuti até agora ocorreram no continente africano. A grande transformação fez do *Homo erectus* o único sobrevivente proto-humano do estágio africano. Só há cerca de um milhão de anos o *Homo erectus* por fim expandiu os seus horizontes. Suas ferramentas de pedra e seus ossos indicam que ele chegou ao Oriente Próximo, depois ao Extremo Oriente (onde é representado pelos famosos fósseis conhecidos como Homem de Pequim e Homem de Java) e à Europa. Ele continuou a evoluir na nossa direção com um aumento do tamanho do cérebro e o arredondamento do crânio. Há uns 500.000 anos, alguns de nossos ancestrais se pareciam bastante conosco, mas diferiam do *Homo erectus* anterior, e são classificados como da nossa própria espécie (*Homo sapiens*, que significa "o homem sábio"), apesar de seus crânios e da crista da sobrancelha mais espessos do que os nossos.

Os leitores não familiarizados com detalhes da nossa evolução podem ser perdoados por pensar que o surgimento do *Homo sapiens* tenha sido o Grande Salto Para a Frente. Terá sido a nossa ascensão meteórica à condição de *sapiens* há meio milhão de anos o clímax brilhante da história da Terra, quando a arte e a tecnologia sofisticada finalmente irromperam no nosso planeta até então obtuso? De jeito nenhum: o surgimento do *Homo sapiens* foi um fiasco. As pinturas rupestres, as casas e os arcos e flechas só surgiriam dali a centenas de milhares de anos no futuro. Algumas ferramentas continuaram a ser as mesmas que o *Homo erectus* vinha fabricando há quase um milhão de anos. O aumento do cérebro dos primeiros *Homo sapiens* não teve nenhum efeito drástico no nosso modo de vida. A longa permanência do *Homo erectus* e do primeiro *Homo sapiens* fora da África foi um período de mudanças culturais infinitamente lentas. De fato, a única mudança de porte talvez tenha sido o controle do fogo, e as cavernas ocupadas pelo Homem de Pequim fornecem uma das primeiras indicações disso, na forma de cinzas, carvão e ossos queimados. Mas esse avanço — se os fogos naquelas cavernas realmente tiverem sido feitos pelo homem e não causados por raios — teria sido do *Homo erectus*, não do *Homo sapiens*.

O surgimento do *Homo sapiens* ilustra o paradoxo discutido no capítulo anterior: o de que a nossa ascensão à humanidade não foi diretamente proporcional às mudanças nos nossos genes. O primeiro *Homo sapiens* teria evoluído muito mais na anatomia do que nos ganhos culturais em seleção aos chimpanzés. Ainda seriam necessários alguns ingredientes cruciais para que o Terceiro Chimpanzé pudesse conceber a pintura da Capela Sistina.

COMO OS NOSSOS ANCESTRAIS viveram durante aquele um milhão e meio de anos entre o surgimento do *Homo erectus* e o *Homo sapiens*?

As únicas ferramentas que sobrevivem desse período são ferramentas de pedra que podem, complacentemente, ser descritas como muito grosseiras em comparação com as ferramentas de pedra belamente polidas fabricadas até recentemente pelos polinésios, pelos índios norte-americanos e por outros povos modernos da Idade da Pedra. As ferramentas de pedra iniciais variam em forma e tamanho, e os arqueólogos se basearam nessas diferenças para nomeá-las como "machadinha" e "cutelo". Esses nomes ocultam o fato de que nenhuma dessas primitivas ferramentas possui uma forma consistente ou distintiva que sugere uma função específica, como ocorre com as agulhas e pontas de flechas deixadas pelos homens de Cro-Magnon, muito posteriores. As marcas do desgaste nas ferramentas demonstram que elas eram usadas para cortar carne, ossos, peles, madeira e partes não arbóreas de plantas. Mas todas essas ferramentas parecem ter sido usadas para cortar qualquer coisa, e os nomes das ferramentas que os arqueólogos usam podem não passar de divisões arbitrárias num contínuo de formas de pedras.

As evidências negativas também podem ser importantes aqui. Muitos avanços nas ferramentas depois do Grande Salto Para a Frente eram desconhecidos pelo *Homo erectus* e pelos primeiros *Homo sapiens*. Não havia ferramentas de ossos nem cordas para fazer redes, bem como não havia anzóis. Todas as primeiras ferramentas de pedra eram usadas diretamente com a mão; não há sinais de que tenham sido encaixadas em outros materiais para melhor alavancar, como fazemos com as lâminas de aço nos cabos de madeira.

Que tipo de alimentos os nossos ancestrais conseguiam com essas ferramentas toscas e como os conseguiam? Nesse ponto, os livros de antropologia costumam apresentar um longo capítulo intitulado "O Homem Caçador". A questão aqui é que babuínos, chimpanzés e alguns outros primatas ocasionalmente caçam pequenos vertebrados, mas, até recentemente, sobreviventes da Idade da Pedra (como os bosquímanos) caçavam grandes animais regularmente. Assim faziam os homens de Cro-Magnon, segundo abundantes evidências arqueológicas. Não há dúvida de que nossos primeiros ancestrais também comiam algo de carne, como indicam as marcas de suas ferramentas de pedra nos ossos animais e o desgaste das ferramentas causado pelo corte da carne. A verdadeira questão é: *em que medida* os nossos ancestrais caçavam grandes animais? Será que essas habilidades se aprimoraram gradualmente ao longo do último milhão e meio de anos, ou será que só após o Grande Salto Para a Frente elas passaram a contribuir para a nossa dieta?

Os antropólogos costumam responder que, durante um longo período, fomos caçadores bem-sucedidos de grandes animais. A suposta evidência provém principalmente de três sítios arqueológicos ocupados há uns 500.000 anos: uma caverna em Joukoudian, perto de Pequim, que contém ossos e ferramentas do *Homo erectus* ("Homem de Pequim") e ossos de diversos animais; e dois sítios ao ar livre em Torralba e Ambrona, na Espanha, com ferramentas de pedra e ossos de elefantes e outros grandes animais. Em geral se presume que os povos que deixaram as ferramentas mataram os animais, levaram suas carcaças para o sítio e as comeram ali. Mas nos três sítios também há amostras de ossos e restos fecais de hienas, que podem ter sido as caçadoras. Os ossos dos sítios espanhóis, particularmente, parecem provir de uma coleção de carcaças carneadas, lavadas em água e pisoteadas que hoje encontramos ao redor de poços d'água na África, não de campos de caçadores humanos.

Embora os primeiros humanos comessem alguma carne, não sabemos quanto, nem se a obtinham caçando ou encontrando carniça. Só muito mais tarde, aproximadamente 100.000 anos depois, há boas evidências das habilidades de caça humanas, quando fica mais claro que naquela época os humanos ainda eram caçadores muito *ineficientes* de grandes animais. Os humanos caçadores de 500.000 anos e antes disso devem ter sido mais ineficientes ainda.

A mística do Homem Caçador está tão arraigada em nós que é difícil abandonar a crença em sua importância. Hoje, atirar num grande animal é visto como a expressão máxima da masculinidade machista. Enredados nessa mística, os antropólogos do sexo masculino gostam de enfatizar o papel crucial da caça de grandes animais na evolução humana. Supostamente, a caça de grandes presas teria induzido os machos proto-humanos a cooperar entre si, desenvolver a linguagem e o cérebro grande, unir-se em bandos e compartilhar alimentos. Até as mulheres foram supostamente moldadas pela caça de grandes presas: elas suprimiram os sinais externos da ovulação mensal, tão evidentes nos chimpanzés, para evitar levar os homens a um frenesi de competição sexual que viesse a afetar a cooperação entre eles na caça.

Como exemplo da prosa piegas gerada por essa mentalidade de vestiário masculino, consideremos o seguinte relato da evolução humana feito por Robert Ardrey em *African Genesis*, o Gênese africano: "Em algum bando esquálido de quase-homens sitiados em uma planície esquecida e esquálida, uma partícula de fonte desconhecida fragmentou um gene inesquecível e um primata carnívoro nasceu. Para o mal ou para o bem, tragédia ou triunfo, glória ou danação, a inteligência aliou-se ao impulso de matar, e com paus, pedras e pés velozes Caim surgiu na alta savana." Quanta fantasia!

Os escritores e antropólogos ocidentais do sexo masculino não são os únicos que têm uma visão exagerada da caça. Na Papua-Nova Guiné convivi com caçadores de verdade, homens recém-saídos da Idade da Pedra. Em volta das fogueiras nos acampamentos, as conversas se estendiam por horas sobre cada espécie de presa, seus hábitos e a melhor maneira de caçá-la. Ao ouvir meus amigos da Papua-Nova Guiné, alguém podia ser levado a pensar que comiam canguru fresco no jantar todas as noites e pouco faziam durante o dia além de caçar. Na verdade, quase todos os caçadores, quando questionados sobre os detalhes, admitiram que só haviam caçado uns poucos cangurus até então.

Ainda recordo a primeira manhã que passei nas terras altas da Papua-Nova Guiné, quando saí com uma dúzia de homens armados de arco e flecha. Ao passarmos por uma árvore caída, de repente ouvi gritos excitados; o grupo rodeou a árvore, alguns homens tensionaram os arcos e outros se adiantaram na mata. Convencido de que um javali enfurecido ou um canguru estava prestes a partir para a briga, procurei uma árvore onde trepar para me abrigar. Então ouvi gritos triunfantes, e da mata saíram dois caçadores poderosos segurando suas presas: dois filhotes de cambaxirra, ainda incapazes de voar, com menos de dez gramas cada um, que foram imediatamente depenados, assados e comidos. O resto da caça daquele dia consistiu em algumas rãs e muitos cogumelos.

Estudos sobre caçadores-coletores modernos com armas muito mais eficazes do que as dos primeiros *Homo sapiens* demonstram que a maior parte das calorias consumidas por uma família provém dos vegetais coletados pelas mulheres. Os homens caçam coelhos e outras presas pequenas que nunca são mencionados nas histórias heroicas em volta da fogueira. Ocasionalmente chegam a caçar um animal grande, o que contribui de forma significativa para o consumo de proteínas. Mas isso só ocorre no Ártico, onde não há muitos vegetais disponíveis, e a caça de grandes presas é a principal fonte de alimentação. E os humanos só chegaram ao Ártico há poucas dezenas de milênios.

Eu diria que a caça de grandes animais contribuiu muito pouco para a nossa alimentação — e só *depois* de desenvolvermos uma anatomia e um comportamento completamente modernos. Duvido, como se costuma acreditar, que a caça tenha sido a força impulsionadora por trás do nosso cérebro e da nossa sociedade singularmente humanos. Durante a maior parte da nossa história não fomos caçadores poderosos, mas chimpanzés habilidosos, usando ferramentas de pedra para adquirir e preparar comida vegetal e pequenos animais. Ocasionalmente os homens caçavam algum animal grande e depois recontavam incessantemente a história desse raro acontecimento.

No período imediatamente anterior ao Grande Salto Para a Frente, pelo menos três populações humanas distintas ocuparam diferentes partes do Velho Mundo. Foram os últimos humanos verdadeiramente primitivos, suplantados por populações totalmente modernas na época do Grande Salto. Consideremos esses dentre os últimos primitivos cuja anatomia é mais bem conhecida e que se tornaram uma metáfora dos rudes sub-humanos: os homens de Neandertal.

Onde e quando eles viveram? A sua extensão geográfica abarcou da Europa ocidental, passando pelo sul europeu da Rússia e o Oriente Próximo, ao Uzbequistão, na Ásia Central, próximo à fronteira do Afeganistão. (O nome "Neandertal" provém do vale de Neander, na Alemanha [vale = *Thal* ou *Tal*, em alemão], onde foi descoberto um dos primeiros esqueletos.) Quanto ao momento da sua origem, é uma questão de definição, pois alguns crânios possuem características que antecipam os maiores, mais desenvolvidos, dos neandertalenses. Os primeiros exemplos de "crânios mais desenvolvidos" datam de cerca de 130.000 anos e a maioria dos espécimes data de 74.000 anos. Apesar de sua origem arbitrária, o seu fim foi abrupto: os últimos neandertalenses desapareceram há aproximadamente 40.000 anos.

Quando eles floresceram, a Europa e a Ásia estavam na última Idade do Gelo. Os neandertalenses devem ter sido um povo adaptado ao frio — mas dentro de certos limites. Eles não ultrapassaram o sul das ilhas britânicas, o norte da Alemanha, Kiev e o mar Cáspio. A primeira penetração na Sibéria e no Ártico ficou a cargo dos humanos modernos, posteriores.

A anatomia da cabeça dos neandertalenses era tão distinta que hoje, se um deles trajasse um terno ou um vestido da moda e caminhasse pelas ruas de Nova York ou Londres, todos (os *homines sapientes*) olhariam para eles em estado de choque. Imagine moldar um rosto moderno em gesso mole, fixar numa prensa o meio da face, da ponte do nariz até a mandíbula, puxar o meio da face para a frente e deixá-lo endurecer. Assim você teria uma ideia da aparência do neandertalense. Suas sobrancelhas se assentavam em cristas ósseas proeminentes e o nariz, a mandíbula e os dentes eram protuberantes. Os olhos se assentavam em cavidades profundas, afundadas por trás do nariz e da crista das sobrancelhas. A fronte era baixa e inclinada, diferente das nossas testas verticais modernas, e a mandíbula caída deslizava para trás, sem queixo. Apesar desses traços espantosamente primitivos, o cérebro do neandertalense era quase 10% *maior* que o nosso!

Se um dentista examinasse seus dentes, teria um choque maior ainda. No neandertalense adulto, os incisivos (os dentes frontais) estão desgastados na superfície externa de um modo que não se vê nos povos modernos. Evidentemente, esse padrão peculiar de desgaste foi resultado do uso dos dentes como ferramenta, mas qual era exatamente essa função? Como uma possibilidade, eles podem ter usado os dentes como garras para segurar objetos, como os meus filhos quando eram bebês, que prendiam as mamadeiras com os dentes e corriam por toda parte com as mãos livres. Ou então os neandertalenses podem ter mordido peles com os dentes para confeccionar couro, ou mordido paus para fazer ferramentas de madeira.

Um neandertalense de terno ou vestido chamaria a atenção hoje em dia, mas um de short ou de biquíni deixaria todos boquiabertos. Eles eram mais musculosos, especialmente nos ombros e no pescoço, do que a maioria dos fisiculturistas mais ferrenhos. Os ossos de seus membros eram consideravelmente mais grossos que os nossos, para suportarem o esforço da contração desses grandes músculos. Seus braços e pernas teriam nos parecido atarracados, porque a perna e o antebraço eram relativamente mais curtos do que os nossos. Até as mãos eram muito mais poderosas do que as nossas; o seu aperto de mão quebraria os nossos ossos. Apesar de sua altura média ser de apenas 1,65 metro, eles pesavam aproximadamente dez quilos a mais do que uma pessoa moderna da mesma altura, devido principalmente à massa muscular.

Há outra intrigante diferença anatômica possível, apesar de sua realidade e interpretação serem bastante incertas. O canal de parto de uma mulher neandertalense pode ter sido mais largo do que o da mulher moderna, permitindo ao bebê crescer mais antes do nascimento. Se isso for certo, a gravidez de uma neandertalense pode ter durado um ano, em vez dos nossos nove meses.

Além dos ossos, outra fonte principal de informação sobre os neandertalenses são as ferramentas de pedra. Como descrevi antes a respeito das ferramentas humanas, as ferramentas dos neandertalenses podem ter sido simples pedras agarradas com as mãos, sem cabos nem fixação. As ferramentas não são de tipos distintos, com funções específicas. Não havia ferramentas de osso padrão, nem arco e flecha. Algumas ferramentas de pedra certamente foram usadas para confeccionar ferramentas de madeira, que raramente perduram. Uma exceção notável é uma lança de madeira de 2,44 metros, de um sítio arqueológico alemão, encontrada entre as costelas de uma espécie de elefante extinta há muito tempo. Apesar desse êxito (ou sorte?), os neandertalenses provavelmente não eram muito bons caçadores, porque sua densidade populacional (a julgar pelo número de sítios arqueológicos) era muito mais baixa do que a dos Cro-Magnons posteriores e porque até os povos anatomicamente mais modernos que viviam na África naquela mesma época não se destacavam na caça.

Se você mencionar "Neandertal" aos seus amigos e pedir-lhes uma rápida associação de ideias, provavelmente ouvirá "homem das cavernas".

Muitos restos neandertalenses foram encontrados em cavernas, mas isso certamente deve-se à preservação, já que os sítios arqueológicos ao ar livre se erodem muito mais rapidamente. Entre as centenas de locais de acampamento que frequentei na Papua-Nova Guiné, um deles ficava numa caverna, e provavelmente será o único lugar onde os futuros arqueólogos encontrarão intactas as minhas pilhas de latas. Os arqueólogos também serão induzidos a me considerar um homem das cavernas. Os neandertalenses devem ter construído algum tipo de abrigo para se protegerem do clima frio em que viviam, mas esses abrigos devem ter sido rudimentares. Tudo o que resta deles são umas poucas pilhas de pedras e buracos de colunas, comparados com os elaborados remanescentes das moradas construídas mais tarde pelos homens de Cro-Magnon.

A lista de coisas humanas essencialmente modernas de que os homens de Neandertal careciam é muito longa. Eles não deixaram objetos artísticos. Devem ter usado algum tipo de roupa no seu ambiente frio, mas ela deve ter sido grosseira, pois não há evidências de que tivessem agulhas e costurassem. Evidentemente não tinham barcos, pois não há restos de neandertalenses conhecidos nas ilhas mediterrâneas nem no Norte da África, a uns 12 quilômetros do estreito de Gibraltar e da Espanha, povoada por neandertalenses. Não havia comércio de longa distância: suas ferramentas são feitas das pedras disponíveis a poucos quilômetros dos sítios arqueológicos.

Hoje para nós são comuns as diferenças culturais entre povos que habitam áreas diferentes. Toda população humana tem seu estilo característico de moradia, instrumentos e arte. Se lhe mostrassem fachis, uma garrafa de cerveja Guinness e uma zarabatana e lhe pedissem para associar cada um desses objetos à China, à Irlanda e a Bornéu, você não teria problemas em responder corretamente. Essa variação cultural não é aparente entre os neandertalenses, cujas ferramentas se parecem muito entre si, venham elas da França ou da Rússia.

Também consideramos natural o progresso cultural ao longo do tempo. Obviamente, os utensílios de uma *villa* romana, de um castelo medieval e de um apartamento em Nova York dos dias de hoje são muito diferentes. Meus filhos ficariam assombrados ao ver a régua de cálculo que eu usava em 1950: "Pai, mas você é assim *tão* velho?" Mas as ferramentas dos neandertalenses de 100 mil ou 40 mil anos atrás são essencialmente as mesmas. Em resumo, as ferramentas dos neandertalenses não variaram no tempo nem no espaço para sugerir a mais humana das características, a *inovação*. Como afirmou um arqueólogo, os neandertalenses tinham "belas ferramentas feitas de maneira burra". Apesar do seu grande cérebro, faltava alguma coisa.

Ter netos e o que consideramos uma idade avançada também devia ser raro entre eles. Os seus esqueletos deixam claro que os adultos deviam viver até os 30 ou início dos 40 anos, mas não além dos 45. Se não tínhamos escrita *e* nenhum de nós passava dos 45 anos, pense em como era ínfima a capacidade de acumular e transmitir informações naquela sociedade.

Tive de mencionar todas essas qualidades sub-humanas dos neandertalenses, mas em três aspectos podemos nos relacionar com a sua humanidade. Primeiro, praticamente todas as cavernas preservadas possuem pequenas áreas com cinzas e carvão, indicando fogos simples. Portanto, mesmo que o Homem de Pequim tenha usado o fogo centenas de milhares de anos antes, os neandertalenses foram os primeiros a deixar evidências indiscutíveis do uso regular do fogo. Eles também podem ter sido os primeiros a enterrar regularmente os seus mortos, mas se isso tinha implicações religiosas, é assunto de pura especulação. Por fim, eles cuidavam dos doentes e dos anciãos. A maior parte dos esqueletos dos neandertalenses mais velhos exibe sinais de incapacidade severa, como braços atrofiados, ossos quebrados e recalcificados, mas inoperantes, perda de dentes e osteoartrite severa. Após a minha longa litania sobre as carências dos neandertalenses, finalmente encontramos algo que nos mostra a centelha de um espírito similar nessas estranhas criaturas da última Idade do Gelo — quase humanas na forma, mas ainda não verdadeiramente humanas no espírito.

Os neandertalenses pertencem à nossa espécie? Isso depende de se poderíamos e teríamos reproduzido e criado filhos com deles, caso tivéssemos tido a oportunidade de fazê-lo. Os romances de ficção científica adoram imaginar o cenário. Você já viu escrito na capa de vários livros: "Um grupo de exploradores encontra um vale profundo esquecido no tempo no coração da África. Lá encontra uma tribo de um povo muito primitivo vivendo de um modo que os nossos ancestrais da Idade da Pedra descartaram há milhares de anos. Eles pertencem à nossa espécie? Só há uma maneira de saber, mas quem dos intrépidos exploradores [exploradores homens, claro] se arrisca a fazer o teste?" Nesse ponto, subitamente uma das mulheres roedoras de ossos surge bonita e sexy, com um erotismo primitivo, para que o dilema pareça verossímil aos leitores modernos do romance: ele faz ou não faz sexo com ela?

Acredite ou não, algo parecido sucedeu como essa experiência. Ela se repetiu há uns 40 mil anos, na época do Grande Salto Para a Frente.

MENCIONEI QUE OS neandertalenses da Europa e do oeste asiático eram uma das pelo menos três populações humanas que ocuparam diferentes partes do Velho Mundo há cerca de 100.000 anos. Um punhado de fósseis do leste asiático é suficiente para indicar que as populações dali eram diferentes dos neandertalenses e de nós, os modernos, mas os ossos encontrados são insuficientes para descrever esses asiáticos com mais detalhes. Os contemporâneos mais bem caracterizados dos neandertalenses são os da África, alguns dos quais tinham uma anatomia craniana praticamente moderna. Isso significa que há 100.000 anos, na África, chegamos ao divisor de águas do desenvolvimento cultural humano?

Surpreendentemente, a resposta ainda é "não". As ferramentas de pedra desses africanos de aparência moderna eram muito similares às dos neandertalenses, cuja aparência decididamente não era moderna, e por isso nos referimos a eles como "africanos do Paleolítico Médio". Eles ainda careciam de utensílios de ossos padronizados, arco e flecha, redes, anzóis, arte e de uma variação cultural das ferramentas entre um lugar e outro. Apesar dos seus corpos modernos, esses africanos ainda não tinham tudo o que era necessário para dotá-los de plena humanidade. Mais uma vez, deparamos com o paradoxo de que ossos mais modernos e, presumivelmente, genes mais modernos não são suficientes para produzir um comportamento moderno.

Algumas cavernas sul-africanas ocupadas há aproximadamente 100.000 anos nos fornecem o primeiro ponto no tempo da evolução humana, com informações detalhadas sobre o que aqueles povos realmente comiam. A nossa confiança deriva do fato de que as cavernas africanas estão repletas de ferramentas de pedra, ossos de animais com marcas de cortes feitos com essas ferramentas e ossos humanos, mas há poucos ou nenhum osso de animais carnívoros como as hienas. Então, é claro que gente, não hienas, transportou os ossos até as cavernas. Entre os ossos há muitos de focas e pinguins, além de moluscos, como as lapas. Isto torna os africanos do Paleolítico Médio o primeiro povo sobre o qual há pistas de que tenha explorado a costa. Entretanto, as cavernas contêm muito poucos restos de peixes e pássaros marinhos, certamente porque ainda não possuíam anzóis e redes para apanhar peixes e aves.

Os ossos de mamíferos nas cavernas incluem algumas espécies de tamanho médio, e predominando os de um antílope chamado elande. Os ossos de elande nas cavernas são de animais de todas as idades, como se aquele povo de alguma forma tivesse conseguido capturar manadas inteiras e matar cada um dos indivíduos. A princípio surpreende essa relativa abundância de elandes entre as presas dos caçadores, já que o ambiente das cavernas há 100.000 anos era muito semelhante ao que é hoje, e os elandes são hoje um dos grandes animais menos comuns da área. Provavelmente o segredo do sucesso dos caçadores deve-se ao fato de os elandes serem muito dóceis, nada perigosos e fáceis de tocar em rebanhos. Isso sugere que os caçadores ocasionalmente conseguiram empurrar um rebanho inteiro de um penhasco, o que explicaria a semelhança na distribuição das idades dos ossos de elandes nas cavernas com a de rebanhos vivos. Em contraste, presas mais perigosas, como o búfalo do Cabo, os porcos, elefantes e rinocerontes levam a um quadro muito distinto. Os ossos de búfalos nas cavernas são de indivíduos muito jovens ou muito velhos, ao passo que praticamente não há ossos de porcos, elefantes e rinocerontes.

Assim, os africanos do Paleolítico Médio mal podem ser considerados caçadores de presas grandes. Eles evitavam completamente as espécies perigosas ou se limitavam aos animais fracos e envelhecidos e aos filhotes. Essas escolhas refletem uma grande prudência da parte do caçador, já que suas armas ainda eram lanças e não arco e flecha. Um dos métodos suicidas mais eficazes que conheço, além de tomar um coquetel de estricnina, é cutucar um rinoceronte adulto ou um búfalo do Cabo com uma lança. Os caçadores tampouco conseguiriam empurrar rebanhos de elandes de despenhadeiros com muita frequência, já que estes não foram exterminados e continuaram a coexistir com os caçadores. Como sucedeu com povos anteriores e com os caçadores modernos da Idade da Pedra, suspeito que a maior parte da dieta desses caçadores um tanto ineficientes do Paleolítico Médio era composta de plantas e pequenos animais. Eles definitivamente eram mais eficazes do que os chimpanzés, mas não chegavam a ter a habilidade dos boxímanes ou dos pigmeus modernos.

A cena que o mundo humano apresentava no período entre 100.000 e 50.000 anos atrás era essa. O Norte da Europa, a Sibéria, a Austrália, as ilhas oceânicas e todo o Novo Mundo ainda estavam vazios de gente. Os neandertalenses viviam na Europa e no oeste asiático; na África, gente anatomicamente moderna cada vez mais parecida conosco e, no leste asiático, povos que não se pareciam com os neandertalenses nem com os africanos, mas que só conhecemos por um punhado de ossos. Pelo menos no início, essas três populações eram primitivas nas ferramentas, no seu comportamento e na capacidade limitada de inovar. O cenário estava pronto para o Grande Salto Para a Frente. Qual das três populações contemporâneas daria o salto?

As EVIDÊNCIAS DE UMA ascensão abrupta são mais claras na França e na Espanha ao final da Idade do Gelo, por volta de 40.000 anos atrás. No lugar dos neandertalenses apareceram povos completamente modernos do ponto de vista anatômico, comumente denominados homens de Cro-Magnon, a partir do sítio francês onde os ossos foram identificados. Se um deles tivesse passeado pelo Champs-Élysées em vestimentas modernas, ele ou ela não teria se distinguido dos parisienses. Para os arqueólogos, as ferramentas dos homens de Cro-Magnon são tão significativas quanto o seu esqueleto, muito mais diversos na forma e óbvios na função do que os anteriores registros arqueológicos. Os utensílios sugerem que a anatomia moderna foi acompanhada pelo comportamento inovador moderno.

Muitas ferramentas ainda eram de pedra, mas feitas de lascas finas retiradas de pedras maiores, o que lhes proporcionava um número dez vezes maior de lâminas cortantes do que as que obtinham anteriormente a partir de uma quantidade dada de pedras brutas. Pela primeira vez surgiram ferramentas feitas de ossos e chifres. Igualmente, as ferramentas eram inequivocamente compostas de várias partes atadas ou coladas, como pontas de lanças fixadas em hastes ou cunhas de machados encaixadas em cabos de madeira. As ferramentas são classificadas em distintas categorias com função em geral óbvia, como agulhas, brunidores, pilões e socadores, anzóis, redes e cordas. A corda (usada em redes e armadilhas) explica a quantidade de ossos de raposas, doninhas e lebres nos sítios arqueológicos dos homens de Cro-Magnon, ao passo que cordas, anzóis e redes explicam os ossos de peixes e pássaros nos sítios sul-africanos contemporâneos.

Surgem armas sofisticadas para matar a distância e com segurança animais grandes e perigosos — arpões, dardos, lanças e arco e flecha. As cavernas sul-africanas ocupadas por essa população passam a exibir ossos de presas ferozes, como búfalos do Cabo e porcos adultos, enquanto as cavernas europeias estão repletas de ossos de bisões, alces, renas, cavalos e íbices. Até hoje, caçadores armados com poderosos rifles telescópicos têm dificuldade para capturar algumas dessas espécies, que devem ter exigido métodos de caça coletiva altamente especializados, baseados no conhecimento detalhado do comportamento de cada espécie.

Vários tipos de evidências comprovam a eficácia desses povos do final da Idade do Gelo como caçadores de grandes presas. Os seus sítios arqueológicos são muito mais numerosos do que os dos anteriores neandertalenses e os dos africanos do Paleolítico Médio, o que implica um êxito maior na obtenção de alimento. Diversas espécies de grandes mamíferos que haviam sobrevivido a muitas Idades do Gelo anteriores estavam extintas ao final da última Idade do Gelo, o que sugere que foram exterminadas pelas novas habilidades dos caçadores humanos. Essas vítimas prováveis, que serão discutidas no próximo capítulo, incluíam os mamutes da América do Norte, o rinoceronte peludo e o cervo gigante da Europa, o búfalo e o cavalo do Cabo gigantes da África meridional, e os cangurus gigantes da Austrália. Evidentemente, o momento mais brilhante da nossa ascensão já continha as sementes do que ainda pode vir a ser a causa da nossa queda.

O aperfeiçoamento da tecnologia agora permitia aos humanos ocupar novos ambientes e se multiplicarem por áreas já ocupadas da Eurásia e África. Os humanos chegaram à Austrália há uns 50 mil anos, o que implica a existência de embarcações capazes de cruzar até 60 milhas entre o leste da Indonésia e a Austrália. A ocupação do norte da Rússia e da Sibéria há aproximadamente 20 mil anos dependeu de diversos avanços: vestimentas costuradas, cuja existência se reflete nas agulhas com buracos, nas pinturas rupestres de parcas e nos ornamentos das tumbas com desenhos de saias e calças; peles quentes, indicadas pelos esqueletos de raposas e lobos sem as patas (removidas durante o esfolamento e encontradas em pilhas separadas); moradias esmeradas (marcadas por colunas, pisos e paredes feitas de ossos de mamute) com lareiras elaboradas; e lamparinas de pedra à base de gordura animal para iluminar as longas noites do Ártico. A ocupação da Sibéria e do Alasca, por sua vez, levou à ocupação da América do Norte e da América do Sul há aproximadamente 11 mil anos.

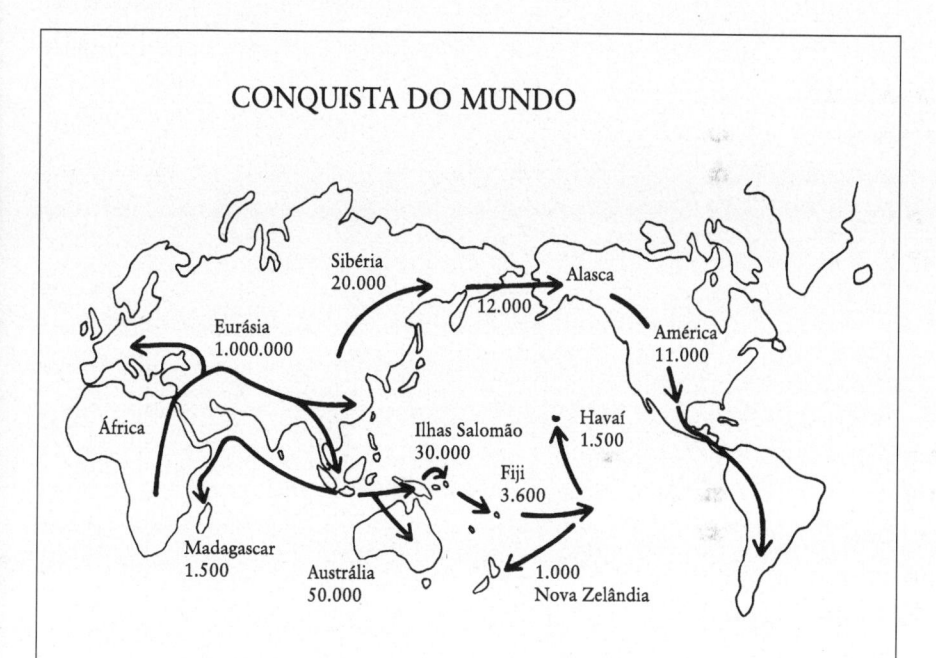

CONQUISTA DO MUNDO

- Sibéria 20.000
- Alasca 12.000
- Eurásia 1.000.000
- América 11.000
- África
- Ilhas Salomão 30.000
- Havaí 1.500
- Fiji 3.600
- Madagascar 1.500
- Austrália 50.000
- Nova Zelândia 1.000

Figura 3. Este mapa ilustra estágios da dispersão dos nossos ancestrais, das origens africanas ao povoamento do mundo. As cifras indicam o número estimado de anos antes da época atual. Futuras descobertas de sítios arqueológicos mais antigos podem demonstrar que algumas regiões, como a Sibéria ou as Ilhas Salomão, foram colonizadas mais cedo do que as datas prováveis aqui apresentadas.

Os neandertalenses obtinham matérias-primas a poucos quilômetros de casa, mas os homens de Cro-Magnon e seus contemporâneos praticavam trocas em longas distâncias não só em busca de matérias-primas, como também de ornamentos "inúteis". Utensílios de pedras de alta qualidade, como obsidiana, jade e pederneiras, são encontrados a centena de quilômetros das jazidas dessas pedras. O âmbar do Báltico chegou ao sudeste europeu, e conchas mediterrâneas foram levadas ao interior da França, Espanha e Ucrânia. Vi padrões muito similares da Idade da Pedra moderna na Papua-Nova Guiné, onde búzios apreciados como ornamentos eram trocados das terras altas até a costa, e obsidianas para machados de pedra eram trocadas por um punhado de presas muito apreciadas.

O sentido estético evidente que se reflete nas trocas do final da Idade do Gelo está relacionado aos avanços que mais admiramos nos homens de Cro-Magnon: a sua arte. Obviamente, o que mais se conhece são as pinturas rupestres em grutas como as de Lascaux, com impressionantes descrições policromadas de animais agora extintos. Mas igualmente impactantes são os baixo-relevos, colares e pingentes, as esculturas em terracota, as figuras femininas com enormes seios e quadris e os instrumentos musicais, que vão da flauta ao tambor.

À diferença dos neandertalenses, dentre os quais poucos viveram mais de 40 anos, alguns esqueletos de homens de Cro-Magnon indicam que eles viveram até os 60 anos. Muitos homens de Cro-Magnon, mas poucos neandertalenses, viveram o suficiente para desfrutar da companhia de seus netos. As pessoas acostumadas a obter informação em páginas impressas ou na televisão têm dificuldade em avaliar a importância que um ou dois anciãos possuem numa sociedade pré-letrada. Nas aldeias da Papua-Nova Guiné, muitas vezes os jovens me levam até as pessoas mais velhas da aldeia quando as encho de perguntas sobre um pássaro ou uma fruta incomuns. Por exemplo, em 1976, quando visitei a ilha Rennell, nas Ilhas Salomão, muitos ilhéus me disseram quais frutas silvestres eram comestíveis, mas só um ancião pôde indicar as demais frutas silvestres comestíveis em caso de emergência para enganar a fome. Ele aprendera isso por ocasião de um ciclone que atingira a ilha quando era criança (por volta de 1905), destruindo hortas e deixando as pessoas desesperadas. Numa sociedade pré-letrada, uma pessoa assim pode apontar a diferença entre a morte e a sobrevivência para toda a sociedade. Então, o fato de alguns homens de Cro-Magnon viverem vinte anos a mais que os neandertalenses provavelmente teve um importante papel no êxito dos homens de Cro-Magnon. Sobreviver até uma idade avançada exigia não só o aperfeiçoamento dos utensílios para a sobrevivência, como também algumas mudanças biológicas, que talvez tenham incluído a evolução da menopausa feminina.

Descrevi o Grande Salto Para a Frente como se todos esses avanços das ferramentas e da arte tivessem surgido simultaneamente há 40 mil anos. Na verdade, inovações diferentes surgiram em diferentes períodos. As lanças surgiram antes dos arpões e do arco e flecha, ao passo que as contas e pingentes surgiram antes das pinturas rupestres. Também descrevi as mudanças como se elas tivessem sido as mesmas por toda parte, mas não foi assim. Entre os africanos, ucranianos e franceses do final da Idade do Gelo, só os primeiros fizeram contas com ovos de avestruz, só os ucranianos construíram casas com ossos de mamutes e só os franceses pintaram rinocerontes peludos nas paredes das cavernas.

Essas variações culturais no tempo e no espaço são completamente distintas da imutável cultura monolítica do homem de Neandertal. Elas constituem a mais importante inovação que acompanhou o caminho para a humanidade: a própria capacidade de inovar. Hoje não podemos imaginar um mundo em que nigerianos e látvios possuem praticamente as mesmas coisas, e que estas sejam as mesmas que os romanos possuíam em 50 a.C.; além disso, inovar nos parece absolutamente natural. Para os neandertalenses, era evidentemente inimaginável.

Apesar da nossa simpatia instantânea pela arte dos homens de Cro-Magnon, suas ferramentas de pedra e estilo de vida de caçadores-coletores só nos levam a vê-los como um povo primitivo. Como nos desenhos animados, ferramentas de pedra nos lembram de um homem das cavernas arrastando sua mulher pelos cabelos. Mas podemos criar uma imagem mais precisa dos homens de Cro-Magnon se pensarmos no que os futuros arqueólogos vão concluir depois de escavar um sítio dos anos 1950 numa aldeia da Papua-Nova Guiné. Eles encontrarão alguns tipos simples de machados de pedra. Praticamente todos os demais pertences materiais eram feitos de madeira e terão desaparecido. Não restará nada das casas de mais de um piso, dos cestos belamente trançados, dos tambores e das flautas, das canoas e das esculturas pintadas de alta qualidade. Não restará nada da complexa língua da aldeia, de suas canções, relações sociais e de seu conhecimento do mundo natural.

Até recentemente, a cultura material da Papua-Nova Guiné foi "primitiva" (isto é, da Idade da Pedra) por razões históricas, mas os papuas são humanos completamente modernos. Papuas cujos pais viveram na Idade da Pedra hoje pilotam aviões, operam computadores e governam um Estado moderno. Se pudéssemos nos transportar numa máquina do tempo para 40 mil anos atrás, acho que pensaríamos que os homens de Cro-Magnon eram igualmente modernos, capazes de aprender a pilotar um jato. Eles só faziam ferramentas de pedra e ossos porque ainda não tinham sido inventadas outras ferramentas; isso foi tudo o que puderam aprender.

COSTUMA-SE AFIRMAR que a evolução dos neandertalenses em homens de Cro-Magnon ocorreu na Europa. Essa perspectiva agora parece cada vez mais improvável. Os últimos esqueletos de neandertalenses, de pouco mais 40 mil anos atrás, ainda eram neandertalenses "desenvolvidos", ao passo que os primeiros homens de Cro-Magnon surgidos na Europa na mesma época já eram totalmente modernos do ponto de vista anatômico. Como há dezenas de milhares de anos já havia povos anatomicamente modernos na África e no Oriente Próximo, é muito mais provável que os povos anatomicamente modernos tenham invadido a Europa partindo de lá, e não que tenham evoluído na Europa.

O que terá sucedido quando os homens de Cro-Magnon invasores encontraram os residentes homens de Neandertal? Só podemos ter certeza do resultado final: em pouco tempo já não havia neandertalenses. Parece-me ineludível concluir que, de alguma forma, a chegada dos homens de Cro-Magnon causou a extinção dos neandertalenses. No entanto, muitos arqueólogos rejeitam essa conclusão e invocam as mudanças ambientais. Por exemplo, a 15ª edição da *Enciclopédia Britânica* conclui o verbete sobre os neandertalenses com a frase: "Apesar de não ser possível determinar no tempo o desaparecimento dos neandertalenses, ele provavelmente resultou do fato de serem criaturas de um período interglacial, incapazes de evitar a devastação de outra Idade do Gelo." Na verdade, os neandertalenses sobreviveram à última Idade do Gelo e se extinguiram subitamente, mais de 30 mil anos depois do seu aparecimento, e um tempo igual antes do seu fim.

A minha opinião é que os acontecimentos na Europa na época do Grande Salto Para a Frente foram similares aos acontecimentos que se repetiram no mundo moderno, quando um povo numeroso com uma tecnologia mais avançada invadiu as terras de um povo muito menos numeroso e com tecnologia mais atrasada. Por exemplo, quando os colonos europeus invadiram a América do Norte, a maioria dos índios morreu devido às novas epidemias; a maioria dos sobreviventes foi morta ou expulsa de suas terras; alguns sobreviventes adotaram tecnologias europeias (cavalos e armas) e resistiram por algum tempo; e vários dos demais sobreviventes foram empurrados para terras que os europeus não cobiçavam ou casaram-se com europeus. O deslocamento dos aborígines australianos pelos colonos europeus e do povo san do sul da África (boxímanes) pelos invasores bantos da Idade do Ferro seguiram um padrão semelhante.

Analogamente, imagino o que as doenças, os assassinatos e os deslocamentos dos homens de Cro-Magnon provocaram entre os neandertalenses. Assim, a transição dos neandertalenses para os homens de Cro-Magnon foi um presságio do que estava por vir, quando os descendentes dos vitoriosos começaram a discutir entre si. A princípio pode parecer paradoxal que os homens de Cro-Magnon tenham prevalecido sobre os neandertalenses muito mais musculosos, mas o fator decisivo pode ter sido o armamento, mais do que a força. Igualmente, não são os gorilas que ameaçam exterminar os humanos na África Central, mas o contrário. Gente com muitos músculos requer muita comida e, portanto, não leva vantagem quando gente mais magra e inteligente emprega ferramentas para fazer o mesmo trabalho.

Assim como os índios das Grandes Planícies norte-americanas, alguns neandertalenses podem ter aprendido certos costumes dos homens de Cro-Magnon e resistido por um tempo. Só assim posso entender uma cultura intrigante denominada châtelperroniana, que coexistiu com a cultura Cro-Magnon típica (a chamada cultura aurignaciana) no oeste europeu durante um curto período, após a chegada dos homens de Cro-Magnon. As ferramentas de pedra châtelperronianas são uma mescla das ferramentas típicas dos neandertalenses e dos homens de Cro-Magnon, mas os utensílios feitos de ossos e a arte típica dos homens de Cro-Magnon geralmente estão ausentes. A identidade do povo que produziu a cultura châtelperroniana foi debatida pelos arqueólogos, até ficar provado que um esqueleto descoberto com artefatos châtelperronianos em Saint-Césaire, na França, era de um homem de Neandertal. Então, talvez alguns neandertalenses tenham conseguido utilizar certas ferramentas Cro-Magnons e sobreviver mais tempo que seus congêneres.

O que não está claro é o resultado do experimento de acasalamento proposto nos romances de ficção científica. Será que alguns invasores Cro-Magnons acasalaram com mulheres neandertalenses? Não há esqueletos conhecidos de híbridos de neandertalenses com homens de Cro-Magnon. Se o comportamento neandertalense era relativamente rudimentar e sua anatomia tão diferente como penso, poucos homens de Cro-Magnon podem ter desejado acasalar com os neandertalenses. De igual maneira, apesar de humanos e chimpanzés continuarem a coexistir hoje, desconheço que tenham acasalado alguma vez. Apesar de os homens de Cro-Magnon e os neandertalenses não serem tão diferentes entre si, as diferenças podiam ser mutuamente desalentadoras. E se a gravidez das mulheres neandertalenses durasse 12 meses, um feto híbrido poderia não sobreviver. Inclino-me a considerar as evidências negativas tal como se apresentam e aceitar que as hibridações foram raras ou inexistentes, e duvido que os europeus atuais carreguem genes dos neandertalenses.

Assim foi, o Grande Salto Para a Frente no oeste da Europa. A substituição dos neandertalenses por populações modernas ocorreu em algum momento anterior no leste europeu e ainda mais cedo no Oriente Próximo, onde o domínio sobre a mesma área aparentemente trocou de mãos dos neandertalenses para os povos modernos entre 90.000 e 60.000 anos atrás. A lentidão da transição do Oriente Próximo, comparada à rapidez no leste da Europa, sugere que os povos anatomicamente modernos que viveram nos arredores do Oriente Próximo antes de 60.000 anos atrás ainda não haviam desenvolvido o comportamento moderno que mais tarde os fez afastar os neandertalenses.

Assim, temos um quadro aproximado de povos anatomicamente modernos surgindo na África há mais de 100.000 anos, mas inicialmente confeccionando as mesmas ferramentas que os neandertalenses e sem apresentar vantagens sobre estes. Há cerca de, talvez, 60.000 anos, alguma mudança mágica no comportamento foi acrescentada à anatomia moderna. Essa mudança (da qual falarei mais adiante) produziu uma população inovadora e totalmente moderna que começou a se espalhar do Oriente Próximo pelo oeste até a Europa, suplantando rapidamente os neandertalenses europeus. Presumivelmente, essa população moderna também se espalhou pelo leste asiático e pela Indonésia, substituindo os povos que lá viviam, dos quais pouco se sabe. Alguns antropólogos creem que os restos ósseos daqueles primeiros asiáticos e indonésios exibem traços reconhecíveis nos asiáticos modernos e nos aborígines australianos. Se for assim, os invasores modernos não teriam exterminado os asiáticos originais imediatamente, como fizeram com os neandertalenses, e podem ter acasalado com eles.

Há dois milhões de anos, diversas linhagens proto-humanas coexistiram lado a lado até que algum ajuste só deixou uma delas. Agora parece que um ajuste similar ocorreu nos últimos 60.000 anos, e que todos os que estamos vivos no mundo hoje descendemos do vencedor daquele ajuste. Qual era o ingrediente que faltava, cuja aquisição levou à vitória do nosso ancestral?

A IDENTIDADE DO ingrediente que produziu o Grande Salto Para a Frente apresenta um enigma arqueológico sem resposta aceitável. Ela não se manifesta nos esqueletos fósseis. Pode ter sido uma mudança em só 0,1% do nosso DNA. Que mudança ínfima nos genes teria trazido consequências tão colossais?

Como outros cientistas que especularam sobre essa questão, só posso pensar numa resposta plausível: a base anatômica para a complexa linguagem falada. Chimpanzés, gorilas e até macacos são capazes de comunicação simbólica independente das palavras. Tanto os chimpanzés quanto os gorilas aprendem a se comunicar por meio da linguagem de sinais, e chimpanzés aprenderam a se comunicar mediante teclas de um grande console controlado por um computador. Assim, entre os primatas antropoides, indivíduos chegaram a dominar "vocabulários" de centenas de símbolos. Os cientistas debatem sobre até que ponto essa comunicação se assemelha à linguagem humana, porém não há dúvida de que ela constitui uma forma de comunicação simbólica. Isto é, um signo ou uma tecla de computador específicos simbolizam alguma coisa em particular.

Os primatas podem empregar como símbolos não só os signos e teclas dos computadores, como também sons. Por exemplo, os macacos-verdes selvagens possuem uma forma natural de comunicação simbólica baseada em grunhidos na qual sons ligeiramente diferentes significam "leopardo", "águia" e "cobra". Uma chimpanzé de oito meses de idade chamada Viki, adotada por um psicólogo e sua esposa e criada praticamente como filha do casal, aprendeu a "falar" cerca de quatro palavras parecidas: "papá", "mamã", "copo" e "de pé". (A chimpanzé mais ciciava do que falava.) Dada essa capacidade para a comunicação simbólica com o uso de sons, por que os primatas antropoides não seguiram desenvolvendo linguagens naturais próprias muito mais complexas?

A resposta parece envolver a estrutura da laringe, da língua e dos músculos a elas associados que nos permitem um controle fino dos sons falados. Como um relógio suíço, cujas diversas partes devem ser bem desenhadas para o relógio indicar o tempo, o nosso trato vocal depende do funcionamento preciso de várias estruturas e músculos. Os chimpanzés são considerados fisicamente incapazes de reproduzir diversas vogais humanas comuns. Se nós também estivéssemos limitados a um punhado de vogais e consoantes, nosso vocabulário seria enormemente reduzido. Por exemplo, passe todas as vogais deste parágrafo para "a" ou "i" e todas as consoantes para "d", "m" ou "s", e veja se ainda consegue entender o que ele diz.

Por isso é plausível que o ingrediente que faltava possa ter sido algumas modificações do trato vocal proto-humano, que nos permite um controle melhor e a emissão de uma variação muito maior de sons. Estas modificações sutis dos músculos não são necessariamente detectáveis nos crânios fósseis.

É fácil perceber como uma pequena mudança anatômica que leva à capacidade da fala pode produzir mudanças enormes no comportamento. Com a linguagem, são necessários só alguns segundos para comunicar a mensagem "Dobre à direita na quarta árvore e encurrale o antílope macho na rocha vermelha, onde me esconderei com a lança". Sem a linguagem seria impossível transmitir essa mensagem. Sem a linguagem, dois proto-humanos não poderiam confabular sobre a confecção de uma ferramenta melhor ou o significado de uma pintura rupestre. Sem a linguagem, até um proto-humano teria dificuldade de pensar por si mesmo sobre como confeccionar uma ferramenta melhor.

Não estou sugerindo que o Grande Salto Para a Frente tenha começado assim que surgiram as mutações que alteraram a anatomia da língua e da laringe. Depois da anatomia correta, podem ter se passado milhares de anos para que os humanos tenham aperfeiçoado a estrutura da linguagem tal como a conhecemos — para chegar aos conceitos de construção sintática e flexão das palavras e frases para desenvolver o vocabulário. No capítulo 8 considerarei alguns estágios possíveis no aperfeiçoamento da linguagem. Mas se o ingrediente que faltou consistiu em mudanças no trato vocal que nos levaram a um controle fino dos sons, então a capacidade de inovar viria com o tempo. Foi a palavra falada que nos fez livres.

Parece-me que essa interpretação dá conta da falta de evidências para os híbridos de neandertalenses e Cro-Magnons. A fala tem uma importância crucial nas relações entre os homens e mulheres e sua prole. Isso não significa dizer que pessoas mudas ou surdas não possam aprender bem na nossa cultura, mas elas o fazem aprendendo a encontrar alternativas a uma língua falada existente. Se a linguagem neandertalense foi muito mais simples que a nossa ou inexistente, não surpreende que os homens de Cro-Magnon não se casassem com os neandertalenses.

ARGUMENTEI QUE há 40.000 anos éramos totalmente modernos na anatomia e no comportamento, e que os homens de Cro-Magnon podiam ter aprendido a pilotar um jato. Se tiver sido assim, por que transcorreu tanto tempo após o Grande Salto Para a Frente para inventarmos a escrita e construir o Partenon? A resposta pode ser semelhante à explicação de por que os romanos, grandes engenheiros, não construíram bombas atômicas. Para chegar ao ponto de construir uma bomba A foram necessários dois mil anos de avanços tecnológicos além dos níveis romanos, como a invenção da pólvora e do cálculo, o desenvolvimento da teoria atômica e o isolamento do urânio. De igual modo, a escrita e o Partenon dependeram de dezenas de milhares de anos de desenvolvimentos cumulativos após o surgimento dos homens de Cro-Magnon — desenvolvimentos que incluíram o arco e flecha, a cerâmica, a domesticação das plantas e dos animais e muitos outros.

Até o Grande Salto Para a Frente, a cultura humana se desenvolveu a passo de tartaruga por milhões de anos. Esse passo era ditado pelo lento ritmo das mudanças genéticas. Após o salto, o desenvolvimento cultural já não dependia das mudanças genéticas. Apesar de transformações mínimas na nossa anatomia, houve uma evolução cultural maior nos últimos 40.000 anos do que no milhão de anos anteriores. Se um visitante do espaço sideral tivesse vindo à Terra no tempo dos neandertalenses, os humanos não teriam sobressaído entre as demais espécies. No máximo, o visitante poderia ter mencionado os humanos ao lado dos castores, dos pássaros-arquitetos e das formigas-correição, exemplos de espécies com comportamentos curiosos. Será que o visitante teria previsto a mudança que logo faria de nós a primeira espécie na história da vida na Terra capaz de destruir toda a vida existente?

PARTE DOIS

UM ANIMAL COM UM ESTRANHO CICLO VITAL

Acabamos de traçar nossa história evolutiva pelo surgimento dos humanos com anatomia e capacidades comportamentais completamente modernas. Mas esse histórico não nos prepara para seguir considerando o desenvolvimento de marcos culturais humanos, como a linguagem e a arte. É por isso que só levamos em conta as evidências dos ossos e ferramentas. Sim, a evolução para o cérebro grande e a postura ereta era um requisito para a linguagem e a arte, mas não era suficiente. Os ossos humanos por si sós não garantem a humanidade. Em vez disso, a nossa ascensão à humanidade exigiu também mudanças drásticas no nosso ciclo vital, que serão o tema da Parte Dois.

Pode-se traçar o que os biólogos denominam "ciclo vital" para qualquer espécie. Isso implica características como o tamanho da prole por ninhada ou nascimento, o cuidado parental (quando existe) que a mãe ou o pai dispensam à prole, as relações sociais entre os indivíduos adultos, como macho e fêmea se escolhem para acasalar, a frequência das relações sexuais, a menopausa (quando existe) e a expectativa de vida.

Consideramos essas características nos humanos uma norma. Mas, na verdade, nosso ciclo vital é estranho do ponto de vista animal. Todos os traços que acabo de mencionar variam enormemente entre as espécies, e somos extremos em quase todos esses aspectos. Para mencionar só alguns exemplos óbvios, a maioria dos animais produz ninhadas de muito mais de um filhote por vez, a maioria dos pais animais não cuida dos filhotes e a maioria das espécies animais vive só uma pequena fração dos 70 anos que vivemos em média.

Dentre as nossas características excepcionais, algumas são compartilhadas pelos primatas antropoides, o que sugere que simplesmente mantivemos características que nossos ancestrais antropoides já haviam adquirido. Por exemplo, os primatas antropoides geralmente têm um filhote por vez e vivem por muitas décadas. Nada disso se aplica aos outros animais que nos são familiares (mas cuja relação conosco é mais distante), como gatos, cães, aves canoras e peixes dourados.

Em outros aspectos somos muito diferentes, inclusive dos primatas antropoides. Algumas diferenças óbvias de funções bem conhecidas são: os bebês humanos são alimentados pelos pais mesmo depois do desmame, enquanto os antropoides desmamados coletam a própria comida. A maioria dos pais e mães humanos, mas só as mães chimpanzés, dedicam-se ao cuidado das crias. Como as gaivotas, mas diferentes dos primatas antropoides e da maioria dos demais mamíferos, vivemos em colônias densamente habitadas de casais monogâmicos, alguns dos quais buscam o sexo extraconjugal. Todas essas características são tão essenciais quanto o cérebro grande para a sobrevivência e a educação da prole humana. Isso ocorre porque nossos elaborados métodos de obter alimentos, que dependem de ferramentas, tornam as crias humanas desmamadas incompetentes para se alimentarem por conta própria. Os nossos filhos exigem um longo período de provisão de alimentos, educação e proteção — um investimento muito mais custoso do que o enfrentado pela mãe símia. Portanto, se os pais humanos querem que suas proles sobrevivam até a maturidade, geralmente oferecem às suas parceiras muito mais do que o esperma, que é a única contribuição do pai orangotango.

Nosso ciclo vital também difere do ciclo dos antropoides selvagens em aspectos mais sutis, cujas funções, ainda assim, são identificáveis. Muitos de nós vivemos mais do que os antropoides selvagens: mesmo as tribos de caçadores-coletores possuem alguns indivíduos anciãos, os quais são extremamente importantes como repositórios da experiência. Os testículos dos homens são muito maiores do que os dos gorilas e menores que os dos chimpanzés, por razões que este livro explicará. Encaramos a menopausa feminina como inevitável, e mostrarei por que ela faz sentido para os humanos, porém é quase inexistente entre outros mamíferos. O paralelo mais próximo com os mamíferos é com alguns minúsculos marsupiais australianos, e são os machos, não as fêmeas, que entram na menopausa. A longevidade, o tamanho dos testículos e a menopausa foram também requisitos para a nossa humanidade.

Há outras novas características do nosso ciclo vital, além dos testículos, que diferem mais drasticamente com relação aos primatas antropoides, mas as suas funções continuam a ser debatidas calorosamente. Somos incomuns porque fazemos sexo principalmente por prazer e em privado, em vez de fazê-lo principalmente em público e só quando a fêmea pode conceber. As fêmeas símias avisam quando estão ovulando; as fêmeas humanas ocultam isso até de si mesmas. Embora os anatomistas compreendam a importância do tamanho moderado dos testículos dos homens, a explicação para o enorme tamanho do pênis humano ainda nos escapa. Seja qual for a explicação, todas essas características fazem parte da definição da humanidade. Certamente é difícil visualizar como pais e mães poderiam cooperar harmoniosamente na criação dos filhos se as mulheres fossem semelhantes a algumas fêmeas primatas, cuja genitália fica vermelha durante a ovulação, só são sexualmente receptivas nessa época, desfraldam a tarja vermelha da receptividade e fazem sexo em público com qualquer passante do sexo masculino.

Assim, a sociedade humana e a criação da prole dependem não só das mudanças no esqueleto mencionadas na Parte Um, mas também dessas novas características notáveis do nosso ciclo vital. Entretanto, diferente das mudanças no nosso esqueleto, não podemos acompanhar na nossa história evolutiva o momento de cada uma dessas mudanças no ciclo vital, porque elas não deixaram marcas fósseis palpáveis. Em consequência, apesar de sua importância, elas recebem pouca atenção nos textos dos paleontólogos. Recentemente, os arqueólogos descobriram um osso hioide neandertalense, uma das peças fundamentais do nosso aparelho vocal, mas até agora não há traços de um pênis neandertalense. Não sabemos se o *Homo erectus* já estava a caminho de desenvolver uma preferência pelo sexo em privado, além de ter desenvolvido um cérebro grande amplamente documentado. Não podemos nem provar por meio dos fósseis, como o fazemos a respeito do nosso grande cérebro, que nós, não os primatas antropoides, somos aqueles cujos ciclos vitais mais divergiram da condição ancestral. Em vez disso, devemos nos contentar com a mera inferência dessa conclusão a partir do fato de que nossos ciclos vitais são excepcionais, comparados não só aos dos primatas antropoides vivos, como também aos de outros primatas, o que sugere que somos os que mais mudamos.

Em meados do século XIX, Darwin estabeleceu que a anatomia dos animais evoluiu mediante a seleção natural. No século XX, os bioquímicos também traçaram a evolução da formação química dos animais ao longo da seleção natural. Mas o mesmo sucedeu com o comportamento animal, incluindo a biologia reprodutiva e, particularmente, os hábitos sexuais. As características do ciclo vital possuem bases genéticas e variam quantitativamente entre indivíduos da mesma espécie. Por exemplo, algumas mulheres são geneticamente predispostas a gerar gêmeos, e sabemos que os genes da longevidade estão presentes em algumas famílias mais do que em outras. As características do ciclo vital afetam a nossa capacidade de transmitir nossos genes e influenciam o nosso êxito em atrair parceiros, conceber, criar bebês e sobreviver na idade adulta. Assim como a seleção natural tende a adaptar a anatomia de um animal ao seu nicho ecológico e vice-versa, ela também tende a moldar os ciclos vitais dos animais. Os indivíduos com uma prole sobrevivente mais numerosa promovem as características dos seus genes no ciclo vital e na formação óssea e química.

Uma dificuldade nesse raciocínio é que parece que algumas de nossas características, como a menopausa e o envelhecimento, reduziriam (em vez de melhorar) a nossa reprodução, e não deviam ser um resultado da seleção natural. Geralmente é útil tentar compreender esses paradoxos recorrendo ao conceito de *trade-offs*, ou trocas compensatórias. No mundo animal, nada é gratuito nem unicamente bom. Tudo envolve custos e benefícios e o uso de espaço, tempo ou energia que podiam ser empregados em outra coisa. Poder-se-ia pensar que mulheres que nunca tiveram menopausa deixariam mais descendentes do que as mulheres modernas. Mas, se pensarmos nos custos embutidos ao evitar a menopausa, percebemos por que a evolução não considerou essas estratégias para nós. As mesmas indagações iluminam questões difíceis de por que envelhecemos e morremos e se estamos melhores (mesmo num sentido evolutivo estrito) sendo fiéis aos nossos cônjuges ou buscando casos extraconjugais.

Nessa discussão eu parto do pressuposto de que as características do nosso ciclo vital humano possuem uma base genética. Os comentários que fiz no Capítulo 1 sobre a função dos genes em geral também se aplicam aqui. Assim como a nossa altura e a maioria das nossas características observáveis não são influenciadas por um único gene, certamente não há um gene singular que determine a menopausa ou a monogamia. De fato, sabemos pouco sobre as bases genéticas das características do ciclo vital humano, apesar de experimentos de acasalamento seletivo de camundongos e carneiros terem informado sobre um controle genético do tamanho dos seus testículos. Obviamente, enormes influências culturais entram em operação na nossa motivação para cuidar da prole ou para buscar sexo extraconjugal, e não há razão para acreditar que os genes contribuam de maneira significativa para as diferenças individuais dessas características. No entanto, as diferenças genéticas entre os humanos e as outras duas espécies de chimpanzés provavelmente contribuem para as consistentes diferenças de muitas características do ciclo vital entre todas as populações humanas e todas as populações de chimpanzés. Independentemente de suas práticas culturais, não há sociedade humana cujos homens tenham testículos do tamanho dos testículos dos chimpanzés e cujas mulheres não passem pela menopausa. Desse 1,6% dos nossos genes com alguma função que diferem dos chimpanzés, uma fração significativa provavelmente está implicada na especificação das características do nosso ciclo vital.

Na nossa discussão sobre nosso ciclo vital singularmente humano, começamos pelos traços da organização social e da anatomia sexual, fisiologia e comportamento humanos. Como já foi mencionado, as características que nos tornam estranhos entre os animais incluem as sociedades de casais monógamos, a anatomia genital e a busca constante, geralmente privada, de sexo. Nossas vidas sexuais se refletem não só na genitália, como também nos tamanhos relativos dos corpos de homens e mulheres (muito mais iguais do que os corpos de gorilas e orangotangos machos e fêmeas). Veremos que algumas dessas características distintivas familiares possuem funções conhecidas, ao passo que outras continuam a desafiar nossa compreensão.

Nenhuma discussão honesta sobre o ciclo vital humano pode deixar de observar que somos nominalmente monógamos e deixar a coisa por aí. A busca de sexo extraconjugal obviamente é bastante influenciada pela educação particular de cada indivíduo e pelas normas da sociedade em que vive. Apesar de toda essa influência cultural, ainda precisamos explicar o fato de que *tanto* a instituição do casamento *quanto* a ocorrência do sexo extraconjugal têm sido observadas em todas as sociedades humanas; mas o sexo extraconjugal é desconhecido entre os gibões, apesar de praticarem o "casamento" (isto é, acasalamentos duradouros entre macho e fêmea para criar a prole); e de a questão do sexo extraconjugal não ter importância entre os chimpanzés porque eles não praticam o "casamento". Assim, uma discussão adequada do singular ciclo vital humano deve levar em conta a combinação de casamento com sexo extraconjugal. Como demonstrarei, há precedentes no mundo animal que ajudam a entender a nossa combinação do ponto de vista evolucionista: homens e mulheres tendem a diferir nas suas atitudes diante do sexo extraconjugal, assim como os gansos e as gansas.

Depois, nos dedicaremos a outra característica distintiva do ciclo vital humano: como escolhemos nossos parceiros sexuais, conjugais ou de outro tipo. Esse problema raramente existe entre os grupos de babuínos, em que há pouca seleção: qualquer macho tenta acasalar com as fêmeas quando elas estão no cio. Os chimpanzés comuns de certa forma escolhem seus parceiros sexuais, mas são muito menos seletivos e muito mais promíscuos, assim como os babuínos, do que os humanos. A seleção do parceiro é uma decisão de consequências importantes para o ciclo vital humano, porque os casais compartilham responsabilidades parentais, além do envolvimento sexual. Exatamente pelo fato de o cuidado da prole humana exigir um investimento parental tão pesado e prolongado, temos muito mais cuidado do que um babuíno na escolha do nosso coinvestidor. Entretanto, se formos além dos primatas e examinarmos os ratos e os pássaros, podemos encontrar precedentes no mundo animal para a nossa escolha de parceiros sexuais.

Os nossos critérios de seleção de parceiros são relevantes para a constrangedora questão da variação racial humana. Os humanos nativos de diferentes partes do globo apresentam visíveis variações na sua aparência externa, assim como os gorilas, orangotangos e a maioria das espécies animais que ocupam um território geográfico suficientemente extenso. Algumas variações geográficas na nossa aparência certamente refletem a seleção natural nos moldando ao clima local, assim como as doninhas nas áreas onde há neve no inverno desenvolvem uma pelagem branca para melhor se camuflarem e sobreviver. Contudo, argumentarei que a nossa variabilidade geográfica visível se deve principalmente à seleção sexual, um resultado dos procedimentos de escolha dos parceiros sexuais.

Para fechar a discussão sobre nosso ciclo vital, indagarei por que nossa vida tem de chegar ao fim. O envelhecimento é mais uma característica do nosso ciclo vital tão familiar que o consideramos natural: claro que todos envelhecemos e, com o passar do tempo, morremos. O mesmo ocorre com os indivíduos de todas as espécies animais, mas as espécies envelhecem em ritmos muito diferentes. Dentre os animais, somos relativamente longevos e nos tornamos ainda mais na época em que os homens de Cro-Magnon substituíram os neandertalenses. A nossa longevidade tem sido importante para a nossa humanidade, ao permitir a transmissão eficaz entre as gerações das habilidades adquiridas. Mas até os humanos envelhecem. Por que o envelhecimento é inevitável, apesar de nossa grande capacidade de autorreparo biológico?

Aqui, mais do que em qualquer outra parte deste livro, fica clara a importância de pensar em termos de *trade-offs* evolutivos. A produção de uma quantidade maior de descendentes paradoxalmente não compensaria o crescente investimento nos mecanismos de autorreparo que uma vida mais longa exige. Veremos que o conceito de *trade-off* também esclarece a incógnita da menopausa: um corte na reprodução, paradoxalmente programado pela seleção natural para que as mulheres possam gerar mais crianças sobreviventes.

CAPÍTULO 3

A evolução da sexualidade humana

NÃO HÁ UMA SEMANA SEM QUE SE PUBLIQUE UM NOVO LIVRO SOBRE SEXO. O nosso desejo de ler sobre sexo só é suplantado pelo nosso desejo de praticá-lo. Daí pode-se supor que os fatos básicos da sexualidade humana devem ser familiares aos leigos e compreendidos pelos cientistas. Teste sua compreensão do sexo tentando responder a essas cinco perguntas simples:

> Dentre as diversas espécies de primatas antropoides e o homem, qual tem o pênis maior e por quê?
> Por que os homens são maiores do que as mulheres?
> Por que os homens têm testículos muito menores que os dos chimpanzés?
> Por que os humanos copulam privadamente, enquanto todos os outros animais sociais o fazem em público?
> Por que as mulheres não se assemelham à maioria das demais fêmeas mamíferas, que têm dias férteis reconhecíveis e cuja receptividade sexual se limita a esses dias?

Se você respondeu "gorila" na primeira pergunta, vista o chapeuzinho de "burro": a resposta correta é "homem". Se tiver dado uma resposta inteligente às quatro perguntas seguintes, publique-as; os cientistas continuam debatendo teorias antagônicas.

Essas cinco questões exemplificam como é difícil explicar os fatos mais óbvios da nossa anatomia e fisiologia sexuais. Parte do problema são as nossas inibições diante do sexo: só recentemente os cientistas começaram a estudá-lo seriamente, mas ainda enfrentam dificuldades para ser objetivos. Outra dificuldade é que os cientistas não podem fazer experimentos controlados sobre as práticas sexuais dos humanos da mesma forma como podem medir o colesterol e os hábitos de escovação dos dentes. Por último, os órgãos sexuais não existem isoladamente: eles estão adaptados aos hábitos sociais e ao ciclo vital dos seus donos, que, por sua vez, no nosso caso, estão adaptados aos hábitos de obtenção de alimentos, o que significa, entre outras coisas, que a evolução dos órgãos sexuais humanos está ligada ao uso de ferramentas, ao cérebro grande e às práticas relacionadas com o cuidado da prole. Portanto, para deixarmos de ser só mais uma espécie de grande mamífero e nos tornarmos singularmente humanos não houve apenas uma remodelação da pelve e do crânio, mas também da nossa sexualidade.

UM BIÓLOGO MUITAS vezes conhece o sistema de acasalamento e a anatomia genital de um animal com base no que sabe sobre a sua alimentação. Se quisermos saber como a sexualidade humana chegou a ser como é, temos de começar por entender a evolução da nossa dieta e da nossa sociedade. Da dieta vegetariana dos nossos ancestrais antropoides divergimos nos últimos muitos milhões de anos e nos tornamos carnívoros e também vegetarianos. No entanto, os nossos dentes e unhas continuaram a ser de antropoides, não de tigres. A maestria na caçada dependia do cérebro grande: ao usar ferramentas e operar em grupos coordenados, nossos ancestrais foram capazes de ter sucesso na caça, apesar de seu equipamento anatômico deficiente, e compartilhar a comida entre si regularmente. A nossa habilidade para coletar raízes e frutos também passou a depender de ferramentas e, por isso, a exigir um cérebro grande.

Como resultado, as crianças humanas levavam anos para adquirir as informações e a prática necessárias para serem caçadores-coletores eficientes, assim como hoje ainda levam anos para aprender a ser agricultores ou programadores de computador. Durante muitos anos após o desmame, nossos filhos ainda são muito ignorantes e incapazes de obter a própria comida; dependem totalmente de nós, os pais, para se alimentarem. Estes hábitos são tão naturais para nós que esquecemos que os bebês antropoides obtinham o próprio alimento assim que eram desmamados.

As razões pelas quais as crianças humanas são completamente incompetentes para obter alimentos são duas: mecânicas e mentais. Primeiro, fabricar e manipular as ferramentas necessárias para obter comida exige boa coordenação dos dedos, o que as crianças levam anos para desenvolver. Assim como nossos filhos de 4 anos não sabem amarrar os sapatos, as crianças de 4 anos dos caçadores-coletores não conseguem afiar um machado de pedra nem escavar um tronco para fazer uma canoa. Segundo, dependemos muito mais do cérebro para obter comida do que outros animais, porque a nossa dieta é mais variada e nossas técnicas de obtenção de alimentos são muito mais variadas e complicadas. Por exemplo, os papuas com os quais trabalho têm nomes diferentes para cerca de mil espécies diferentes de plantas e animais que vivem nos arredores. Eles sabem algo sobre a distribuição e a história de vida de cada uma dessas espécies, como reconhecê-las, se são comestíveis ou úteis de alguma outra forma, e a melhor maneira de capturá-las ou cultivá-las. São necessários anos para adquirir toda essa informação.

As crianças humanas desmamadas não podem se sustentar porque carecem dessas habilidades mecânicas e mentais. Elas necessitam dos adultos para lhes ensinar e alimentá-las durante uma ou duas décadas, enquanto aprendem. Como ocorre com tantos outros marcos humanos, esses nossos problemas também têm precedentes no mundo animal. Entre os leões e várias outras espécies, os filhotes são treinados pelos pais para caçar. Os chimpanzés também têm uma dieta variada, empregam diversas técnicas para obter alimentos e ajudam os filhotes a conseguir comida, ao passo que os chimpanzés comuns (não os pigmeus) usam algumas ferramentas. A nossa distinção não é absoluta, mas de grau: para nós, as habilidades necessárias e, portanto, o fardo para os pais são muito maiores do que entre os leões e os chimpanzés.

Essa responsabilidade parental faz com que os cuidados do pai e da mãe sejam importantes para a sobrevivência da criança. Os pais orangotangos não fornecem nada à sua prole, além da doação inicial do sêmen; os pais gorilas, chimpanzés e gibões vão além e oferecem proteção; mas os pais caçadores-coletores também oferecem comida e muitos ensinamentos. Os hábitos humanos de coleta de alimentos requerem um sistema social no qual o macho mantém o relacionamento com a fêmea após fecundá-la, para ajudar a criar a criança. Não sendo assim, a criança não sobreviveria e seria mais improvável que o pai transmitisse os seus genes. O sistema dos orangotangos, em que o pai se afasta depois de copular, não funcionaria entre nós.

Mas o sistema dos chimpanzés, em que vários machos adultos provavelmente copulam com a mesma fêmea no cio, tampouco funcionaria conosco. O resultado desse sistema é que um pai chimpanzé não tem ideia de quais filhotes da prole são seus. Para ele isso não representa uma perda, pois os seus esforços em favor da prole são modestos. Entretanto, o pai humano, que contribui significativamente para o cuidado de quem acredita ser seu filho, precisa ter alguma certeza a respeito da paternidade — por exemplo, sendo o parceiro sexual exclusivo da mãe da criança. De outra forma, a sua contribuição para o cuidado da criança poderia estar ajudando a passar adiante os genes de outro homem.

A certeza da paternidade não seria um problema se, como os gibões, os humanos vivessem espalhados pela paisagem em casais isolados, de forma que muito raramente uma fêmea encontrasse outro macho que não fosse o seu consorte. Mas há fortes razões para que todas as populações humanas tenham consistido em grupos de adultos, apesar da paranoia sobre a paternidade que isso causa. Entre essas razões está o fato de a maior parte da caça e da coleta exigir esforços cooperativos entre homens, mulheres ou entre ambos; grande parte dos alimentos silvestres se encontra em trechos dispersos, porém concentrados, capazes de sustentar muita gente; e os grupos oferecem melhor proteção contra predadores e agressores, especialmente contra outros humanos.

Em resumo, o sistema social que desenvolvemos para resolver nossos hábitos alimentares não antropoides nos parecem absolutamente normais, mas são estranhos pelos padrões dos antropoides e praticamente únicos dentre os mamíferos. Os orangotangos adultos são solitários; os gibões adultos vivem em pares monogâmicos isolados; os gorilas vivem em haréns polígamos, cada macho com diversas fêmeas adultas e, em geral, um macho dominante; os chimpanzés comuns vivem em comunidades bastante promíscuas, compostas por várias fêmeas e um grupo de machos; e os chimpanzés pigmeus formam comunidades ainda mais promíscuas de ambos os sexos. Mas as nossas sociedades, assim como nossos hábitos alimentares lembram os dos leões e lobos: vivemos em bandos com muitos machos adultos *e* muitas fêmeas adultas. Além disso, divergimos até dos leões e dos lobos na maneira como essas sociedades se organizam: os nossos machos e fêmeas formam pares uns com os outros. Em contraste, qualquer leão do bando pode cruzar, e o faz regularmente, com qualquer leoa, o que torna a paternidade inidentificável. Em vez disso, o paralelo mais próximo das nossas sociedades peculiares está nas colônias de aves marinhas, como gaivotas e pinguins, que também consistem em pares de macho e fêmea.

Ao menos oficialmente, hoje o acasalamento humano é mais ou menos monogâmico na maior parte dos países, mas há uma "ligeira poliginia" entre a maioria dos grupos sobreviventes de caçadores-coletores, que são melhores modelos de como a humanidade viveu no último milhão de anos. (Essa descrição não leva em consideração o sexo extraconjugal, com o qual nos tornamos efetivamente mais polígamos e cujos aspectos cientificamente fascinantes discutirei no próximo capítulo.) Por "ligeira poliginia" me refiro a que a maioria dos homens caçadores-coletores só pode sustentar uma família, mas alguns homens poderosos têm diversas mulheres. A poliginia na escala dos elefantes-marinhos, entre os quais machos poderosos têm dezenas de fêmeas, é impossível para os caçadores-coletores, porque eles diferem dos elefantes marinhos no cuidado com a prole. Os grandes haréns que tornaram famosos alguns potentados humanos só foram possíveis com o surgimento da agricultura e do governo centralizado, que permitem a um punhado de príncipes cobrar impostos de todos para alimentar os bebês do harém real.

AGORA VEJAMOS COMO essa organização social molda o corpo de homens e mulheres. Primeiro, considere o fato de que os homens adultos são ligeiramente maiores do que as mulheres da mesma idade (em média, cerca de 8% mais altos e 20% mais pesados). Um zoólogo extraterrestre olharia a minha mulher, que mede 1,75 metro, e a mim (1,80 metro) e imediatamente adivinharia que pertencemos a uma espécie ligeiramente polígina. Você me perguntaria: como é possível adivinhar as práticas de acasalamento a partir do tamanho relativo dos corpos?

Acontece que, entre os mamíferos polígínos, o tamanho médio do harém aumenta de acordo com a proporção do tamanho do corpo do macho em relação ao tamanho do corpo da fêmea. Isto é, os maiores haréns são típicos das espécies em que os machos são muito maiores que as fêmeas. Por exemplo, machos e fêmeas têm o mesmo tamanho entre os gibões, que são monogâmicos; o gorila macho, com um harém típico de três a seis fêmeas, pesa quase o dobro da fêmea; porém entre os elefantes marinhos o harém médio é de 48 fêmeas, e os machos, com três toneladas, fazem as fêmeas parecerem miúdas com seus 300 quilos. A explicação é que, numa espécie monogâmica, cada macho pode ganhar uma fêmea, mas em espécies muito polígínas a maioria dos machos perece sem um par, porque alguns machos dominantes arrebanham todas as fêmeas para os seus haréns. Então, quanto maior o harém, mais feroz é a competição entre os machos e mais importante é para o macho ser grande, já que o macho maior geralmente vence as lutas. Nós humanos, com machos um pouco maiores e uma ligeira poliginia, nos encaixamos nesse padrão. (Contudo, em algum momento da evolução humana, a inteligência e a personalidade do macho passaram a contar mais do que o tamanho: os jogadores de basquete e os lutadores de sumô não costumam ter mais esposas do que os jóqueis ou os timoneiros.)

Como a competição pelas fêmeas é mais feroz entre as espécies polígínas do que entre as monogâmicas, nas primeiras as diferenças entre machos e fêmeas também são mais marcantes em outros aspectos além do tamanho corporal. Essas diferenças são as características sexuais secundárias, que ajudam a atrair parceiros. Por exemplo, os machos e as fêmeas entre os gibões monogâmicos parecem idênticos a distância, enquanto os gorilas machos (de acordo com a sua poliginia) são facilmente reconhecíveis devido à crista na cabeça e ao dorso prateado. Também nesse caso a anatomia reflete nossa ligeira poliginia. As diferenças externas entre homens e mulheres são menos marcantes do que as diferenças ligadas ao sexo entre os gorilas e os orangotangos; mas o zoólogo extraterrestre provavelmente ainda poderia distinguir os homens das mulheres devido ao pelo corporal e facial dos homens e seus pênis incomumente grandes e aos grandes seios das mulheres, mesmo antes da primeira gravidez (nisso somos únicos entre os primatas).

FALANDO AGORA DE genitália, o peso combinado dos testículos do homem médio é de aproximadamente 42 gramas. Isso pode inchar o ego do macho humano, se ele pensar no peso ligeiramente menor dos testículos de um gorila de mais de 200 quilos. No entanto, os nossos testículos ficam diminutos diante dos testículos de 120 gramas dos chimpanzés de 45 quilos. Por que o gorila é tão econômico e o chimpanzé tão bem-dotado comparados a nós?

OS MACHOS, TAL COMO AS FÊMEAS OS VEEM

fêmea

chimpanzé

homem

orangotango

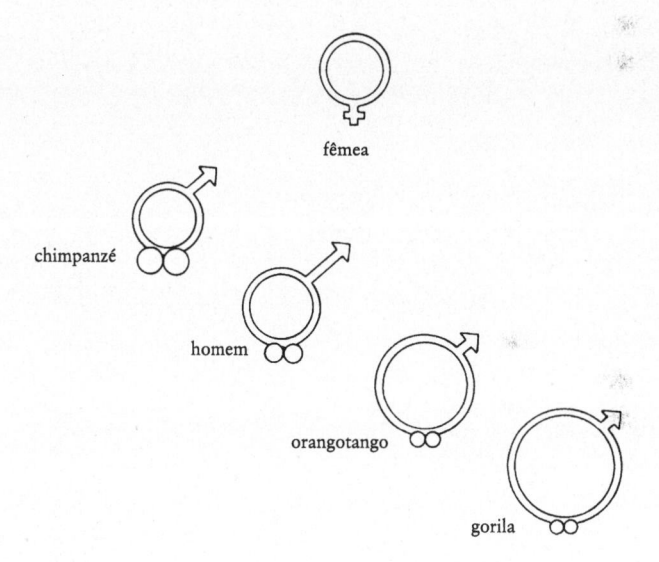

gorila

Figura 4. Os humanos e os grandes primatas diferem com respeito ao tamanho relativo do corpo de homens e mulheres, ao comprimento do pênis e ao tamanho dos testículos. Os círculos maiores representam o tamanho do corpo do macho de cada espécie com relação ao da fêmea da mesma espécie. O tamanho do corpo da fêmea, no alto, é arbitrariamente representado com o mesmo tamanho para todas as espécies. Assim, chimpanzés de ambos os sexos têm quase o mesmo peso; os homens são um pouco maiores do que as mulheres; mas os orangotangos e os gorilas machos são muito maiores do que as fêmeas. As setas nos símbolos masculinos são proporcionais ao comprimento do pênis ereto e os dois círculos representam o peso dos testículos com relação ao corpo. Os homens têm os pênis mais longos; os chimpanzés, os testículos maiores, e os orangotangos e gorilas, os pênis mais curtos e os menores testículos.

AS FÊMEAS, TAL COMO OS MACHOS AS VEEM

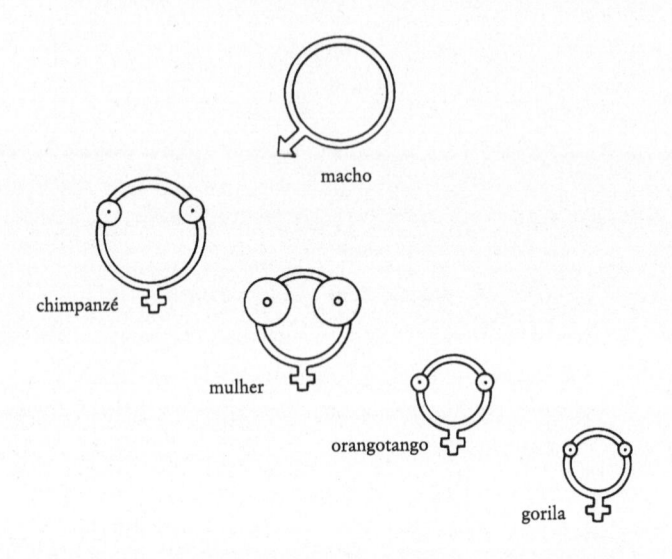

Figura 5. As fêmeas humanas têm seios singulares, consideravelmente maiores do que os das grandes primatas, mesmo antes da primeira gravidez. Os círculos principais representam o tamanho relativo do corpo das fêmeas comparado ao corpo masculino da mesma espécie.

A Teoria do Tamanho dos Testículos é um dos triunfos da moderna antropologia física. Ao pesar os testículos de 33 espécies de primatas, cientistas britânicos identificaram duas tendências: as espécies que copulam com mais frequência precisam de testículos maiores; e as espécies promíscuas em que diversos machos copulam regularmente em rápida sequência com uma fêmea precisam de testículos especialmente grandes (porque o macho que injetar a maior quantidade de sêmen tem mais chances de fertilizar o óvulo). Quando a fertilização é uma loteria competitiva, os testículos grandes permitem ao macho colocar mais esperma em jogo.

Eis como essas considerações explicam as diferenças no tamanho dos testículos dos primatas antropoides e dos humanos. Uma gorila só volta à atividade sexual três ou quatro anos depois de parir e só é receptiva durante um par de dias no mês antes de voltar a engravidar. Até para um gorila bem-sucedido, com um harém com diversas fêmeas, o sexo é um deleite raro: se tiver sorte, algumas vezes por ano. Seus testículos relativamente pequenos são bastante adequados a essa demanda modesta. A vida sexual de um orangotango macho pode ser um pouco mais movimentada, mas não muito. No entanto, cada chimpanzé macho num bando promíscuo de várias fêmeas vive no nirvana sexual, com oportunidades quase diárias de copulação para o chimpanzé comum e várias cópulas diárias para o chimpanzé pigmeu. Isso, além do fato de que ele precisa suplantar outros machos na produção de sêmen para fertilizar as fêmeas promíscuas, explica a necessidade de testículos gigantescos. Nós, humanos, nos viramos com testículos de tamanho mediano, porque o homem médio copula mais do que os gorilas e orangotangos, mas menos que os chimpanzés. Além disso, a mulher comum num ciclo menstrual comum não força diversos homens a uma competição de esperma para fertilizá-la.

Assim, o desenho dos testículos dos primatas ilustra bem os princípios dos *trade-offs* e das análises de custo-benefício evolutivos explicados anteriormente. Cada espécie tem testículos suficientemente grandes para cumprir sua tarefa, mas não desnecessariamente grandes. Testículos maiores implicariam mais custos sem os benefícios proporcionais, pois desviariam espaço e energia de outros tecidos e aumentariam o risco de câncer testicular.

Desse triunfo da explicação científica caímos num fracasso retumbante: a incapacidade da ciência do século XX de formular adequadamente uma Teoria do Comprimento do Pênis. O comprimento médio do pênis ereto é de 4 centímetros no gorila, 3 centímetros no orangotango, 8 centímetros no chimpanzé e 13 centímetros no homem. A visibilidade varia na mesma ordem: o pênis de um gorila não é claramente visível mesmo ereto devido à cor preta, enquanto o pênis rosado ereto do chimpanzé ressalta contra a pele lisa e branca por trás dele. O pênis flácido nem é visível nos antropoides. Por que o macho humano precisa de um pênis relativamente enorme e chamativo, maior que o de qualquer primata? Como o macho antropoide propaga exitosamente a sua descendência com muito menos, será que o pênis humano representa um protoplasma desperdiçado que seria mais valioso se tivesse sido dedicado, digamos, ao córtex cerebral ou ao aperfeiçoamento dos dedos?

Meus amigos biólogos aos quais apresentei essa charada geralmente pensam nas características distintivas do coito humano e supõem que, de certa forma, um pênis longo pode ser mais útil: o nosso frequente uso da posição frente a frente, a variedade acrobática das posições e a duração ociosa dos nossos encontros sexuais. Nenhuma dessas explicações resiste ao escrutínio. A posição frente a frente também é a preferida dos orangotangos e dos chimpanzés pigmeus — e é às vezes usada pelos gorilas. Os orangotangos variam a cópula de frente com a dorsoventral e de lado, além de o fazerem pendurados nos galhos das árvores: certamente isso exige mais acrobacia peniana do que os nossos confortáveis exercícios na alcova. A duração média do nosso coito (aproximadamente quatro minutos, no caso dos americanos) é muito mais longa do que a dos gorilas (um minuto), dos chimpanzés pigmeus (quinze segundos) e dos chimpanzés comuns (sete segundos), porém mais curta que a dos orangotangos (quinze minutos) e rápida como um raio se comparada às cópulas de 12 horas dos camundongos marsupiais.

Como esses fatos indicam que é improvável que as características do coito humano exijam um pênis comprido, uma outra teoria muito popular afirma que o pênis humano também se tornou um órgão a ser exibido, como a cauda do pavão ou a juba do leão. É uma teoria razoável, mas leva à pergunta: que tipo de exibição seria essa e para quem?

Antropólogos orgulhosos do sexo masculino respondem sem hesitar: é uma exibição atraente para as mulheres. Mas essa resposta dos antropólogos expressa mais um desejo do que a realidade. Muitas mulheres afirmam que se excitam mais com a voz, as pernas e os ombros do homem do que com a visão do seu pênis. Um fato revelador foi o da revista feminina *Viva*, que começou publicando fotos de nus masculinos, porém deixou de fazê-lo depois que suas pesquisas indicaram o escasso interesse feminino nas fotos. Quando os nus masculinos sumiram da *Viva*, o número de leitoras aumentou e o número de leitores do sexo masculino diminuiu. Evidentemente, os homens compravam a revista por causa das fotos. Podemos concordar que o pênis humano seja um órgão para a exibição; contudo, essa exibição não se destina às mulheres, mas a outros homens.

Outros fatos confirmam o papel do pênis grande como uma ameaça ou uma demonstração de status entre os homens. Não nos esqueçamos da arte fálica criada por homens para homens e a disseminada obsessão masculina com o tamanho do pênis. A evolução do pênis humano foi limitada pelo comprimento da vagina: o pênis do homem poderia machucar a mulher se fosse grande demais. Entretanto, posso imaginar como seria o pênis se essa limitação prática fosse removida e os homens pudessem moldá-lo por sua conta. Ele se pareceria aos estojos penianos (falocarpos) usados como adorno masculino em algumas áreas da Papua-Nova Guiné onde faço trabalho de campo. Os falocarpos variam em tamanho (até 60 centímetros), diâmetro (até 10 centímetros), forma (curvos ou retos), ângulo com relação ao corpo do usuário, cor (vermelho ou amarelo) e decoração (por exemplo, um tufo de pelo na ponta). Cada homem possui um guarda-roupa com diversos tamanhos e formas para escolher diariamente, segundo o seu humor matinal. Antropólogos do sexo masculino, constrangidos diante do falocarpo, o interpretam como um objeto usado por pudor ou para ocultar o pênis, mas minha mulher exclamou sucintamente ao ver um falocarpo: "É a demonstração de pudor mais despudorada que já vi!"

Então, por mais surpreendente que seja, importantes funções do pênis humano permanecem obscuras. Esse é um rico campo de pesquisas.

PASSANDO DA ANATOMIA para a fisiologia, imediatamente deparamos com o padrão da nossa atividade sexual, que deve ser considerado bizarro pelos padrões de outras espécies mamíferas. A maioria dos mamíferos é sexualmente inativa na maior parte do tempo. Só copulam quando a fêmea está no estro — isto é, quando está ovulando e pode ser fertilizada. As fêmeas mamíferas aparentemente "sabem" quando estão ovulando, pois solicitam a cópula mostrando os genitais aos machos. Para que o macho não deixe de perceber, muitas fêmeas primatas vão além: a área em volta da vagina e, em algumas espécies, também em volta das nádegas e das mamas incha e fica vermelha, rosada ou azul. Esse anúncio visual da disponibilidade da fêmea afeta os machos da mesma forma que a visão de uma mulher sedutoramente vestida afeta os machos humanos. Na presença de fêmeas com genitais inchados e brilhantes, os machos olham com muito mais frequência para os genitais das fêmeas, desenvolvem altos níveis de testosterona, tentam copular com mais frequência e penetram mais rapidamente e com menos investidas pélvicas do que na presença de fêmeas que não mostram seus atributos.

Os ciclos sexuais humanos são muito diferentes. A receptividade sexual da fêmea humana é mais ou menos constante e não se limita à curta fase da ovulação. De fato, diversos estudos tentaram determinar se a receptividade da mulher varia ao longo do ciclo, porém não há acordo quanto à resposta — nem sobre a fase do ciclo em que a receptividade é maior, caso ela varie.

A ovulação humana é tão bem oculta que só por volta de 1930 obtivemos informações científicas precisas sobre a sua periodicidade. Antes disto, muitos cientistas pensavam que as mulheres podiam conceber a qualquer momento do ciclo e inclusive que a concepção era mais provável durante a menstruação. Ao contrário do macaco macho, que só precisa olhar em volta para encontrar fêmeas inchadas, o infeliz macho humano não tem a menor ideia de quais mulheres à sua volta estão ovulando e podem ser fertilizadas. A mulher pode aprender a reconhecer as sensações associadas à ovulação, mas elas podem ser enganosas mesmo com a ajuda de termômetros e a avaliação da qualidade do muco vaginal. Além disso, hoje a provável mãe, atenta à sua ovulação para conseguir (ou evitar) a fertilização, responde com um cálculo frio ao conhecimento livresco moderno arduamente adquirido. Ela não tem alternativa, pois carece do sentido inato e imediato da receptividade sexual que impulsiona outras fêmeas mamíferas.

A nossa ovulação oculta, a receptividade constante e o breve período fértil de cada ciclo menstrual garantem que a maior parte das cópulas entre os humanos ocorra no tempo errado para a concepção. Para piorar as coisas, a duração do ciclo menstrual varia mais de uma mulher para outra, ou de um ciclo ao outro na mesma mulher, do que entre outras fêmeas mamíferas. Como resultado, até as jovens recém-casadas que evitam a contracepção e fazem amor na frequência máxima têm uma probabilidade de só 28% de conceber a cada ciclo menstrual. Os pecuaristas ficariam desesperados se a fertilidade de uma vaca premiada fosse tão baixa, mas, na verdade, eles podem programar *uma só* inseminação artificial para que a vaca tenha 75% de chance de ser fertilizada!

Seja qual for a principal função biológica da copulação humana, ela não é a concepção, que é só um subproduto ocasional. Numa época em que o crescimento populacional humano se acelera, uma das tragédias mais irônicas é a afirmação da Igreja católica de que o propósito natural da copulação humana é a concepção e que o método da tabelinha é a única forma adequada de planejamento familiar. O método da tabelinha seria excelente para os gorilas e para a maioria das demais espécies mamíferas, mas não para nós.

Em nenhuma outra espécie o propósito da copulação está tão distante da concepção, e o método da tabelinha é muito inadequado para a contracepção.

Para os animais, a cópula é um luxo perigoso. Enquanto está ocupado *in acto flagrante*, um animal queima calorias valiosas, perde as oportunidades de coletar alimentos, fica vulnerável diante dos predadores ansiosos por comê-lo e dos rivais que desejam usurpar seu território. Portanto, a cópula deve ser realizada no menor tempo possível para conseguir a fertilização. Em contraposição, como ato com fins de fertilização, o sexo humano deveria ser considerado um enorme desperdício de tempo e energia e um fracasso da evolução. Se tivéssemos mantido um ciclo do estro adequado, como ocorre com os demais mamíferos, o tempo desperdiçado poderia ter sido empregado por nossos ancestrais caçadores-coletores para matar mais mastodontes. Portanto, nessa visão do sexo baseada em resultados, qualquer grupo de caçadores-coletores cujas fêmeas anunciassem o período fértil teria alimentado mais bebês e suplantado os grupos vizinhos.

Então, o problema mais fervorosamente debatido na evolução da reprodução humana é por que terminamos ocultando a ovulação e que benefícios podem trazer as cópulas fora de época. Para os cientistas, não serve dizer simplesmente que o sexo é prazeroso. Claro, é prazeroso, mas a evolução o fez assim. Se não obtivéssemos grandes benefícios com as nossas copulações fora de época, o mundo teria sido dominado por mutantes humanos que teriam evoluído para não desfrutar do sexo.

Vinculado ao paradoxo da ovulação oculta existe o paradoxo da cópula oculta. Todos os demais animais que vivem em bandos, sejam eles promíscuos ou monogâmicos, fazem sexo em público. Os casais de gaivotas copulam no meio da colônia. A chimpanzé que está ovulando pode acasalar consecutivamente com cinco machos na presença de todos eles. Por que somos singulares na forte preferência por copular em privado?

Atualmente os biólogos discutem pelo menos seis teorias diferentes para explicar a origem da ovulação e da copulação ocultas nos humanos. Curiosamente, esse debate demonstrou ser um teste de Rorschach que indica o gênero e a perspectiva dos cientistas envolvidos. Eis as teorias e seus proponentes:

1. *A teoria preferida de muitos antropólogos tradicionais do sexo masculino.* Segundo essa visão, a ovulação e a cópula ocultas surgiram para melhorar a cooperação e reduzir a agressividade entre os caçadores. Como os homens das cavernas poderiam organizar o trabalho em equipe necessário para matar um mamute depois de passar a manhã brigando pelos favores públicos de uma mulher das cavernas no estro? A mensagem implícita dessa teoria: a fisiologia feminina é importante principalmente devido ao seu efeito sobre os laços entre os homens, os quais realmente movem a sociedade. No entanto, pode-se ampliá-la para que soe menos abertamente sexista: o estro e o sexo visíveis fragmentariam a sociedade humana ao afetar os laços entre as fêmeas, entre os machos e entre machos e fêmeas.

Para ilustrar essa versão ampliada da teoria prevalecente, considere a seguinte cena de uma telenovela imaginária que mostra o que seria a vida para nós, caçadores-coletores modernos, se a ovulação não fosse oculta e não copulássemos em privado. A nossa telenovela começa com Bob e Carol, Ted e Alice, Ralph e Jane. Bob, Alice, Ralph e Jane trabalham juntos num escritório, onde os homens caçam contratos e as mulheres coletam contas a pagar. Ralph é casado com Jane. A mulher de Bob é Carol, e o marido de Alice é Ted. Carol e Ted trabalham em outro lugar.

Uma manhã, ao despertar, Alice e Jane percebem que ficaram vermelhas para anunciar a ovulação e a receptividade sexual. Alice e Ted fazem amor em casa antes de sair para trabalhar em diferentes locais. Jane e Ralph vão juntos ao trabalho, onde copulam ocasionalmente no sofá do escritório na presença dos colegas de trabalho.

Bob não consegue evitar o seu desejo por Alice e Jane quando as vê num vermelho vivo e vê Jane e Ralph copulando. Ele não consegue se concentrar no trabalho e faz repetidas propostas a Jane e Alice.

Ralph afasta Bob de Jane.

Alice é fiel a Ted e também rejeita Bob, mas a confusão afeta o seu trabalho.

Durante todo o dia, no escritório, Carol está verde de ciúmes pensando em Alice e Jane, porque Carol sabe que ambas estão vermelhas e atraentes para Bob, enquanto ela (Carol) não está.

Como resultado, o escritório perde alguns contratos e contas. Enquanto isso, os escritórios onde a ovulação é oculta e a cópula privada prosperaram. Mais adiante, o escritório de Bob, Alice, Ralph e Jane é fechado. Os únicos escritórios que se mantêm são aqueles em que a ovulação e a cópula ocorrem de maneira oculta.

Essa parábola sugere que a teoria tradicional, segundo a qual a ovulação e a cópula ocultas evoluíram para promover a cooperação entre as sociedades humanas, é plausível. Infelizmente, há outras teorias igualmente plausíveis que explicarei mais brevemente.

2. *A teoria preferida por diversos antropólogos do sexo masculino*. A ovulação e a cópula ocultas cimentam os laços entre um homem e uma mulher específicos e assentam os alicerces da família humana. A mulher permanece sexualmente atraente e receptiva para satisfazer sexualmente o homem sempre, uni-lo a ela e recompensá-lo por ajudá-la a criar o seu bebê. A mensagem sexista: as mulheres evoluíram para fazer os homens felizes. Essa teoria deixa sem explicação a questão de por que os casais de gibões, cuja devoção inabalável à monogamia devia fazer deles os modelos comportamentais da Maioria Moral, estão constantemente juntos, apesar de só fazerem sexo a cada certo número de anos.

3. *A teoria de um antropólogo do sexo masculino mais moderno* (Donald Symons). Symons observou que o chimpanzé macho que mata um pequeno animal tem maior probabilidade de compartilhar a sua carne com uma fêmea no cio do que com uma que não esteja no cio. Para Symons, isso sugere que as fêmeas humanas podem ter desenvolvido um estado de estro constante para garantir o suprimento frequente de carne dos caçadores, recompensando-os com sexo. Como uma teoria alternativa, Symons apontou que na maioria das sociedades de caçadores-coletores as mulheres não têm voz ativa na escolha do marido. As sociedades são dominadas pelos homens, e os clãs masculinos trocam as filhas entre si em matrimônio. Contudo, ao ser sempre atraente, até uma mulher casada com um homem inferior poderia seduzir em privado outro homem, superior, e obter os genes dele para os seus filhos. As teorias de Symons, apesar de ligeiramente machistas, pelo menos dão um passo adiante, pois ele vê as mulheres perseguindo os seus objetivos de um modo inteligente.

4. *A teoria produzida em conjunto por um biólogo e uma bióloga* (Richard Alexander e Katherine Noonan). Se um homem reconhecesse os sinais da ovulação, poderia usar esse conhecimento para fertilizar a sua mulher copulando com ela só durante o período fértil dela. Depois ele poderia deixá-la de lado e sair por aí tendo casos, na certeza de que a esposa que deixou não está receptiva, ou já foi fertilizada. Então, as mulheres desenvolveram a ovulação oculta para forçar os homens a manterem um laço matrimonial permanente, explorando a paranoia masculina em torno da paternidade. Desconhecendo a época da ovulação, o homem deve copular com a esposa para ter a oportunidade de fertilizá-la, o que lhe deixa menos tempo para procurar outras mulheres. A mulher se beneficia disso, mas também o marido. Ele adquire confiança na paternidade dos seus filhos e não precisa se preocupar se a mulher vai subitamente atrair muitos rivais ficando vermelha num dia específico. Enfim temos uma teoria aparentemente baseada na igualdade sexual.

5. *A teoria de uma sociobióloga* (Sarah Hrdy). Hrdy ficou impressionada com a frequência com que diversos primatas — incluindo não só macacos, mas também babuínos, gorilas e chimpanzés comuns — matam os próprios filhotes. A mãe enlutada é então induzida a ficar no cio novamente e em geral copula com o assassino, aumentando a sua produção de progênie. (Essa violência tem sido comum na história humana: os conquistadores masculinos matam os homens e as crianças derrotados, mas poupam as mulheres.) Como contraponto, argumenta Hrdy, as mulheres desenvolveram a ovulação oculta para manipular os homens, confundindo-os na questão da paternidade. Portanto, uma mulher que favorece muitos homens os convocaria para ajudar a alimentar (ou, pelo menos, a não matar) o seu filho, já que vários poderiam supor ser o pai da criança. Certa ou não, devemos aplaudir Hrdy por derrubar o sexismo masculino convencional e transferir o poder sexual às mulheres.

6. *A teoria de outra sociobióloga* (Nancy Burley). Um recém-nascido humano médio de três quilos pesa o dobro de um gorila recém-nascido, mas diante da mãe gorila, de 100 quilos, a mãe humana é mínima. Como o recém-nascido humano é tão maior em relação à mãe do que os antropoides recém-

nascidos, o ato de parir é excepcionalmente doloroso e perigoso para os humanos. Até o surgimento da medicina moderna, as mulheres morriam frequentemente de parto, ao passo que nunca se soube que essa sina afetasse a fêmea gorila ou chimpanzé. Quando, mediante a inteligência, os humanos passaram a associar a concepção à copulação, as mulheres no estro podem ter optado por evitar copular na época da ovulação e, portanto, evitado a dor e o perigo do parto. Mas essas mulheres teriam deixado menos descendentes do que as mulheres que não podiam detectar a própria ovulação. Então, onde os antropólogos do sexo masculino viram a ocultação da ovulação como algo que evoluiu nas mulheres em função dos homens (as teorias 1 e 2), Nancy Burley vê um truque que as mulheres desenvolveram para enganarem a si mesmas.

QUAL DESSAS SEIS TEORIAS sobre a evolução da ovulação oculta está correta? Os biólogos não são os únicos a hesitar; essa questão só começou a receber atenção em anos recentes. O dilema exemplifica um problema que permeia o estabelecimento da causação na biologia da evolução, na história, na psicologia e em vários outros campos nos quais não é possível manipular variáveis para realizar experimentos controlados. Esses experimentos seriam a maneira mais convincente de demonstrar a causa ou a função. Se pudéssemos remodelar uma tribo de gente em que todas as mulheres anunciassem o seu dia fértil, então veríamos se a cooperação entre os casais ou entre casais se rompe ou se as mulheres usariam o seu conhecimento para evitar a gravidez. Na ausência desses experimentos, nunca teremos certeza de como seria hoje a sociedade humana sem a ovulação oculta.

Se já é difícil determinar a função das coisas que ocorrem hoje sob os nossos olhos, é ainda mais difícil determinar as funções no passado extinto! Sabemos que os ossos e ferramentas humanos eram diferentes há centenas de milhares de anos, quando a ovulação oculta devia estar evoluindo. Provavelmente a sexualidade humana e a função da ovulação oculta eram diferentes de um modo que para nós é difícil imaginar hoje. A interpretação do nosso passado corre o risco constante de degenerar em mera "paleopoesia": histórias que tecemos inspirados em uns pedacinhos de ossos fósseis que, como os testes de Rorschah, expressam os nossos próprios preconceitos pessoais e estão longe de ser válidos quanto ao passado.

Entretanto, depois de mencionar seis teorias plausíveis, não posso abandonar o problema sem tentar fazer uma síntese. Aqui também nos deparamos com outro problema recorrente ao tentarmos estabelecer a causa. É raro que fenômenos complexos como a ovulação oculta sejam influenciados por um só fator. Seria tão tolo procurar uma causa única para a ovulação oculta quanto afirmar que há uma só causa para a Primeira Guerra Mundial. Em vez disso, houve muitos fatores de certa forma independentes no período entre 1900 e 1914, uns levando à guerra; outros, à paz. A guerra irrompeu quando o peso dos fatores pendeu para a guerra. Mas isso não pode levar ao extremo oposto e "explicar" fenômenos complexos com uma lista de lavanderia que inclua todos os fatores possíveis.

O primeiro passo para diminuir a lista de lavanderia com seis teorias é perceber que, independentemente dos fatores que fizeram os nossos hábitos sexuais peculiares evoluírem no passado distante, eles não persistiriam hoje se não fossem mantidos por alguns fatores. Mas os fatores responsáveis pelo seu surgimento inicial não precisam ser os mesmos que operam agora. Em particular, ainda que os fatores por trás das teorias 3, 5 e 6 possam ter sido importantes há muito tempo, não parecem sê-lo agora. Só uma minoria de mulheres modernas usa o sexo para obter comida ou outros recursos de vários homens ou para confundir a paternidade e induzir muitos homens a sustentarem seu filho simultaneamente. Os postulados sobre o seu papel anterior são paleopoesia, ainda que plausíveis. Contentemo-nos em tentar entender por que a ovulação oculta e a copulação privada frequente fazem sentido hoje. Pelo menos as nossas lucubrações podem ser guiadas pela introspecção a nosso respeito e a observação dos demais.

Os fatores por trás das teorias 1, 2 e 4 me parecem operativos ainda hoje como aspectos da mesma característica paradoxal da organização social humana. O paradoxo é que um homem e uma mulher que desejam que seu filho (e genes) sobreviva devem cooperar entre si durante um longo tempo para criar o filho, *mas* também devem cooperar economicamente com outros casais dos arredores. É óbvio que as relações sexuais regulares entre um homem e uma mulher intensificam a ligação entre eles, comparada às ligações que têm com outras mulheres e homens que encontram diariamente, mas com os quais não têm envolvimento sexual. A ovulação oculta e a receptividade constante fazem avançar essa "nova" função do sexo (nova de acordo com os padrões da maioria dos mamíferos) como um cimento social, não só como um instrumento para a fertilização. À diferença do que postulam as teorias tradicionais chauvinistas 1 e 2, essa função não é uma migalha atirada por uma mulher fria e calculista a um homem faminto de sexo, mas algo que incita ambos os sexos. Não só todos os sinais da ovulação feminina desapareceram, como o próprio ato sexual ocorre em privado, o que ressalta a distância entre os parceiros sexuais e não sexuais dentro do mesmo grupo. Quanto à objeção de que os gibões permanecem envolvidos monogamicamente sem a recompensa do sexo constante, isso é fácil de explicar: cada casal de gibões tem ligações sociais mínimas e nenhum envolvimento econômico com outros casais de gibões.

O tamanho dos testículos humanos também me parece resultado daquele mesmo paradoxo básico da organização social humana. Os nossos testículos são maiores que os dos gorilas porque em geral fazemos sexo por prazer, e são menores que os dos chimpanzés porque somos mais monogâmicos. O pênis humano grande demais pode ter se desenvolvido como símbolo de uma exibição sexual arbitrária, assim como são arbitrários a juba do leão e os seios grandes das mulheres. Por que não ocorreu de as leoas desenvolverem seios grandes, os leões, pênis enormes, e os homens, a juba? Se isso tivesse ocorrido, esses sinais teriam funcionado igualmente bem. O fato de que não seja assim pode ser só um acidente da evolução, um resultado da facilidade de cada espécie e cada sexo de evoluir essas várias estruturas.

Mas ainda falta algo básico na nossa discussão: falei sobre uma forma idealizada da sexualidade humana: casais monogâmicos (além de alguns lares poligínicos), maridos confiantes na paternidade dos filhos das suas mulheres e maridos que ajudam as esposas a criar os filhos, em vez de descuidá-los para flertar. Como justificativa para discutir esse ideal fictício, afirmo que a atual prática humana é muito mais próxima desse ideal do que a prática do babuíno ou do chimpanzé. Mas o ideal continua a ser fictício. Qualquer sistema social com regras de conduta está exposto ao risco de que os indivíduos as transgridam se acharem que as vantagens são maiores que as sanções. A questão então é quantitativa: a transgressão torna-se tão costumeira que todo o sistema entra em colapso, a transgressão não é suficientemente frequente para destruir o sistema ou ela é cada vez mais rara? Traduzida para a sexualidade humana, a questão seria: os bebês humanos são gerados em relações extraconjugais em 90%, 30% ou 1% dos casos? Examinemos agora essa questão e suas consequências.

CAPÍTULO 4

A ciência do adultério

Todos têm diversas razões para mentir quando alguém pergunta se já cometeram adultério. Por isso é notoriamente difícil reunir informações científicas precisas sobre esse importante tema. Um dos poucos conjuntos de fatos reunidos que existem são o resultado totalmente inesperado de um estudo médico realizado há mais de meio século com outro propósito. As descobertas desse estudo nunca foram reveladas antes.

Soube desses fatos por meio do notável pesquisador médico que coordenou o estudo. (Como ele não quis ser identificado, chamá-lo-ei de dr. X.) Nos anos 1940, o dr. X estudava a genética dos grupos sanguíneos humanos, que são moléculas que só adquirimos por herança. Todos possuímos dezenas de substâncias do grupo sanguíneo nas nossas células vermelhas e herdamos cada uma delas da nossa mãe ou do nosso pai. O plano de trabalho da pesquisa era simples: procurar o setor de obstetrícia de um hospital muito respeitado nos EUA; coletar amostras de sangue de mil recém-nascidos e de suas mães e pais; identificar os grupos sanguíneos em todas as amostras; usar a lógica genética de praxe para deduzir os padrões hereditários.

Para surpresa do dr. X, os grupos sanguíneos revelaram que quase 10% dos bebês eram fruto de adultério! A prova da origem ilegítima dos bebês era que eles possuíam um ou mais grupos sanguíneos que os supostos pais e mães não tinham. Não era o caso de colocar em xeque a maternidade: as amostras de sangue dos bebês e suas mães foram recolhidas logo após o nascimento. O grupo sanguíneo presente no bebê, mas ausente na mãe inconteste, só podia pertencer ao pai da criança. A ausência do grupo sanguíneo no marido da mãe provou, conclusivamente, que o bebê fora gerado por outro homem, fora do casamento. A real incidência do sexo extraconjugal deve ter sido bem maior do que 10%, pois diversas substâncias do grupo sanguíneo usadas hoje nos testes de paternidade eram desconhecidas na época, e a maior parte das relações sexuais não leva à concepção.

Na época em que o dr. X fez essa descoberta, as pesquisas sobre os hábitos sexuais americanos eram praticamente tabu. Ele resolveu guardar um silêncio prudente, nunca publicou os resultados, e foi com grande dificuldade que obtive permissão para mencionar seus resultados mantendo-o no anonimato. No entanto, mais tarde seus resultados foram confirmados em publicações de estudos genéticos similares. Esses estudos apontaram que entre 5% e 30% dos bebês americanos e ingleses eram fruto de relações adúlteras. Mais uma vez, a proporção de casais estudados em que pelo menos a esposa havia cometido adultério deve ter sido mais alta, pelas mesmas razões apresentadas no estudo do dr. X.

Agora podemos responder se o sexo extraconjugal é uma aberração rara entre os humanos, uma exceção frequente ao padrão "normal" do sexo conjugal ou algo tão frequente que faz do matrimônio uma farsa. A alternativa intermediária é a correta. A maioria dos pais cria seus próprios filhos, e o casamento humano não é uma farsa. Não somos chimpanzés promíscuos que fingem ser outra coisa. No entanto, também é evidente que o sexo extraconjugal é parte integrante, ainda que não oficial, do sistema de acasalamento humano. Tem-se observado o adultério em diversas espécies animais com sociedades semelhantes à nossa, baseadas em pares de machos e fêmeas com um vínculo duradouro. Como esses vínculos não ocorrem nas sociedades de chimpanzés comuns e de chimpanzés pigmeus, não faz sentido falar de adultério entre eles. Devemos tê-lo reinventado depois de nossos ancestrais aparentados com os chimpanzés o tornarem obsoleto. Assim, não podemos discutir a sexualidade humana e seu papel na nossa ascensão à humanidade sem considerar cuidadosamente a ciência do adultério.

A maior parte da informação que temos sobre a incidência do adultério não provém do agrupamento sanguíneo dos bebês, mas de pesquisas que indagam às pessoas sobre sua vida sexual. Desde os anos 1940, o mito de que a infidelidade conjugal é rara nos EUA vem sendo publicamente quebrado por uma longa sucessão de pesquisas, a começar pelo relatório Kinsey. Contudo, apesar de estarmos numa época supostamente liberada, ainda somos profundamente ambivalentes diante do adultério. Ele é considerado excitante: as telenovelas não atrairiam tanta audiência sem ele. Tem poucos rivais como tema de piadas. Porém, como Freud assinalou, muitas vezes usamos o chiste para lidar com coisas extremamente dolorosas. Ao longo da história, poucos motivos se igualaram ao adultério como causa de assassinatos e sofrimento humano. Ao escrever sobre esse tema, é impossível não se revoltar com as instituições sádicas com as quais as sociedades têm tentado lidar com o sexo extraconjugal.

O QUE FAZ UMA pessoa casada procurar ou evitar o adultério? Os cientistas têm teorias para explicar diversas outras coisas, então não surpreende que exista uma teoria para o sexo extraconjugal (abreviado como SEC e que não deve ser confundido com o sexo antes do casamento = SAC). Em muitas espécies animais não existe SEC porque, para começar, elas não optam pelo casamento. Por exemplo, a fêmea do macaco-de-gibraltar no cio copula promiscuamente com todos os machos adultos do bando, numa média de uma cópula a cada 17 minutos. No entanto, alguns mamíferos e a maior parte das espécies de pássaros optam pelo "casamento". Isto é, macho e fêmea formam um vínculo duradouro para cuidar ou proteger suas crias. Uma vez que há casamento, existe a possibilidade do que os sociobiólogos denominam, eufemisticamente, "a busca de uma estratégia reprodutiva mista" (abreviado ERM). Em português claro, isso significa estar casado e, ao mesmo tempo, buscar sexo extraconjugal.

Os animais casados variam enormemente o grau de mistura de suas estratégias reprodutivas. Parece não haver um exemplo registrado de SEC entre os pequenos antropoides denominados gibões, ao passo que os gansos da neve o praticam regularmente. As sociedades humanas também variam, mas suspeito que nenhuma delas se pareça com os fiéis gibões. Para explicar todas essas variações, os sociobiólogos acham útil recorrer ao raciocínio da teoria dos jogos. Isto é, a vida é considerada uma competição evolutiva cujos vencedores são os indivíduos com a prole sobrevivente mais numerosa.

As regras da competição são ditadas pela ecologia e pela biologia reprodutiva de cada espécie. O problema então é descobrir a estratégia com mais chances de ganhar: a fidelidade rígida, a promiscuidade total ou a estratégia mista. Mas devo esclarecer algo desde já. Essa abordagem sociobiológica é útil para entender o adultério entre os animais, mas a sua relevância para o adultério humano é uma questão explosiva, à qual voltarei mais adiante.

A primeira coisa que se percebe ao pensarmos na competição é que a melhor estratégia de jogo diverge entre machos e fêmeas da mesma espécie. Isso se deve a duas diferenças profundas na biologia reprodutiva de machos e fêmeas: o esforço reprodutivo mínimo necessário e o risco de ser enganado. Consideremos essas diferenças, que são dolorosamente familiares para os humanos.

Para os homens, o mínimo esforço necessário para gerar descendência é o ato da copulação, um rápido dispêndio de tempo e energia. O homem que gera um filho numa mulher um dia é biologicamente capaz de gerar um filho em outra mulher no dia seguinte. Para as mulheres, no entanto, o esforço mínimo consiste na copulação, mais a gravidez, mais (ao longo da maior parte da história humana) vários anos amamentando — um enorme dispêndio de tempo e energia. Então, potencialmente, um homem pode gerar muitos mais filhos do que uma mulher. No século XIX, um visitante que passou uma semana na corte do *nizam* de Hiderabad, um potentado indiano polígamo, informou que num período de oito dias quatro esposas do *nizam* deram à luz, e que outros nove nascimentos eram esperados para a semana seguinte. O imperador Moulay Ismail, O Sanguinário, do Marrocos, detém o recorde de 888 filhos, enquanto o recorde correspondente entre as mulheres é de unicamente 69 (uma mulher moscovita do século XIX, especialista em trigêmeos). Poucas mulheres tiveram mais de 20 filhos, e alguns homens facilmente alcançam esse número nas sociedades poligâmicas.

Como resultado dessa diferença biológica, um homem ganha muito mais com o SEC e a poligamia do que a mulher — se o nosso único critério for o número de filhos nascidos. (Às leitoras indignadas prestes a abandonar a leitura ou aos leitores a ponto de aplaudir, aviso desde já: continuem lendo, há muito mais sobre a questão do SEC.) Evidentemente é complicado obter estatísticas sobre o SEC entre humanos, mas elas existem no caso da poligamia. No caso da única sociedade poliândrica sobre a qual obtive dados, os tre-ba do Tibete, as mulheres com dois maridos em média têm *menos* — não mais — filhos que as mulheres com um só marido. Os homens mórmons nos EUA do século XIX, pelo contrário, obtinham grandes benefícios da poligamia: aqueles com uma só esposa geravam uma média de apenas 7 filhos, os que possuíam duas mulheres tinham 16 filhos em média, e os que possuíam três esposas chegavam aos 20 filhos. Em conjunto, os mórmons poligâmicos do sexo masculino tinham 2,4 mulheres e 15 filhos, enquanto os líderes da Igreja mórmon, em particular, tinham uma média de 5 mulheres e 25 filhos. Igualmente, entre o povo temne de Serra Leoa, a média de filhos por homem aumenta de 1,7 para 7 quando o número de esposas sobre de uma para cinco.

A outra assimetria relevante nas estratégias de acasalamento envolve a certeza da real paternidade biológica da prole imputável. Um animal enganado que cuida de crias que não são suas perde a competição evolutiva e leva à vitória outro jogador, o verdadeiro genitor. À exceção da troca de bebês no berçário do hospital, as mulheres não podem ser "enganadas": elas veem o bebê sair de dentro delas. Tampouco pode haver engano dos machos nas espécies animais que praticam fertilização externa (isto é, fertilização de óvulos fora do corpo da fêmea). Por exemplo, alguns peixes machos veem a fêmea expelir óvulos, depositam imediatamente o esperma neles e os cercam para cuidá-los, seguros da paternidade. No entanto, os homens e outros animais que praticam a fertilização interna — a fertilização dos óvulos dentro do corpo da fêmea — podem facilmente ser enganados. Tudo o que o suposto pai sabe é que o seu esperma entrou na mãe e, mais tarde, nasceu um rebento. Só a observação da fêmea ao longo de todo o seu período fértil pode excluir definitivamente a possibilidade de que o esperma de outro macho não tenha também entrado e seja responsável pela fertilização.

Uma solução extrema para essa assimetria simples é a que a sociedade nayar do sul da Índia costumava adotar. Entre os nayares, as mulheres escolhiam livremente diversos amantes ao mesmo tempo ou em sequência, e os maridos, como resultado, não tinham confiança na paternidade. Para compensar essa situação, o homem nayar não coabitava com a mulher nem cuidava dos supostos filhos, mas vivia com a irmã e cuidava dos filhos dela. Pelo menos ele tinha certeza de que aqueles sobrinhos e sobrinhas compartilhavam um quarto dos seus genes.

Levando em conta esses dois fatores básicos da assimetria sexual, podemos agora examinar qual é a melhor estratégia de jogo e quanto o SEC paga. Analisemos três planos de jogo de complexidade crescente.

Plano de Jogo 1. Um homem sempre deve buscar SEC, porque tem pouco a perder e muito a ganhar. Consideremos as condições dos caçadores-coletores que prevaleceram durante a maior parte da evolução humana, em que ao longo da vida a mulher conseguia, no máximo, criar aproximadamente quatro filhos. Com uma pulada de cerca, seu marido podia aumentar suas chances reprodutivas de um para cinco: um enorme aumento de 25% com poucos minutos de trabalho. O que há de errado nesse raciocínio deslumbrantemente ingênuo?

Plano de Jogo 2. Uma breve reflexão expõe a falha básica do Plano de Jogo 1: ele só leva em conta os benefícios potenciais do SEC para o homem e ignora os custos potenciais. Os custos óbvios incluiriam: o risco de ser descoberto e atacado pelo marido da mulher que foi procurada como parceira do SEC; o risco de que a própria mulher o deixe; o risco de ser enganado pela própria mulher enquanto está em busca de SEC; e o risco de que os filhos legítimos sofram com sua negligência. Assim, de acordo com o Plano de Jogo 2, o candidato a Casanova, como um investidor inteligente, deveria procurar maximizar seus ganhos e minimizar suas perdas. Que raciocínio poderia ser mais impecavelmente sensato?

Plano de Jogo 3. O homem suficientemente tolo para se satisfazer com o Plano de Jogo 2 obviamente nunca procurou uma mulher com uma proposta de SEC ou de SAC. Pior, esse tolo nunca pensou nas estatísticas da copulação heterossexual humana, segundo as quais para cada ato de SEC do homem deve haver um ato de SEC (ou ao menos de SAC) da mulher. Os Planos de Jogo 1 e 2 ignoram as considerações da estratégia da mulher, sem a qual toda estratégia masculina está fadada ao fracasso. Então, um Plano de Jogo 3 aperfeiçoado deve combinar as estratégias do homem e da mulher. Porém, como um marido é suficiente para que a mulher alcance seu máximo potencial reprodutivo, o que pode levar uma mulher ao SEC ou ao SAC? Essa questão deixa perplexos os sociobiólogos teóricos que têm um interesse exclusivamente intelectual no SEC, assim como, ao longo da história humana, cobrou dos candidatos a adúlteros por sua ingenuidade.

PARA AVANÇAR NA exploração teórica do Plano de Jogo 3, precisamos de dados empíricos rigorosos sobre o SEC. Como não podemos confiar nas pesquisas sobre os hábitos sexuais das pessoas, examinemos primeiro os estudos recentes sobre pássaros que nidificam como pares acasalados em grandes colônias. Esses, mais do que os nossos parentes mais próximos, os antropoides, têm sistemas de acasalamento mais parecidos com o nosso. Comparados conosco, os pássaros têm a desvantagem de que não podemos lhes perguntar sobre os seus motivos para o SEC, mas isso não representa uma grande perda, já que, de qualquer maneira, as nossas respostas geralmente são mentirosas. Na pesquisa sobre o SEC, a grande virtude é que é possível agrupar os pássaros em colônias, sentar perto deles por horas e saber exatamente quem faz o que com quem. Desconheço informações equivalentes para uma grande população humana.

Existem importantes observações recentes sobre o adultério entre cinco espécies de garças, gaivotas e gansos. As cinco espécies nidificam em colônias densas, compostas por pares aparentemente monogâmicos de macho e fêmea. Um dos pais sozinho não consegue criar os filhotes, pois o ninho desprotegido pode ser destruído enquanto o responsável sai para buscar comida. O macho tampouco consegue alimentar e cuidar de duas famílias simultaneamente. Então, entre as diretrizes da estratégia de acasalamento desses pássaros que vivem em colônias há o seguinte: a poligamia é proibida; a cópula de ou com uma fêmea sem par não tem sentido, a menos que ela logo consiga um macho para cuidar da prole fruto dessa cópula; porém, a fertilização sub-reptícia da parceira de um macho por outro macho é uma estratégia viável.

O primeiro estudo envolveu grandes garças-azuis e grandes garças-brancas em Hog Island, no Texas, EUA. Nessas espécies, o macho constrói um ninho e se posta ali para cortejar as fêmeas que o visitam. Com o tempo, macho e fêmea aceitam um ao outro e copulam cerca de 20 vezes. Então a fêmea põe ovos, sai e passa a maior parte do tempo se alimentando, enquanto o macho fica para cuidar do ninho e dos ovos. No primeiro ou segundo dia depois do acasalamento, o macho frequentemente volta a cortejar qualquer fêmea que passe por ele assim que sua parceira sai para comer, mas o SEC não ocorre. Em vez disso, o comportamento semi-infiel do macho parece constituir um "seguro-divórcio" que lhe assegura uma parceira caso a sua o abandone (e ela o faz em 20% dos casos observados). A fêmea "reserva" que está de passagem aceita a corte por ignorância: ela está à procura de um par e não tem como saber que o macho já acasalou, a menos que a esposa retorne (o que ela faz de maneira intermitente) e os expulse. Mais tarde, o macho adquire total confiança de que não será abandonado e para de cortejar as fêmeas de passagem.

No segundo estudo, sobre as garças-azuis no Mississipi, EUA, o comportamento que poderia ser motivado pelo seguro-divórcio teve consequências mais sérias. Foram documentados 62 casos de SEC, principalmente entre uma fêmea no ninho e o macho do ninho vizinho, enquanto o par da fêmea estava ocupado procurando comida. A maioria das fêmeas inicialmente resistiu e depois parou de resistir, e algumas fêmeas tiveram mais SEC do que sexo conjugal. Para diminuir o próprio risco de ser enganado, o macho adúltero alimentava-se o mais rapidamente que podia, voltava com frequência ao ninho para vigiar a parceira e não ia muito além dos ninhos vizinhos em busca de SEC. O SEC geralmente ocorria quando a fêmea escolhida não havia terminado de pôr os ovos e ainda podia ser fertilizada. No entanto, as cópulas adúlteras eram mais rápidas do que as conjugais (oito contra doze segundos) e, portanto, provavelmente com menos chances de fertilização, e quase a metade dos ninhos envolvidos em SEC foram depois abandonados.

Entre as gaivotas argênteas do Lago Michigan, EUA, foi observado que 35% dos machos acasalados faziam SEC. A porcentagem é quase igual aos 32% de jovens maridos americanos de um estudo publicado pela Playboy Press em 1974. Mas o comportamento feminino é muito diferente nas gaivotas e nos humanos. A Playboy Press informou que 24% das jovens esposas americanas praticavam SEC, mas toda gaivota acasalada rejeitava virtuosamente as investidas adúlteras dos machos e nunca buscava o macho vizinho na ausência do parceiro. Porém, todos os casos de SEC dos machos envolviam gaivotas fêmeas solteiras praticantes de SAC. Para diminuir o risco de ser enganado, o macho passava mais tempo espantando invasores do seu ninho quando a sua parceira estava fértil do que quando ela não estava fértil. Quanto ao modo de induzir a parceira a permanecer fiel quando ele estava fora em busca de SEC, o segredo — como o de alguns homens casados que também buscam uma estratégia reprodutiva mista — consistia em alimentá-la diligentemente e copular sempre que ela estava receptiva.

Nosso último conjunto de dados rigorosos envolve gansos da neve que se reproduzem em Manitoba, no Canadá. Como acabo de explicar sobre as pequenas garças-azuis, o SEC entre os gansos da neve em geral envolve principalmente o macho que busca uma fêmea num ninho vizinho, que a princípio resiste a ele, na ausência do macho dela. A ausência do macho geralmente ocorre porque ele próprio está em busca de SEC. Pode parecer que, com isso, o macho perde tanto quanto ganha, mas um ganso macho não é tão tolo. Enquanto a fêmea está pondo ovos, o macho fica para vigiá-la. (Uma fêmea poedeira recebe 50 vezes menos propostas na presença do seu macho do que na ausência deste.) Só quando a fêmea termina de pôr os ovos o macho sai à procura de SEC, depois de garantir a paternidade em casa.

Esses estudos sobre aves ilustram a importância da abordagem científica diante do adultério. Eles revelam uma série de estratégias sofisticadas com as quais machos adultos tentam obter tudo, garantindo a paternidade em casa e, ao mesmo tempo, espalhando suas sementes fora de casa. As estratégias incluem seduzir fêmeas sem par como um "seguro-divórcio" enquanto estão inseguros quanto à fidelidade da parceira; vigiar a própria esposa fértil; alimentá-la abundantemente e copular com ela com frequência, para induzi-la a permanecer fiel na sua ausência; e cobiçar a parceira do vizinho quando ela está fértil e a própria parceira não. Contudo, nem essas aplicações do método científico no limite da capacidade foram suficientes para explicar o que as fêmeas ganham com o SEC, se é que ganham algo. Uma resposta possível é que as fêmeas, diante da possibilidade de abandono por seus pares, podem usar o SEC para escolher outro macho. Outra é que algumas gaivotas fêmeas em colônias com déficit de machos podem ser fertilizadas mediante o SAC e depois tentar criar seus filhotes com a ajuda de uma fêmea em situação similar.

A principal limitação desses estudos sobre aves em colônias é que as fêmeas muitas vezes parecem participar do SEC a contragosto. Para compreender o papel mais ativo das fêmeas, a única opção é voltar-nos para os estudos sobre os humanos, coalhados de problemas, como a variação cultural, a tendenciosidade do observador e as respostas pouco confiáveis aos questionários das pesquisas.

Tipicamente, as pesquisas que comparam homens e mulheres em várias culturas espalhadas pelo mundo visam encontrar as seguintes diferenças: os homens estão mais interessados em SEC do que as mulheres; os homens têm mais interesse do que as mulheres em procurar muitos parceiros sexuais simplesmente para variar; é mais provável que as mulheres procurem SEC por insatisfação conjugal e/ou o desejo de uma nova relação duradoura; e os homens são menos seletivos diante de parceiras sexuais casuais do que as mulheres. Por exemplo, entre os habitantes das terras altas da Papua-Nova Guiné com os quais trabalho, um homem dirá que procura SEC porque o sexo com a esposa (ou esposas, no caso dos homens polígamos) inevitavelmente torna-se tedioso, ao passo que uma mulher que procura SEC o faz principalmente porque o marido não a satisfaz sexualmente (por exemplo, devido à idade avançada). Nos questionários preenchidos por centenas de americanos jovens para um serviço de encontros por computador, as mulheres manifestaram preferências mais fortes que os homens em quase todos os aspectos: inteligência, situação financeira, habilidade para dançar, religião, raça etc. A única categoria em que os homens são mais seletivos que as mulheres é a atração física. Depois dos encontros, homens e mulheres preencheram um novo questionário, e o resultado foi que os homens manifestaram uma atração romântica duas vezes e meia mais forte do que as mulheres pelo parceiro escolhido pelo computador. Assim, as mulheres eram mais seletivas e os homens menos discriminatórios nas reações aos parceiros.

Obviamente, estamos em terreno instável se esperarmos uma resposta honesta à pergunta sobre as atitudes das pessoas diante do SEC. No entanto, elas também se manifestam mediante as leis e o comportamento. Particularmente, alguns traços hipócritas e sádicos disseminados nas sociedades humanas provêm de duas dificuldades fundamentais que os homens enfrentam ao buscarem SEC. Primeira, um homem em busca de uma ERM tenta ganhar de ambos os lados: deseja obter sexo com as mulheres de outros homens e impedir que outros homens façam sexo com a sua mulher (ou mulheres). Então, alguns homens necessariamente ganham à custa de outros. Segunda, como vimos anteriormente, há uma base biológica realista para a paranoia masculina tão comum de ser enganado.

As leis sobre o adultério são um claro exemplo de como os homens têm lidado com esses dilemas. Até pouco tempo essas leis — hebraica, egípcia, romana, asteca, muçulmana, africana, chinesa — eram todas essencialmente assimétricas. Elas existiam para assegurar ao homem casado a segurança na paternidade dos seus filhos e nada mais. Portanto, essas leis definem o adultério segundo o estado civil da mulher participante; o do homem é irrelevante. SEC praticado por uma mulher casada é considerado uma ofensa ao marido e costuma dar direito à reparação, que muitas vezes inclui vingança violenta ou o divórcio com a devolução do preço da noiva. O SEC praticado por um homem casado não é considerado uma ofensa à esposa. Se a parceira dele no adultério for casada, a ofensa é contra o marido dela; se for solteira, a ofensa é contra o seu pai ou irmãos (porque seu valor como noiva em potencial é reduzido).

Não existia nenhuma lei relativa à infidelidade masculina até uma lei francesa de 1810, que se limitava a proibir o homem casado de manter uma concubina no domicílio conjugal contra a vontade da esposa. Vista da perspectiva da história humana, a ausência ou quase simetria do adultério ocidental moderno é uma novidade surgida nos últimos 150 anos ou pouco mais. Mesmo hoje, promotores, juízes e júris nos Estados Unidos e na Inglaterra costumam reduzir a pena por homicídio ou até absolver um marido que matou a esposa adúltera ou seu amante ao flagrá-los no ato.

Talvez o sistema mais elaborado para garantir a confiança na paternidade tenha sido aquele instituído pelos imperadores chineses da dinastia Tang. Para cada uma das centenas de esposas e concubinas do imperador havia uma equipe de damas da corte que registrava as datas da menstruação, de maneira que o imperador pudesse copular com aquela esposa na data em que provavelmente ocorreria a fertilização. As datas da cópula também eram anotadas e, como forma auxiliar de registro, eram celebradas com uma tatuagem indelével no braço e um anel de prata na perna esquerda da mulher. Desnecessário mencionar que um rigor semelhante era aplicado para excluir quaisquer outros homens do harém.

Em outras culturas os homens recorrem a meios menos complicados, mas ainda piores, para garantir a paternidade. Essas medidas limitam o acesso sexual às esposas ou às filhas e irmãs, que alcançam um alto preço se for comprovado que são uma mercadoria virgem ao serem entregues como noivas. As medidas relativamente suaves incluem a vigilância estrita ou o aprisionamento virtual das mulheres. O código de "honra e vergonha" amplamente aplicado nos países mediterrâneos serve a um propósito semelhante. (Traduzindo: SEC para mim, não para você; só o seu SEC é uma vergonha para a *minha* honra.) Medidas mais severas incluem mutilações bárbaras, eufemística e enganosamente denominadas "circuncisão feminina". Esta consiste na extirpação do clitóris ou da maior parte da genitália externa feminina para diminuir o interesse das mulheres no sexo, conjugal ou extraconjugal. Homens obcecados com a certeza absoluta da paternidade inventaram a infibulação: a sutura quase completa dos grandes lábios da mulher, para impedir o coito. Uma mulher infibulada pode ser desinfibulada para o parto ou para ser fertilizada depois de desmamar cada filho, podendo voltar a ser infibulada quando o marido parte numa longa viagem. A circuncisão feminina e a infibulação ainda são praticadas em 23 países, da África e Arábia Saudita à Indonésia.

Quando as leis contra o adultério, os registros imperiais e os limites coercitivos não conseguem assegurar a paternidade, resta o recurso do assassinato. O ciúme sexual é uma das causas mais comuns de homicídio, como apontam estudos em várias cidades americanas e em diversos países. Geralmente, o assassino é o marido e a vítima, a esposa adúltera ou o amante dela; ou então o amante mata o marido. A tabela a seguir apresenta alguns números de homicídios cometidos em Detroit no ano de 1972. Antes de a formação de Estados politicamente centralizados fornecerem motivos mais elevados aos soldados, o ciúme sexual foi uma importante causa para guerras na história humana. A Guerra de Troia foi provocada pela sedução (rapto e estupro) de Helena, esposa de Menelau, por Páris. Nas terras altas da Papua-Nova Guiné moderna, só as disputas pela propriedade dos porcos igualam as disputas por motivos sexuais na conflagração de guerras.

Leis assimétricas de adultério, tatuagem das esposas após a inseminação, encarceramento virtual e mutilação genital das mulheres: esses comportamentos são exclusivos da espécie humana e definem a humanidade tanto quanto a invenção do alfabeto. Mais precisamente, são novos meios do velho objetivo evolutivo dos machos de promover os seus genes. Outros meios antigos que temos de atingir essa meta são compartilhados por muitos outros animais e incluem o assassinato por ciúmes, o infanticídio, o estupro, as guerras e o próprio adultério. Os homens costuram a vagina; alguns animais machos conseguem o mesmo resultado cimentando a vagina da fêmea depois de copular com ela.

Lista de assassinatos motivados por ciúme sexual
na cidade americana de Detroit em 1972

Total: 58 assassinatos

47 assassinatos perpetrados por homens ciumentos:
   16 casos: homem ciumento matou a mulher infiel
   17 casos: homem ciumento matou o rival
   9 casos: homem ciumento foi morto pela mulher acusada
   2 casos: homem ciumento foi morto pelos parentes da mulher acusada
   2 casos: homem ciumento matou amante homossexual infiel
   1 caso: homem ciumento matou acidentalmente um circunstante

11 assassinatos perpetrados por mulheres ciumentas:
   6 casos: mulher ciumenta matou o marido infiel
   3 casos: mulher ciumenta matou a rival
   2 casos: mulher ciumenta foi morta pelo homem acusado

Os sociobiólogos têm avançado muito na compreensão das marcantes diferenças entre as espécies animais nos detalhes dessas práticas. Como resultado de pesquisas recentes, já não é controverso concluir que a seleção natural fez os animais desenvolverem comportamentos, além de estruturas anatômicas, que tendem a maximizar o número de seus descendentes. Poucos cientistas duvidam que a seleção natural tenha moldado a anatomia humana. Contudo, hoje nenhuma teoria provoca divisões mais amargas entre meus amigos biólogos do que a afirmação de que a seleção natural também moldou nosso comportamento social. A maior parte dos comportamentos humanos discutidos neste capítulo é considerada bárbara pela moderna sociedade ocidental. Alguns biólogos ficam indignados não só com os comportamentos em si, mas também com as explicações da sociobiologia para a evolução dos comportamentos. "Explicar" parece estar desconfortavelmente próximo de defender.

Como a física nuclear e qualquer outro saber, a sociobiologia está sujeita a deturpações. As pessoas nunca carecem de pretextos para justificar os maus-tratos ou o assassinato de outrem, mas, desde que Darwin formulou a teoria da evolução, o pensamento evolucionista também tem sido deturpado com esse pretexto. Pode-se ver nas discussões da sociobiologia sobre a sexualidade humana um pretexto para justificar os maus-tratos infligidos às mulheres pelos homens, análogos às justificativas biológicas apresentadas para o tratamento que os brancos dispensavam aos negros ou os nazistas aos judeus. Há dois temores por trás das críticas de alguns biólogos à sociobiologia: que a demonstração da base evolutiva de um comportamento bárbaro pareça justificá-lo; que uma base genética comprovada para o comportamento indique a inutilidade das tentativas de mudá-lo.

Em minha opinião, nenhum desses temores se justifica. Quanto ao primeiro, pode-se tentar compreender como algo surge, independentemente de considerá-lo algo admirável ou abominável. A maioria dos livros que analisa os motivos dos assassinos não é escrita na tentativa de justificar o crime, mas de entender suas causas para preveni-las. Quanto ao segundo temor, não somos meros escravos dos nossos traços evoluídos — e nem mesmo daqueles geneticamente adquiridos. A civilização moderna é suficientemente eficaz ao impedir comportamentos como o infanticídio. Uma dos principais objetivos da medicina moderna é frustrar os efeitos dos nossos genes e micróbios daninhos, apesar de termos chegado a entender por que é natural que esses genes e micróbios tendam a nos matar. Desta forma, a condenação da infibulação não cai por terra mesmo que se prove que a prática é geneticamente vantajosa para os infibuladores do sexo masculino.

A sociobiologia é útil para compreender o contexto evolutivo do comportamento social humano, mas essa abordagem não deve ser levada muito adiante. O objetivo de toda atividade humana não pode ser reduzido à produção de descendentes. Ao se afirmar, a cultura humana adquiriu novos objetivos. Hoje muitos debatem se devem ou não ter filhos, e podem preferir dedicar seu tempo e energia a outras atividades. Eu afirmo que o raciocínio evolutivo é valioso para entender a origem das práticas sociais humanas; não digo que é a única maneira de compreender as suas formas atuais.

Em resumo, evoluímos, como outros animais, para vencer na competição para deixar a maior quantidade possível de descendentes. Muito do legado dessa estratégia de jogo persiste em nós. Mas também escolhemos perseguir objetivos éticos, que podem entrar em conflito com os objetivos e métodos da nossa competição reprodutiva. Ter a chance de escolher os objetivos é o que nos distingue mais radicalmente dos demais animais.

CAPÍTULO 5

Como escolhemos os nossos pares e parceiros sexuais

Há ALGUM PADRÃO UNIVERSAL DE BELEZA HUMANA E DE ATRAÇÃO SEXUAL, aceito por povos tão distintos na aparência como chineses, suecos e fijianos? Se não houver, será que herdamos nosso gosto particular na escolha do cônjuge por meio dos genes ou aprendemos observando outros membros da nossa sociedade? Como, na verdade, escolhemos os nossos cônjuges ou parceiros sexuais?

Pode ser surpreendente perceber que esse problema surgiu durante a evolução da espécie humana — ou pelo menos tornou-se muito mais importante para nós do que para os outros dois chimpanzés. Como já vimos, o sistema de acasalamento humano, baseado idealmente no envolvimento permanente do casal, é uma inovação humana. Os chimpanzés pigmeus são o oposto da seletividade sexual: as fêmeas acasalam sequencialmente com muitos machos, e também há muita atividade sexual entre as fêmeas e entre os machos. Os chimpanzés comuns não são tão promíscuos — um macho e uma fêmea às vezes podem se separar do bando e "formar um par" por alguns dias —, mas eles ainda são considerados promíscuos pelos padrões humanos. Contudo, os humanos são muito mais seletivos sexualmente, já que criar uma criança é difícil (pelo menos para os caçadores-coletores) sem a ajuda de um pai, e porque o sexo torna-se parte do cimento que diferencia os pais de outros homens e mulheres que encontram frequentemente. A escolha de um par ou de um parceiro sexual não é tanto uma invenção humana, mas uma reinvenção de algo praticado por muitos outros animais (nominalmente) monogâmicos com vínculos de casal duradouros e que fora perdido por nossos ancestrais similares aos chimpanzés.

No último capítulo vimos que essa descrição ideal da sociedade humana baseada em casais monogâmicos coexiste com uma boa dose de sexo extraconjugal. A atração sexual tem um papel ainda maior nas nossas escolhas de parceiros extraconjugais do que dos cônjuges, e as mulheres adúlteras tendem a ser muito mais seletivas que os homens adúlteros. Então, a escolha de parceiros sexuais, casados ou não, é outra peça importante do que define a humanidade. Ela é tão básica para a nossa ascensão da condição de chimpanzés quanto a pelve remodelada. Veremos que muito do que consideramos variação racial humana pode ter surgido como resultado dos padrões de beleza segundo os quais escolhemos os nossos companheiros na cama.

ALÉM DESSE INTERESSE teórico, a questão de como fazemos essas escolhas suscita grande interesse pessoal. Ela preocupa quase todos nós durante a maior parte da vida. Aqueles que ainda não estão comprometidos passam horas sonhando com quem irão se unir ou casar. A questão torna-se mais intrigante quando comparamos o que chama a atenção de pessoas diferentes da mesma cultura. Pense nos homens ou mulheres que você acha sexualmente atraentes. Se você for um homem, por exemplo, prefere loiras ou morenas, as de peito pequeno ou peitudas, as de olhos grandes ou pequenos? Se for uma mulher, prefere homens barbudos ou sem barba, altos ou baixos, sorridentes ou sisudos? Provavelmente você não escolhe qualquer um, e só alguns tipos o atraem. Todos podem citar amigos que se divorciaram e depois escolheram um cônjuge que era a imagem exata do anterior. Um colega meu teve uma série de namoradas não muito bonitas, magras, de cabelos castanhos e rosto redondo, até que finalmente encontrou uma com a qual teve uma boa relação e se casou com ela. Seja qual for a sua preferência, você pode reparar que alguns de seus amigos têm gostos completamente diferentes.

O ideal específico que buscamos é um exemplo do que se denomina "imagens de busca". (Uma imagem de busca é uma imagem mental que usamos para comparar objetos e pessoas à nossa volta, de maneira a reconhecê-los rapidamente, como uma garrafa de Perrier em meio a outras garrafas de água mineral na prateleira do supermercado ou o rosto do nosso filho num parque, em meio a outras crianças.) Como criamos a imagem de busca de um parceiro? Procuramos alguém familiar e semelhante a nós ou somos mais atraídos por alguém exótico? Será que a maioria dos homens europeus se casaria com uma mulher polinésia se tivesse a oportunidade? Procuramos alguém complementar a nós, de maneira a suprir nossas necessidades? Por exemplo, sem dúvida há homens tão dependentes que se casam com mulheres maternais, mas até que ponto são típicas essas uniões?

Os psicólogos enfrentam essas indagações estudando muitos casais e avaliando tudo o que possamos imaginar sobre a sua aparência física e outros traços, e depois tentando entender quem casou com quem. Um modo numérico simples de descrever o resultado é por meio de um índice estatístico denominado coeficiente de correlação. Se alinharmos 100 maridos, ordenados de acordo com algum traço (por exemplo, a altura), e ordenarmos suas 100 esposas de acordo com esse mesmo traço, o coeficiente de correlação descreve se um homem tende a estar na mesma posição no alinhamento dos maridos que a sua mulher no alinhamento das esposas. Um coeficiente de correlação de mais 1 significa uma correspondência perfeita: o homem mais alto se casa com a mulher mais alta, o 37º homem mais alto se casa com a 37ª mulher mais alta e assim por diante. Um coeficiente de correlação de menos 1 significa uma união perfeita de opostos: o homem mais alto se casa com a mulher mais baixa, o 37º homem mais alto se casa com a 37ª mulher mais baixa e assim por diante. Por fim, um coeficiente de correlação zero significa que homens e mulheres se unem de maneira completamente aleatória quanto à altura: um homem alto pode se casar com uma mulher alta ou baixa. Esses exemplos referem-se à altura, mas os coeficientes de correlação podem ser calculados para qualquer outra coisa, como a renda ou o QI.

Se você medir um número suficiente de aspectos nos casais, eis o que vai encontrar. Não surpreende saber que os coeficientes de correlação mais altos — tipicamente em torno de +0,9 — referem-se a religião, origem étnica, raça, condição socioeconômica, idade e posição política. Em outras palavras, a maioria dos maridos e esposas pertencem à mesma religião, origem étnica etc. Talvez tampouco surpreenda que os seguintes coeficientes de correlação mais altos, geralmente em torno de +0,4, sejam os relativos às medidas de personalidade e inteligência, tais como extroversão, organização e QI. Os bagunceiros tendem a se casar com bagunceiros, apesar de as chances de um bagunceiro casar com uma pessoa compulsivamente organizada não sejam tão baixas quanto as de alguém politicamente reacionário se casar com uma pessoa de esquerda.

E a comparação entre maridos e esposas no quesito características físicas? A resposta não lhe ocorreria de imediato ao observar alguns casais. Isso ocorre porque não escolhemos nossos pares pelos seus corpos de maneira tão seletiva como selecionamos os parceiros de nossos cães de raça, cavalos de corrida e gado. Mesmo assim, escolhemos. Se estudarmos um número suficiente de casais, a resposta que virá à tona é inesperadamente simples: *em média*, os cônjuges se parecem entre si ligeiramente, mas de modo significativo em quase todos os aspectos físicos examinados.

Isso se aplica a todos os traços óbvios que primeiro vêm à mente quando lhe pedem para descrever o seu parceiro ideal — sua altura, a cor dos cabelos e o tom da pele. Mas isso também se aplica a uma variedade espantosa de características que você provavelmente não teria mencionado na sua descrição do parceiro sexual perfeito. Elas incluem coisas tão diversas quanto a largura do nariz, o comprimento do lóbulo da orelha ou do dedo médio, a circunferência do pulso, a distância entre os olhos e o volume do pulmão! Essas descobertas foram feitas entre povos tão diferentes quanto poloneses na Polônia, americanos em Michigan e africanos no Chade. Se não acreditar, tente notar a cor dos olhos (ou medir os lóbulos das orelhas) na próxima vez que for a um jantar com vários casais e use sua calculadora de bolso para obter o coeficiente de correlação.

Os coeficientes médios para os traços físicos são +0,2 — menos altos que os dos traços de personalidade (+0,4) e religião (+0,9), mas ainda assim estão significativamente acima de zero. No caso de alguns traços físicos a correlação é ainda maior do que 0,2 — por exemplo, um espantoso 0,61 para o comprimento do dedo médio. Pelo menos inconscientemente, as pessoas se preocupam mais com o comprimento do dedo médio do cônjuge do que com a cor de seus cabelos ou a sua inteligência!

Em resumo, as pessoas tendem a se casar com seus iguais. Dentre as explicações óbvias para esses resultados, uma é a proximidade: tendemos a viver em bairros definidos pela condição socioeconômica, religião e origem étnica. Por exemplo, nas grandes cidades americanas pode-se distinguir os bairros ricos dos pobres, bem como os setores judeu, chinês, italiano, negro etc. Encontramos pessoas da nossa religião quando vamos à igreja e tendemos a encontrar pessoas da mesma condição socioeconômica e posições políticas em muitas atividades diárias. Como esses contatos nos oferecem mais oportunidades de encontrar gente semelhante a nós do que diferente de nós nesses aspectos, é claro que o mais provável é que nos casemos com alguém da nossa religião, condição socioeconômica etc. Mas não vivemos em bairros agrupados pelo comprimento do lóbulo da orelha; então, deve haver alguma outra razão para que os cônjuges se juntem também devido a esse aspecto.

Outra razão óbvia para que os semelhantes se casem entre si não depende só da escolha; trata-se de uma negociação. Não saímos por aí procurando até encontrar alguém com o tom de olhos e o comprimento do dedo médio adequados para depois anunciar à pessoa: "Você vai se casar comigo." Para a maioria de nós o casamento é fruto de uma proposta, mais do que de um anúncio unilateral, e a proposta é a culminação de algum tipo de negociação. Quanto mais parecidos forem o homem e a mulher em termos de opiniões políticas, religião e personalidade, mais suave será a negociação. Em média, a correspondência dos traços de personalidade é maior nos casados do que nos namorados, maior nos casais felizes do que nos infelizes, e nos que permanecem casados em comparação com os que se divorciaram. Mas isso ainda não explica a semelhança no comprimento do lóbulo das orelhas dos cônjuges, que raramente é citada como fator de divórcio.

O fator que resta para a decisão sobre com quem você se casará, além da proximidade e a facilidade de negociar, certamente é a atração sexual baseada na aparência física. Isso não é uma surpresa. A maioria de nós conhece suas próprias preferências quanto aos traços visíveis, como altura, constituição e cor dos cabelos. O que surpreende inicialmente é a importância de muitos outros traços físicos que em geral não notamos de maneira consciente, como o lóbulo das orelhas, os dedos médios e a distância interocular. Ainda assim, eles contribuem inconscientemente para as decisões súbitas que tomamos quando conhecemos alguém e uma voz interior nos diz: "Ela é o meu tipo!"

Vejamos um exemplo. Quando minha mulher e eu fomos apresentados, imediatamente achei Marie atraente e vice-versa. Em retrospecto, posso entender por quê: ambos temos olhos e cabelos castanhos, altura e constituição semelhantes etc. Mas, por outro lado, eu também sentia que havia algo em Marie que não se encaixava totalmente no meu ideal, ainda que não conseguisse definir exatamente o que era. Só quando fomos assistir a um balé pela primeira vez pude resolver o mistério. Emprestei a ela os meus binóculos e, quando os devolveu, descobri que ela havia aproximado os visores de tal maneira que eu não conseguia usá-los, e precisei afastá-los novamente. Então percebi que Marie tem os olhos mais juntos do que eu, e que a maioria das mulheres que eu havia cobiçado antes tinha olhos separados como os meus. Graças aos lóbulos de suas orelhas e outros méritos, pude ficar em paz com as nossas distâncias interoculares. Ainda assim, o episódio dos binóculos me fez perceber, pela primeira vez, que eu sempre achara os olhos separados atraentes, mesmo sem percebê-lo.

Então, tendemos a casar com alguém que se parece conosco. Mas espere um pouco. Os homens mais parecidos com uma mulher são os que compartilham a metade dos seus genes: o pai e o irmão! Igualmente, o melhor par para um homem seria sua mãe ou sua irmã! Contudo, quase todos nós respeitamos o tabu do incesto, e certamente não nos casaríamos com nossos pais ou com um irmão do sexo oposto.

Em vez disso, digo que as pessoas tendem a se casar com alguém que *se parece* com seus pais ou irmãos do sexo oposto. Isso ocorre porque, desde crianças, começamos a desenvolver uma imagem de busca do futuro parceiro sexual, e essa imagem é fortemente influenciada pelas pessoas do sexo oposto que vemos mais frequentemente. Para quase todos nós, essas pessoas são a mãe (ou pai) e irmã (ou irmão), além dos amigos próximos da infância. O nosso comportamento é resumido por uma canção popular dos anos 1920.

> *Eu quero uma garota*
> *Igualzinha à garota*
> *Que casou com o papai...*

A ESSA ALTURA você provavelmente está olhando para o seu cônjuge ou namorado(a) com uma fita métrica nas mãos e descobrindo uma grande disparidade entre os lóbulos da sua orelha e os dele(a). Ou talvez tenha buscado uma foto de sua mãe ou irmã e não tenha encontrado a menor semelhança ao compará-las com sua esposa. Se sua esposa não for idêntica à sua mãe, não interrompa a leitura, mas tampouco fique preocupado se deveria ir ao psiquiatra para tratar da sua imagem de busca patológica. Afinal, lembre-se:

1. Os estudos mostram de forma consistente que fatores como religião e personalidade influenciam muito mais nossa escolha do cônjuge do que a aparência física. Simplesmente estou dizendo que os traços físicos têm *alguma* influência. De fato, eu poderia prever coeficientes de correlação muito mais altos para os traços físicos entre parceiros sexuais casuais do que entre cônjuges. Isso ocorre porque podemos escolher parceiros sexuais casuais baseados unicamente na atração física, sem nos preocuparmos com religião ou posições políticas. Essa previsão ainda precisa ser testada.
2. Lembre-se também de que sua imagem de busca pode ter sido influenciada por qualquer pessoa do sexo oposto que você viu regularmente na infância. Isso inclui amigos e irmãos, além dos pais. Talvez sua esposa se pareça com a filha dos vizinhos da sua infância mais do que com a sua mãe.
3. Por último, lembre-se de que diversos traços físicos independentes fazem parte da nossa imagem de busca, então a maioria de nós termina tendo uma leve semelhança média com muitos traços dos cônjuges, mais do que uma semelhança muito próxima com alguns traços. Essa ideia é conhecida como a "teoria da peituda ruiva". Se a mãe e a irmã de um homem forem ruivas peitudas, ele pode crescer achando as ruivas peitudas muito atraentes. Mas as ruivas são relativamente raras, e

as ruivas peitudas ainda mais. Além disso, as preferências de um homem, mesmo diante de uma parceira sexual casual, provavelmente dependem também de outros traços físicos, e sua preferência por uma esposa certamente dependerá de suas ideias sobre crianças, política e dinheiro. Como resultado, em um grupo de filhos de ruivas peitudas, alguns sortudos encontrarão uma mulher como as suas mães nos dois aspectos, alguns terão de se contentar com peitudas não ruivas, outros com ruivas não peitudas e a maioria com as morenas sem seios grandes.

Você também pode estar objetando a essa altura que o meu argumento só se aplica às sociedades nas quais os cônjuges se escolhem mutuamente. Como os meus amigos chineses e indianos se apressaram em comentar, esse é um costume peculiar dos EUA e da Europa de hoje. Não era assim nesses lugares no passado, e ainda não é assim na maior parte do mundo hoje, onde os casamentos são arranjados entre as famílias envolvidas e os noivos só são apresentados no dia do casamento. Como o meu argumento poderia se aplicar a esse tipo de matrimônio?

Claro que não se aplica, se falarmos exclusivamente dos casamentos legítimos. Mas o meu argumento ainda se aplica à escolha dos parceiros do sexo extraconjugal, que podem gerar uma parcela nada insignificante de filhos, como provaram os estudos sobre grupos sanguíneos de crianças americanas e britânicas. Na verdade, suponho que se a paternidade extraconjugal é frequente mesmo em sociedades nas quais a mulher já exerce suas preferências sexuais ao escolher o marido, ela deve ser ainda mais frequente nas sociedades com matrimônios arranjados, em que a escolha da mulher só se expressa extraconjugalmente.

NÃO SE TRATA APENAS de que o homem fijiano prefira as mulheres fijianas às suecas e vice-versa: as nossas imagens de busca são muito mais específicas. Contudo, mesmo entendendo isso, ainda há questões sem resposta. Eu herdei ou aprendi de alguém como a minha mãe a minha imagem de busca? Se tivesse a opção de fazer sexo com minha irmã ou com uma desconhecida, certamente rejeitaria a oferta da minha irmã e provavelmente da minha prima em primeiro grau, mas será que preferiria a prima em segundo grau em vez da desconhecida (porque a prima provavelmente se parece mais comigo?). Há alguns experimentos cruciais para resolver essa questão — por exemplo, manter um homem numa grande jaula com suas primas de primeiro, segundo, terceiro, quarto e quinto graus, contar quantas vezes ele faz sexo com cada uma delas e repetir o experimento com muitos homens (ou mulheres) e seus primos. Ora, é difícil fazer experimentos assim com humanos, mas eles foram feitos com diversas espécies animais, com resultados ilustrativos. Darei unicamente três exemplos: a codorna que ama seus primos, camundongos perfumados e ratos. (Não podemos usar os nossos parentes mais próximos, os chimpanzés, nesses exemplos, pois eles são muito pouco seletivos.)

Considere primeiro o exemplo das codornas japonesas, que normalmente crescem ao lado dos pais e irmãos biológicos. No entanto, é possível também promover a "adoção cruzada" das codornas, trocando os ovos das mães nos ninhos antes de os ovos incubarem. Desta forma, um filhote de codorna pode ser criado por pais adotivos e crescer com "pseudoirmãos" — isto é, companheiros de criação, entre os quais está o filhote incubado, mas com os quais ele não tem relação genética.

As preferências da codorna foram testadas colocando-se um macho numa jaula com duas fêmeas e observando com qual fêmea ele passava mais tempo ou copulava. Diante de fêmeas que nunca havia visto antes (algumas das quais eram parentes das quais ele fora separado antes da incubação), o macho dava preferência à prima em primeiro grau em detrimento da prima em terceiro grau ou de uma fêmea com a qual não tinha parentesco, mas também preferia a prima em primeiro grau à própria irmã. Evidentemente, à medida que crescem, as codornas macho aprendem a distinguir a aparência das irmãs (ou da mãe), então procuram um par que seja parecido, mas não *demasiado* parecido. Em linguagem técnica elaborada, os biólogos denominam isso de Princípio de Similaridade Ótima Intermediária. Como outras coisas na vida, a endogamia parece boa quando moderada — um pouco de endogamia, mas não muito. Por exemplo, entre fêmeas não aparentadas, um macho prefere uma que não seja parente, em detrimento da fêmea com a qual cresceu (uma "pseudoirmã", que aperta o botão do nada de excesso de incesto no macho).

Os camundongos e os ratos também aprendem na infância o que devem procurar nos seus pares, mas escolhem mais pelo cheiro do que pela aparência. Quando fêmeas de camundongos são criadas por pais aspergidos frequentemente com o perfume Parma Violet ao chegar à idade adulta as fêmeas preferem os machos com odor de Parma Violet e não procuram os que não têm esse aroma. Em outro experimento, ratos machos foram criados por mães cujos mamilos e vagina foram aspergidos com odor de limão e, ao atingirem a idade adulta, os machos foram colocados em jaulas com fêmeas com odor de limão e sem este odor. Cada encontro foi gravado em vídeo e os tempos dos principais acontecimentos foram registrados. O resultado foi que os machos com mães aspergidas montavam e ejaculavam mais rapidamente ao serem colocados junto a uma fêmea aspergida, e o contrário ocorreu entre os machos com mães sem odor a limão. Por exemplo, os filhos de ratas com aroma de limão ficavam tão excitados com uma parceira com esse odor que ejaculavam em apenas 11½ minutos, enquanto levavam 17 minutos para ejacular com uma fêmea sem aroma. Obviamente, os machos tinham aprendido a se excitar sexualmente com o odor da mãe (ou a falta dele); eles não herdaram o conhecimento.

O QUE DEMONSTRAM esses experimentos com codornas, camundongos e ratos? A mensagem é clara: os animais dessas espécies aprendem a reconhecer seus pais e irmãos enquanto crescem, então estão programados para buscar um indivíduo razoavelmente semelhante ao genitor ou irmão do sexo oposto — mas não a mãe ou a irmã. Eles podem *herdar* uma imagem de busca do que constitui um rato, mas, evidentemente, aprendem a sua imagem de busca sobre quem é particularmente um rato belo e aceitável.

Podemos imediatamente avaliar os experimentos necessários para obter uma prova inequívoca dessa teoria nos humanos. Devemos escolher uma família mediana e feliz, aspergir o pai diariamente com Parma Violet, aspergir os mamilos da mãe diariamente com essência de limão enquanto ela amamenta e esperar vinte anos para ver como os filhos e filhas se casam. Ora, ficaremos frustrados diante dos muitos obstáculos para estabelecer a Verdade Científica para os humanos. Mas algumas observações e experimentos acidentais nos permitem avançar lentamente em direção à verdade.

Consideremos o tabu do incesto. Os cientistas debatem se entre os humanos ele é instintivo ou adquirido. Dado que, de certa maneira, adquirimos o tabu do incesto, aprendemos em quem aplicá-lo ou herdamos essa informação nos genes? Normalmente crescemos com parentes mais próximos (pais e irmãos), então evitá-los mais tarde como parceiros sexuais poderia ser genético ou adquirido. Mas os irmãos adotivos também tendem a evitar o incesto, o que sugere que é adquirido.

Essa conclusão é reforçada por um conjunto de observações interessantes feitas num *kibutz* israelense — assentamentos coletivos cujos membros vivem, ensinam e cuidam de todos os filhos em conjunto, como um grande grupo. As crianças do *kibutz* vivem em íntima associação do nascimento ao início da idade adulta, como uma enorme família de irmãos e irmãs. Se a proximidade fosse o principal fator a influenciar com quem nos casamos, a maioria das crianças dos *kibutzim* deveria se casar dentro dele. Na verdade, um estudo de 2.769 matrimônios contraídos por filhos de *kibutz* demonstrou que só houve 13 casamentos entre filhos do mesmo *kibutz*; todos os demais se casaram fora dele ao chegarem à maioridade.

Mesmo esses 13 casos eram exceções que confirmavam a regra: em todos os casais envolvidos um deles havia se mudado para o *kibutz* com mais de 6 anos de idade! Entre as crianças que cresceram no mesmo grupo desde o nascimento não houve casamentos, e tampouco casos de atividade heterossexual na adolescência ou na idade adulta. Isso demonstra uma contenção surpreendente da parte de quase três mil homens e mulheres jovens com oportunidades cotidianas de se envolverem sexualmente entre si e com poucas oportunidades de se envolverem com gente de fora. Ilustra de forma dramática que o período entre o nascimento e os 6 anos é uma época crítica na formação das nossas preferências sexuais. *Aprendemos*, mesmo que de modo inconsciente, que aqueles com os quais nos associamos intimamente a partir desse período não são aptos para serem nossos parceiros sexuais quando amadurecemos.

Aparentemente, também aprendemos a parte da imagem de busca que nos indica quem procurar, não só quem evitar. Por exemplo, uma amiga que é filha de pai e mãe chineses cresceu numa comunidade em que todas as demais famílias eram brancas. Mais tarde, já adulta, mudou-se para uma área onde havia muitos homens chineses e por algum tempo saiu com homens de origem chinesa e com homens brancos, mas acabou percebendo que era atraída pelos homens brancos. Ela se casou duas vezes com homens brancos. Essa experiência a levou a perguntar às suas amigas de origem chinesa sobre as suas histórias. Resultou que a maioria havia sido criada em bairros de brancos e terminara casando-se com homens brancos, ao passo que as que foram criadas em bairros chineses casaram-se com homens de origem chinesa — apesar de todas terem tido uma variedade de homens de ambos os tipos para escolherem na juventude. Então, os que nos rodeiam quando estamos crescendo, apesar de inalcançáveis para nós como parceiros eventuais, terminam por moldar nossos padrões de beleza e nossas imagens de busca.

Pense em si mesmo: que tipo de homem ou mulher lhe parece fisicamente atraente e como desenvolveu esse gosto? Eu arriscaria dizer que, como eu, a maioria das pessoas pode traçar suas preferências de volta aos pais e irmãos ou aos amigos de infância. Então, não fique desanimado com generalizações sobre a atração sexual do tipo "Os homens preferem as loiras", "Os homens raramente paqueram mulheres de óculos" etc. Essas "regras" só se aplicam a alguns de nós, e há muitos homens por aí cujas mães são morenas míopes. Por sorte, para a minha mulher e para mim — ambos morenos de óculos, nascidos de pais morenos que usam óculos —, a beleza está no olho de quem vê.

CAPÍTULO 6

A seleção sexual e a origem das raças humanas

"Homem branco! Olhe essa fileira de homens de três homens. Esse homem número um ele é da ilha Buka, o outro homem número dois vem da ilha Makira e o homem número três ele é da ilha Sikaiana. Você não enxerga? Você não está vendo? Será que esses olhos que você tem não enxergam direito?"

Não, droga, os olhos que eu tenho não tinham nenhum problema. Era a minha primeira visita às Ilhas Salomão, no sudoeste do Pacífico, e eu disse em *pidgin* ao meu guia desdenhoso que percebia perfeitamente as diferenças entre aqueles três homens alinhados ali. O primeiro tinha pele negra e cabelos crespos, o segundo tinha pele muito mais clara e cabelos crespos, e o terceiro tinha cabelos mais lisos e olhos mais rasgados. O problema era que eu não conhecia a aparência dos povos de cada uma das Ilhas Salomão. Ao final da minha primeira viagem pelo arquipélago, eu já conseguia identificar os povos das ilhas segundo o tom da pele, os cabelos e os olhos.

No que diz respeito a esses traços variáveis, as Ilhas Salomão são um microcosmo da humanidade. Só de olhar para uma pessoa, até os leigos às vezes podem dizer de qual parte do mundo aquela pessoa provém, e antropólogos treinados podem "situá-la" na região certa do país certo. Por exemplo, diante de uma pessoa da Suécia, uma da Nigéria e uma do Japão, nenhum de nós teria problemas em definir de imediato quem vem de onde.

As variações mais visíveis nos traços das pessoas vestidas são, obviamente, a cor da pele, a cor e a forma dos olhos, os cabelos, a forma do corpo e (nos homens) a quantidade de pelo no rosto. Se estiverem sem roupas, podemos notar também diferenças na quantidade de pelo corporal, no tamanho, na forma e na cor dos seios e mamilos das mulheres, além da forma dos grandes lábios e das nádegas, e no tamanho e no ângulo do pênis. Todos esses traços variáveis contribuem para o que conhecemos como variação racial humana.

Essas diferenças geográficas entre os humanos sempre fascinaram viajantes, antropólogos, intolerantes, políticos e o resto de nós. Como os cientistas já resolveram tantas questões complicadas sobre espécies obscuras e sem importância, certamente é de se esperar que tenham respondido uma das indagações mais óbvias: "Por que as pessoas de diferentes regiões diferem na aparência?" A nossa compreensão de como os humanos se diferenciaram dos outros animais ficaria incompleta se não levássemos em conta como, nesse processo, as populações humanas adquiriram diferenças visíveis entre si. Ainda assim, o assunto das raças humanas é tão explosivo que Darwin cortou qualquer discussão a respeito em seu famoso livro de 1859, *Origem das espécies*. Até hoje, poucos cientistas se atrevem a estudar as origens raciais, para não serem tachados de racistas pelo fato de se interessarem pelo assunto.

Mas há outra razão para não compreendermos o significado da variação das raças: é um problema extremamente difícil. Doze anos depois de Darwin atribuir a origem das espécies à seleção natural em seu livro, ele escreveu um outro, de 898 páginas, em que atribui a origem das raças humanas às nossas preferências sexuais — que descrevi no capítulo anterior — e rejeita inteiramente o papel da seleção natural. Apesar de seu exagero verbal, muitos leitores não se convenceram. Até hoje a teoria de Darwin da seleção sexual (como ele a denominou) permanece controversa. Em vez dela, os biólogos modernos geralmente invocam a seleção natural para explicar as diferenças visíveis entre as raças humanas — especialmente as diferenças na cor da pele, cuja relação com a exposição ao sol parece evidente. No entanto, os biólogos não conseguem concordar nem com a razão pela qual a seleção natural produziu peles escuras nos trópicos. Explicarei por que acredito que a seleção natural teve um papel secundário nas nossas origens raciais, e por que a preferência de Darwin pela seleção sexual me parece correta. Depois, ressaltarei a variação racial humana visível como sendo principalmente um resultado da remodelação do ciclo vital humano.

EM PRIMEIRO LUGAR, para colocar as coisas em perspectiva, devemos entender que a variação racial não é exclusiva dos humanos. A maioria das espécies animais e de plantas com distribuição suficientemente ampla, incluindo todas as espécies de grandes antropoides — à exceção dos chimpanzés pigmeus, que são geograficamente limitados —, também varia de acordo com a geografia. A variação é tão grande em algumas espécies de aves, como o *Zonotrichia leucophrys* da América do Norte, um parente do tico-tico, e a alvéloa amarela da Eurásia, que os observadores de pássaros experientes conseguem identificar o local aproximado de nascimento de uma ave de acordo com o padrão da plumagem.

A variação nos antropoides abarca muitos dos mesmos traços que variam geograficamente nos humanos. Por exemplo, entre as três raças reconhecidas de gorilas, os das terras baixas do oeste têm o corpo menor e o pelo cinza ou castanho, ao passo que os gorilas das montanhas têm o pelo mais longo e os das terras baixas do leste têm o mesmo pelo negro dos gorilas das montanhas. As raças de gibões de mãos brancas também variam quanto à cor do pelo (que pode ser preto, castanho, avermelhado ou cinza), ao comprimento do pelo, ao tamanho dos dentes, à protrusão da mandíbula e à protrusão dos orbitais acima dos olhos. Todas essas variações nos traços dos gorilas e gibões que acabo de mencionar também ocorrem entre as populações humanas.

Como definir se populações animais visivelmente distintas, de localidades diversas, pertencem a espécies diferentes ou se, em vez disso, são da mesma espécie, mas de raças diferentes (também denominada subespécie)? Como expliquei, a distinção é baseada na endogamia em circunstâncias normais: membros da mesma espécie acasalam normalmente se tiverem a oportunidade de fazê-lo, ao passo que membros de diferentes espécies não o fazem. (Mas espécies proximamente relacionadas que normalmente não cruzariam entre si em liberdade, como leões e tigres, podem fazê-lo se o macho de um estiver enjaulado com uma fêmea do outro e não houver alternativa.) Por esse critério, todas as populações humanas existentes pertencem à mesma espécie, até os bantos e os pigmeus africanos, já que alguma endogamia ocorreu sempre que humanos de diferentes regiões entraram em contato. Com os humanos, assim como ocorre com outras espécies, as populações podem se misturar entre si, e o agrupamento em raças torna-se arbitrário. Pelo mesmo critério de endogamia, os grandes gibões denominados siamangos são uma espécie distinta dos gibões menores, pois ambos existem em liberdade sem hibridizarem. Esse também é o critério para considerar que os neandertalenses possivelmente sejam uma espécie distinta do *Homo sapiens*, já que não foram identificados esqueletos híbridos, apesar do aparente contato entre Cro-Magnons e neandertalenses.

A variação racial caracterizou os humanos durante os últimos muitos milhares de anos, pelo menos, e possivelmente por muito mais tempo. Já por volta de 450 a.C. o historiador grego Heródoto descreveu os pigmeus do oeste da África, os etíopes de pele negra e uma tribo ruiva de olhos azuis na Rússia. Pinturas antigas, múmias egípcias e peruanas e corpos humanos preservados em turfeiras confirmam que há milhares de anos as pessoas tinham cabelos e rostos tão distintos entre si quanto hoje. A origem das raças modernas pode ser datada muito antes, em pelo menos dez mil anos atrás, pois crânios fósseis daquela época de várias partes do mundo diferem em diversos aspectos semelhantes aos dos crânios modernos das mesmas regiões. Mais controversos são os estudos de alguns antropólogos, contestados por outros, que afirmam haver uma continuidade nos traços raciais cranianos ao longo de centenas de milhares de anos. Se esses estudos estivessem corretos, algumas das variações raciais humanas que vemos hoje poderiam ser anteriores ao Grande Salto Para a Frente e datadas na época do *Homo erectus*.

EXAMINEMOS AGORA SE a maior contribuição para essas nossas diferenças geográficas visíveis partiu da seleção natural ou da seleção sexual. Primeiro consideremos os argumentos sobre a seleção natural, a seleção de traços que aumentam as chances de sobrevivência. Hoje nenhum cientista nega que a seleção natural explica muitas diferenças entre as espécies, como o fato de os leões terem patas com garras, e nós, dedos preênsis. Ninguém nega tampouco que a seleção natural explica certas variações geográficas ("variações raciais") em algumas espécies animais. Por exemplo, o arminho do Ártico que vive em áreas cobertas de neve no inverno muda a cor da pelagem, de castanha no verão para branca no inverno, enquanto o arminho que vive mais ao sul permanece castanho o ano todo. Essas diferenças raciais aumentam as chances de sobrevivência, porque um arminho branco contra um fundo marrom seria muito visível pelos predadores, mas estando branco ele se camufla contra o fundo de neve.

Do mesmo modo, a seleção natural realmente explica *alguma* variação geográfica nos humanos. Muitos negros africanos têm o gene da hemoglobina falciforme (nenhum sueco o possui) porque esse gene os protege da malária, uma doença tropical que, de outra forma, mataria muitos africanos. Outras características humanas localizadas que certamente se desenvolveram por meio da seleção natural incluem: o amplo tórax dos índios andinos (bom para extrair oxigênio nas altas altitudes de ar rarefeito), a forma compacta dos esquimós (boa para conservar o calor), a forma esguia dos sudaneses do sul (boa para perder calor) e os olhos puxados dos asiáticos do norte (bons para proteger os olhos do frio e do clarão do sol na neve). Todos esses exemplos são de fácil compreensão.

Será que a seleção natural também explica as diferenças raciais que primeiro nos vêm à mente, como a cor da pele, a cor dos olhos e os cabelos? Se for assim, devemos esperar que o mesmo traço (por exemplo, os olhos azuis) exista em diferentes partes do mundo com climas similares, e que os cientistas concordem quanto à sua utilidade.

Aparentemente, a cor da pele é mais simples de entender. A nossa pele tem um espectro que vai de vários tons de preto, marrom, cobre e amarelado ao rosado com ou sem sardas. A história mais comum para explicar essa variação da seleção natural é a seguinte. As pessoas na África ensolarada têm as peles mais pretas. Então, o mesmo (supostamente) sucede em outros lugares ensolarados, como o sul da Índia e a Papua-Nova Guiné. Diz-se que a pele clareia à medida que se afasta para o norte ou o sul do equador até chegar ao norte da Europa, onde se encontram as peles mais claras de todas. Obviamente, a pele escura se desenvolveu nas pessoas muito expostas à luz do sol. É como a pele dos brancos bronzeando-se ao sol do verão (ou em câmeras de bronzeamento!), só que nesse caso o bronzeamento é uma resposta reversível ao sol, não uma resposta genética permanente. É igualmente óbvio o que uma boa pele escura faz nas áreas ensolaradas: protege contra as queimaduras do sol e o câncer de pele. Os brancos que passam muito tempo ao ar livre sob o sol tendem a desenvolver câncer de pele nas partes do corpo expostas ao sol, como rosto e mãos. Tudo isso faz sentido, não é mesmo?

Infelizmente, as coisas não são tão simples assim. Para começar, o câncer de pele e as queimaduras de sol provocam poucas doenças e poucas mortes. Como agentes da seleção natural, eles têm um impacto mínimo comparados às doenças infecciosas da infância. Em vez disso, foram propostas muitas outras teorias para explicar o suposto gradiente da cor da pele que vai dos polos ao equador.

Uma das teorias favoritas afirma que os raios ultravioletas do sol promovem a formação de vitamina D numa camada da pele sob a camada externa pigmentada. Assim, os povos de áreas tropicais ensolaradas podem ter desenvolvido a pele escura para se proteger do risco de doenças nos rins causadas pelo excesso de vitamina D, ao passo que os povos da Escandinávia, onde os invernos são longos e escuros, desenvolveram a pele pálida para se proteger do risco de raquitismo causado pela insuficiência de vitamina D. Outras duas teorias populares: a pele escura protege os nossos órgãos internos do excesso de aquecimento causado pelos raios infravermelhos do sol tropical; ou — o exato oposto — a pele escura ajuda os povos dos trópicos a se aquecerem quando a temperatura baixa. Se essas teorias não forem suficientes para você, considere outras quatro: a pele escura permite a camuflagem na selva, ou a pele clara é menos sensível às geadas, ou a pele escura protege contra o envenenamento por berílio nos trópicos, ou a pele clara provoca deficiência de outra vitamina (o ácido fólico) nos trópicos.

Com pelo menos oito teorias operantes, dificilmente podemos afirmar que compreendemos por que os povos dos climas quentes têm a pele escura. Isso não refuta a ideia de que, de alguma forma, a seleção natural causou a evolução da pele escura nos climas quentes. Afinal, a pele escura apresenta diversas vantagens que os cientistas um dia podem vir a descobrir. Em vez disso, a maior objeção a qualquer teoria baseada na seleção natural é que a associação entre pele escura e climas ensolarados é muito imperfeita. Há povos nativos com pele muito escura em algumas áreas que recebem relativamente pouca luz do sol, como a Tasmânia, e a cor da pele é de tom médio em algumas áreas tropicais do Sudeste Asiático. Nenhum índio da América tem a pele negra, nem mesmo nas partes mais ensolaradas do Novo Mundo. Quando levamos em conta a nebulosidade, vemos que as partes menos iluminadas do mundo, com uma média diária de menos de 3½ horas de sol, são o oeste da África equatorial, o sul da China e a Escandinávia, que são habitadas, respectivamente, pelos povos de pele mais escura, amarela e pálida que há! Nas Ilhas Salomão, que têm clima semelhante, os povos de pele escura e os de pele mais clara estão espalhados a pouca distância. Evidentemente, lá os raios do sol não foram o único fator seletivo a influenciar a cor da pele.

A primeira resposta dos antropólogos a essas objeções é contra-argumentar com o fator tempo. Esse argumento tenta explicar os casos de povos de pele clara nos trópicos, afirmando que esses povos em particular migraram muito recentemente para os trópicos e não desenvolveram a pele escura. Por exemplo, os ancestrais dos índios da América podem ter chegado ao Novo Mundo há apenas onze mil anos: talvez este tempo não tenha sido suficiente para desenvolver pele escura na América tropical. Porém, se você evoca o fator tempo para refutar a teoria do efeito do clima na cor da pele, deve também considerar o fator tempo no caso dos povos que supostamente confirmam essa teoria.

Um dos principais suportes para a teoria do clima é a pele pálida dos escandinavos, que vivem no Norte frio, escuro e nublado. Infelizmente, os escandinavos estão na Escandinávia há menos tempo do que os índios estão na Amazônia. Até cerca de nove mil anos atrás, a Escandinávia estava coberta por uma camada de gelo e dificilmente teria abrigado gente de pele clara ou escura. Os escandinavos modernos chegaram à região há apenas quatro ou cinco mil anos, como resultado da expansão dos agricultores no Oriente Próximo e de falantes de línguas indo-europeias do sul da Rússia. Ou eles adquiriram a pele pálida há muito tempo em outra área com um clima diferente ou a adquiriram na Escandinávia, na metade do tempo que os índios levaram na Amazônia sem que tivessem ficado com a pele escura.

O único povo do mundo que podemos ter certeza de ter passado os últimos dez mil anos no mesmo lugar são os nativos da Tasmânia. Localizada ao sul da Austrália, na latitude temperada de Chicago ou Vladivostok, a Tasmânia era parte da Austrália até ser separada devido a uma elevação no nível do mar há dez mil anos, quando se transformou em ilha. Como os nativos tasmanianos modernos não contavam com barcos para avançar muito mais que alguns poucos quilômetros, sabemos que eles são originários de colonos que foram para lá quando o território estava ligado à Austrália e lá permaneceram até serem exterminados pelos colonizadores britânicos no século XIX. Se algum povo teve tempo suficiente para que a seleção natural adaptasse seu tom de pele ao clima local de zona temperada, este povo foi o tasmaniano. No entanto, eles tinham a pele escura, supostamente adaptada ao equador.

Se a defesa da seleção natural da cor da pele parece frágil, sua aplicação à cor dos cabelos e dos olhos é praticamente inexistente. Não há correlação consistente com o clima, nem teorias medianamente plausíveis sobre a suposta vantagem obtida com a cor dos olhos. Os cabelos louros são comuns na Escandinávia fria, úmida e pouco iluminada, mas também entre os aborígines do deserto quente, seco e ensolarado do centro da Austrália. O que essas duas áreas têm em comum, e como os cabelos louros ajudam os suecos e os aborígines a sobreviver? Os olhos azuis são comuns na Escandinávia e supostamente ajudam seus portadores a ver mais longe na luz fraca e enevoada. Mas essa especulação não foi comprovada, e os meus amigos das montanhas ainda menos iluminadas e mais enevoadas na Papua-Nova Guiné enxergam muito bem com seus olhos escuros.

As características raciais para as quais parece mais absurdo buscar uma explicação baseada na seleção natural são a variação da genitália e das características sexuais secundárias. Serão os seios redondos uma adaptação às chuvas de verão e os seios cônicos uma adaptação à névoa do inverno, ou vice-versa? Será que os pequenos lábios protuberantes das mulheres boxímanes as protege dos leões ou reduz a perda de água corporal no deserto do Kalahari? Você certamente não acha que os homens de peito cabeludo conseguem se manter aquecidos ao andarem sem camisa no Ártico, ou acha? Se achar que sim, então, por favor, explique por que as mulheres não têm pelo no peito como os homens, já que também precisam se manter aquecidas.

FATOS COMO ESSES levaram Darwin ao desespero ao tentar imputar a variação racial humana ao seu próprio conceito de seleção natural. Ele finalmente desistiu de tentar fazê-lo com uma afirmação sucinta: "Nenhuma das diferenças externas entre as raças tem utilidade especial para o homem." Quando Darwin se saiu com uma teoria melhor, denominou-a "seleção sexual", para diferenciá-la da seleção natural, e escreveu um livro explicando-a.

A ideia básica por trás dessa teoria pode ser facilmente entendida. Darwin observou muitos traços animais sem um valor óbvio para a sobrevivência, mas com um papel evidente na obtenção de parceiros, seja para atrair um indivíduo do sexo oposto, seja para intimidar um rival do mesmo sexo. Exemplos conhecidos são a cauda dos pavões, a juba dos leões e o traseiro vermelho e brilhante das fêmeas do babuíno no cio. Se um indivíduo macho for particularmente bem-sucedido em atrair fêmeas ou intimidar machos rivais, deixará mais descendentes e passará adiante seus genes e características — um resultado da seleção sexual e não da seleção natural. O mesmo argumento se aplica às características femininas.

Para que a seleção sexual funcione, a evolução deve produzir duas mudanças simultaneamente: um dos sexos deve desenvolver algum traço e o outro deve necessariamente desenvolver uma predileção por esse traço. As fêmeas de babuíno não exibiriam o traseiro vermelho se isso desagradasse os babuínos machos a ponto de deixá-los impotentes. Se a fêmea possui a característica e o macho é atraído por ela, a seleção sexual pode levar a qualquer traço arbitrário, desde que não ponha muito em risco a sobrevivência. Na verdade, muitos traços produzidos pela seleção sexual parecem bastante arbitrários. Um visitante extraterrestre que nunca tenha visto os humanos não sabe que os homens, e não as mulheres, têm barba, que ela cresce no rosto e não acima do umbigo, e as mulheres não têm nádegas vermelhas e azuis.

O funcionamento da seleção sexual foi comprovado por uma interessante experiência realizada pelo biólogo sueco Malte Andersson com as viúvas rabilongas da África. Nesta espécie, no período reprodutivo a cauda do macho fica 50 centímetros mais longa, e a cauda da fêmea tem apenas 7,5 centímetros. Alguns machos são polígamos e têm até seis parceiras, à custa dos machos que ficam sem parceiras. Os biólogos supunham que a cauda longa funcionava como um sinal arbitrário com o qual os machos atraíam as fêmeas para o seu harém. O teste de Andersson consistiu em cortar parte da cauda de nove machos, deixando-as com apenas 15 centímetros. Ele então colou esses restos nas caudas de outros nove machos, aumentando-as para 76 centímetros, e esperou para ver onde as fêmeas construiriam seus ninhos. O resultado foi que os machos com as caudas artificialmente aumentadas atraíram, em média, quatro vezes mais fêmeas do que aqueles com as caudas encurtadas.

Talvez nossa primeira reação ao experimento de Andersson seja: que aves tão tolas! Imagine uma fêmea escolhendo um macho em particular para ser o pai de sua prole simplesmente porque sua cauda é mais longa que as de outros machos! Mas antes de sermos petulantes, consideremos novamente o que aprendemos no capítulo anterior sobre como os humanos escolhem seus parceiros. Serão os nossos critérios bons indicadores de valor genético? Será que alguns homens e mulheres não conferem um valor desproporcional ao tamanho ou à forma de algumas partes do corpo que, na verdade, são meros sinais arbitrários da seleção sexual? Por que evoluímos para prestar atenção a um rosto bonito, que não tem serventia para o seu dono na luta pela sobrevivência?

Nos animais, alguns traços que variam racialmente são produzidos pela seleção sexual. Por exemplo, as jubas dos leões variam em comprimento e cor. Igualmente, os gansos da neve têm duas fases de cor no Ártico, a fase azul, mais comum no oeste, e a fase branca, mais comum no leste. As aves de cada fase preferem parceiros da mesma fase. O formato dos seios humanos e a cor da pele também podem ser o resultado das preferências sexuais, que variam arbitrariamente de uma região para outra?

Ao final das 898 páginas do seu livro, Darwin se convenceu de que a resposta a essa questão era um sonoro "sim". Ele observou que ao escolher nossos companheiros e parceiros sexuais prestamos uma atenção extraordinária aos seios, cabelos, olhos e cor da pele. Ele também observou que povos de distintas partes do mundo definem a beleza de seios, cabelos, olhos e pele segundo o que lhes é familiar. Assim, fijianos, hotentotes e suecos crescem com seus próprios padrões de beleza, adquiridos e arbitrários, os quais tendem a manter esses povos em conformidade com seus padrões, já que os indivíduos que se desviam muito deles teriam dificuldade para encontrar um parceiro.

Darwin morreu antes que sua teoria fosse testada mediante estudos rigorosos sobre como as pessoas realmente escolhem seus parceiros. Esses estudos têm proliferado nas últimas décadas, e resumi alguns resultados no capítulo anterior. Ali, mostrei que as pessoas tendem a se casar com indivíduos parecidos consigo mesmos em todos os aspectos que se possa imaginar, inclusive os cabelos e a cor dos olhos e da pele. Para explicar esse aparente narcisismo, argumentei que desenvolvemos nossos padrões de beleza imprimindo em outrem o que vemos à nossa volta durante a infância — especialmente pais e irmãos, as pessoas que vemos com mais frequência. Mas nossos pais e irmãos são também as pessoas com as quais somos mais parecidos, pois compartilhamos os mesmos genes. Então, se você tiver a pele clara, for louro de olhos azuis e tiver crescido numa família de louros de olhos azuis e pele clara, esse é o tipo de pessoa que você vai achar mais bonito e procurar como parceiro.

Para testar rigorosamente a teoria do *imprinting* da escolha sexual humana, deveria ser possível fazer experimentos enviando bebês suecos para serem adotados por pais papuanos ou pintar com tinta preta indelével os corpos de alguns pais suecos. Depois, esperar vinte anos para que os bebês crescessem e estudar se eles preferem os suecos ou os papuanos como parceiros sexuais. Ora, mais uma vez a Busca da Verdade sobre os humanos falha diante das questões práticas. Mas esses testes podem ser feitos em animais com todo o rigor experimental.

Consideremos o ganso da neve, por exemplo, com suas fases de cor branca e azul. Os gansos da neve brancos em liberdade adquirem ou herdam a preferência pelos gansos brancos em detrimento dos azuis? Biólogos canadenses incubaram artificialmente ovos de gansos e puseram os filhotes num ninho de gansos "adotivos". Quando os filhotes cresceram, escolheram parceiros da cor dos pais adotivos. Filhotes criados num bando grande com aves brancas e azuis não demonstraram preferências marcantes ao se tornarem adultos. Por fim, quando os biólogos tingiram alguns pais de cor-de-rosa, suas crias passaram a preferir gansos cor-de-rosa. Então os gansos não herdam, mas aprendem a preferir uma determinada cor devido ao *imprinting* dos pais (e irmãos, e outros filhotes da sua geração).

COMO, ENTÃO, penso que gente de diferentes partes do mundo desenvolveu suas diferenças? O nosso interior permanece invisível para nós e foi moldado só pela seleção natural, e o resultado é que os africanos, não os suecos, carregam o gene da hemoglobina falciforme, que protege contra a malária. Mas, como ocorre entre os animais, a seleção sexual teve um grande impacto ao moldar os traços visíveis que nos levam a escolher nossos parceiros.

Para nós, humanos, esses traços são principalmente os olhos, a pele, os cabelos, os seios e genitais. Em cada parte do mundo eles evoluíram pegados às nossas preferências estéticas e levaram a resultados diferentes e um tanto arbitrários. A cor dos olhos ou dos cabelos de uma determinada população humana pode ser em parte obra do acaso, o que os biólogos denominam "efeito fundador". Isto é, se um punhado de indivíduos coloniza uma terra vazia e seus descendentes se multiplicam e ocupam a terra, os genes desses poucos indivíduos fundadores podem continuar predominantes na população muitas gerações depois. Assim como certas aves-do-paraíso têm penas amarelas e outras têm penas pretas, algumas populações humanas têm cabelos amarelos, outras cabelos pretos, umas têm olhos azuis, outras, olhos verdes, ou mamilos alaranjados e mamilos marrons.

Não estou dizendo que o clima não tenha a ver com a cor da pele. Reconheço que os povos tropicais tendem a apresentar pele mais escura do que os povos das zonas temperadas, com muitas exceções, e isso provavelmente se deve à seleção natural, apesar da incerteza sobre o seu mecanismo. Mas, certamente, a seleção sexual foi suficientemente forte para fazer da correlação entre a cor da pele e a exposição ao sol algo muito imperfeito.

Se você ainda duvidar de que os traços e as preferências estéticas possam evoluir juntos em direções arbitrariamente diferentes, observe como mudam as nossas preferências em moda. Quando eu estava na escola primária, nos anos 1950, as mulheres gostavam dos homens barbeados e de cabelos com corte reco. Depois, houve uma sucessão de modas masculinas que incluíram barbas, brincos, cabelos compridos, pintados de roxo e cortados no estilo moicano. Um homem que ousasse ostentar um desses estilos naquela época teria indignado as moças, e suas chances de acasalamento teriam sido zero. Não é que o corte reco se adaptasse melhor às condições atmosféricas dos últimos anos de Stalin e que o moicano tivesse maior valor de sobrevivência na era pós-Chernobyl. É que o visual de homens e mulheres mudou ao mesmo tempo, e essas mudanças ocorreram muito mais rapidamente do que as mudanças evolutivas da cor da pele, pois não exigiram mutações genéticas. As mulheres passaram a gostar do corte reco porque os homens bons os usavam, ou os homens os usavam porque as mulheres boas gostavam dele, ou ocorreu uma mistura das duas coisas. O mesmo ocorre com a aparência feminina e os gostos masculinos.

Para um zoólogo é impressionante a variabilidade geográfica visível produzida pela seleção sexual. Afirmei que grande parte da nossa variabilidade é resultado de um traço distintivo do ciclo vital humano: o nosso alto nível de exigência quanto aos cônjuges e parceiros sexuais. Não conheço nenhuma espécie animal em liberdade em que a cor dos olhos de diferentes populações pode ser verde, azul, cinza, marrom ou preta e cuja cor da pele varie geograficamente do pálido ao preto e os cabelos possam ser amarelos, vermelhos, marrons, pretos, cinzas ou brancos. Pode não haver limites, exceto aqueles impostos pelo tempo da evolução, para as cores com que a seleção sexual nos adorna. Se a humanidade sobreviver por mais 20.000 anos, vaticino que haverá mulheres de cabelos verdes e olhos vermelhos, ambos naturais — e homens para os quais elas serão as mais atraentes de todas.

CAPÍTULO 7

Por que envelhecemos e morremos?

A MORTE E O ENVELHECIMENTO SÃO UM MISTÉRIO SOBRE O QUAL FREquentemente perguntamos durante a infância, negamos na juventude e aceitamos relutantemente na idade adulta. Eu raramente pensava no envelhecimento quando era universitário. Mas, depois dos 50 anos, comecei a achá-lo decididamente mais interessante. A expectativa de vida dos adultos brancos nos EUA atualmente é de 78 anos para os homens e 83 para as mulheres. Mas alguns de nós chegaremos aos 100 anos. Por que é tão fácil viver até os 80, tão difícil viver até os 100 e quase impossível viver até os 120 anos? Porque, inevitavelmente, humanos com acesso ao melhor atendimento médico e animais cativos com comida suficiente e sem predadores adoecem e morrem? Esse é o traço mais óbvio do nosso ciclo vital, mas não há nada óbvio nas suas causas.

No simples fato de envelhecer e morrer nos parecemos a todos os demais animais. No entanto, nós nos aprimoramos consideravelmente nos detalhes ao longo da nossa história evolutiva. Não há registros de que um indivíduo das espécies de antropoides tenha chegado à atual expectativa de vida dos brancos nos EUA, e só excepcionalmente os antropoides vivem 50 anos. Evidentemente, envelhecemos mais devagar do que os nossos parentes mais próximos. Parte dessa lentidão pode ter se desenvolvido recentemente, na época do Grande Salto Para a Frente, já que alguns Cro-Magnons viveram uns 60 anos, enquanto poucos neandertalenses chegaram aos 40 anos de idade.

O envelhecimento lento é tão crucial para o estilo de vida humano quanto o casamento, a ovulação oculta e outros traços do ciclo vital que discutimos nos capítulos anteriores. Isso é assim porque nosso estilo de vida depende da transmissão de informações. Com o desenvolvimento da linguagem foi possível transmitir muito mais informações do que antes. Até a invenção da escrita, os anciões eram os repositórios das informações e da experiência, e continuam a sê-lo nas sociedades tribais atuais. Entre os caçadores-coletores, os conhecimentos de uma só pessoa com mais de 70 anos podiam influenciar a sobrevivência ou a morte por fome de todo o clã. Portanto, a longa duração da vida foi importante para passarmos da condição de animais para a de humanos.

Evidentemente, nossa capacidade de sobreviver até a idade madura dependeu em grande medida dos avanços culturais e tecnológicos. É mais fácil defender-se de um leão se você carregar uma lança e não uma pedra, e mais fácil ainda se você tiver um rifle poderoso. Contudo, os avanços culturais e tecnológicos não teriam sido suficientes, a menos que o nosso corpo também tivesse sido redesenhado para viver mais tempo. Nenhum primata antropoide enjaulado num zoológico chega aos 80 anos, apesar dos benefícios da moderna tecnologia humana e da atenção veterinária. Neste capítulo veremos que a nossa biologia foi remodelada segundo o aumento de expectativa de vida, tornada possível pelos avanços culturais. Em particular, eu diria que as ferramentas não foram a única razão para os Cro-Magnons viverem mais, em média, do que os neandertalenses. Em vez disso, diria que na época do Grande Salto Para a Frente a nossa biologia também mudou, e passamos a envelhecer mais lentamente. Inclusive deve ter sido nesse momento que a menopausa — um traço do envelhecimento que, paradoxalmente, permite às mulheres viverem mais — evoluiu.

O MODO COMO OS cientistas pensam o envelhecimento depende de eles se interessarem pelas chamadas explicações imediatistas ou pelas fundamentais. Para entender essa diferença, considere a indagação: "Por que os gambás cheiram mal?" Um químico ou um biólogo molecular diriam: "É porque os gambás secretam componentes químicos com determinadas estruturas moleculares. Devido aos princípios da mecânica quântica, essas estruturas resultam no mau cheiro. Esses componentes químicos em particular cheiram mal independentemente de sua função biológica."

Mas um biólogo evolutivo raciocinaria assim: "É porque se os gambás não se defendessem com o mau cheiro, seriam presas fáceis dos predadores. A seleção natural fez os gambás secretarem substâncias químicas com mau odor; os gambás com o pior odor sobreviveram e geraram a maior quantidade de filhotes. A estrutura molecular desses componentes químicos é um mero detalhe incidental; qualquer outro cheiro ruim seria perfeitamente adequado para os gambás."

O químico deu uma explicação imediatista, isto é, o mecanismo imediatamente responsável pela observação que devia ser explicado. O biólogo evolutivo ofereceu uma explicação fundamental: a função ou a cadeia de eventos que criou esse mecanismo. O químico e o biólogo evolutivo descartariam a resposta um do outro por não considerá-las a "verdadeira explicação".

De igual maneira, os estudos sobre o envelhecimento são feitos de modo independente por dois grupos de cientistas que mal se comunicam entre si. Um grupo procura uma explicação imediatista; o outro, a explicação fundamental. Os biólogos evolutivo tentam entender como a seleção natural permite o envelhecimento e pensam que encontraram uma resposta para essa questão. Os fisiólogos, por sua vez, indagam sobre os mecanismos celulares subjacentes ao envelhecimento e admitem que ainda não há resposta. Mas vou argumentar que o envelhecimento só pode ser entendido se procurarmos ambas as explicações ao mesmo tempo. Particularmente, espero que a explicação evolutiva (fundamental) nos ajude a encontrar a explicação fisiológica (imediatista) para o envelhecimento que, até agora, tem escapado aos cientistas.

ANTES DE PROSSEGUIR com essa argumentação, devo me antecipar às objeções dos meus amigos fisiólogos. Eles tendem a acreditar que, de alguma maneira, algo na nossa fisiologia torna o envelhecimento inevitável, e que as considerações evolucionistas são irrelevantes. Por exemplo, essa teoria atribui o envelhecimento às progressivas dificuldades que nosso sistema imunológico supostamente enfrenta para distinguir entre as nossas próprias células e células estranhas. Os fisiólogos que defendem essa visão partem de um pressuposto implícito: que a seleção natural não poderia levar a um sistema imunológico sem esse defeito fatal. Essa crença se justifica?

Para avaliar essa objeção, consideremos os mecanismos biológicos de reparo, pois o envelhecimento pode ser encarado simplesmente como um dano não reparado ou uma deterioração. A nossa primeira associação com a palavra "reparo" provavelmente é com aquele tipo de reparo que mais nos frustra — o dos carros. Os nossos carros tendem a envelhecer e morrer, mas gastamos dinheiro para adiar o seu destino inevitável. De igual maneira, estamos constantemente nos restaurando, de maneira inconsciente, em todos os níveis, das moléculas aos tecidos ou a um órgão completo. Os nossos mecanismos de autorreparo, como os que aplicamos aos carros, são de dois tipos: o controle de danos e a substituição periódica.

Um exemplo automotivo de controle de danos é que só substituímos o para-lamas se ele estiver amassado; não o trocamos regularmente a cada troca do óleo. O exemplo mais visível de controle de dano aplicado aos nossos corpos é a cicatrização de uma ferida, que repara um dano na nossa pele. Muitos animais obtêm resultados mais espetaculares: os lagartos regeneram as caudas cortadas; as estrelas-do-mar e os caranguejos, os seus membros; os pepinos-do-mar, os intestinos, e os nemertinos, os seus estiletes venenosos. No nível molecular invisível, o nosso material genético, o DNA, é reparado exclusivamente mediante o controle de danos: possuímos enzimas que reconhecem e reparam locais danificados na hélice do DNA e ignoram o DNA intacto.

Os proprietários de carros conhecem outro tipo de reparo, a substituição regular: não esperamos que o carro sofra um desgaste e enguice, então trocamos periodicamente o óleo, o filtro de ar e os rolamentos. No mundo biológico, os dentes também são substituídos segundo uma programação: ao longo da vida, os humanos têm duas dentições; os elefantes, seis, e os tubarões, um número indefinido. Apesar de vivermos com o mesmo esqueleto com o qual nascemos, as lagostas e outros artrópodes substituem regularmente seus exoesqueletos fazendo crescer outros novos. Outro exemplo ligeiramente visível de reparo programado é o crescimento contínuo dos nossos cabelos: não importa o quanto cortamos, ele cresce e substitui o pedaço cortado.

A substituição regular também ocorre no nível microscópico ou submicroscópico. Constantemente substituímos muitas de nossas células: as que revestem os intestinos a cada poucos dias, as que recobrem nossa bexiga a cada dois meses e os glóbulos vermelhos a cada quatro meses. No nível molecular, as moléculas de proteína estão sujeitas a uma rotatividade contínua, na proporção característica de cada proteína em particular; assim evitamos o acúmulo de moléculas danificadas. Se você comparar a aparência do ser amado hoje com uma foto tirada um mês atrás, ele (ou ela) pode parecer igual, mas muitas moléculas individuais que formam aquele corpo adorado são diferentes. Os cavalos e homens do rei não conseguiram recompor Humpty-Dumpty, mas a Natureza diariamente nos monta e desmonta.

Desta maneira, grande parte do corpo de um animal pode ser reparada quando necessário, ou é reparada regularmente de qualquer modo, mas os detalhes de quanto é substituído variam enormemente, segundo a parte e a espécie. Não existe nada fisiologicamente inevitável na capacidade limitada de reparo dos humanos. Se as estrelas-do-mar podem reconstituir membros amputados, por que não podemos fazê-lo também? O que nos impede de ter seis dentições sucessivas, como o elefante, em vez de só os dentes de leite e os definitivos? Com mais quatro não precisaríamos de obturações, coroas e dentaduras ao envelhecer. Por que não nos protegemos da artrite? — tudo o que precisaríamos seria substituir periodicamente as nossas articulações, como fazem os caranguejos. Por que não nos prevenimos das doenças cardíacas substituindo periodicamente o nosso coração, assim como os nemertinos substituem os seus estiletes venenosos? Pode-se supor que a seleção natural favoreceria o homem ou a mulher que não morresse do coração aos 80 anos e continuasse a viver e gerar bebês pelo menos até a idade de 200 anos. Então, por que não podemos reconstituir ou substituir tudo no nosso corpo?

A resposta certamente aponta para os custos do reparo. Novamente a analogia com o conserto dos carros pode ajudar. Se acreditarmos no que alardeia a fábrica Mercedes-Benz, os seus carros são tão bem construídos que, mesmo que você não lhes dê nenhuma manutenção — nem mesmo troca de óleo e lubrificação —, o seu Mercedes vai rodar por anos a fio. Ao final desse tempo ele obviamente vai cair aos pedaços, devido aos danos irreversíveis acumulados. Então, os donos de Mercedes geralmente preferem cuidar de seus carros regularmente. Os meus amigos que possuem Mercedes me contam que a assistência técnica é muito cara: são centenas de dólares cada vez que o carro entra na oficina. Ainda assim, eles acham que vale a pena: um Mercedes bem cuidado dura muito mais, e é muito mais barato cuidar do seu Mercedes velho regularmente do que trocá-lo.

Isso pensam os donos de Mercedes na Alemanha e nos Estados Unidos. Mas suponha que você more em Port Moresby, capital da Papua-Nova Guiné e capital mundial dos acidentes automobilísticos, onde qualquer carro provavelmente terá perda total no período de um ano, independentemente de como cuidem dele. Lá, muitos proprietários de carros não se preocupam com manutenção: eles usam o dinheiro economizado para comprar o inevitável próximo carro.

Por analogia, quanto um animal "deveria" investir em reparos biológicos depende do custo dos reparos e da expectativa de vida do animal com e sem os reparos. Mas o "deveria" pertence ao reino da biologia evolutiva, não da fisiologia. A seleção natural tende a maximizar o ritmo de procriação da prole que sobrevive para que esta, por sua vez, procrie também. Então, a evolução pode ser encarada como um jogo de estratégia, em que ganha o indivíduo que deixa mais descendentes. O tipo de raciocínio usado na teoria dos jogos é útil para entender como chegamos a ser como somos.

O PROBLEMA DA expectativa de vida e do investimento no reparo biológico é um dentre o conjunto de problemas evolutivos ainda mais amplos de que trata a teoria dos jogos: o mistério do que determina o limite máximo de qualquer traço vantajoso. Diversos outros traços biológicos, além da expectativa de vida, colocam a pergunta de por que a seleção natural não os fez mais altos, ou maiores, ou mais rápidos ou os produziu em mais quantidade. Por exemplo, as pessoas grandes, inteligentes ou que correm muito têm vantagens óbvias sobre as pequenas, estúpidas e lentas — especialmente ao longo da evolução humana, quando ainda nos defendíamos dos leões e hienas. Por que não evoluímos e nos tornamos ainda maiores, mais inteligentes e rápidos do que somos agora?

A complicação que torna esses problemas de projeto evolutivo menos simples do que parecem à primeira vista é a seguinte: a seleção natural atua sobre os indivíduos como um todo, não sobre partes dos indivíduos. É você, e não seu grande cérebro ou suas pernas lépidas, que sobrevive ou não e deixa descendentes. Aumentar uma parte do corpo de um animal pode ser benéfico em alguns aspectos e prejudicial em outros. Por exemplo, uma parte maior pode não encaixar bem com outras partes do mesmo animal, bem como pode gastar energia de outras partes.

Para os biólogos evolutivos, a palavra mágica que expressa essa complicação é "otimizar". A seleção natural tende a moldar cada traço ao tamanho, à velocidade ou ao número que maximiza a sobrevivência e o êxito reprodutivo do animal como um todo, de acordo com a estrutura básica do animal. Os traços em si não tendem a um valor máximo. Em vez disso, cada um deles converge para um valor ótimo intermediário, nem muito grande nem muito pequeno. Portanto, o animal como um todo é mais bem-sucedido do que seria se esse traço fosse maior ou menor.

Se esta argumentação sobre animais lhe parece abstrata, pense nas máquinas que usamos cotidianamente. Em essência, o projeto de engenharia que os humanos aplicam às máquinas se baseia nos mesmos princípios que a seleção natural aplica ao projeto evolutivo dos animais. Por exemplo, considere meu orgulho e alegria em meio às máquinas, o Fusca 1962, o único carro que tive na vida. (Os entusiastas dos carros recordam que foi em 1962 que a Volkswagen desenhou o grande vidro traseiro do Fusca.) Numa estrada boa, com o vento a favor, meu VW faz 100 quilômetros por hora. Para os donos de BMWs isso pode soar ridículo. Por que eu simplesmente não descarto o motor de 4 cilindradas e 40 cavalos, coloco um motor de 12 cilindradas e 296 cavalos como o do BMW 750 IL do meu vizinho e saio em disparada a 300 quilômetros por hora pela autoestrada de San Diego?

Bem, até eu, que não entendo nada de carros, sei que não daria certo. Para começar, o enorme motor do BMW não caberia no chassi do Fusca, e seria preciso alargá-lo. Depois, o motor do BMW é dianteiro, mas o motor do Fusca fica na traseira, então eu teria de trocar a caixa de marcha, a transmissão e outras partes. Também seria preciso trocar os amortecedores e os freios, projetados para suavizar a rolagem e parar o carro a 100 quilômetros por hora, mas não a 300 quilômetros. Quando eu terminasse de modificar meu VW para receber o motor do BMW, não teria sobrado muito do Fusca original. E as modificações custariam uma montanha de dinheiro. Eu concluiria que o meu motor fraquinho de 40 cavalos é perfeito, já que eu não poderia aumentar a velocidade de cruzeiro sem sacrificar outros aspectos do desempenho do carro — além de sacrificar outros aspectos do meu estilo de vida que exigem dinheiro.

Embora o mercado acabe eliminando engenhocas monstruosas como um Fusca com motor de BMW, podemos pensar em algumas monstruosidades que levaram bastante tempo para serem eliminadas. Para os que compartilham o meu fascínio pela batalha naval, os cruzadores britânicos são um bom exemplo. Antes e durante a Primeira Guerra Mundial, a marinha britânica lançou 13 navios de guerra denominados cruzadores, projetados para serem tão grandes e bem armados quanto os encouraçados, mas muito mais rápidos. Ao maximizar a velocidade e o poder de fogo, os cruzadores imediatamente capturaram a imaginação do público e se tornaram um êxito na propaganda política. No entanto, se você pega um navio de guerra de 28.000 toneladas, mantém o peso da artilharia pesada quase constante e aumenta enormemente o peso dos motores, mas mantém o peso total em torno de 28.000 toneladas, precisa diminuir o peso de algumas outras partes. Os cruzadores economizavam especialmente no peso do casco, mas também no peso da artilharia leve, dos compartimentos internos e da defesa antiaérea.

Os resultados desse projeto abaixo do valor ótimo foram inevitáveis. Em 1916, os navios britânicos *Indefatigable*, *Queen Mary* e *Invincible* explodiram assim que foram atacados pelas bombas alemãs na Batalha da Jutlândia. O *Hood* explodiu em 1941, apenas oito minutos depois de começar a luta contra o navio de guerra alemão *Bismarck*. O *Repulse* foi afundado por bombardeiros japoneses poucos dias após o ataque japonês a Pearl Harbor e teve a distinção duvidosa de ser o primeiro grande navio de guerra a ser destruído do ar ao combater no mar. Diante da evidência de que algumas partes maximizadas de maneira espetacular não perfazem um todo ótimo, a marinha britânica extinguiu seu programa de construção de cruzadores.

Em resumo, os engenheiros não podem brincar com partes isoladas do resto da máquina, porque elas usam dinheiro, espaço e peso que podem ser ocupados em outra coisa. Em vez disso, eles precisam perguntar que *combinação* de partes otimiza a eficácia de uma máquina. Com esse mesmo raciocínio, a evolução não pode brincar com traços isolados do animal, porque cada estrutura, enzima ou trecho do DNA consome energia e espaço que poderiam ser empregados em outra coisa. Então, a seleção natural favorece a combinação de traços que maximiza a produção procriadora do animal. Os engenheiros e os biólogos da evolução devem avaliar os *trade-offs* envolvidos em aumentar algo, isto é, os custos e benefícios que isso traria.

UMA DIFICULDADE ÓBVIA na aplicação desse raciocínio aos nossos ciclos vitais é que eles possuem muitos traços que parecem reduzir, não maximizar, nossa capacidade de produzir descendência. Envelhecer e morrer são só um exemplo; outros são a menopausa feminina, a gestação de um bebê de cada vez, a geração de um bebê por ano, no máximo, e só poder começar a gerá-los a partir dos 12 ou 16 anos. Por que a seleção natural não fez a mulher entrar na puberdade aos 5 anos, completar a gestação em três semanas, procriar quíntuplos regularmente, nunca entrar na menopausa, colocar um monte de energia biológica no reparo do próprio corpo, viver até os 200 anos e, assim, deixar centenas de descendentes?

Mas essa pergunta leva a pensar que a evolução pode mudar nosso corpo por partes e ignorar os custos embutidos nisso. Por exemplo, certamente uma mulher não pode reduzir a duração da gravidez para três semanas sem mudar algo em si ou no bebê. Lembrem-se de que dispomos de uma quantidade finita de energia. Até quem se exercita intensamente e come alimentos proteicos — lenhadores ou maratonistas em treinamento — não metaboliza muito mais do que 6.000 calorias ao dia. Como distribuir essas calorias entre o autorreparo e o cuidado dos bebês se nosso objetivo for gerar a maior quantidade possível de bebês?

Num extremo, se puséssemos toda a nossa energia nos bebês, sem dedicar nenhuma energia ao reparo biológico, nosso corpo envelheceria e se desintegraria antes que pudéssemos criar o primeiro filho. No outro extremo, se dedicássemos toda a energia de que dispomos para manter nosso corpo em forma, poderíamos viver por muito tempo, mas não teríamos energia disponível para o processo exaustivo de procriar e criar filhos. O que a seleção natural precisa fazer é ajustar os gastos relativos de energia do animal entre o reparo e a procriação, de forma a maximizar a produção procriadora no curso da vida. A resposta a esse problema varia entre as espécies animais, dependendo de fatores como o risco de morte acidental, a biologia reprodutiva e o custo de vários tipos de reparos.

Essa perspectiva pode ser aplicada para fazer previsões testáveis sobre como os animais se diferenciam nos mecanismos de reparo e no ritmo do envelhecimento. Em 1957, o biólogo evolutivo George Williams citou alguns fatos surpreendentes sobre o envelhecimento que só foram compreendidos pelo prisma da perspectiva da evolução. Vamos considerar diversos exemplos de Williams e traduzi-los para a linguagem fisiológica do reparo biológico, tomando o envelhecimento lento como um sinal de bons mecanismos de reparo.

O primeiro exemplo refere-se à idade em que o animal começa a procriar. Essa idade varia enormemente entre as espécies: poucos humanos conseguem procriar antes dos 12 anos, mas qualquer camundongo que se preze começa a gerar camundonguinhos aos dois meses de idade. Os animais de espécies cuja primeira procriação é tardia, como nós, precisam dedicar muita energia ao reparo para assegurar a sobrevivência após a idade reprodutiva. Então, é de se esperar que o investimento no reparo aumente com a idade da primeira procriação.

Por exemplo, os humanos envelhecem muito mais devagar que os camundongos, e supostamente reparamos nosso corpo de maneira mais eficiente, o que está ligado ao fato de começarmos a nos reproduzir mais tarde do que os camundongos. Mesmo com comida abundante e boa atenção veterinária, o camundongo terá sorte se chegar aos 2 anos de idade, ao passo que nós não a teremos se não chegarmos aos 72. A razão evolutiva: se o humano não investisse mais energia no reparo do que o camundongo, morreria antes da puberdade. Logo, vale mais a pena reparar um humano do que um camundongo.

Em que pode consistir o nosso gasto extra de energia? À primeira vista, nossas capacidades de reparo parecem insignificantes. Não podemos refazer um braço amputado e não substituímos regularmente nosso esqueleto, como fazem alguns invertebrados de vida curta. Contudo, essas substituições espetaculares, porém infrequentes, de toda uma estrutura provavelmente não são os itens principais no orçamento de reparo de um animal. Os maiores gastos são com substituições invisíveis de células e moléculas, dia após dia. Mesmo que você passe todos os dias deitado numa cama, precisa ingerir cerca de 1.640 calorias por dia se for um homem (1.430 calorias se for mulher), só para manter seu corpo. Grande parte desse metabolismo de manutenção vai para a programação de substituição invisível. Então, imagino que onde custamos mais do que um camundongo é colocando mais de uma fração da nossa energia no autorreparo e uma fração menor em outros propósitos, tais como manter-nos aquecidos e cuidar de bebês.

O segundo exemplo que vou discutir envolve o risco de danos irreparáveis. Alguns danos biológicos são potencialmente reparáveis, mas também há danos definitivamente fatais (por exemplo, ser comido por um leão). Se houver a probabilidade de você ser devorado por um leão amanhã, não tem sentido contratar um dentista e começar a pagar hoje um tratamento dentário caro. Seria melhor deixar seus dentes apodrecerem e começar a procriar imediatamente. Mas se o risco de morte por acidentes irreparáveis for baixo em um animal, existe um lucro potencial, na forma de um aumento da expectativa de vida, na colocação de energia em mecanismos de reparo caros que retardem o envelhecimento. Essa é a lógica que leva os donos de Mercedes a pagar pela lubrificação dos seus carros na Alemanha e nos Estados Unidos, mas não na Papua-Nova Guiné.

As analogias biológicas são de que o risco de morte por predadores é menor para as aves do que para os mamíferos (porque as aves escapam voando), e menor para as tartarugas do que para a maioria dos répteis (porque elas estão protegidas pela carapaça). Então as aves e as tartarugas ganham muito com mecanismos de reparo menos custosos, comparadas aos mamíferos que não voam e aos répteis sem carapaça, que logo serão devorados por predadores. De fato, se compararmos a longevidade dos bichos de estimação bem alimentados e protegidos de predadores, as aves vivem mais tempo (isto é, envelhecem mais devagar) do que mamíferos de tamanho equivalente, e as tartarugas vivem mais tempo do que répteis de tamanho similar sem carapaça. As espécies de aves mais bem protegidas dos predadores são as marinhas, como o petrel e o albatroz, que nidificam em ilhas oceânicas remotas, livres de predadores. Sua expectativa de vida facilmente se equipara à nossa. Alguns albatrozes não procriam antes dos 10 anos de idade, e ainda não sabemos quantos anos eles vivem: as aves duram mais do que os anéis metálicos que os biólogos começaram a colocar em suas pernas há algumas décadas para acompanhar seu envelhecimento. Nos dez anos que um albatroz leva para começar a procriar, uma população de camundongos pode ter passado por seis gerações, e a maioria terá sucumbido aos predadores ou à velhice.

No terceiro exemplo, comparemos machos e fêmeas da mesma espécie. Esperamos um lucro potencialmente maior dos mecanismos de reparo — e um ritmo mais lento de envelhecimento — no sexo com menores índices de mortalidade por acidentes. Em muitas, ou na maioria, das espécies, os machos têm uma mortalidade por acidentes maior do que as fêmeas, em parte porque se expõem a maiores riscos lutando ou exibindo sua coragem. Isso certamente se aplica aos machos humanos hoje, e provavelmente tem sido assim ao longo da nossa história como espécie: os homens são mais propensos a morrer em guerras contra homens de outros grupos e em lutas individuais no interior de um grupo. Além disso, em muitas espécies os machos são maiores do que as fêmeas, mas estudos sobre os cervos vermelhos e tordos do Novo Mundo demonstram que os machos tendem a morrer em maior quantidade do que as fêmeas quando os alimentos escasseiam.

Relacionado a esse alto índice de mortes acidentais entre os homens, eles também envelhecem mais rapidamente do que as mulheres e apresentam índices mais altos de mortes não acidentais. No momento, a expectativa de vida das mulheres é de aproximadamente seis anos mais do que a dos homens; parte dessa diferença deve-se a que os homens fumam mais do que as mulheres, mas há uma diferença na expectativa de vida relacionada ao sexo mesmo entre não fumantes. Essas diferenças sugerem que a evolução nos programou para que as mulheres empreguem mais energia no autorreparo, e os homens, mais energia nas lutas. Dito de outro modo, simplesmente não vale tanto a pena reparar um homem quanto vale reparar uma mulher. Mas não quero subestimar a luta masculina, que tem um propósito evolutivo útil para o homem: obter esposas e assegurar recursos para seus filhos e sua tribo à custa de outros homens, seus filhos e suas tribos.

O ÚLTIMO EXEMPLO de como alguns fatos surpreendentes sobre o envelhecimento só se tornam compreensíveis pelo prisma da perspectiva da evolução refere-se ao fenômeno singularmente humano da sobrevivência após a idade reprodutiva, especialmente após a menopausa feminina. Como o que move a evolução é a transmissão dos genes à geração seguinte, outras espécies animais raramente sobrevivem após a idade reprodutiva. No entanto, a Natureza programou a morte para ocorrer ao final da fertilidade, porque então já não há benefícios evolutivos em manter um corpo em bom estado. O fato de as mulheres serem programadas para viver durante décadas após a menopausa e os homens até uma idade em que a maioria deles já não se ocupa de procriar é uma exceção que precisa ser explicada.

A explicação é clara quando refletimos sobre isso. Na espécie humana, a intensa fase de cuidados com a prole costuma se estender por quase duas décadas. Até os mais velhos cujos filhos chegaram à idade adulta são extremamente importantes para a sobrevivência não só de sua prole, mas de toda a tribo. Especialmente nos tempos anteriores à escrita, os mais velhos eram portadores de conhecimentos essenciais. A Natureza nos capacitou para manter nosso corpo em manutenção razoável mesmo numa idade em que o sistema reprodutivo feminino já deixou de ser reparado.

No entanto, somos levados a pensar por que a seleção natural programou a menopausa feminina. Assim como o envelhecimento, ela não pode ser explicada como algo fisiologicamente inevitável. Com a idade, a maioria dos mamíferos, incluídos os machos humanos e os chimpanzés e gorilas de ambos os sexos, passa por um declínio gradativo até a interrupção da fertilidade, não pelo corte abrupto da fertilidade que ocorre na mulher. Qual será o motivo da evolução desse traço aparentemente contraproducente? Por que a seleção natural não manteve a mulher fértil até o fim da vida?

A menopausa feminina provavelmente é o resultado de dois traços singularmente humanos: o perigo excepcional que o parto representa para a mãe e o perigo que a morte da mãe representa para sua prole. Pense no tamanho relativamente enorme do recém-nascido humano comparado ao da mãe: nossos bebês grandes, de 3,5 quilos, saindo de mães de 50 quilos, comparados aos pequenos bebês gorilas de 2 quilos, saindo de mães gorilas de 100 quilos. O resultado disso é que o parto é perigoso para as mulheres. Especialmente antes do surgimento da obstetrícia moderna, as mulheres frequentemente morriam no parto, enquanto as mães gorilas e chimpanzés raramente morrem. Um estudo sobre o resultado do parto de 401 macacos *rhesus* registrou uma só morte materna.

Não nos esqueçamos de que os bebês humanos são extremamente dependentes dos pais, principalmente da mãe. Como eles se desenvolvem muito devagar e não conseguem se alimentar sozinhos após o desmame (à diferença dos jovens antropoides), a morte de uma mãe caçadora-coletora provavelmente teria sido mais fatal para seus filhos até o final da infância do que para qualquer outro primata. Uma mãe caçadora-coletora com diversos filhos punha em risco a vida deles a cada gravidez posterior. Como o investimento nos primeiros filhos aumentava com a idade deles e o risco que corria no parto piorava à medida que ela envelhecia, as chances de ganhar a aposta iam piorando. Quando você já tem três filhos vivos e eles ainda dependem de você, por que arriscar três em função de um quarto?

O aumento da probabilidade de perder provavelmente levou a seleção natural a interromper a fertilidade da fêmea humana, de forma a proteger o investimento inicial nos filhos. Mas como o parto não implica risco de morte para os pais, os homens não desenvolveram a menopausa. Como o envelhecimento, a menopausa ilustra como a abordagem evolutiva esclarece aspectos do nosso ciclo vital que, de outro modo, não fariam sentido. É até possível que a menopausa tenha se desenvolvido nos últimos 40.000 anos, quando os Cro-Magnons e outros humanos anatomicamente modernos começaram a viver até os 60 anos ou mais. Os neandertalenses e os humanos anteriores morriam antes dos 40 anos, então a menopausa não teria significado nenhum benefício para suas mulheres se tivesse ocorrido na mesma época em que ocorre entre as *Femina sapiens* modernas.

Assim, a maior expectativa de vida dos humanos modernos, comparada à dos primatas antropoides, não depende só de adaptações culturais, como ferramentas para obter alimentos e afastar os predadores. Ela depende também das adaptações biológicas da menopausa e do crescente investimento no autorreparo. Essas adaptações biológicas podem ter ocorrido especialmente na época do Grande Salto Para a Frente ou antes; de qualquer modo, estão entre as grandes mudanças históricas que permitiram a ascensão do terceiro chimpanzé à humanidade.

MINHA ÚLTIMA CONCLUSÃO sobre a abordagem evolutiva do envelhecimento é que ela solapa a abordagem que por muito tempo predominou no estudo fisiológico do envelhecimento. A literatura geriátrica vive obcecada com a busca da Causa do Envelhecimento — preferivelmente uma causa única, e certamente não mais do que umas poucas causas principais. Ao longo da minha vida como biólogo, as mudanças hormonais, a deterioração do sistema imunológico e a degeneração neuronal perderam popularidade para A Causa, sem que até agora nenhum dos candidatos tenha sido apoiado de modo consistente. Mas o raciocínio evolutivo sugere que essa busca continuará sendo vã. Não *deve* haver só um nem dois mecanismos fisiológicos dominantes do envelhecimento. Em vez disso, a seleção natural deve agir para adequar o ritmo de envelhecimento em todos os sistemas fisiológicos, e o resultado é que o envelhecimento envolve inúmeras mudanças simultâneas.

A base dessa previsão é a seguinte. Não faz sentido uma manutenção dispendiosa em uma peça do corpo se as demais peças se deterioram mais rapidamente. Inversamente, não faz sentido permitir que alguns sistemas se deteriorem muito antes dos demais, porque o custo do reparo extra só nesses poucos sistemas traria um grande aumento da expectativa de vida. A seleção natural não comete esses erros sem sentido. Por analogia, os donos de Mercedes não devem instalar rolamentos baratos se gastam prodigamente nas demais partes do carro. Se fossem assim tão bobos, teriam duplicado o tempo de uso de seu carro tão caro gastando alguns dólares a mais na compra de rolamentos melhores. Mas não valeria a pena instalar rolamentos de diamante se todo o resto do carro pudesse enferrujar antes que os rolamentos de diamante se desgastem. Então, a melhor estratégia para os donos de Mercedes, e para nós, é reparar todas as partes de nossos carros e de nosso corpo num ritmo tal que tudo entre em colapso ao mesmo tempo.

Parece-me que essa previsão deprimente foi confirmada, e que o ideal evolutivo do colapso total simultâneo descreve melhor o destino do corpo de cada um de nós do que uma só Causa do Envelhecimento, tão buscada pelos fisiólogos. Os sinais do envelhecimento são encontrados onde quer que se procure. Já estou consciente do desgaste dos meus dentes, de uma diminuição considerável no meu desempenho muscular e de perdas significativas de audição, visão, olfato e paladar. No caso dos sentidos, a acuidade nas mulheres é maior do que nos homens da mesma idade, em qualquer faixa etária que se compare. Diante de mim vejo a litania costumeira: enfraquecimento do coração, endurecimento das artérias, aumento da porosidade dos ossos, diminuição do fluxo de filtragem dos rins, menor resistência do sistema imunológico e perda de memória. A lista poderia se estender quase indefinidamente. Na verdade, a evolução parece ter feito um arranjo para que todos os nossos sistemas se deteriorem, e só investimos em reparar até onde vale a pena.

Do ponto de vista prático, essa conclusão é decepcionante. Se houvesse uma causa dominante para o envelhecimento, sua cura equivaleria à fonte da juventude. Esse pensamento, que predominou principalmente quando se pensava que o envelhecimento era fundamentalmente uma questão hormonal, inspirou algumas tentativas de rejuvenescimento miraculoso de anciãos com injeções de hormônios ou o implante de gônadas jovens. Essas tentativas foram tema da história "O homem que andava de rastos", de *sir* Arthur Conan Doyle, na qual o professor Presbury, de idade avançada, apaixona-se por uma mulher jovem e, desesperado, quer rejuvenescer, mas em vez disso é encontrado trepando num arbusto, como um macaco, após a meia-noite. O grande Sherlock Holmes descobre a razão: em busca da juventude, o professor tinha se injetado com soro retirado de langures.

Eu teria advertido o professor Presbury de que sua obsessão míope com as causas imediatas o levaria à perdição. Se ele tivesse considerado a causa evolutiva fundamental, teria entendido que a seleção natural nunca permitiria que nos deteriorássemos por meio de um único mecanismo que tivesse uma cura simples. Ainda bem. Sherlock Holmes preocupava-se imensamente com o que poderia ocorrer se esse elixir fosse encontrado. "Há um perigo aqui — um verdadeiro perigo para a humanidade. Pense bem, Watson, se os materialistas, os sensualistas, os mundanos prolongassem suas vidas sem valor... Seria a sobrevivência dos menos aptos. Em que tipo de cloaca o nosso pobre mundo se converteria?"

Holmes ficaria aliviado em saber que hoje é improvável que suas preocupações se tornem realidade.

PARTE TRÊS

SINGULARMENTE HUMANO

A Parte Um e a Parte Dois trataram dos fundamentos biológicos dos nossos traços culturais únicos. Vimos que esses fundamentos incluem as nossas marcas esqueletais familiares, como o crânio grande e as adaptações para a postura ereta. Eles incluem também aspectos dos tecidos moles, do comportamento e da endocrinologia ligados à reprodução e à organização social.

Contudo, se esses traços geneticamente especificados fossem nossas únicas distinções, não sobressairíamos entre os animais e não estaríamos agora ameaçando a nossa sobrevivência e a de outras espécies. Alguns animais, como os avestruzes, caminham eretos sobre duas patas. Outros têm cérebros relativamente grandes, mas não tanto quanto o nosso. Outros ainda vivem monogamicamente em colônias (diversas aves marinhas) ou por longos anos (albatrozes e tartarugas).

Em vez disso, nossa singularidade reside nos traços culturais que descansam nesses fundamentos genéticos e que, por sua vez, nos concedem poder. As nossas marcas culturais incluem a língua falada, a arte, a tecnologia baseada em ferramentas e a agricultura. Contudo, se parássemos por aqui, teríamos uma visão unilateral e autocomplacente da nossa singularidade. As marcas que acabo de mencionar são aquelas das quais nos orgulhamos. No entanto, os registros arqueológicos demonstram que a introdução da agricultura foi uma bênção ambivalente, que prejudicou seriamente muitos e beneficiou outros. O abuso de drogas é uma vergonhosa marca totalmente humana. Pelo menos ela não ameaça a nossa sobrevivência, como ocorre no caso de duas outras práticas culturais que temos: o genocídio e o extermínio em massa de outras espécies. Ficamos sem saber se classificamos ambos como aberrações patológicas ocasionais ou como traços não menos básicos da humanidade, como aqueles dos quais mais nos orgulhamos.

Todos esses traços culturais que definem a humanidade aparentemente estão ausentes nos animais, mesmo nos nossos parentes mais próximos. Eles devem ter surgido em algum momento depois que nossos ancestrais se afastaram dos outros chimpanzés, há aproximadamente sete milhões de anos. Além disso, não temos como saber se os neandertalenses falavam, se eram viciados em drogas ou cometiam genocídio, mas certamente eles não possuíam agricultura, arte nem a capacidade de fabricar rádios. Então, esses últimos traços devem ser inovações humanas muito recentes, dos últimos dez mil anos. Mas elas não surgiram do nada. Deve ter havido precursores animais, se pudéssemos reconhecê-los.

Para cada um dos traços culturais que nos definem, precisamos perguntar: quais foram os precursores? Na nossa ancestralidade, quando esse traço se aproximou de sua forma moderna? Quais foram os primeiros estágios de sua evolução, eles podem ser investigados arqueologicamente? Somos singulares na Terra, mas até que ponto tão singulares no universo?

Nesta parte, vamos considerar algumas questões anteriormente relacionadas aos nossos traços nobres, ambivalentes ou levemente destrutivos. Primeiro examinemos a origem da linguagem falada que, como sugeri antes, pode ter impulsionado o Grande Salto Para a Frente e que qualquer um listaria entre as mais importantes das nossas distinções. À primeira vista, a tarefa de traçar o desenvolvimento da linguagem humana parece simplesmente impossível. À diferença dos nossos primeiros experimentos com a arte, a agricultura e as ferramentas, não há achados arqueológicos da linguagem anterior à escrita. Parece não haver uma linguagem humana simples remanescente ou uma linguagem animal que sirva de exemplo dos primeiros estágios.

Na verdade, há inúmeros precursores animais: os sistemas de comunicação vocal evoluíram em muitas espécies. Estamos apenas começando a perceber a sofisticação de alguns deles. Se eles exemplificam um estágio inicial, os resultados de experimentos recentes no ensino da linguagem a primatas antropoides representariam um segundo estágio, ao revelar suas capacidades inatas. O progresso no aprendizado infantil da fala pode traçar outros estágios. Veremos também que de fato existem algumas linguagens simples que os humanos modernos inconscientemente criaram e que demonstram ser inesperadamente instrutivas.

Dentre os nossos traços culturais singulares, a arte talvez seja a mais nobre invenção humana. Parece haver um abismo separando a arte humana, supostamente criada só para o deleite e que não contribui para perpetuar os nossos genes, e qualquer comportamento animal. No entanto, a pintura e o desenho criados por antropoides e elefantes em cativeiro, sejam lá quais forem os motivos desses artistas animais, parecem tão similares às obras de artistas humanos que chegaram a confundir especialistas e foram comprados por colecionadores de arte. Se ainda assim descartarmos essas obras de arte animal como produções desnaturais, o que temos a dizer diante dos ninhos naturalmente coloridos feitos pelos pássaros-jardineiros machos normais? Os ninhos desempenham um papel crucial na transmissão dos genes. Argumentarei que originalmente a arte humana tinha esse mesmo papel, e muitas vezes o mantém ainda hoje. Como a arte, à diferença da linguagem, é evidente nos sítios arqueológicos, sabemos que a arte humana só começou a proliferar depois do Grande Salto Para a Frente.

A agricultura, outra marca humana, tem um precedente animal, mas não um precursor, nos jardins das formigas carregadeiras, que estão muito distantes da nossa linhagem direta. Os registros arqueológicos nos permitem datar nossa "reinvenção" da agricultura numa época muito posterior ao Grande Salto Para a Frente, nos últimos dez mil anos. A transição da caça e da coleta para a agricultura costuma ser considerada um passo decisivo no nosso progresso, quando finalmente conquistamos suprimento alimentar estável e tempo de ócio, requisitos para as grandes conquistas da civilização moderna. Na verdade, uma análise atenta dessa transição sugere outra conclusão: para a maioria dos povos, a transição trouxe doenças infecciosas, desnutrição e o encurtamento da vida. Para a sociedade humana em geral, a situação relativa das mulheres piorou e surgiu a desigualdade baseada nas classes. Mais do que qualquer outro marco no caminho da situação do chimpanzé para o humano, a agricultura combina, inextricavelmente, as causas da nossa ascensão e da nossa queda.

O abuso de substâncias tóxicas é uma marca humana amplamente disseminada, cuja documentação data dos últimos cinco mil anos, mas pode ir ainda mais atrás no tempo, à época pré-agrícola. Ao contrário da agricultura, ela não está classificada como uma bênção ambivalente, mas como um mal que ameaça a sobrevivência dos indivíduos, ainda que não da espécie. Como a arte, o vício em drogas a princípio parece não ter precedentes animais nem funções biológicas. No entanto, argumentarei que ele se encaixa numa classe mais ampla de estruturas ou comportamentos animais que são perigosos para quem o pratica e cuja função depende, paradoxalmente, desse perigo.

Podemos identificar precursores animais de todas as nossas marcas, mas elas são classificadas como marcas humanas porque somos únicos na Terra devido ao grau extremo em que os desenvolvemos. Até que ponto somos tão singulares no universo? Quando há condições favoráveis à vida num planeta, quais as possibilidades de que evoluam formas de vida inteligentes e tecnologicamente avançadas? O seu surgimento na Terra foi praticamente inevitável, e elas hoje existem em inúmeros planetas que orbitam outras estrelas?

Não há uma forma direta de provar se há criaturas aptas para a linguagem, a arte, a agricultura ou o vício em drogas em outra parte do universo, porque da Terra não podemos detectar a existência destes traços nos planetas de outras estrelas. Contudo, seríamos capazes de detectar alta tecnologia em outras partes do universo se ela incluísse a nossa própria capacidade de enviar ao espaço sondas e sinais eletromagnéticos interestelares. Concluirei esta parte examinando a busca atual de vida inteligente fora da Terra. Argumentarei que provas de um campo totalmente diferente — os estudos sobre a evolução do pica-pau na Terra — nos ensinam sobre a inevitabilidade da evolução de vida inteligente e, portanto, sobre a nossa singularidade não só na Terra, como também no universo acessível.

CAPÍTULO 8

Pontes para a linguagem humana

A ORIGEM DA LINGUAGEM HUMANA CONSTITUI O MAIS IMPORTANTE MISTÉRIO para entender como nos tornamos singularmente humanos. Afinal, a linguagem permite que nos comuniquemos uns com os outros de forma muito mais precisa do que ocorre entre os animais. Ela nos permite fazer planos em conjunto, ensinar uns aos outros e aprender com o que os outros viveram em outros locais ou no passado. Com ela, podemos acumular na mente representações precisas do mundo e codificar e processar informações de maneira muito mais eficiente do que qualquer animal. Sem a linguagem nunca teríamos concebido e construído a Catedral de Chartres — ou os foguetes V-2. Estas são as razões pelas quais especulei que o Grande Salto Para a Frente (o estágio na história humana em que surgiram a inovação e a arte) foi possível pelo advento da linguagem falada.

Entre a linguagem humana e as vocalizações dos animais há um fosso aparentemente intransponível. Como ficou claro desde o tempo de Darwin, o mistério das origens da linguagem humana é um problema *evolutivo*: por que esse fosso intransponível nunca foi franqueado? Se aceitarmos que evoluímos de animais que não possuem fala humana, então a linguagem deve ter evoluído e se aperfeiçoado com o tempo, junto com a pelve, o crânio, as ferramentas e a arte humanas. Em algum momento deve ter havido um estágio intermediário semelhante à linguagem, que une os sonetos de Shakespeare aos guinchos dos macacos. Darwin anotou diligentemente em cadernos o desenvolvimento linguístico de seus filhos e refletiu sobre as línguas dos povos "primitivos" na esperança de resolver esse mistério da evolução.

Infelizmente, as origens da linguagem são mais difíceis de traçar que as origens da pelve, do crânio, das ferramentas e da arte humanas. Todas essas coisas posteriores podem sobreviver e ser recuperadas e datadas, mas a palavra falada desaparece num instante. Frustrado, muitas vezes sonho com uma máquina do tempo que me permitisse colocar gravadores em antigos acampamentos de hominídeos. Talvez eu descobrisse que os australopitecos grunhiam de modo um pouco diferente do chimpanzé. Que o primeiro *Homo erectus* dizia palavras isoladas reconhecíveis, tendo progredido, após um milhão de anos, para frases de duas palavras; que antes do Grande Salto Para a Frente o *Homo sapiens* tinha formado fieiras mais compridas de palavras, ainda que sem muita gramática; e que a sintaxe e o amplo espectro dos sons modernos da fala só vieram com o Grande Salto.

Ora, não contamos com esse gravador retrospectivo e não há perspectivas de termos um. Como sonhar em traçar as origens da fala sem essa máquina do tempo mágica? Até pouco tempo eu teria dito que não fazia sentido ir além da especulação. Neste capítulo, porém, tentarei sondar dois campos do saber que podem nos ajudar a projetar pontes sobre o fosso aparentemente intransponível entre os sons humanos e os sons animais, iniciando por ambas as margens.

Novos estudos sofisticados sobre a vocalização de animais selvagens, especialmente dos nossos parentes primatas, constituem a cabeça de ponte na margem animal do fosso. Sempre foi óbvio que os sons animais deviam ser ancestrais da fala humana, mas só agora começamos a perceber até onde os animais chegaram na invenção de suas próprias "linguagens". Em contraposição, não se sabe onde situar a cabeça de ponte na margem humana, já que todas as linguagens humanas existentes parecem infinitamente avançadas em relação aos sons animais. Recentemente, porém, argumentou-se que um numeroso conjunto de linguagens humanas despercebidas pela maioria dos linguistas na verdade exemplificam dois estágios primitivos na margem humana do fosso.

MUITOS ANIMAIS selvagens se comunicam entre si por meio de sons, e dentre eles o canto dos pássaros e o latido dos cães nos são especialmente familiares. Todos os dias, a maioria de nós ouve o grito ou chamado de um animal.

Os cientistas estudam os sons animais há séculos. Apesar dessa longa história de íntima associação, nossa compreensão desses sons ubíquos e familiares subitamente aumentou devido à aplicação de duas técnicas: o uso de gravadores modernos que registram os chamados dos animais, a análise eletrônica dos chamados que detecta sutis variações imperceptíveis ao ouvido humano, a reprodução dos sons gravados para os animais para observar sua reação e a observação de suas reações aos chamados propagados eletronicamente. Estes métodos estão revelando que a comunicação vocal animal se assemelha muito mais a uma linguagem do que se imaginava há 30 anos.

A "linguagem animal" mais sofisticada que se estudou até agora é a de um macaco africano comum, do tamanho de um gato, chamado macaco-verde. À vontade no alto de árvores ou no chão da savana e da floresta tropical, os macacos-verdes estão entre as espécies de macacos que os visitantes dos parques de caça do leste africano provavelmente encontram. Eles devem ser familiares aos africanos há centenas de milhares de anos, desde que existimos como *Homo sapiens*. Eles podem ter chegado à Europa como mascotes há uns três mil anos e certamente são conhecidos pelos biólogos europeus que exploram a África desde o século XIX. Muitos leigos que nunca visitaram a África já viram macacos-verdes nos zoológicos.

Como outros animais, os macacos-verdes em liberdade frequentemente enfrentam situações em que a comunicação e a representação eficazes os ajudam a sobreviver. Cerca de três quartos das mortes de macacos-verdes em liberdade são causadas por predadores. Se você é um macaco-verde, é essencial saber a diferença entre uma águia-marcial, um dos maiores assassinos dessa espécie, e um abutre de dorso branco, outra ave que come carniça, mas não ameaça os macacos vivos. É essencial agir de modo apropriado quando a águia aparece e alertar os parentes. Se não reconhecer a águia, você morre; se não conseguir alertar seus parentes, eles morrem e levam os genes com eles; e se você pensar que é uma águia, quando na verdade é só um abutre, está perdendo tempo com medidas defensivas enquanto outros macacos estão seguros em outra parte coletando comida.

Além desses problemas ocasionados pelos predadores, os macacos-verdes mantêm relações sociais complexas entre si. Eles vivem em grupos e competem por território com outros grupos. Portanto, também é essencial saber diferenciar entre um macaco intruso de outro grupo, um membro não aparentado do próprio grupo que pode roubar a sua comida e um parente próximo do seu próprio grupo, com cujo apoio você pode contar. Os macacos-verdes em apuros precisam dizer aos seus parentes que eles, não outro macaco, estão em apuros. Também é essencial conhecer e comunicar-se a respeito de fontes de alimentos: por exemplo, quais dentre as milhares de plantas e espécies animais no meio ambiente são boas para comer, quais são venenosas, e onde e quando as comestíveis podem ser encontradas. Por todas essas razões, os macacos-verdes se beneficiariam de maneiras eficazes de representar e se comunicar sobre o seu mundo.

Apesar dessas razões, e apesar da nossa associação longa e próxima com os macacos-verdes, só começamos a conhecer o seu complexo conhecimento do mundo e suas vocalizações em meados dos anos 1960. Desde então, as observações do comportamento dos macacos-verdes revelaram que eles fazem apuradas distinções entre tipos de predadores e entre si. Eles adotam medidas defensivas muito diferentes quando são atacados por leopardos, águias ou cobras. Reagem de uma maneira diante dos membros dominantes e subordinados dos bandos, de outra diante dos membros dominantes e subordinados de bandos rivais, de uma terceira maneira diante dos membros de diferentes bandos rivais e ainda de outra maneira diante das mães, avós maternas, irmãos e membros não aparentados do seu próprio bando. Eles sabem quem é parente de quem: quando o filhote chama a mãe, ela se vira na sua direção, mas as outras mães observam o que ela vai fazer. É como se os macacos-verdes tivessem nomes para diversas espécies de predadores e várias dezenas de macacos individuais.

A primeira pista sobre como eles transmitem essas informações veio de observações feitas pelo biólogo Thomas Struhsaker entre os macacos-verdes do Parque Nacional de Amboseli, no Quênia. Ele notou que três tipos de predadores provocavam três tipos de medidas defensivas diferentes entre os macacos-verdes, além de gritos de alarme suficientemente diferentes para que Struhsaker percebesse a diferença, mesmo sem uma análise eletrônica sofisticada. Quando os macacos-verdes avistam um leopardo ou outra espécie de felino grande, os machos emitem uma série de guinchos altos, as fêmeas soltam um chio agudo, e todos os macacos no raio de audição dos gritos sobem numa árvore. A visão da águia marcial ou da águia-coroada planando no alto provoca neles uma tosse curta de duas sílabas, que faz os macacos que a ouvem fitar o céu ou correr para um arbusto. Um macaco que vê um píton ou outra cobra venenosa emite um grito "impaciente" que faz os macacos-verdes dos arredores ficarem eretos nas patas traseiras e olharem para baixo (para procurar a cobra).

A partir de 1977, uma equipe de marido e mulher, Robert Seyfarth e Dorothy Cheney, provou experimentalmente que os chamados realmente tinham as diversas funções sugeridas pelas observações de Struhsaker. Eles procederam da seguinte maneira. Primeiro, gravaram um macaco fazendo um chamado cuja função Struhsaker havia observado (digamos, o "chamado do leopardo"). Outro dia, ao localizar o mesmo bando de macacos, um deles escondeu o equipamento com alto-falante e gravador num arbusto próximo enquanto o outro pesquisador (Seyfarth ou Cheney) filmava os macacos. Depois de 15 segundos, o cientista nº 1 tocou a fita e o cientista nº 2 filmou os macacos por um minuto, para ver se eles reagiriam adequadamente à suposta função do chamado (por exemplo, se os macacos trepavam numa árvore ao ouvir a gravação do suposto chamado do leopardo). Resultou que a gravação do "chamado do leopardo" de fato levou os macacos a trepar numa árvore, ao passo que o "chamado da águia" e o "chamado da cobra" provocaram neles os comportamentos que pareciam associados a esses chamados em condições naturais. Então, a aparente associação entre os comportamentos observados e os chamados não era uma mera coincidência, e os chamados tinham as funções sugeridas pela observação.

Os três chamados que mencionei não são os únicos do vocabulário dos macacos-verdes. Além desses gritos de alarme altos e frequentes, parece haver ao menos três alarmes mais fracos, emitidos com menos frequência. Um deles, dado pelos babuínos, faz os macacos-verdes ficarem mais alertas. Um segundo, dado em resposta a mamíferos como chacais e hienas, que raramente os atacam, fazem os macacos-verdes olharem o animal e, talvez, se dirigirem lentamente para uma árvore. O último alarme fraco refere-se a humanos desconhecidos e faz com que os macacos se dirijam pé ante pé a um arbusto ou ao alto de uma árvore. No entanto, as supostas funções desses alarmes fracos ainda não foram provadas, porque ainda não foram testadas com experimentos gravados.

Os macacos-verdes também emitem chamados que parecem grunhidos ao interagirem. Esses grunhidos sociais parecem todos iguais mesmo para cientistas que passaram anos ouvindo-os. Quando são gravados e exibidos num espectro de frequência na tela de um instrumento de análise de sons, eles parecem ser iguais. Só quando os espectros foram elaboradamente medidos Cheney e Seyfarth detectaram (às vezes, mas não sempre!) diferenças médias entre eles em quatro contextos sociais: quando um macaco se dirige a outro dominante, quando se dirige a um macaco subordinado, quando olha para outro macaco e quando vê um bando rival.

A reprodução dos grunhidos gravados nesses quatro contextos diversos fez os macacos se comportarem de maneiras sutilmente diferentes. Por exemplo, eles olhavam na direção do alto-falante quando o grunhido havia sido gravado no contexto de "abordagem de um macaco dominante" e olhavam na direção de onde provinha o som do alto-falante quando ouviam a gravação no contexto de "ver bando rival". Novas observações dos macacos em condições naturais demonstraram que os próprios chamados naturais haviam provocado esses comportamentos sutilmente diferentes.

Evidentemente, os macacos-verdes são muito mais perceptivos aos seus próprios chamados do que nós. Apenas ouvir e observar os macacos-verdes, sem gravar nem reproduzir os seus chamados, não serviu para descobrir que eles possuíam pelo menos quatro grunhidos distintos — e, possivelmente, muitos mais. Como escreve Seyfarth: "Observar os macacos-verdes grunhirem um para o outro é como ver humanos conversarem sem conseguir ouvir o que dizem. Não há reações óbvias ou respostas aos grunhidos, então todo o sistema parece muito misterioso — isto é, até você começar a reproduzi-los." Essas descobertas demonstram como é fácil subestimar o tamanho do repertório vocal de um animal.

PORTANTO, OS MACACOS-VERDES de Amboseli possuem *no mínimo* dez "palavras" putativas: suas palavras para "leopardo", "águia", "cobra", "babuíno", "outro mamífero predador", "humano desconhecido", "macaco dominante", "macaco subordinado", "ver outro macaco" e "ver bando rival". Contudo, praticamente todas as alegações sobre qualquer comportamento animal que sugira elementos da linguagem humana são recebidas com ceticismo por muitos cientistas que estão convencidos do fosso linguístico que nos separa dos animais. Para esses céticos é mais fácil pensar que os humanos são únicos e que o ônus da prova caberá a quem pensa diferente. Qualquer alegação sobre elementos semelhantes à linguagem entre os animais é encarada como uma hipótese mais complicada, a ser descartada como desnecessária na ausência de provas mais positivas. No entanto, as próprias hipóteses com que os céticos tentam explicar o comportamento animal às vezes me parecem mais complicadas do que a explicação simples — e muitas vezes mais plausível — de que os humanos não são singulares.

Parece modesta a proposição de que os diferentes chamados dos macacos-verdes em reação a leopardos, águias e cobras de fato se refiram a esses animais ou se destinem à comunicação com outros macacos. No entanto, os céticos estavam dispostos a crer que só os humanos podiam voluntariamente emitir sinais referentes a objetos ou acontecimentos externos. Os céticos alegaram que os gritos de alarme dos macacos-verdes não passavam de expressões involuntárias do estado emocional dos macacos ("Estou morrendo de medo!") ou de sua intenção ("Vou subir numa árvore"). Afinal, essas expressões se aplicam a alguns dos nossos próprios "chamados". Se visse um leopardo vindo na minha direção, eu também gritaria, ainda que não houvesse ninguém com quem me comunicar. Nós grunhimos quando fazemos algumas atividades físicas, como erguer um objeto pesado.

Suponha que zoólogos vindos de uma civilização extraterrestre avançada me observassem emitir o grito "Leopardo!" e trepar numa árvore ao ver um leopardo. Eles poderiam duvidar que a minha espécie fosse capaz de muito mais além de grunhidos de emoção ou intenção — e certamente de nenhuma comunicação simbólica. Para testar sua hipótese, os zoólogos recorreriam a experimentos e observações detalhados. Se eu emitisse o grunhido mesmo que não houvesse um humano capaz de ouvi-lo, isso comprovaria a teoria de uma mera expressão de emoção ou intenção. Se eu só grunhisse na presença de outra pessoa, e só quando um leopardo viesse na minha direção, mas não um leão, isso sugeriria uma comunicação com um referente externo específico. E se eu grunhisse para o meu filho, mas permanecesse em silêncio ao ver o leopardo atacar um homem com quem frequentemente tivessem me visto brigando, os zoólogos visitantes estariam certos de que ali haveria alguma comunicação proposital envolvida.

Observações semelhantes convenceram zoólogos terráqueos do papel comunicativo dos gritos de alerta dos macacos-verdes. Um macaco-verde solitário perseguido por um leopardo durante quase uma hora permaneceu silencioso durante todo o seu aperto. As mães emitem mais gritos de alerta quando acompanhadas dos filhotes do que perto de macacos não aparentados. Às vezes os macacos-verdes emitem o "chamado do leopardo" quando não há um leopardo por perto e seu bando está perdendo na luta com outro bando. O falso alarme faz com que todos os combatentes saiam correndo para a árvore mais próxima e, assim, serve como uma trégua enganosa. Portanto, o chamado é, evidentemente, uma comunicação voluntária, não uma expressão automática de medo diante da visão de um leopardo. Ele não é um mero grunhido por reflexo do ato de trepar na árvore, pois o macaco que o emite pode subir na árvore, saltar da árvore ou não fazer nada, dependendo das circunstâncias.

Quanto ao referente externo bem definido, ele é especialmente bem ilustrado com o "chamado da águia". Quando veem voar um gavião grande, de amplas asas, os macacos-verdes costumam responder com o chamado da águia se for uma águia-marcial ou uma águia-coroada, seus dois mais perigosos predadores alados. Eles geralmente não respondem se for uma águia rapax, e não fazem quase nada quando se trata da águia-cobreira ou do abutre africano, que não caçam macacos-verdes. Vistas de baixo, as águias-cobreiras se parecem muito às águias marciais, pois têm as mesmas partes inferiores pálidas, cauda unida e cabeça e pescoço pretos. Os macacos-verdes são bons observadores de pássaros, porque a vida deles depende disso!

Esses exemplos demonstram que os gritos de alerta dos macacos-verdes não são expressões involuntárias de medo ou intenção. Eles têm um referente externo que pode ser bastante preciso. São comunicações com objetivos definidos e provavelmente podem ser emitidas honestamente, se o que chama se preocupa com o ouvinte, mas também podem servir para enganar os inimigos.

Os céticos prosseguem refutando as analogias propostas entre os sons animais e a fala humana, argumentando que esta última é adquirida, ao passo que muitos animais nascem com a capacidade instintiva de emitir os sons característicos das suas espécies. Contudo, os filhotes de macaco-verde parecem aprender a emitir e responder aos sons de maneira adequada, exatamente como as crianças humanas. Os grunhidos de um filhote de macaco-verde são diferentes dos grunhidos dos adultos. A "pronúncia" gradualmente melhora com a idade, até tornar-se praticamente adulta à idade de 2 anos, que corresponde a menos da metade da puberdade dos macacos-verdes. É semelhante ao que ocorre com as crianças humanas, que conseguem pronunciar como os adultos por volta dos 5 anos. Os filhotes só aprendem a responder corretamente ao chamado de um adulto aos seis ou sete meses. Até então, o alarme de cobra de um adulto pode fazer o filhote pular num arbusto, que seria a resposta correta para uma águia, mas suicida no caso de uma cobra. Só aos 2 anos o filhote emite de maneira coerente os alarmes no contexto correto. Antes disso, o filhote de macaco-verde pode gritar "águia!" não só quando uma águia-marcial ou coroada passa acima, mas também quando outras aves voam no alto, e até quando uma folha treme numa árvore. Os psicólogos infantis denominam esse comportamento entre as nossas crianças de "supergeneralização" — como quando a criança não só cumprimenta os cachorros, mas também os gatos e pombos dizendo "au-au".

ATÉ AQUI, APLIQUEI informalmente conceitos humanos como "palavra" e "linguagem" à vocalização dos macacos-verdes. Agora, comparemos mais atentamente as vocalizações humanas às dos primatas subumanos. Os sons dos macacos-verdes realmente constituem "palavras"? Os "vocabulários" dos animais são extensos? Alguma vocalização animal envolve uma "gramática" e merece ser denominada "linguagem"?

Primeiro, na questão das palavras, pelo menos está claro que cada alarme dos macacos-verdes refere-se a uma classe bem definida de perigos externos. Claro que isso não significa que para um macaco-verde o "chamado do leopardo" designe os mesmos animais que a palavra "leopardo" designa para um zóologo profissional — isto é, membros de uma só espécie animal, definidos como um conjunto de indivíduos que, potencialmente, acasalam entre si. Os cientistas já sabem que os macacos-verdes emitem o alarme não só diante do leopardo, mas também diante de outros dois felinos de porte mediano (os caracais e os servais). Então, se o "chamado do leopardo" for uma palavra, ela não significa "leopardo", mas "felinos de médio porte que podem nos atacar, caçam de forma parecida e é melhor evitá-los subindo numa árvore". Porém, muitas palavras humanas são empregadas de um modo igualmente genérico. Por exemplo, a maioria de nós, à exceção dos ictiólogos e dos pescadores fervorosos, emprega a palavra genérica "peixe" para qualquer animal de sangue frio com barbatanas e espinha dorsal que nada e pode ser bom de comer.

Em vez disso, a verdadeira questão é se o chamado do leopardo constitui uma palavra ("felino de médio porte etc."), uma afirmação ("eis um felino de médio porte") ou uma proposta ("vamos subir numa árvore ou fazer alguma coisa para fugir daquele felino de médio porte"). No momento não está claro qual dessas funções se aplica ao chamado do leopardo ou se ele é uma combinação delas. Fiquei alegre quando meu filho Max com 1 ano de idade disse "suco" e eu, orgulhosamente, pensei ser uma das suas primeiras palavras. Contudo, para Max, a dissílaba "suco" não só era a sua identificação academicamente correta de um referente externo com certas propriedades, mas também servia como uma proposta: "Quero suco!" Só anos depois Max agregou outras sílabas, como "me dá suco", para distinguir as propostas das palavras soltas. Os macacos-verdes parecem não ter chegado a esse estágio.

Sobre a segunda questão, o tamanho do "vocabulário", com base nos conhecimentos atuais tudo indica que mesmo os animais mais avançados estão muito atrás de nós. A média dos humanos possui um vocabulário funcional de umas mil palavras; a versão em CD do meu dicionário afirma conter 142.000 verbetes; entre os macacos-verdes, o mamífero mais intensamente estudado, só foram distinguidos dez chamados. Animais e humanos certamente diferem quanto à extensão do vocabulário, mas essa diferença pode não ser tão ampla como os números sugerem. Lembre-se de como foi lento o nosso progresso para distinguir os chamados dos macacos-verdes. Só em 1967 alguém compreendeu que esses animais comuns emitiam *chamados* com significados diferentes. Os observadores mais experientes dos macacos-verdes ainda não conseguem distinguir certos chamados sem analisá-los eletronicamente, e mesmo assim não ficou provada a peculiaridade de alguns dos dez chamados alegados. Obviamente, os macacos-verdes (e outros animais) podem ter muitos outros chamados cuja peculiaridade ainda não aprendemos a reconhecer.

Essa dificuldade em distinguir os sons animais não surpreende se considerarmos a nossa dificuldade em distinguir os sons humanos. Nos primeiros anos de vida, as crianças passam grande parte do tempo aprendendo a reconhecer e reproduzir as diferenciações nas palavras que os adultos falam à sua volta. Quanto aos adultos, temos dificuldade em distinguir os sons de línguas estranhas. Depois de quatro anos de francês no colégio, entre os 12 e os 16 anos, a minha dificuldade de entender o francês falado é constrangedora, comparada à habilidade de qualquer criança francesa de 4 anos. Mas o francês é fácil, comparado à língua iyau das planícies dos lagos da Papua-Nova Guiné, onde uma só vogal pode ter oito significados diferentes, segundo a entonação. Uma ligeira mudança na entonação converte o sentido da palavra iyau, que designa "sogra", em "cobra". Naturalmente, seria suicida para um homem iyau referir-se à sogra como "querida cobra", e as crianças iyau aprendem infalivelmente a ouvir e reproduzir as distinções na entonação que durante anos confundiram até um linguista profissional com dedicação exclusiva à língua iyau. Diante desses problemas com línguas estranhas a nós, obviamente devemos ainda desconhecer as distinções do vocabulário dos macacos-verdes.

No entanto, é improvável que os estudos sobre os macacos-verdes nos revelem os limites alcançados pela comunicação vocal dos animais, porque provavelmente estes limites são alcançados pelos primatas antropoides, mas não pelos macacos. Para nós, os sons dos chimpanzés e dos gorilas parecem grunhidos e gritos estridentes, assim como os sons emitidos pelos macacos-verdes antes de os estudarmos atentamente. Inclusive as línguas humanas que nos são estranhas podem parecer palavrórios indiferenciados.

Infelizmente, devido a problemas logísticos, a comunicação vocal dos chimpanzés e outros primatas antropoides em liberdade nunca foi estudada com os métodos empregados com os macacos-verdes. O território dos bandos de macacos-verdes costuma ter menos de 600 metros, mas entre os chimpanzés é de vários quilômetros, o que dificulta o transporte dos equipamentos de reprodução com câmeras de vídeo e alto-falantes ocultos. Esses problemas logísticos não podem ser superados estudando-se grupos de primatas antropoides selvagens capturados e mantidos em jaulas de tamanho adequado nos zoológicos, porque os cativos em geral vivem em comunidades artificiais de indivíduos capturados em diferentes áreas da África e jogados na mesma cela. Como discutirei mais adiante neste capítulo, os humanos capturados em diferentes áreas da África, que falavam línguas diferentes, ao serem reunidos como escravos só conversavam numa crua sombra da linguagem humana, destituída de qualquer gramática. Da mesma forma, primatas antropoides selvagens capturados devem ser quase inúteis como objeto de estudo da sofisticação das comunicações vocais dos antropoides em liberdade. Isso continuará sendo um enigma até que alguém descubra como fazer o mesmo que Cheney e Seyfarth fizeram com os macacos-verdes com os primatas antropoides em liberdade.

Contudo, vários grupos de cientistas passaram anos ensinando gorilas, chimpanzés comuns e chimpanzés pigmeus em cativeiro no uso e compreensão de linguagens artificiais por meio de fichas plásticas de cores e formas diferentes, sinais manuais similares à linguagem gestual dos surdos ou com teclados similares às máquinas de escrever, em que cada tecla tem um símbolo diferente. Assim, os animais aprenderam os significados de várias centenas de símbolos, e um chimpanzé pigmeu foi apresentado como sendo capaz de compreender (mas não de pronunciar) uma porção considerável do inglês falado. No mínimo, esses estudos sobre primatas antropoides treinados revelam que eles possuem capacidades intelectuais para dominar um amplo vocabulário, o que levanta a questão óbvia de se o teriam desenvolvido em liberdade.

É sugestivo que bandos de gorilas em liberdade sejam observados sentados juntos por um longo tempo grunhindo entre si aparentemente de forma desconexa até que, subitamente, todos se levantam ao mesmo tempo e partem na mesma direção. Podemos nos perguntar se há alguma troca oculta nesse intercâmbio. Como a anatomia das cordas vocais dos primatas antropoides limita a capacidade de produzir a variedade de vogais e consoantes que nós produzimos, o vocabulário dos primatas antropoides em liberdade provavelmente não é tão amplo quanto o nosso. Ainda assim, eu ficaria surpreso se os vocabulários de um chimpanzé ou de um gorila em liberdade *não* fossem maiores do que o registrado entre os macacos-verdes e não incluíssem dezenas de "palavras", possivelmente com os nomes dos indivíduos. Neste campo estimulante em que rapidamente aparecem novos conhecimentos devemos ter a mente aberta para a distância entre o vocabulário dos primatas antropoides e o dos humanos.

A questão que permanece sem resposta é se a comunicação vocal animal envolve o que poderia ser considerado uma gramática ou sintaxe. Os humanos não possuem apenas vocabulários com milhares de palavras com significados diferentes. Nós combinamos as palavras e variamos suas formas de modos prescritos pelas regras gramaticais (tais como as regras sobre a ordem das palavras), que determinam o significado das combinações de palavras. Portanto, a gramática nos permite construir um número potencialmente infinito de frases a partir de um número finito de palavras. Para entender essa questão, considere os diferentes significados das duas frases que se seguem, compostas pelas mesmas palavras e finais, mas com uma ordenação diferente:

"A sua cadela faminta mordeu a perna da minha velha mãe."
ou
"A minha mãe faminta mordeu a perna da sua cadela velha."

Se a linguagem humana não possuísse regras gramaticais, essas duas frases teriam exatamente o mesmo significado. A maioria dos linguistas não classificaria um sistema animal de comunicação vocal como linguagem, independentemente da largueza de seu vocabulário, a menos que apresentasse regras gramaticais.

Até agora não há indícios de sintaxe nos estudos sobre os macacos-verdes. A maioria dos seus grunhidos e gritos de alerta são emissões isoladas. Quando um macaco-verde emite uma sequência de dois ou mais sons, todos os casos analisados indicaram que consiste no mesmo som repetido, o que também ocorreu ao se gravar um macaco-verde respondendo ao chamado de outro. Os macacos-capuchinhos e os gibões possuem chamados com diversos elementos que são usados apenas em certas combinações ou sequências, mas os significados dessas combinações ainda não foram decifrados (por nós humanos, claro).

Duvido que um estudante de vocalização dos primatas creia que os chimpanzés em liberdade tenham desenvolvido uma gramática que se aproxime remotamente da complexidade da gramática humana, com preposições, tempos verbais e pronomes interrogativos. Porém, a dúvida de se algum animal desenvolveu a sintaxe permanece. Simplesmente não se tentou estudar os animais em liberdade que mais provavelmente possuem gramática — os chimpanzés pigmeus e os chimpanzés comuns.

Em resumo, o fosso entre a comunicação vocal humana e a animal certamente é grande, mas os cientistas rapidamente estão começando a compreender que ele foi parcialmente transposto do lado animal. Agora vamos traçar a ponte do lado dos humanos. Já descobrimos "linguagens" animais complexas; ainda existirá alguma linguagem humana realmente primitiva?

PARA AJUDAR-NOS a reconhecer como pode soar uma linguagem humana primitiva, se ela existir, recordemos como a linguagem humana normal difere das vocalizações dos macacos-verdes. Uma diferença é a da gramática, que acabo de mencionar. Os humanos, mas não os macacos-verdes, possuem gramática, o que significa variações na ordem das palavras, prefixos, sufixos e mudanças nas raízes das palavras (como *eu/me/meu*), que modulam o sentido das raízes. Uma segunda diferença é que as vocalizações dos macacos-verdes, caso sejam palavras, só indicam coisas que podem ser assinaladas ou reações. Pode-se argumentar que os chamados dos macacos-verdes são equivalentes de nomes ("águia") e de verbos ou frases ("cuidado com a águia"). As nossas palavras incluem tanto substantivos e verbos como coisas distintas, além dos adjetivos. Essas três partes da fala que se referem a objetos, ações ou qualidades específicos são denominadas "elementos lexicais". Mas quase a metade das palavras na fala humana típica é composta por elementos puramente gramaticais, sem um referente que possa ser assinalado.

Estes elementos gramaticais incluem preposições, conjunções, artigos e verbos auxiliares (como "ter", "haver" e "estar"). É muito mais difícil entender a evolução dos elementos gramaticais do que a dos elementos lexicais. Diante de alguém que não saiba a sua língua, você pode apontar para o próprio nariz para explicar o significado dessa palavra. Igualmente, os primatas antropoides podem acordar o significado dos grunhidos que funcionam como nomes, verbos ou adjetivos. Contudo, como explicar o significado de "por", "porque", "o" e "há" a alguém que não entende a sua língua? Como os nossos ancestrais teriam encontrado esses termos gramaticais?

Outra diferença entre a vocalização dos macacos-verdes e a dos humanos é a que a nossa possui uma estrutura hierárquica, de forma que um número modesto de elementos em cada nível cria um número maior de elementos no nível mais elevado. A nossa linguagem usa muitas sílabas diferentes, todas baseadas no mesmo conjunto de poucas dezenas de sons. Nós reunimos essas sílabas em milhares de palavras. As palavras não são enfileiradas ao acaso, mas são organizadas em frases, como as frases prepositivas. Por sua vez, essas frases se ligam para formar um número potencialmente infinito de orações. Em contraposição, os chamados dos macacos-verdes não podem ser resolvidos em elementos modulares e não possuem nem mesmo um único estágio de organização hierárquica.

Na infância, dominamos toda essa estrutura complexa da linguagem humana sem aprender as regras explícitas que a regem. Só somos obrigados a aprender as regras se estudarmos a nossa própria língua na escola ou se aprendermos uma língua estrangeira nos livros. A estrutura da linguagem humana é tão complexa que muitas regras a ela subjacentes, e atualmente postuladas pelos linguistas profissionais, só foram propostas em décadas recentes. Esse fosso entre a linguagem humana e as vocalizações animais explica por que a maioria dos linguistas nunca discute como a linguagem humana pode ter evoluído a partir dos nossos precursores animais. Em vez disto, eles consideram essa questão irrespondível e sem importância.

COMO AS PRIMEIRAS línguas escritas há cinco mil anos eram tão complexas quanto as atuais, a linguagem humana deve ter alcançado a complexidade moderna muito antes disso. Será possível reconhecer elos linguísticos perdidos investigando povos primitivos com línguas simples que poderiam representar os estágios primordiais da evolução da linguagem? Afinal, certas tribos de caçadores-coletores mantêm algumas ferramentas de pedra tão simples quanto as que caracterizaram o mundo todo há dezenas de milhares de anos. Os livros de viagem do século XIX estão repletos de relatos sobre tribos atrasadas que supostamente só empregavam uma centena de palavras ou careciam de sons articulados, limitando-se a dizer "uga", e dependiam de gestos para se comunicar. Essa foi a primeira impressão que Darwin teve da língua dos indígenas da Tierra del Fuego. Mas foi provado que isso era um mito. Darwin e outros viajantes ocidentais simplesmente tiveram dificuldade em distinguir os estranhos sons das línguas não ocidentais, da mesma forma como não ocidentais percebem os sons da língua inglesa ou os zoólogos percebem os sons dos macacos-verdes.

Na verdade, não existe correlação entre a complexidade linguística e complexidade social. Povos tecnologicamente primitivos não falam línguas primitivas, como descobri no meu primeiro dia nas terras altas da Papua-Nova Guiné entre o povo foré. A gramática foré é deliciosamente complexa, com posposições semelhantes ao finlandês, formas duais no singular e no plural, como no eslovaco, e tempos verbais e construções de frases como em nenhuma outra língua que eu conhecia. Já mencionei a entonação das oito vogais do povo iyau, cujas distinções sonoras permaneceram imperceptivelmente sutis para os linguistas profissionais durante anos.

Então, se no mundo moderno alguns povos usam ferramentas primitivas, nenhum fala línguas primitivas. Além disso, os sítios arqueológicos Cro-Magnons contêm conjuntos preservados de ferramentas, mas não há palavras preservadas. A ausência de elos linguísticos nos priva do que teria sido a melhor evidência das origens da linguagem humana. Somos forçados a tentar abordagens indiretas.

UMA DESSAS ABORDAGENS consiste em perguntar se, alguma vez, alguém privado da oportunidade de ouvir uma de nossas línguas plenamente desenvolvidas inventou espontaneamente uma língua primitiva. Segundo o historiador grego Heródoto, o rei egípcio Psamético fez esta experiência intencionalmente, na esperança de identificar a língua mais antiga do mundo. O rei entregou dois recém-nascidos a um pastor solitário para que os criasse em absoluto silêncio, com a instrução de ouvir as suas primeiras palavras. O pastor informou zelosamente que as duas crianças, depois de balbuciarem tatibitates sem sentido até os 2 anos de idade, correram até ele e começaram a repetir constantemente a palavra "becos". Como essa palavra significava "pão" na língua frígia que era falada no centro da Turquia, supostamente Psamético concluiu que os frígios eram o povo mais antigo.

Infelizmente, o curto relato de Heródoto sobre a experiência de Psamético não convence os céticos de que sua realização tenha sido tão rigorosa como indica o relato. Ele ilustra por que alguns acadêmicos preferem louvar Heródoto como o Pai das Mentiras, em vez de como o Pai da História. Certamente, crianças solitárias criadas em isolamento social, como o famoso menino-lobo de Aveyron, permanecem praticamente sem fala e não inventam nem descobrem uma linguagem. Porém, a variante da experiência de Psamético ocorreu dezenas de vezes no mundo moderno. Nessa variante, populações inteiras de crianças ouviram adultos à sua volta falarem uma forma de linguagem muito simplificada e variável, de alguma forma similar à que as crianças normais falam por volta dos 2 anos. Inconscientemente, as crianças passaram a desenvolver uma linguagem própria, muito mais avançada do que a comunicação dos macacos-verdes, porém mais simples do que as línguas humanas normais. Os resultados foram novas línguas conhecidas como crioulas. Junto com seus precursores, conhecidos como *pidgin*, as línguas crioulas podem oferecer modelos dos elos perdidos na evolução da língua humana normal.

Minha primeira experiência com o crioulo foi com a língua franca da Papua-Nova Guiné, denominada neomelanésio — ou *pidgin* inglês. (O último termo é uma designação confusa, já que neomelanésio não é *pidgin*, mas uma língua crioula derivada de um *pidgin* avançado — explicarei a diferença mais adiante — e é só uma de muitas línguas desenvolvidas de modo independente e igualmente denominadas *pidgin* inglês.) A Papua-Nova Guiné se gaba de ter mais de 700 línguas nativas numa área equivalente à da Suécia, mas nenhuma delas é falada por mais de 3% da população. Não surpreende que fosse necessária uma língua franca com a chegada dos comerciantes e marinheiros anglófonos, no início do século XIX. Hoje, o neomelanésio é uma língua utilizada não só na conversação, como também em escolas, jornais, rádios e discussões parlamentares. O anúncio de uma loja que mencionarei mais adiante dá uma ideia dessa língua desenvolvida recentemente.

Quando cheguei à Papua-Nova Guiné e ouvi o neomelanésio pela primeira vez, fiz pouco caso dele. Parecia como língua de bebês, sem gramática e prolixa. Quando falei em inglês segundo minha noção do que era falar como um bebê, fiquei espantado ao perceber que os papuas não me entendiam. A minha suposição de que as palavras do neomelanésio significavam o mesmo que seus cognatos ingleses provocou desastres espetaculares, como quando tentei me desculpar com uma mulher diante do marido dela por um encontrão acidental e descobri que a palavra "pushim" não significava "push" [empurrar, em inglês], mas "ter relações sexuais com".

As regras gramaticais do neomelanésio são tão severas quanto as inglesas. Trata-se de uma língua elástica, que permite expressar qualquer coisa que se diga em inglês. Ela inclusive me permite fazer distinções que só podem ser ditas em inglês mediante circunlóquios estranhos. Por exemplo, o pronome inglês "we" [nós] na verdade une dois conceitos bem diferentes: "Eu mais você com quem estou falando" e "Eu mais uma ou mais pessoas, mas sem incluir você com quem estou falando". No neomelanésio, esses dois significados são ditos com as palavras "yumi" e "mipela", respectivamente. Depois de falar o neomelanésio por alguns meses, quando encontro um anglófono e o ouço dizer "nós", muitas vezes me pergunto "Estou ou não incluído no seu 'nós'?"

A enganosa simplicidade do neomelanésio e sua elasticidade provém em parte do vocabulário, em parte da gramática. O vocabulário baseia-se em um número modesto de palavras básicas, cujo significado varia com o contexto e se estende metaforicamente. Por exemplo, o termo neomelanésio "gras" pode significar "grama" (de onde "gras bilong solwara" [água salgada] significa "alga") e também significa "cabelo", de onde "man i no gat gras long head bilong em" significa "homem careca".

A derivação do neomelanésio "banis bilong susu" para designar "sutiã" ilustra como o vocabulário básico é elástico. "Banis", que quer dizer "cerca", vem da palavra inglesa "fence" tal como pronunciada pelos papuas, que têm dificuldade de pronunciar a consoante *f* e consoantes duplas do inglês, como *nc*. "Susu", proveniente do malaio para designar "leite", é estendida para significar também "seio". Por sua vez, esse sentido fornece os termos para "mamilo" ("*ai* ["eye", olho] bilong susu"), "garota pré-púbere" ("i no gat susu bilong em"), "garota adolescente" ("susu i *sanap* ["stand up", levantar-se]") e "mulher velha" ("susu i *pundaun pinis* ["fall down finish", queda final]"). Combinando essas duas raízes, "banis bilong susu" denota o sutiã como a cerca que guarda os seios, assim como "banis pik" denota chiqueiro, o cercado dos porcos.

A gramática neomelanésia parece enganosamente simples no que carece ou no que expressa mediante circunlóquios. As carências incluem elementos gramaticais aparentemente padrão, como o plural dos substantivos, a flexão na terminação dos verbos, a voz passiva dos verbos e a maioria das preposições e tempos verbais. No entanto, o neomelanésio ultrapassou o tatibitate e os sons dos macacos-verdes em diversos outros aspectos, inclusive na forma de expressar os aspectos e os modos dos verbos. É uma língua complexa normal na organização hierárquica dos fonemas, sílabas e palavras. Ela se presta tão bem à organização hierárquica das frases e orações que a estrutura convoluta dos discursos eleitorais dos políticos papuas rivaliza com a prosa de Thomas Mann.

NA MINHA IGNORÂNCIA, no início pensei que o neomelanésio fosse uma aberração deliciosa das línguas mundiais. Obviamente, a língua surgira nos dois séculos anteriores, quando os navios ingleses começaram a visitar a Papua-Nova Guiné, mas supus que, de alguma forma, era fruto do tatibitate com que os colonos falavam com os nativos, julgando-os incapazes de aprender o inglês. Porém, dezenas de outras línguas possuem estrutura semelhante à do neomelanésio. Elas surgiram de forma independente em todo o mundo, com vocabulários que derivam do inglês, francês, holandês, espanhol, português, malaio ou árabe. Elas apareceram especialmente no contexto das fazendas, fortes e entrepostos onde populações que falavam línguas diferentes entraram em contato e precisaram se comunicar e as circunstâncias sociais impediram a solução mais comum, em que um grupo aprende a língua do outro. Muitos casos nas Américas tropicais, Austrália e nas ilhas tropicais do Caribe, do Pacífico e do oceano Índico envolveram colonos europeus que importaram trabalhadores que vinham de longe e eram nativos de diversas línguas diferentes. Outros colonos europeus estabeleceram fortes ou entrepostos em áreas já densamente povoadas da China, Indonésia ou África.

As fortes barreiras sociais entre os colonizadores e os trabalhadores importados ou o povo local tornaram os primeiros reticentes e os segundos resistentes a aprender a língua do outro. Em geral, os colonos desprezavam o povo local, mas na China o desprezo era mútuo: quando, em 1664, os comerciantes ingleses estabeleceram um entreposto em Cantão, nem os chineses se rebaixaram mais aprendendo a língua dos demônios estrangeiros e lhes ensinaram o chinês, nem os ingleses aprenderam ou ensinaram coisa alguma aos chineses pagãos. Mesmo se não houvesse essas barreiras sociais, os trabalhadores teriam tido poucas oportunidades de aprender a língua dos colonizadores, porque eram em número muito maior. Por sua vez, os colonizadores teriam tido dificuldade de aprender "o" idioma dos trabalhadores, porque os trabalhadores falavam uma grande variedade de línguas diferentes.

Do caos linguístico temporário subsequente à criação de fortes e plantações foram criadas novas línguas simplificadas, porém estáveis. Consideremos a evolução do neomelanésio, por exemplo. Quando os navios ingleses começaram a visitar as ilhas melanésias a leste da Papua-Nova Guiné, por volta de 1820, os ingleses levaram ilhéus para trabalhar nas plantações de açúcar de Queensland e Samoa, onde gente de vários grupos linguísticos trabalhava lado a lado. Dessa Babel surgiu a língua neomelanésia, cujo vocabulário contém 80% de inglês, 15% de tolai (o grupo melanésio que forneceu grande parte dos trabalhadores) e o resto composto pelo malaio e outras línguas.

Os LINGUISTAS DISTINGUEM dois estágios no surgimento de novas línguas: inicialmente, as línguas cruas denominadas *pidgin*, depois as mais complexas, denominadas crioulas. As *pidgin* surgem como uma segunda língua entre colonos e trabalhadores que falam línguas nativas (maternas) diversas e precisam se comunicar entre si. Cada grupo (colonos ou trabalhadores) conserva sua língua nativa e usa o *pidgin* para se comunicar com o outro grupo. Além disso, os trabalhadores numa plantação poliglota podem usar o *pidgin* para se comunicar com outros grupos de trabalhadores.

Comparados às línguas normais, os *pidgins* são muito pobres em som, vocabulário e sintaxe. Os sons de um *pidgin* geralmente são aqueles comuns a duas ou mais línguas nativas misturadas. Por exemplo, muitos papuas têm dificuldade de pronunciar as nossas consoantes *f* e *v*, mas eu e outros anglófonos temos dificuldade de pronunciar os tons vogais e nasais frequentes nas línguas da Papua-Nova Guiné. Esses sons foram em grande parte excluídos dos *pidgins* da Papua-Nova Guiné e, depois, do crioulo neomelanésio que se desenvolveu a partir deles. As palavras dos primeiros *pidgins* consistem principalmente em substantivos, verbos e adjetivos, com poucos ou sem artigos, verbos auxiliares, conjunções ou preposições. Quanto à gramática, o discurso típico do primeiro estágio do *pidgin* é de sequências curtas de palavras e pouca construção frasal, nenhuma regularidade na ordem das palavras, sem orações subordinadas ou desinência no final das palavras. A par desse empobrecimento, a variação da fala em um *pidgin* e entre um *pidgin* e outro é uma marca dos *pidgins* iniciais, que se assemelham a uma anarquia linguística.

Os *pidgins* empregados só ocasionalmente por adultos que falam suas línguas nativas à parte continuam nesse nível rudimentar. Por exemplo, um *pidgin* denominado *russonorsk* foi criado para facilitar as trocas comerciais entre pescadores russos e noruegueses que se encontravam no Ártico. Essa língua franca persistiu ao longo de todo o século XIX, porém nunca se desenvolveu muito, pois era usada apenas para fazer negócios simples em visitas breves. Mas esses dois grupos de pescadores passavam a maior parte do tempo falando russo ou norueguês com seus compatriotas. Na Papua-Nova Guiné, por outro lado, ao longo das gerações o *pidgin* aos poucos se tornou mais regular e complexo, por ter sido usado intensamente no cotidiano, porém a maioria dos filhos dos trabalhadores papuas continuou a aprender a língua materna como primeira língua até depois da Segunda Guerra Mundial.

Contudo, os *pidgins* evoluem rapidamente em línguas crioulas sempre que uma geração dos grupos que contribuem para formar o *pidgin* paulatinamente o adotam como língua nativa. (Discutirei mais adiante que membros da geração fazem essa adoção e por que o fazem.) Essa geração então se vê usando o *pidgin* para todos os fins sociais e não só para discutir tarefas nas plantações ou trocas comerciais. Comparadas aos *pidgins*, as línguas crioulas possuem vocabulário mais extenso e gramática e consistência muito mais complexas entre si. As línguas crioulas expressam praticamente qualquer pensamento dizível numa língua comum, ao passo que tentar dizer algo ligeiramente complexo requer um esforço extraordinário em *pidgin*. De alguma forma, sem um equivalente da Académie Française para ditar regras explícitas, um *pidgin* se expande e se estabiliza até se tornar uma língua uniforme e mais completa.

Esse processo de crioulização é um experimento natural na evolução da língua que ocorreu de modo independente dezenas de vezes no mundo moderno. Os locais do experimento vão do continente sul-americano à África e às ilhas do Pacífico; os trabalhadores incluíram africanos, portugueses, chineses e papuas; os principais colonizadores, dos ingleses aos espanhóis, passando por africanos e portugueses; e a época, pelo menos a partir do século XVII até o XX. O surpreendente é que os resultados linguísticos desses experimentos naturais independentes apresentem numerosas similaridades tanto no que lhes falta como no que possuem. Do lado negativo, as línguas crioulas são mais simples que as línguas normais, devido à ausência de conjugação de verbos no tempo e de acordo com a pessoa, de declinações de caso e número, da maioria das preposições e de concordância de gênero. Do lado positivo, as línguas crioulas são mais desenvolvidas que os *pidgins* em muitos aspectos: ordem coerente das palavras; pronomes singulares e plurais para a primeira, segunda e terceira pessoas; orações relativas; indicações do tempo verbal anterior (que descreve ações ocorridas antes do tempo em discussão, seja ou não o tempo presente) e partículas ou verbos auxiliares precedendo o verbo principal e indicando negação, modo condicional e ações contínuas em oposição às passadas. Além disso, a maioria das línguas crioulas coloca da mesma maneira sujeito, verbo e objeto da oração numa ordem particular, bem como são iguais quanto à ordem das partículas ou verbos auxiliares que precedem o verbo principal.

Os fatores responsáveis por essa convergência notável ainda são motivo de controvérsia entre os linguistas. É como se você retirasse dez cartas cinquenta vezes de baralhos bem embaralhados e quase nunca tirasse copas ou ouros, mas uma rainha, um coringa e dois ases. A interpretação que me parece mais convincente é a do linguista Derek Bickerton, para quem as várias similaridades entre as línguas crioulas resultam do fato de possuirmos um programa genético para a linguagem.

Bickerton chegou a essa conclusão ao estudar a crioulização no Havaí, onde os plantadores de cana-de-açúcar importavam trabalhadores da China, Filipinas, Japão, Coreia, Portugal e Porto Rico no final do século XIX. Desse caos linguístico, e após a anexação do Havaí aos Estados Unidos em 1898, um *pidgin* baseado no inglês se desenvolveu como língua crioula plena. Os trabalhadores imigrantes mantiveram suas línguas nativas originais. Eles também aprenderam o *pidgin* que ouviam, mas não o aperfeiçoaram, apesar de suas grandes deficiências como meio de comunicação. No entanto, isso representou um grande problema para os filhos de imigrantes que nasceram no Havaí. Mesmo quando as crianças tinham a sorte de ouvir uma língua normal em casa, no caso de os pais serem do mesmo grupo étnico, ela era inútil para se comunicarem com crianças e adultos de outros grupos étnicos. Muitas crianças tiveram menos sorte e ouviram exclusivamente *pidgin* em casa, quando os pais provinham de grupos étnicos diversos. E não tiveram oportunidades adequadas de aprender inglês, devido às barreiras sociais que isolaram seus pais — e a eles — dos donos anglófonos das plantações. Diante de um modelo de linguagem humana inconsistente e empobrecido na forma de *pidgin*, em uma geração os filhos dos trabalhadores havaianos espontaneamente "expandiram" o *pidgin* numa língua crioula consistente e complexa.

Em meados dos anos 1970, Bickerton conseguiu traçar a história desta criolização, ao entrevistar pessoas da classe trabalhadora nascidas no Havaí entre 1900 e 1920. Como todos nós, elas adquiriram habilidades linguísticas na primeira infância, mas se fixaram neste modo de falar, o que fez com que na velhice continuassem se expressando como nos tempos da juventude. Os velhos de diferentes idades entrevistados por Bickerton nos anos 1970 serviram como uma amostra dos vários estágios de transição do *pidgin* para o crioulo, dependendo do ano de nascimento do entrevistado. Desta forma, Bickerton pôde concluir que a criolização começara por volta de 1900, estava completa em 1920 e foi aprendida pelas crianças no processo de aquisição da fala.

Na verdade, as crianças havaianas viveram uma versão modificada da experiência de Psamético. À diferença das crianças de Psamético, as crianças havaianas ouviam a conversa dos adultos e puderam aprender palavras. Mas ao contrário das crianças comuns, as havaianas ouviam pouca gramática, e o que ouviam era inconsistente e rudimentar. Diante disso, elas criaram a própria gramática. O fato de terem criado, em vez de tomá-la emprestada da língua dos trabalhadores chineses ou dos proprietários ingleses das plantações, fica claro nas diversas características do crioulo havaiano que diferem do inglês e das línguas dos trabalhadores. O mesmo se aplica ao neomelanésio: o seu vocabulário em grande parte é inglês, mas a gramática inclui muitos aspectos ausentes no inglês.

NÃO QUERO EXAGERAR nas similaridades gramaticais entre as línguas crioulas, querendo dizer que são essencialmente a mesma coisa. As línguas crioulas variam segundo sua história social — e, especialmente, a proporção inicial entre a população de donos de plantações (ou colonos) e de trabalhadores, a rapidez e o grau de mudanças nessa proporção, e o tempo em que o *pidgin* em seu estágio inicial gradualmente faz empréstimos mais complexos das línguas existentes. No entanto, persistem diversas similaridades, particularmente entre as línguas crioulas surgidas rapidamente dos *pidgins* iniciais.

Como os filhos crioulos chegaram a um acordo tão rápido quanto à gramática, e por que os filhos das diferentes línguas crioulas tendem a reinventar sempre os mesmos traços gramaticais?

Não foi porque eles o fizeram da maneira mais fácil ou da única maneira possível de criar uma língua. Por exemplo, as línguas crioulas usam preposições (palavras curtas que precedem os substantivos), assim como o inglês e outras línguas, mas certas línguas dispensam as preposições em favor das posposições após os substantivos, ou das terminações dos substantivos. Outra vez, as línguas crioulas parecem lembrar o inglês ao colocar sujeito, verbo e objeto nessa ordem, mas os empréstimos do inglês não podem ser a explicação, porque as línguas crioulas derivadas de ordens de palavras diferentes também usam a ordem sujeito-verbo-objeto.

Essas similaridades entre as línguas crioulas provavelmente provêm de um programa genético no cérebro humano para aprender a língua na infância. Esse programa tem sido amplamente aceito desde que o linguista Noam Chomsky argumentou que a estrutura da linguagem humana é complexa demais para que uma criança a aprenda em poucos anos sem instruções programadas. Por exemplo, aos 2 anos os meus filhos gêmeos estavam começando a usar palavras isoladas. Vinte meses depois, ainda faltando vários meses para seu aniversário de 4 anos, eles já dominavam a maioria das regras básicas da língua inglesa, que às vezes permanecem infranqueáveis para gente que emigrou há décadas para países de fala inglesa. Antes dos 2 anos, eles haviam aprendido a entender o tatibitate inicialmente incompreensível que os adultos lhes dirigiam, reconheciam grupos de sílabas formando palavras e percebiam quais grupos constituíam palavras básicas, apesar das variações de pronúncia dos adultos nas suas conversas.

Essas dificuldades convenceram Chomsky de que, para a criança, aprender a primeira língua seria impossível, a menos que grande parte da estrutura da língua já estivesse pré-programada nela. Chomsky concluiu que já nascemos com uma "gramática universal" conectada em nosso cérebro, que nos fornece um espectro de modelos gramaticais que abrange o escopo das gramáticas das línguas reais. Esta gramática universal pré-conectada seria como um conjunto de interruptores, cada um com diversas posições alternativas. As posições do interruptor se fixariam posteriormente para se adequar à gramática da língua local que a criança ouve enquanto cresce.

Contudo, Bickerton vai mais longe do que Chomsky e conclui que estamos programados não só para uma gramática universal com interruptores ajustáveis, mas para um conjunto particular de combinações: aquelas que surgem repetidamente nas gramáticas crioulas. As combinações pré-programadas podem ser descartadas se entrarem em conflito com o que a criança ouve na língua local. Mas se ela não ouvir nenhum conjunto ajustável porque cresceu na anarquia não estruturada de uma língua *pidgin*, os conjuntos crioulos podem persistir.

Se Bickerton estiver correto e realmente estivermos programados desde o nascimento com conjuntos crioulos que podem ser descartados pela experiência posterior, seria de esperar que as crianças aprendessem as características semelhantes à língua crioula das suas línguas nativas mais cedo e com maior facilidade do que as características opostas à gramática crioula. Este raciocínio pode explicar a notória dificuldade das crianças anglófonas para aprender a expressar formas negativas: elas insistem na dupla negação semelhante ao crioulo, tais como "Nobody don't have this". O mesmo raciocínio explicaria a dificuldade das crianças anglófonas com a ordem das palavras ao formular perguntas.

Para seguir esse exemplo, o inglês é uma das línguas que usam a ordem nominal das línguas crioulas de sujeito, verbo e objeto nas afirmativas: por exemplo, "I want juice". Muitas línguas, inclusive as crioulas, preservam esta ordem nas interrogativas, que se distinguem pela alteração no tom da voz ("You want juice?"). Contudo, a língua inglesa não trata assim as interrogativas. Em vez disso, nossas perguntas se desviam do crioulo ao inverter o sujeito e o verbo ("Where are you?" e não "Where you are?"), ou colocando o sujeito entre um verbo auxiliar (como o "*do*") e o verbo principal ("*Do you want juice*?" [Você quer suco?]). Minha mulher e eu sempre usamos com nossos filhos orações interrogativas e afirmativas gramaticalmente corretas. Eles rapidamente aprenderam a ordem correta das afirmativas, mas ambos insistiam na ordem crioula incorreta ao formular perguntas, apesar das centenas de exemplos corretos que lhes dávamos diariamente. Max e Joshua insistiam em dizer "Where it is?" em vez do correto "*Where is it*?" Era como se eles ainda não estivessem prontos para aceitar a evidência do que ouviam, porque continuavam convencidos de que suas regras crioulas pré-programadas eram corretas.

AGORA VAMOS REUNIR todos esses estudos sobre animais e humanos e tentar formar um quadro coerente de como nossos ancestrais evoluíram dos grunhidos aos sonetos de Shakespeare. Um estágio inicial muito estudado provém dos macacos-verdes, com pelo menos dez chamados diferentes usados voluntariamente para se comunicarem e que possuem referentes externos. Os chamados podem funcionar como palavras, explicações, propostas ou como tudo isso simultaneamente. As dificuldades dos cientistas em identificar os dez chamados foram tantas que certamente há outros chamados ainda não identificados, então não sabemos a real extensão do vocabulário dos macacos-verdes. Tampouco sabemos até onde outros animais podem tê-los ultrapassado, porque as comunicações vocais das espécies que mais provavelmente eclipsam os macacos-verdes, os chimpanzés comuns e os pigmeus, ainda têm de ser cuidadosamente estudadas no hábitat. Pelo menos em laboratório, os chimpanzés são capazes de dominar as centenas de símbolos que lhes ensinamos, o que sugere que possuem o aparato intelectual necessário para dominar símbolos próprios.

As palavras isoladas da primeira infância, como o *"juice"* dito por meu filho Max, constituem o segundo estágio após os grunhidos animais. Como os grunhidos dos macacos-verdes, o *"juice"* de Max pode ter funcionado como uma espécie de combinação de palavra, explicação e proposta. Porém, Max fez um progresso enorme em relação aos macacos-verdes ao pronunciar a palavra *"juice"* a partir de unidades menores de vogais e consoantes, graduando a partir do nível mais baixo da organização linguística modular. Dezenas dessas unidades fonéticas podem ser recombinadas e produzir um número imenso de palavras, como os 142.000 verbetes do dicionário que tenho na escrivaninha. Esse princípio de organização modular nos permite reconhecer muito mais distinções do que os macacos-verdes. Por exemplo, eles podem nomear apenas seis tipos de animais, enquanto nós nomeamos quase dois milhões.

Outro passo em direção a Shakespeare é exemplificado pelas crianças de 2 anos que em todas as sociedades humanas vão espontaneamente do estágio de uma palavra ao estágio de duas e depois ao estágio de múltiplas palavras. Mas essas emissões de múltiplas palavras ainda são meras cadeias de palavras com pouca gramática, e elas ainda são substantivos, verbos e adjetivos com referentes concretos. Como Bickerton assinala, essas cadeias de palavras se assemelham às línguas *pidgin* que os humanos adultos reinventam espontaneamente quando precisam. Lembram também as cadeias de símbolos produzidos pelos primatas antropoides em cativeiro que aprendem a usar esses símbolos.

Há um passo gigantesco dos *pidgins* às línguas crioulas, ou das cadeias de palavras das crianças de 2 anos às frases completas das de quatro. Nesse passo são acrescentadas palavras sem referentes externos e que têm funções puramente gramaticais; elementos gramaticais como a ordem dos substantivos, prefixos e sufixos e a variação nos radicais das palavras, e mais níveis de organização hierárquica para produzir frases e orações. Talvez esse tenha sido o passo que impulsionou o Grande Salto Para a Frente discutido antes neste livro. Ainda assim, as línguas crioulas reinventadas nos tempos modernos ainda fornecem pistas sobre o surgimento desses avanços, mediante os circunlóquios crioulos para expressar as preposições e outros elementos gramaticais.

Se compararmos o anúncio a seguir, em neomelanésio, com um soneto de Shakespeare, concluiremos que ainda existe um fosso enorme. Na verdade, afirmo que, com um anúncio como "Kam insait long stua bilong mipela...", chegamos a 99,9% do caminho entre os macacos-verdes e Shakespeare. As línguas crioulas são línguas expressivas complexas. Por exemplo, o indonésio, que surgiu como uma língua crioula e se tornou a língua corrente e oficial da quinta maior população mundial, também é um veículo de literatura séria.

Assim, a comunicação animal e a linguagem humana um dia pareceram estar separadas por um fosso intransponível. Hoje, identificamos não só partes de pontes que se iniciam nas margens opostas, como também um conjunto de ilhas e segmentos de pontes espalhadas neste fosso. Estamos começando a compreender, em linhas gerais, como o atributo mais singular que nos distingue dos animais surgiu entre os animais precursores.

NEOMELANÉSIO EM UMA LIÇÃO SIMPLES

Tente compreender esse anúncio em neomelanésio de uma loja de departamentos:

> Kam insait long stua bilong mipela — stua bilong salim olgeta samting — mipela i-ken helpim yu long kisim wanem samting yu laikim bikpela na liklik long gutpela prais. I-gat gutpela kain kago long baiim na i-gat stap long helpim yu na lukautim yu long taim yu kam insait long dispela stua.

Se algumas palavras lhe parecem estranhamente familiares [caso você domine a língua inglesa], porém não fazem muito sentido, leia-as em voz alta, concentre-se nos sons e ignore a ortografia estranha. O próximo passo é o mesmo texto reescrito na ortografia inglesa:

> Come inside long store belong me-fellow — store belong sellim altogether something — me-fellow can helpim you long catchim what-name something you likim, big-fellow na liklik, long good-fellow price. He-got good-fellow kind cargo long buyim, na he-got staff long helpem you na lookoutim you long time you come inside long this-fellow store.

Algumas explicações ajudam a encontrar sentido da estranheza que persiste. Quase todas as palavras nesta amostra de neomelanésio derivam do inglês, à exceção da palavra "liklik", que significa "pequeno", derivada do tolai, uma língua papua. O neomelanésio só tem duas preposições puras: "bilong", que significa "de" ou "para", e "long", que equivale a quase quaisquer outras preposições inglesas. A consoante inglesa *f* se transforma em *p* em neomelanésio, como em "stap" para "staff" e "pela" para "fellow". O sufixo "-pela" é acrescentado aos adjetivos monossilábicos (daí "gutpela" para "good" e "bikpela" para "big"), e também transforma os pronomes singulares "me" e "you" nos pronomes plurais (para "we" e "you" plural). "Na" significa "and". Então, o anúncio diz:

> Come into our store — a store for selling everything — we can help you get whatever you want, big and small, at a good price. There are good types of goods for sale, and staff to help you and look after you when you visit the store. (Venha à nossa loja — uma loja que vende tudo — podemos ajudá-lo a encontrar o que deseja, pequeno ou grande, por um bom preço. Há bons produtos à venda e pessoal para ajudá-lo e atendê-lo quando visitar a loja.)

CAPÍTULO 9

A origem animal da arte

GEORGIA O'KEEFFE LEVOU MUITO TEMPO PARA SER RECONHECIDA POR seus desenhos, mas Siri foi imediatamente aclamada quando outros artistas influentes viram seus desenhos. "Eles tinham uma espécie de instinto, determinação e originalidade" — foi a primeira reação do famoso pintor expressionista abstrato Willem de Kooning. Jerome Witkin, uma autoridade em expressionismo abstrato e professor de arte na Universidade de Syracuse, foi ainda mais efusivo: "São desenhos muito líricos e belíssimos. São tão positivos, afirmativos e tensos, de uma energia tão compacta e controlada, é incrível... Este desenho é tão gracioso e delicado... nos leva a perceber a marca essencial que forma a emoção."

Witkin aplaudiu o equilíbrio dos espaços positivo e negativo em Siri e sua colocação e orientação das imagens. Após ver os desenhos, mas sem saber nada sobre quem os fizera, ele supôs corretamente que o artista era do sexo feminino e se interessava pela caligrafia asiática. Mas o que Witkin não supôs foi que Siri tinha 2 metros de altura e pesava 4 toneladas. Tratava-se de uma elefanta asiática que desenhava segurando o lápis com a tromba.

Ao conhecer sua identidade, de Kooning exclamou: "Esta elefanta tem um talento danado." Na verdade, Siri não era extraordinária pelos padrões dos elefantes. Os elefantes em liberdade muitas vezes usam as trombas para traçar movimentos no solo, enquanto os elefantes em cativeiro costumam usar paus ou pedras para, espontaneamente, fazer riscos no chão. Muitos médicos e advogados têm pinturas de uma elefanta chamada Carol em seus consultórios e escritórios, cujas dezenas de trabalhos chegaram a ser vendidos por 500 dólares.

Supostamente, a arte é o mais nobre atributo distintivamente humano — ela nos separa dos animais de maneira tão definitiva como a linguagem falada e se diferencia de um modo básico de qualquer coisa que um animal possa fazer. A arte é considerada ainda mais nobre que a linguagem, já que a linguagem é, na verdade, "só" um avanço altamente sofisticado dos sistemas de comunicação animal, tem uma função biológica óbvia por nos ajudar a sobreviver e, obviamente, evoluiu a partir dos sons emitidos por outros primatas. A arte, pelo contrário, não tem função transparente, e suas origens são consideradas um mistério sublime. Mas é claro que a arte dos elefantes pode ter implicações para a nossa arte. No mínimo, é uma atividade física similar que resulta em produtos que nem os especialistas conseguem distinguir dos produtos humanos aceitos como arte. É evidente que há enormes diferenças entre a arte de Siri e a nossa, e a mais importante é que Siri não tentava transmitir uma mensagem a outros elefantes. No entanto, não podemos simplesmente descartar sua arte como uma peculiaridade de um animal individual.

Neste capítulo irei além dos elefantes para examinar atividades "artísticas" de outros animais. Creio que as comparações nos ajudarão a entender as funções originais da arte humana. Ainda que geralmente vejamos a arte como antítese da ciência, talvez exista uma ciência da arte.

PARA PERCEBER QUE a arte pode ter alguns precursores animais, recordemos que divergimos dos nossos parentes mais próximos, os chimpanzés, há apenas sete milhões de anos. Isso parece muito na escala da vida humana, mas nem chega a 1% da história da vida complexa na Terra. Ainda compartilhamos mais de 98% do nosso DNA com os chimpanzés. Portanto, a arte e outras características que consideramos singularmente humanas devem ocorrer devido a uma fração muito pequena dos nossos genes. Elas devem ter surgido poucos minutos atrás no relógio da evolução.

Estudos modernos sobre o comportamento animal encurtaram a lista das características consideradas unicamente humanas de um modo tal que a maioria das diferenças entre nós e os chamados animais agora parece ser uma questão de grau. Por exemplo, expliquei no capítulo anterior que os macacos-verdes têm uma linguagem rudimentar. Talvez você nunca tenha pensado que os morcegos-vampiros pudessem ser nobres, mas eles demonstraram praticar o altruísmo recíproco regularmente (com relação a outros morcegos-vampiros, é claro). Dentre as nossas qualidades mais obscuras, o assassinato tem sido documentado em diversas espécies animais, o genocídio entre lobos e chimpanzés, o estupro entre patos e orangotangos e a guerra organizada e a rebelião de escravas entre as formigas.

Como distinções absolutas entre nós e os animais, essas descobertas nos deixam com poucas características, além da arte, de que conseguimos prescindir nos primeiros 6.960.000 dos sete milhões de anos desde que divergimos dos chimpanzés. Talvez as primeiras formas de arte tenham sido entalhes na madeira e pinturas no corpo, mas não sabemos, pois nada se preservou. Os primeiros indícios preservados da arte humana foram um punhado de restos de flores encontrados em volta de esqueletos do homem de Neandertal e alguns ossos riscados de animais em sítios de assentamentos neandertalenses. Contudo, a interpretação de que foram arrumados ou riscados intencionalmente é posta em dúvida. Só até os Cro-Magnons, a partir de 40 mil anos atrás, temos a primeira evidência inequívoca de arte, que sobrevive na forma das famosas pinturas rupestres de Lascaux, estatuetas, colares, flautas e outros instrumentos musicais.

Se dissermos que a verdadeira arte é exclusiva dos humanos, então de que maneira afirmar que ela difere de produções superficialmente similares dos animais, como os cantos das aves? Três supostas distinções costumam ser apresentadas: que a arte humana não é utilitária, que só existe para o prazer estético e que é transmitida pelo aprendizado e não pelos genes. Examinemos estas afirmações com atenção.

Primeiro, como afirmou Oscar Wilde: "Toda arte é inútil". O sentido implícito que um biólogo veria por trás desse chiste é que a arte não é utilitária no sentido estrito empregado nos campos do comportamento animal e da biologia da evolução. Isto é, a arte humana não nos ajuda a sobreviver nem a transmitir nossos genes, que são as funções diretamente observáveis na maior parte dos comportamentos animais. Obviamente, grande parte da arte humana tem sua utilidade, no sentido amplo de que, por meio dela, o artista comunica algo a seus semelhantes humanos, mas transmitir os nossos pensamentos à geração seguinte não é o mesmo que transmitir os nossos genes. Em contraposição, o canto das aves serve às funções óbvias de atrair o parceiro, defender o território e, portanto, transmitir genes.

Com relação à segunda afirmação, de que a arte humana é motivada pelo prazer estético, um dicionário define a arte como "fazer ou confeccionar coisas que possuem forma ou beleza". Não podemos perguntar aos tordos nem aos rouxinóis se eles também desfrutam da forma ou da beleza de seus cantos, mas o fato de cantarem principalmente na época do acasalamento é suspeito. Portanto, eles provavelmente não cantam só pelo prazer estético.

Quanto à terceira definição de arte, cada grupo humano tem um estilo artístico diferente, e o conhecimento para fazer e desfrutar esse estilo particular é adquirido, não herdado. Por exemplo, é fácil distinguir canções típicas cantadas hoje em Tóquio ou em Paris, mas as diferenças de estilo não estão programadas nos nossos genes como as diferenças entre os olhos dos parisienses e os dos japoneses. Os parisienses e os japoneses podem visitar as cidades e aprender as canções uns dos outros. Em contraste, muitas espécies de aves (as chamadas aves não passeriformes) herdam a capacidade de cantar e responder ao canto específico da sua espécie. Cada uma delas produz o canto exato mesmo que nunca o tenha ouvido, ou mesmo se tivesse ouvido somente os cantos de outras espécies. É como se um bebê francês adotado por pais japoneses, levado para Tóquio e educado lá desde a infância, espontaneamente começasse a cantar a Marselhesa.

Nesse ponto, parecemos estar a anos-luz da arte dos elefantes. Os elefantes não estão nem um pouco próximos de nós em termos evolutivos. Muito mais relevantes para nós são as obras de arte produzidas por dois chimpanzés em cativeiro chamados Congo e Betsy, uma gorila chamada Sophie, um orangotango chamado Alexander e um macaco chamado Pablo. Esses primatas dominaram as técnicas do pincel, da pintura a dedo e do desenho com lápis de cera, giz ou lápis. Congo fez 33 pinturas em um dia, aparentemente para deleite próprio, não mostrou o seu trabalho a outros chimpanzés e teve um ataque de raiva quando lhe retiraram o lápis. Para os artistas humanos, a melhor prova de sucesso é uma exposição individual, mas Congo e Betsy foram homenageados com uma exposição no Instituto de Arte Contemporânea de Londres, em 1957. No ano seguinte, Congo fez uma exposição individual no Royal Festival Hall de Londres. Além disso, a maioria das pinturas da exposição foi vendida (a compradores humanos); muitos artistas humanos não conseguem se orgulhar disso. Outras pinturas de primatas antropoides sub-repticiamente incluídas em exposições de artistas humanos foram entusiasticamente classificadas por críticos de arte como dinâmicas, rítmicas e equilibradas.

Igualmente insuspeitos foram os psicólogos infantis encarregados de diagnosticar os problemas dos pintores dos quadros que receberam, pintados por chimpanzés do zoológico de Baltimore. Os psicólogos afirmaram que a pintura de um chimpanzé macho de 3 anos havia sido feita por um menino agressivo de 7 ou 8 anos com tendências paranoicas. Duas pinturas de uma chimpanzé de 1 ano de idade foram atribuídas a duas meninas de 10 anos, e uma delas indicaria uma mentalidade beligerante do tipo esquizoide e a outra, paranoica com forte identificação paterna. Os psicólogos foram capazes de intuir corretamente o sexo dos pintores, mas erraram quanto à espécie dos artistas.

Essas pinturas de nossos parentes mais próximos começam a esfumar a distinção entre arte humana e atividades animais. Assim como as pinturas humanas, as pinturas dos primatas antropoides não tinham a função utilitária de transmitir genes e eram produzidas simplesmente para o prazer individual. Poder-se-ia objetar que os artistas antropoides, como a elefanta Siri, pintavam para sua própria satisfação, ao passo que a maioria dos artistas humanos pretende se comunicar com outros humanos. Os primatas antropoides não guardavam suas pinturas para desfrutá-las, mas as descartavam. Contudo, essa objeção não me parece convincente, pois a arte humana mais simples (rabiscos) também é regularmente descartada, e uma das melhores obras de arte que conheço é uma estátua de madeira que um habitante da Papua-Nova Guiné jogou embaixo de casa ao terminar de esculpi-la. Mesmo algumas obras de arte que mais tarde ficariam famosas foram criadas para o deleite dos artistas: o compositor Charles Ives publicou poucas músicas, e Franz Kafka não só não publicou seus três grandes romances, como proibiu seu inventariante de fazê-lo. (Por sorte o inventariante o desobedeceu, fazendo os romances de Kafka adquirirem uma função comunicativa póstuma.)

Contudo, há uma objeção mais séria à afirmação de que há um paralelo entre a arte antropoide e a arte humana. A pintura antropoide é apenas uma atividade não natural dos animais em cativeiro. Pode-se insistir em que, por não se tratar de um comportamento natural, ele não pode esclarecer a origem animal da arte. Então examinemos um comportamento natural e esclarecedor: a construção das casas dos pássaros-arquitetos, as mais elaboradas estruturas construídas e decoradas por qualquer espécie animal depois da humana.

SE EU NUNCA tivesse ouvido falar dessas casas, teria pensado que a primeira que vi fosse de fabricação humana, que foi o que sucedeu com os exploradores da Papua-Nova Guiné no século XIX. Em uma certa manhã eu saíra de uma aldeia da Papua-Nova Guiné, com suas palhoças circulares, canteiros de flores ordenados, gente usando contas decorativas e crianças carregando pequenos arcos e flechas que imitam os maiores de seus pais. Subitamente, na selva, encontrei um lindo caramanchão circular de 2 metros de diâmetro e 1 metro de altura com uma porta suficientemente larga para uma criança entrar e se sentar lá dentro. Diante dele havia uma relva de musgo verde, exceto pela centena de objetos naturais de várias cores que, obviamente, haviam sido colocados ali intencionalmente como ornamentação. Eram principalmente flores, frutas e folhas, mas também havia asas de borboletas e cogumelos. Os objetos de cores semelhantes estavam agrupados, como frutas vermelhas ao lado de um grupo de folhas vermelhas. Os ornamentos maiores eram uma pilha de cogumelos pretos diante da porta, com outra pilha de fungos alaranjados a alguns passos. Todos os objetos azuis estavam agrupados no interior do caramanchão, os vermelhos do lado de fora e os amarelos, roxos, pretos e alguns verdes em outros lugares.

Aquele caramanchão não era um playground infantil. Ele fora construído e decorado por um pássaro modesto do tamanho de uma gralha, chamado pássaro-arquiteto, membro de uma família de 18 espécies exclusivas da Papua-Nova Guiné e da Austrália. Os caramanchões são construídos pelos machos com o único propósito de seduzir as fêmeas, que então têm a responsabilidade de construir o ninho e criar os filhotes. Os machos são polígamos, tentam cruzar com a maior quantidade de fêmeas que podem e a única coisa que dão à fêmea é o esperma. As fêmeas passeiam pelos caramanchões, geralmente em grupos, e inspecionam todos antes de escolher um onde acasalar. Os equivalentes humanos desta cena ocorrem diariamente na rua Sunset Strip, a poucos quilômetros da minha casa em Los Angeles.

As fêmeas do pássaro-arquiteto escolhem o parceiro segundo a qualidade do caramanchão, o número de enfeites e a conformidade às regras locais, que variam entre as espécies e as populações de pássaros-arquitetos. Algumas populações preferem decorações azuis; outras, vermelho, verde ou cinza, e algumas substituem o caramanchão por uma ou duas torres, uma avenida ladeada por paredes ou uma caixa com quatro lados. Há populações que pintam os caramanchões com folhas esmagadas ou óleos excretados pelos machos. Essas diferenças locais das regras não parecem estar associadas aos genes dos pássaros. Elas são aprendidas quando os filhotes observam os pássaros mais velhos ao longo dos muitos anos que levam para amadurecer. Os machos aprendem a maneira correta de decorar o local e as fêmeas aprendem essas mesmas regras para escolher o macho.

A princípio esse sistema nos parece absurdo. Afinal, o que a fêmea está tentando fazer é conseguir um bom parceiro. O vencedor nesse concurso de seleção de parceiros é a fêmea que escolhe o macho que lhe permite deixar o maior número de filhotes sobreviventes. De que lhe serve escolher o cara das frutas azuis?

Todos os animais, inclusive nós, enfrentam problemas parecidos na seleção do parceiro. Consideremos as espécies (como a maioria das aves canoras da Europa e da América do Norte) cujos machos delimitam os territórios mutuamente exclusivos que cada um vai compartilhar com a parceira. O território contém o lugar do ninho e os recursos alimentares para que a fêmea crie os filhotes. Então, parte da tarefa das fêmeas é avaliar a qualidade do território de cada macho. Ou suponhamos que o próprio macho ajude a alimentar e proteger os filhotes e cace em cooperação com a fêmea. Nesse caso, macho e fêmea devem avaliar os cuidados que cada um dispensa aos filhotes e as habilidades de caça de cada um, além da qualidade da relação. Tudo isso é difícil de avaliar, mas é ainda mais difícil para a fêmea avaliar o macho quando ele só fornece esperma e genes, como no caso dos machos do pássaro-arquiteto. Como um animal pode avaliar os genes de um candidato a parceiro e o que as frutas azuis têm a ver com bons genes?

Os animais não têm tempo de produzir dez ninhadas com cada um dos candidatos a parceiros e comparar os resultados (o número de filhotes sobreviventes). Em vez disso, precisam tomar atalhos e confiar nos sinais de acasalamento, como cantos e exibições rituais. Há discussões acirradas sobre o comportamento animal para compreender por que — ou mesmo se — esses sinais de acasalamento seriam indicadores velados de bons genes. Basta refletir sobre nossas próprias dificuldades para escolher parceiros e avaliar a verdadeira riqueza, as habilidades para a paternidade ou maternidade e a qualidade genética dos diversos candidatos.

Sob essa luz, reflita sobre o que significa para uma fêmea encontrar um macho com um bom caramanchão. Ela imediatamente sabe que aquele macho é forte, já que o caramanchão que construiu é centenas de vezes mais pesado que ele, e ele carregou enfeites com a metade do seu peso por dezenas de metros. Ela sabe que o macho possui a destreza mecânica necessária para trançar centenas de gravetos e fazer um caramanchão, torre ou paredes. Ele deve ter um bom cérebro para levar a término o desenho complexo. Deve ter boa visão e memória, para encontrar as centenas de enfeites na floresta. Deve ser bom para enfrentar a vida, por ter sobrevivido até a idade de demonstrar essas habilidades. E deve ser dominante com relação aos demais machos: como eles passam muito tempo ocioso tentando destruir e roubar dos caramanchões alheios, só os melhores machos conseguem manter seus caramanchões intactos e com muitos ornamentos.

Então, a construção dos caramanchões é um teste abrangente dos genes dos machos. É como se uma mulher submetesse todos os seus pretendentes a concursos de levantamento de peso, costura, campeonato de xadrez, exame de vista e campeonato de boxe antes de finalmente ir para a cama com o vencedor. Em comparação com o pássaro-arquiteto, nossos esforços para encontrar parceiros com bons genes são ridículos. Reparamos em bagatelas externas, como os traços faciais e o comprimento do lóbulo da orelha, ou a atração provocada diante de um Porsche, o que não nos diz nada sobre o valor genético intrínseco. Pense em todo o sofrimento humano causado pela triste verdade de que as mulheres belas e sensuais e os homens atraentes proprietários de Porsches carregam genes pobres em outros aspectos. Não é de admirar que tantos casamentos terminem em divórcio, quando depois percebemos que escolhemos mal e que nossos critérios eram inadequados.

Como o pássaro-arquiteto chega a usar a arte de uma maneira tão inteligente para fins tão importantes? Entre as aves, a maioria dos machos atrai as fêmeas exibindo o corpo colorido, o canto ou oferecendo comida, indicadores de bons genes. Os machos de dois grupos de aves-do-paraíso na Papua-Nova Guiné vão além e limpam áreas no chão da floresta, como faz o pássaro-arquiteto, para aprimorar sua exibição e ostentar sua plumagem luxuosa. Machos de uma destas aves-do-paraíso vão ainda mais além e decoram as áreas que limparam com objetos úteis para a fêmea construir o ninho: pedaços de pele de cobra para forrá-lo, pedaços de giz ou fezes de mamíferos para comer por causa dos minerais e frutas, pelas calorias. Por fim, os pássaros-arquitetos aprenderam que os objetos decorativos, inúteis em si mesmos, podem ser indicadores de bons genes se forem difíceis de obter e conservar.

Podemos entender esse conceito facilmente. Pense em todas as propagandas que exibem homens bonitos dando anéis de diamantes a mulheres jovens aparentemente férteis. Você não come um anel de diamantes, mas a mulher sabe que um presente assim diz muito mais dos recursos que o seu pretendente possui (e que pode devotar à sua prole e a ela) do que uma caixa de bombons. Sim, os chocolates fornecem algumas calorias úteis, mas elas se queimam rapidamente e qualquer um pode comprá-los. Ao contrário, o homem que pode comprar um anel de diamantes não comestível tem dinheiro para sustentar a mulher e seus filhos e possui todos os genes necessários (pela inteligência, persistência, energia etc.) para obter ou conservar o dinheiro.

Assim, ao longo da evolução do pássaro-arquiteto, a atenção da fêmea tem se desviado dos ornamentos permanentes do corpo do macho para os enfeites que ele coleta. Na maior parte das espécies a seleção natural produziu diferenças na ornamentação corporal de machos e fêmeas, porém entre os pássaros-arquitetos isso mudou, levando os machos a enfatizar a coleção de ornamentos separados de seus corpos. Vistos dessa perspectiva, os pássaros-arquitetos são bastante humanos. Nós também raramente cortejamos (ou pelo menos raramente iniciamos a corte) com a exibição da beleza de nossos corpos nus sem ornamentos. Em vez disso, nos enchemos de roupas coloridas, passamos perfume, pinturas e pós e nos enfeitamos com detalhes que vão das joias aos carros esportivos. O paralelo entre os pássaros-arquitetos e os humanos pode ser ainda mais próximo se, como me asseguram certos amigos que gostam de carros esportivos, os homens mais enfadonhos costumam se adornar com os carros esportivos mais chamativos.

VAMOS ENTÃO REVER, à luz dos pássaros-arquitetos, os três critérios que supostamente separam a arte humana de qualquer produção animal. Tanto os estilos de caramanchão dos pássaros-arquitetos quanto os nossos estilos artísticos são adquiridos e não herdados, então, segundo o terceiro critério, não há diferenças. Quanto ao segundo critério (fazê-lo por prazer estético), ele não é verificável. Não podemos perguntar aos pássaros-arquitetos se eles sentem prazer com sua arte, e suspeito que muitos humanos que afirmam ter prazer só dizem isso por afetação. Isso nos deixa só com o primeiro critério: a afirmação de Oscar Wilde de que a arte é inútil, no sentido estritamente biológico. Essa sua afirmação é definitivamente inverídica no que se refere à arte do pássaro-arquiteto, pois ela tem uma função sexual. Mas é absurdo continuar fingindo que a nossa arte carece de funções biológicas. Vejamos diversos modos em que a arte nos ajuda a sobreviver e transmitir nossos genes.

Primeiro, a arte muitas vezes traz benefícios sexuais ao seu proprietário. Não é só piada a ideia do homem sedutor que convida a mulher para ver os seus desenhos. Na vida real, a dança, a música e a poesia são prelúdios do sexo.

Segundo, e muito mais importante, a arte traz benefícios diretos para quem a possui. Ela é um indicador de status imediato e — nas sociedades humanas e animais — é a chave para a obtenção de alimento, território e parceiros sexuais. Sim, os pássaros-arquitetos têm o crédito da descoberta do princípio de que os enfeites separados externos são símbolos de status mais flexíveis do que os que crescem no corpo. Mas ainda temos o crédito de não nos deixarmos influenciar por isso; os Cro-Magnons decoravam seus corpos com pulseiras, brincos e ocre; hoje em dia, os aldeões na Papua-Nova Guiné decoram os seus com conchas, peles e penas de ave-do-paraíso. Além dessas formas artísticas de ornamentação corporal, tanto os Cro-Magnons quanto os aldeões da Papua-Nova Guiné produziam uma arte mais ampla (esculturas e pinturas) de qualidade internacional. Sabemos que a arte na Papua-Nova Guiné significa superioridade e riqueza, porque é difícil caçar aves-do-paraíso, é preciso talento para fazer belas estátuas e é muito caro adquiri-las. Essas marcas de distinção são essenciais para o sexo conjugal na Papua-Nova Guiné: as noivas são compradas, e parte do preço consiste em arte dispendiosa. Também em outras regiões a arte é vista como sinal de talento, dinheiro ou de ambos.

Em um mundo onde a arte é moeda para o sexo, para alguns artistas só é preciso mais um pequeno passo para transformar arte em alimento. Há sociedades inteiras que se mantêm produzindo arte para trocá-la com grupos produtores de alimentos. Por exemplo, os ilhéus de Siassi, que habitavam pequenas ilhotas sem terreno para hortas, sobreviviam esculpindo lindas tigelas que trocavam com outras tribos por alimentos e convertiam em dote das noivas.

Esses mesmos princípios se aplicam ainda mais fortemente ao mundo moderno. Antes demonstrávamos nosso status com penas no corpo e enormes conchas nas nossas ocas, e agora o fazemos com diamantes nos nossos corpos e Picassos nas paredes. Os ilhéus de Siassi vendiam uma tigela esculpida pelo equivalente a 20 dólares, ao passo que Richard Strauss construiu uma casa de campo com a renda de sua ópera *Salomé* e ganhou uma fortuna com *Der Rosenkavalier*. Hoje em dia, cada vez mais lemos sobre obras vendidas em leilões por dezenas de milhões de dólares e sobre roubo de obras de arte. Em resumo, precisamente por ser um sinal de bons genes e amplos recursos, a arte pode ser trocada por ainda mais genes e recursos.

Até aqui, examinei só os benefícios que a arte traz para os indivíduos. Mas ela também ajuda a definir os grupos humanos. Os humanos sempre formaram grupos competitivos cuja sobrevivência é essencial para transmitir os seus genes individuais. Em grande medida, a história humana consiste nos detalhes de matanças, escravização e expulsão de uns grupos por outros. O vencedor toma as terras do perdedor, às vezes também suas mulheres e, desse modo, a oportunidade de o perdedor perpetuar seus genes. Mas a coesão do grupo depende de sua cultura particular — especialmente a língua, a religião e a arte (inclusive as histórias e as danças). Então, a arte é uma força significativa por trás da sobrevivência grupal. Mesmo que você possua genes melhores do que a maioria dos seus companheiros de tribo, isso não lhe servirá se sua tribo (inclusive você) for aniquilada por outra.

Você deve estar achando que passei dos limites ao conferir utilidade à arte. E gente como nós, que só a desfruta, sem atribuir-lhe status nem sexo? E todos os artistas que permanecem celibatários? Não haverá formas mais fáceis de seduzir alguém sem estudar piano durante dez anos? Não será o prazer pessoal uma (a?) principal razão para a nossa arte, assim como para Siri e Congo?

Claro. Essa expansão do comportamento muito além de seu papel original é típica das espécies animais cuja aptidão para a provisão lhes deixa muito tempo de ócio e cujos problemas de sobrevivência estão sob controle. Os pássaros-arquitetos e as aves-do-paraíso têm muito tempo de ócio porque são grandes e se alimentam de frutas silvestres, de cujas árvores podem enxotar os pássaros menores. Nós temos muito tempo de ócio porque contamos com ferramentas para obter alimentos. Os animais com tempo disponível podem dedicá-lo a obter novos sinais de esplendor para suplantar o rival ao lado. Esses comportamentos então podem servir a outros propósitos, tais como representar informações (uma função sugerida para as pinturas rupestres de animais caçados dos Cro-Magnons), aliviar o tédio (um problema real para os primatas antropoides e os elefantes em cativeiro), canalizar a energia neurótica (um problema para nós e para eles) ou só obter satisfação. Afirmar que a arte é útil não significa negar que ela proporcione satisfação. De fato, se não estivéssemos programados para desfrutá-la, ela não cumpriria a maior parte das funções que nos são úteis.

Talvez agora possamos responder à questão de se a arte, tal como a conhecemos, nos caracteriza, mas não aos demais animais. Se os chimpanzés pintam em cativeiro, por que não o fazem em liberdade? Como resposta, afirmo que os chimpanzés em liberdade ainda passam o dia ocupados tentando encontrar comida, sobrevivendo e rechaçando grupos rivais. Se os chimpanzés em liberdade tivessem mais tempo de ócio e os meios de produzir pinturas, eles o fariam. A prova de minha teoria é que isso de fato ocorreu: ainda somos 98% chimpanzés nos nossos genes.

CAPÍTULO 10

Os benefícios ambivalentes da agricultura

DEVEMOS À CIÊNCIA AS MUDANÇAS DRÁSTICAS NA IMAGEM PRESUNÇOSA que temos de nós mesmos. A astronomia nos ensinou que a Terra não é o centro do universo, mas unicamente um dos nove planetas que orbitam uma estrela dentre um bilhão. Com a biologia aprendemos que os homens não foram especialmente criados por Deus, mas evoluíram junto com dezenas de milhões de outras espécies. Agora a arqueologia está demolindo outra crença sagrada: a de que a história humana do último milhão de anos é uma história de progresso.

Descobertas recentes sugerem que a adoção da agricultura (além da criação de animais), supostamente o passo mais decisivo que demos em direção a uma vida melhor, na verdade foi um marco tanto para o bem quanto para o mal. Com ela vieram o aumento na produção e o armazenamento de alimentos, mas também a extrema desigualdade social e sexual, a doença e o despotismo que afligem a existência humana moderna. Assim, dentre as marcas distintivas humanas discutidas na Parte Três deste livro, a agricultura representa, com seus benefícios ambivalentes, um estágio intermediário entre nossos traços nobres já discutidos (a arte e a linguagem) e os abusos consumados que ainda iremos discutir (o abuso de drogas, o genocídio e a destruição ambiental).

A princípio, as evidências a favor do progresso e contrárias a essa interpretação revisionista parecem a americanos e europeus de hoje algo irrefutável. Estamos melhor em quase todos os aspectos do que os povos da Idade Média, os quais, por sua vez, tiveram uma vida melhor que os homens das cavernas da Idade do Gelo, que viveram melhor do que os antropoides. Se você ainda se mostra cético, some as nossas vantagens. Desfrutamos da comida mais abundante e variada, das melhores ferramentas e bens materiais e de uma vida mais longa e saudável de toda a história humana. A maioria de nós está a salvo da fome e dos predadores. Obtemos a maior parte da nossa energia do petróleo e das máquinas e não só do nosso suor. Será que algum neoludista hoje trocaria a vida moderna pela de um camponês medieval, um homem das cavernas ou de um primata antropoide?

Durante a maior parte da nossa história, os humanos praticaram um estilo de vida primitivo denominado "caça e coleta": caçavam animais selvagens e coletavam plantas silvestres. Os antropólogos costumam classificar esse estilo de vida caçador-coletor como "duro, brutal e curto". Como as plantas não eram cultivadas e pouco era armazenado, não havia (segundo essa visão) descanso na luta incessante, que recomeçava a cada dia, para obter alimentos silvestres e evitar a fome. Só ao final da última Idade do Gelo conseguimos escapar disso quando, de maneira independente, em diferentes partes do mundo, os povos começaram a domesticar plantas e animais. A revolução agrícola aos poucos se espalhou até ser hoje praticamente universal, e restam poucas tribos de caçadores-coletores.

Segundo a perspectiva progressivista na qual fui criado, a pergunta "Por que quase todos os nossos ancestrais caçadores-coletores adotaram a agricultura?" soa tola. Claro que a adotaram porque a agricultura é uma maneira eficiente de obter mais alimentos com menos esforço. Nossas colheitas rendem mais toneladas por acre do que renderiam os tubérculos e frutos. Imagine caçadores selvagens, exaustos de procurar nozes e perseguir animais selvagens, vendo de repente, pela primeira vez, um pomar carregado de frutas ou um pasto repleto de ovelhas. Em quantos milésimos de segundo você acha que esses caçadores perceberiam as vantagens da agricultura?

A perspectiva progressivista vai além e credita à agricultura o surgimento da arte, a flor mais nobre do espírito humano. Como as colheitas podem ser armazenadas e toma menos tempo cultivar alimentos em hortas do que colhê-los na floresta, a agricultura nos permitiu contar com um tempo de ócio que os caçadores-coletores nunca tiveram. Mas o ócio é essencial para criar e desfrutar a arte. Então, em última instância, o maior benefício da agricultura foi nos permitir construir o Partenon e compor a *Missa em Si Menor*.

DENTRE NOSSOS TRAÇOS culturais mais importantes, a agricultura é especialmente recente: surgiu há apenas dez mil anos. Nenhum dos nossos parentes primatas pratica algo nem remotamente semelhante à agricultura. Para encontrar antecedentes animais similares devemos observar as formigas, que inventaram não só a domesticação das plantas, como também a domesticação animal.

A domesticação das plantas é praticada por um grupo de várias dezenas de espécies de formigas do Novo Mundo relacionadas entre si. Essas formigas cultivam espécies específicas de fermentos ou fungos em câmaras dentro dos formigueiros. Em vez de confiar no solo natural, cada espécie de formiga-forrageira coleta um tipo específico de composto: algumas formigas cultivam o fungo usando fezes de centopeias, outras o cultivam em insetos ou plantas mortos e outras (as chamadas cortadeiras) usam folhas, gravetos e flores frescas. Por exemplo, as cortadeiras serram as folhas, cortam-nas em pedaços, limpam os fungos e bactérias estranhos e levam os pedaços para os ninhos subterrâneos. Lá, os fragmentos de folhas são esmagados em bolinhas úmidas de consistência pastosa, adubados com saliva e fezes das formigas e semeados com a espécie preferida de fungo, que é a principal ou única comida das formigas. Numa operação equivalente à limpeza de um jardim, as formigas continuamente removem quaisquer esporos ou rastros de outras espécies de fungos que cresçam em sua pasta de folhas. Quando uma formiga-rainha parte para fundar uma nova colônia, leva consigo uma cultura inicial do precioso fungo, assim como os pioneiros humanos carregam consigo sementes para plantar.

Quanto à domesticação animal, as formigas obtêm uma secreção açucarada concentrada de diversos insetos, que vão dos pulgões, cochonilhas e piolhos às centopeias e cigarrinhas-das-pastagens. Em troca da secreção, as formigas protegem seu "gado" dos predadores e parasitas. Alguns pulgões se tornaram o equivalente do gado doméstico: eles não possuem estruturas de ataque próprias, excretam uma secreção açucarada pelo ânus e possuem uma anatomia anal característica, projetada para excretar a gota quando a formiga a suga. Para ordenhar as suas vacas e estimular o fluxo do néctar, as formigas cutucam os pulgões com as antenas. Algumas formigas cuidam de seus pulgões no ninho durante o inverno e na primavera levam os pulgões que estão no estágio adequado de desenvolvimento até a parte adequada da planta adequada. Quando, mais tarde, os pulgões desenvolvem asas e se dispersam à procura de um novo hábitat, alguns sortudos são descobertos pelas formigas e "adotados".

Obviamente, não herdamos a domesticação de plantas e animais diretamente das formigas, mas a reinventamos. Na verdade, "reevoluir" é um termo mais adequado do que "reinventar", já que nossos primeiros passos em direção à agricultura não consistiram em experimentações conscientes com um objetivo articulado. Em vez disso, a agricultura surgiu dos comportamentos humanos e de reações ou mudanças nas plantas e animais, que nos conduziram à domesticação sem um plano. Por exemplo, a domesticação animal surgiu parcialmente do fato de alguns povos manterem animais selvagens em cativeiro como mascotes, parcialmente porque os animais selvagens aprenderam a obter vantagens com a proximidade dos humanos (por exemplo, lobos seguindo caçadores humanos para se alimentar de presas feridas). Igualmente, os primeiros estágios da domesticação das plantas incluíram a colheita de plantas silvestres e a rejeição das sementes que, desse modo, foram plantadas "acidentalmente". O resultado inevitável foi a seleção inconsciente das espécies de plantas e animais mais úteis para o homem. Mais tarde vieram a seleção consciente e os cuidados.

VOLTEMOS À VISÃO progressivista da nossa revolução agrícola. Como expliquei no início deste capítulo, fomos acostumados a pensar que a transição do estilo de vida do caçador-coletor para a agricultura nos trouxe saúde, longevidade, segurança, ócio e a arte. Embora a argumentação dessa visão *pareça* esmagadora, ela é difícil de provar. Como demonstrar que a vida dos povos de dez mil anos atrás melhorou ao trocarem a caça pela agricultura? Até pouco tempo, os arqueólogos não tinham como testar essa questão diretamente. Em vez disso, precisavam recorrer a testes indiretos, cujos resultados (surpreendentemente) não comprovaram a noção de que a agricultura foi um inequívoco benefício.

Eis um exemplo desses testes indiretos. Se a agricultura tivesse sido uma ideia tão boa, era de se esperar que se espalhasse rapidamente após surgir em alguma região. Na verdade, os registros arqueológicos demonstram que a agricultura avançou pela Europa a passo de tartaruga: meros 300 metros por ano! De suas origens no Oriente Próximo, por volta de 8000 a.C., a agricultura pegou o rumo nordeste e alcançou a Grécia por volta de 6000 a.C., e a Bretanha e a Escandinávia só 2.500 anos depois. Dificilmente se pode dizer que tenha despertado uma onda de entusiasmo. Ainda no século XIX, os indígenas da Califórnia, que hoje é o maior produtor de frutas dos Estados Unidos, eram caçadores-coletores, apesar de conhecerem a agricultura devido ao comércio com os índios agricultores do Arizona. Será que os indígenas da Califórnia não enxergavam os seus próprios interesses? Ou eram suficientemente espertos para perceber, por trás da luminosa fachada da agricultura, os senões que nos enganaram?

Outro teste indireto da visão progressivista é estudar se os caçadores-coletores remanescentes ainda hoje estão realmente em pior situação do que os agricultores. Espalhados pelo mundo, principalmente em áreas inadequadas ao cultivo, dezenas de grupos de povos ditos "primitivos", como os boxímanes do deserto do Kalahari, continuam a viver como caçadores-coletores. Surpreendentemente, esses caçadores costumam ter tempo de ócio, dormem muito e não se esfalfam mais do que seus vizinhos agricultores. Por exemplo, o tempo médio dedicado semanalmente à obtenção de alimentos é de 12 ou 19 horas entre os boxímanes; quantos leitores deste livro podem afirmar que possuem uma semana de trabalho tão curta? Ao ser perguntado por que ele não imitava as tribos vizinhas e adotava a agricultura, um boxímane respondeu: "Por que plantar quando há tantas nozes *mongongo* no mundo?"

Claro, a nossa barriga não se enche ao encontrarmos comida; o alimento deve ser processado para comer, e isso pode tomar um bom tempo no caso de coisas como as nozes *mongongo*. Então seria um erro passar para o lado oposto da visão progressivista e encarar os caçadores-coletores como povos que levam uma vida de ócio, como fizeram alguns antropólogos. No entanto, também seria equivocado pensar que trabalham muito mais que os agricultores. Comparados aos meus amigos médicos e advogados hoje, e aos meus avós, comerciantes do começo do século XX, os caçadores-coletores realmente têm mais tempo ocioso.

Os agricultores se concentram nos alimentos com alto teor de carboidratos, como arroz e batatas, mas a mistura de plantas silvestres e animais nas dietas dos povos caçadores-coletores remanescentes lhes proporciona mais proteínas e um melhor equilíbrio dos demais nutrientes. A ingestão média diária de alimentos dos boxímanes é de 2.140 calorias e 93 gramas de proteína, consideravelmente maior do que o valor diário recomendado para pessoas de seu pequeno porte, mas que exercem atividades vigorosas. Os caçadores-coletores são saudáveis, têm poucas doenças, sua dieta é muito diversificada e não passam pelos períodos de fome que acometem os agricultores que dependem de poucas colheitas. Para os boxímanes, que ingerem 85 plantas silvestres comestíveis, é quase inconcebível morrer de fome, como ocorreu com um milhão de agricultores irlandeses e suas famílias nos anos 1840, quando uma praga atacou as batatas, que eram sua dieta básica.

Assim, a vida dos caçadores-coletores, ou pelo menos a dos remanescentes modernos, não é tão "dura, brutal e curta", apesar de os agricultores os terem empurrado para as piores terras do mundo. Os caçadores do passado que ainda ocupavam terras férteis dificilmente viviam em piores condições do que os caçadores modernos. Mas essas modernas sociedades de caçadores têm sido afetadas pelas sociedades de agricultores ao longo de milhares de anos, e não nos dizem nada sobre a condição dos caçadores antes da revolução agrícola. Na verdade, a visão progressista é firme a respeito do passado remoto: que a vida dos povos em todas as partes do mundo melhorou ao trocarem a caça pela agricultura. Os arqueólogos podem datar essa mudança identificando remanescentes de plantas silvestres e animais em meio aos restos domésticos dos lixos pré-históricos. Como é possível deduzir a saúde dos produtores de lixo pré-histórico e, assim, testar diretamente os supostos benefícios da agricultura?

SÓ EM ANOS recentes foi possível responder a essa questão, mediante uma nova ciência chamada "paleopatologia": a pesquisa de sinais de doenças (a ciência da patologia) nos restos mortais de povos antigos (da raiz grega *paleo* = antigo, como em paleontologia). Em algumas situações afortunadas, o paleopatologista tem quase tanto material de estudo quanto o paleontologista. Por exemplo, arqueólogos encontraram nos desertos chilenos múmias bem preservadas cuja condição de saúde na hora da morte pôde ser determinada por uma autópsia, assim como se faz hoje com um cadáver fresco em qualquer hospital. As fezes de indígenas mortos há muito tempo e que viviam em cavernas secas em Nevada, EUA, permaneceram suficientemente preservadas para serem examinadas em busca de vermes e outros parasitas.

Contudo, geralmente os únicos remanescentes humanos disponíveis para os paleopatologistas estudarem são os esqueletos, mas ainda assim eles permitem deduzir um número surpreendente de coisas a respeito da saúde. Para começar, o esqueleto identifica o sexo do dono, a altura e idade aproximada na hora da morte. Então, com uma quantidade suficiente de esqueletos é possível construir tabelas de mortalidade como as utilizadas pelas companhias de seguros para calcular a expectativa de vida e o risco de morte em determinada idade. Os paleopatologistas também calculam os índices de crescimento medindo os ossos de pessoas de diferentes idades, examinam os dentes em busca de cáries (sinal de uma dieta rica em carboidratos) ou defeitos no esmalte (sinais de uma dieta pobre na infância) e reconhecem cicatrizes deixadas nos ossos por doenças como a anemia, a tuberculose, a lepra e a osteoartrite.

Um exemplo direto do que os paelopatologistas aprenderam com os esqueletos tem a ver com mudanças de altura ao longo da história. Muitos estudos modernos demonstram que a melhoria na nutrição infantil resulta em adultos mais altos: por exemplo, abaixamos a cabeça para passar pelas portas nos castelos medievais, construídos para uma população mais baixa e malnutrida. Os paleopatologistas que estudaram esqueletos antigos da Grécia e da Turquia encontraram um paralelo notável. A altura média dos caçadores-coletores daquela região ao final da Idade do Gelo era de generosos 1,72 metro para os homens e 1,65 metro para as mulheres. Na época clássica, os humanos cresceram um pouco mais, mas os gregos e turcos modernos ainda não recuperaram a altura de seus saudáveis antepassados caçadores-coletores.

Outro exemplo do trabalho dos paleopatologistas é o estudo de milhares de esqueletos de indígenas americanos escavados em sítios funerários nos vales dos rios Illinois e Ohio. O milho, domesticado na América Central há milhares de anos, tornou-se a base de uma agricultura extensiva naqueles vales por volta do ano 1000. Até então, os caçadores-coletores indígenas tinham esqueletos "tão saudáveis que é um pouco desanimador estudá-los", reclamou um paleopatologista. O número médio de cáries na boca de um adulto pulou de quase nenhuma para quase sete, e a perda de dentes e os abscessos se alastraram. Os defeitos no esmalte nos dentes de leite das crianças implicavam que as mães gestantes ou lactantes estavam severamente subnutridas. A frequência da anemia quadruplicou; a tuberculose se estabeleceu como uma doença epidêmica; metade da população sofria de osteoartrite e outras doenças degenerativas. Os índices de mortalidade aumentaram em todas as faixas etárias, com o resultado de que só 1% da população passava dos 50 anos, comparado aos 5% nos dias gloriosos anteriores ao milho. Quase um quinto de toda a população morria entre os 12 meses e os 4 anos de idade, provavelmente porque os bebês desmamados sucumbiam à desnutrição e às doenças infecciosas. Então, o milho, geralmente considerado uma das benesses do Novo Mundo, na verdade foi um desastre de saúde pública. Conclusões similares sobre a transição da caça-coleta à agricultura surgem de estudos de esqueletos em outras partes do mundo.

Pelo menos três conjuntos de razões explicam a descoberta de que a agricultura foi ruim para a saúde. Primeiro, os caçadores-coletores consumiam uma dieta variada, com quantidades adequadas de proteínas, vitaminas e minerais, ao passo que os agricultores obtinham a maior parte de seu alimento do cultivo de amidos. De fato, os agricultores obtinham calorias de baixa qualidade à custa da má nutrição. Hoje, só três plantas com alto teor de carboidratos — trigo, arroz e milho — fornecem mais de 50% das calorias consumidas pela espécie humana.

Segundo, devido à dependência de uma ou de poucas culturas, os agricultores corriam maior risco de passar fome se perdessem uma colheita do que os caçadores. A escassez de batata na Irlanda foi só um exemplo disso.

Por último, a maioria das principais doenças infecciosas e dos parasitas humanos que existem hoje não podiam ter se estabelecido antes do advento da agricultura. Essas doenças só persistem em sociedades superpovoadas de gente sedentária, desnutrida, constantemente infectando umas às outras e contaminando-se com o próprio esgoto. O vibrião do cólera, por exemplo, não sobrevive muito tempo fora do corpo humano. Ele se propaga pela contaminação da água potável com fezes de pacientes de cólera. O sarampo se extingue em pequenas populações após matar ou imunizar a maior parte dos hospedeiros em potencial; só em populações com pelo menos algumas centenas de milhares ele se mantém indefinidamente. Essas epidemias multitudinárias não persistiam em bandos pequenos e dispersos de caçadores que mudavam de pouso com frequência. A tuberculose, a lepra e o cólera precisaram esperar pelo advento da agricultura, ao passo que a varíola, a peste bubônica e o sarampo só surgiram há alguns milhares de anos, com o maior adensamento das populações nas cidades.

ALÉM DA DESNUTRIÇÃO, a fome e as doenças epidêmicas, a agricultura trouxe outra praga: as divisões de classe. Os caçadores-coletores contavam com pouco ou nenhum alimento armazenado e não possuíam fontes concentradas de alimentos, como pomares ou gado. Em vez disso, viviam das plantas silvestres e dos animais que obtinham diariamente. Todos, à exceção das crianças, os doentes e os velhos, se uniam em busca de alimentos. Então, não havia reis, profissionais de tempo integral nem parasitas sociais que engordam com os alimentos produzidos por outrem.

Só numa população que pratica a agricultura poderia surgir o contraste entre as massas atacadas por doenças e uma elite saudável e não produtiva. Esqueletos de 1500 a.C. encontrados em tumbas gregas em Micenas sugerem que a realeza desfrutava de uma dieta melhor do que a dos plebeus, pois os esqueletos reais eram cinco ou sete centímetros mais altos e tinham melhores dentes (na média, uma em vez de seis cáries ou dentes faltando). Dentre as múmias dos cemitérios chilenos do ano 1000, a elite se distinguia não só pelos ornamentos e presilhas de ouro nos cabelos, mas também por um número quatro vezes menor de lesões ósseas resultantes de doenças infecciosas.

Esses indicadores de diferenças na saúde de antigas comunidades de agricultores aparecem em escala global no mundo moderno. Para a maioria dos leitores americanos e europeus soa ridícula a tese de que, em média, a humanidade estaria melhor como caçadora-coletora do que como está hoje, porque a maioria das pessoas na sociedade industrial desfruta de uma saúde melhor do que a dos caçadores-coletores. No entanto, americanos e europeus são uma elite no mundo contemporâneo, dependentes de petróleo e outros materiais importados de países com grandes populações camponesas e padrões de saúde muito mais baixos. Se você pudesse escolher entre ser um americano de classe média, um caçador boxímane ou um camponês agricultor na Etiópia, o primeiro certamente seria a escolha mais saudável, e o terceiro, a menos saudável.

Ao levar à formação de divisão de classes sociais, a agricultura também pode ter exacerbado a desigualdade sexual preexistente. Com o advento da agricultura, muitas vezes as mulheres se tornaram bestas de carga, se exauriram com as gestações mais frequentes e, portanto, tiveram a saúde comprometida. Por exemplo, entre as múmias chilenas do ano 1000, as mulheres tinham mais osteoartrite e mais lesões ósseas decorrentes de doenças infecciosas do que os homens. Na atual Papua-Nova Guiné, nas comunidades agricultoras frequentemente vejo as mulheres cambaleando com o peso das cargas de legumes e lenha, enquanto os homens caminham com as mãos abanando. Uma vez ofereci dinheiro a uns aldeões para carregarem mantimentos de uma pista de pouso até o meu acampamento na montanha, e um grupo de homens, mulheres e crianças se apresentou. O item mais pesado era uma saca de arroz de 50 quilos, que prendi em uma vara e chamei uma equipe de quatro homens para erguer nos ombros. Quando depois alcancei os aldeões, uma mulher miúda, que pesava menos que a saca de arroz, estava curvada sob ela, equilibrando o peso com uma corda cruzada na testa.

Quanto ao argumento de que a agricultura assentou os alicerces para a arte ao permitir o tempo ocioso, os modernos caçadores-coletores têm, em média, pelo menos tanto tempo de ócio quanto os agricultores. Concordo que algumas pessoas nas sociedades industriais e agrárias desfrutam de mais tempo livre do que os caçadores-coletores, à custa de muitos outros que os mantêm e contam com menos tempo. Não há dúvida de que a agricultura permitiu o sustento de artesãos e artistas, sem os quais não teríamos tantos projetos artísticos de larga escala, como a Capela Sistina e a Catedral de Colônia. Contudo, a ênfase no ócio como um fator crucial para explicar as diferenças artísticas entre as sociedades humanas me parece equivocada. Não é a falta de tempo que hoje nos impede de superar a beleza do Partenon. Os avanços tecnológicos posteriores à agricultura tornaram possíveis novas formas de arte e a sua preservação, mas grandes pinturas e esculturas numa escala menor do que a da Catedral de Colônia já eram produzidas pelos caçadores-coletores Cro-Magnons há 15.000 anos. Os caçadores-coletores esquimós e os indígenas do noroeste do Pacífico ainda produzem grande arte. Além disso, quando pensamos nos especialistas que a sociedade pôde sustentar após o advento da agricultura, devemos ter em mente não só Michelangelo e Shakespeare, mas também exércitos de assassinos profissionais.

COM O ADVENTO da agricultura, uma elite ficou mais saudável, mas muitos foram prejudicados. Em lugar da perspectiva progressivista de que escolhemos a agricultura porque era bom para nós, um cético perguntaria como fomos enganados por ela, apesar de ser um benefício tão ambíguo.

A resposta reside no adágio "Quem tem poder dita o que é certo". A agricultura podia alimentar muito mais gente do que a caça, independentemente de proporcionar ou não mais comida por boca em média. (A densidade populacional média dos caçadores-coletores é de um indivíduo ou menos por 2.500 quilômetros quadrados, enquanto a densidade média dos agricultores é pelo menos dez vezes maior.) Em parte é por isso que um acre de terra semeada inteiramente com culturas comestíveis produz muito mais toneladas de alimentos e, portanto, permite alimentar muito mais bocas do que um acre de floresta com plantas silvestres comestíveis espalhadas. Em parte também, é a razão pela qual os caçadores-coletores nômades precisam espaçar os filhos em uns quatro anos mediante o infanticídio e outros recursos, já que a mãe deve carregar o bebê até que ele possa acompanhar o passo dos adultos. Como os agricultores sedentários não têm esse problema, a mulher pode ter — e tem — um filho a cada dois anos. Talvez a principal razão por que temos tanta dificuldade em descartar a visão tradicional de que a agricultura foi inequivocamente boa para nós é que, sem dúvida, ela significou mais toneladas de alimentos por acre. Esquecemos que ela também resultou num maior número de bocas para alimentar e que a saúde e a qualidade de vida dependem da quantidade de alimentos por cabeça.

Com o lento aumento da densidade populacional dos caçadores-coletores ao final da Idade do Gelo, os bandos tinham de "escolher", consciente ou inconscientemente, entre dar os primeiros passos em direção à agricultura e alimentar mais bocas ou encontrar um modo de limitar seu crescimento. Alguns grupos adotaram a primeira solução, impedidos de antever os males da agricultura e seduzidos pela abundância transitória de que desfrutaram até que o crescimento populacional superou a produção de alimentos. Esses bandos procriaram com bandos exógenos e depois expulsaram ou exterminaram os bandos que preferiram permanecer como caçadores-coletores porque, mesmo desnutridos, dez agricultores conseguem derrotar um caçador saudável. Não é que os caçadores-coletores tenham abandonado seu estilo de vida, mas os mais sensatos que não o abandonaram foram expulsos de todas as áreas, exceto as que não interessavam aos agricultores. Os caçadores-coletores modernos resistem principalmente em áreas isoladas e esparsas inúteis para a agricultura, como o Ártico e os desertos.

Nesse ponto, seria irônico recordar a queixa comum de que a arqueologia é um luxo dispendioso, preocupada com o passado remoto e que não oferece lições relevantes para o presente. Os arqueólogos que estudam o surgimento da agricultura reconstruíram um estágio em que tomamos uma das decisões mais cruciais da história humana. Forçados a escolher entre limitar o crescimento populacional e tentar aumentar a produção de alimentos, optamos pelo segundo e terminamos com fome, guerras e tirania. Hoje enfrentamos a mesma escolha, com a diferença de que podemos aprender com o passado.

Os CAÇADORES-COLETORES praticaram o estilo de vida mais bem-sucedido e persistente na carreira da nossa espécie. Em contraste, ainda lutamos contra os mesmos problemas com que nos defrontamos desde o advento da agricultura, e não está claro se poderemos resolvê-los. Suponha que um arqueólogo extraterrestre que nos visitou tente explicar a história humana aos seus colegas extraterrestres. O visitante poderia ilustrar os resultados de suas escavações com um relógio em que uma hora representasse cem mil anos de tempo passado. Se a história da raça humana começou à meia-noite, então estaríamos quase ao final do nosso primeiro dia. Vivemos como caçadores-coletores por quase todo esse dia, da meia-noite ao amanhecer, o meio-dia e o pôr do sol. No final, às 23h45, adotamos a agricultura. Em retrospecto, a decisão era inevitável, e não há como voltar atrás. Mas à medida que a segunda noite se aproxima, será que a difícil situação dos camponeses africanos aos poucos se espalhará e afetará todos nós? Ou de alguma forma receberemos aqueles sedutores benefícios que imaginamos por trás da fachada brilhante da agricultura, que até agora só conhecemos na forma ambígua?

CAPÍTULO 11

Por que fumamos, bebemos e consumimos drogas perigosas?

CHERNOBYL, USO DE FORMALDEÍDO NOS REVESTIMENTOS DE PAREDES, envenenamento por chumbo, poluição atmosférica, o vazamento de petróleo do *Valdez*, o canal Love, amianto, agente laranja... A cada dia que passa vem à tona uma informação sobre como nós e nossos filhos estamos expostos a substâncias químicas tóxicas devido à negligência alheia. A indignação do público, o sentimento de desamparo e as pressões por mudanças estão aumentando. Por que, então, fazemos a nós mesmos o que não deixamos que outros nos façam? Como explicar o paradoxo de que muitas pessoas intencionalmente consomem, injetam ou inalam substâncias químicas tóxicas, como álcool, cocaína e fumaça de cigarro? Por que variadas formas dessa autodestruição voluntária existem em muitas sociedades contemporâneas, das tribos primitivas às tribos urbanas de hoje, e existiram no passado até os primeiros registros escritos de que se tem notícia? Como o abuso de drogas se tornou um marco praticamente exclusivo da espécie humana?

O problema não é tanto entender por que continuamos a usar substâncias tóxicas depois de começarmos a fazê-lo. Em parte, é porque as nossas drogas viciam. O maior mistério é o que nos impele a começar. As evidências dos efeitos letais do álcool, da cocaína e do tabaco são impressionantes e conhecidas. Só motivos muito fortes poderiam explicar por que as pessoas consomem esses venenos voluntariamente — e até com avidez. É como se um programa inconsciente nos levasse a fazer algo que sabemos ser perigoso. Que programa seria esse?

Naturalmente, não há uma explicação única: cada motivo tem um peso diferente, segundo os povos e as sociedades. Por exemplo, algumas pessoas bebem para superar as inibições ou para estar com amigos; outras, para sufocar seus sentimentos ou afogar as mágoas, e outras, ainda porque apreciam o gosto das bebidas alcoólicas. Também é natural que as diferenças entre as populações humanas e as classes sociais e suas opções de ter uma vida satisfatória expliquem grande parte das diferenças geográficas e de classe no uso de drogas. Não surpreende que o alcoolismo autodestrutivo seja um problema maior nas áreas da Irlanda onde há taxas mais altas de desemprego do que no sudeste da Inglaterra, ou que o abuso de cocaína e heroína seja mais comum no Harlem, um bairro pobre de Nova York, do que nos bairros ricos. Podemos ser tentados a classificar o uso de drogas como um marco humano com causas sociais e culturais evidentes e não procurar seus antecedentes animais.

Contudo, nenhum dos motivos que mencionei chega ao cerne do paradoxo de buscarmos ativamente o que sabemos ser nocivo. Neste capítulo proponho outro motivo que contribui para isso e trata desse paradoxo. Ele relaciona nossas autoagressões químicas a uma ampla gama de traços aparentemente autodestrutivos nos animais e a uma teoria geral de comunicação animal. Ele unifica um amplo espectro de fenômenos na nossa cultura, do tabagismo e alcoolismo ao abuso de drogas. Ele se aplica a várias culturas, pois explica não só fenômenos do mundo ocidental, mas também costumes misteriosos de outras regiões, como o consumo de querosene pelos especialistas de kung fu na Indonésia. Também falarei do passado e aplicarei a teoria à pratica aparentemente extravagante dos enemas cerimoniais na antiga civilização maia.

VEJAMOS PRIMEIRO COMO cheguei a essa ideia. Um dia, subitamente fiquei intrigado ao refletir sobre o fato de as fábricas de substâncias químicas tóxicas para uso humano os anunciarem explicitamente. Essa prática empresarial pareceria uma linha reta rumo à falência. Embora não toleremos propagandas de cocaína, as de tabaco e álcool são tão comuns que não nos surpreendemos. Isto me ocorreu depois de passar vários meses na selva convivendo com caçadores papuas, longe do mundo da publicidade.

Todos os dias os meus novos amigos papuas me perguntavam sobre os costumes ocidentais, e seu estranhamento ao ouvirem o meu relato me fez perceber como muitos dos nossos costumes carecem de sentido. Depois, os meses de trabalho de campo terminaram numa dessas transições súbitas provocadas pelos transportes modernos. Num dia 25 de junho eu estava sentado na mata observando um macho de ave-do-paraíso de cores brilhantes bater as asas desajeitadamente numa clareira, carregando sua cauda de 90 centímetros. No dia 26 de junho, estava sentado num Boeing 747, lendo as revistas e me aclimatando às maravilhas da civilização ocidental.

Folheei a primeira revista. Em uma página vi a fotografia de um homem rude montado em seu cavalo e tocando um rebanho. Embaixo da foto, o nome de uma marca de cigarros em letras grandes. O americano em mim sabia do que se tratava. Mas parte de mim ainda estava na selva, observando aquela foto com um olhar ingênuo. Talvez minha reação não lhe pareça tão estranha se você se imaginar completamente distante da sociedade ocidental, vendo o anúncio pela primeira vez e tentando imaginar qual a relação entre pastorear vacas e fumar (ou não fumar) cigarros.

A parte ingênua de mim, recém-saída da selva, pensou: que anúncio antitabagista genial! É sabido que o fumo prejudica a capacidade atlética, causa câncer e morte prematura. E os caubóis são considerados atléticos e admirados por isso. Esse anúncio deve ser um novo apelo devastador dos antitabagistas, alertando que quem fumar aquela marca em particular nunca poderá ser um caubói. Que mensagem eficaz para a nossa juventude!

Mas depois ficou óbvio que o anúncio fora publicado pela própria fábrica de cigarros, que de alguma forma esperava que os leitores entendessem a mensagem de forma exatamente oposta. Como a empresa permitira que seu departamento de relações públicas cometesse um erro de cálculo tão desastroso? Certamente aquele anúncio dissuadiria as pessoas preocupadas com seu vigor e sua autoimagem de começarem a fumar.

Ainda semi-imerso na selva, virei a página. Vi a foto de uma garrafa de uísque sobre uma mesa, um homem bebendo de um copo, presumivelmente o conteúdo da garrafa, e uma jovem, obviamente fértil, olhando-o fascinada, como se estivesse a ponto de se entregar sexualmente a ele. Como é possível?, perguntei a mim mesmo. Todos sabem que o álcool interfere no desempenho sexual, tende a deixar o homem impotente, nos deixa trôpegos, prejudica o raciocínio e predispõe à cirrose do fígado e outros males debilitantes. Nas palavras imortais do porteiro de *Macbeth*, de Shakespeare: "Ela [a bebida] provoca o desejo, mas liquida o desempenho." Um homem com essa desvantagem deveria ocultá-la a todo custo da mulher que pretendesse seduzir. Por que o homem da foto intencionalmente exibe sua desvantagem? Será que os fabricantes de uísque pensam que a figura desse indivíduo incapaz ajudará a vender seu produto? Era de se esperar que o grupo Mães Contra Motoristas Bêbados estivesse por trás de anúncios como esse, e que as fábricas de uísque processassem o grupo para evitar a sua publicação.

Página após página, os anúncios alardeavam o consumo de cigarros e de álcool, insinuando seus benefícios. Havia inclusive fotos de jovens fumando na presença de indivíduos atraentes do sexo oposto, insinuando que fumar também criava oportunidades sexuais. Porém, um não fumante que alguma vez tenha sido beijado (ou tenha tentado beijar) por alguém que fuma sabe que o mau hálito dos fumantes compromete seriamente a atração sexual. Paradoxalmente, os anúncios insinuam não só benefícios sexuais, mas também amizades platônicas, oportunidades de negócios, vigor, saúde e felicidade, quando a conclusão a que levam é exatamente o oposto disso.

À medida que se passavam os dias e eu voltava a imergir na civilização ocidental, aos poucos fui deixando de notar os anúncios aparentemente contraditórios. Voltei à análise dos meus dados de campo e comecei a pensar em um paradoxo inteiramente diferente, relacionado à evolução dos pássaros. Esse paradoxo finalmente me levou a entender a lógica subjacente à propaganda de cigarros e uísque.

O NOVO PARADOXO dizia respeito aos motivos de um macho de ave-do-paraíso, que eu observara no dia 25 de junho, ter desenvolvido a desvantagem de uma cauda de 90 centímetros. Os machos de outras espécies de ave-do-paraíso desenvolveram outras desvantagens estranhas, como longas penas saindo das sobrancelhas, o hábito de se pendurar de ponta-cabeça, cores brilhantes e pios altos que, provavelmente, atraem gaviões. Todas essas características devem prejudicar a sobrevivência do macho, mas também servem para atrair as fêmeas. Como muitos outros biólogos, fiquei pensando nos motivos que levam os machos a usar essas desvantagens para se exibir, e por que as fêmeas as acham atraentes.

Então me lembrei de um artigo notável publicado em 1975 pelo biólogo israelense Amotz Zahavi. No artigo, Zahavi propôs uma nova teoria geral, que os biólogos ainda debatem vivamente, sobre o papel dos sinais custosos ou autodestrutivos no comportamento animal. Por exemplo, ele tentou explicar como aspectos prejudiciais dos machos podem atrair uma fêmea exatamente por serem desvantagens. Ao pensar sobre isso, concluí que a hipótese de Zahavi poderia se aplicar às aves-do-paraíso que eu estudava. De repente, cada vez mais animado, percebi que talvez essa teoria também pudesse ser ampliada para explicar o paradoxo do consumo de substâncias químicas tóxicas e por que as promovemos em anúncios.

A teoria proposta por Zahavi gira em torno do amplo problema da comunicação animal. Todos os animais necessitam distinguir de imediato sinais facilmente compreensíveis para transmitir mensagens aos parceiros, parceiros em potencial, prole, pais, rivais e possíveis predadores. Por exemplo, consideremos uma gazela que percebe um leão espreitando-a. Seria de seu interesse emitir um sinal que o leão interpretasse como: "Sou uma veloz gazela superior! Você nunca vai conseguir me pegar, então não perca seu tempo e energia tentando!" Mesmo que a gazela fosse realmente capaz de escapar do leão, emitir um pequeno sinal que o fizesse desistir pouparia tempo e energia a ela também.

Mas que sinal peremptório diria ao leão que não vale a pena? A gazela não pode perder tempo fazendo uma demonstração de cem metros rasos diante de cada leão que aparece. Talvez as gazelas pudessem acordar em algum sinal rápido e arbitrário que os leões aprenderiam a entender: por exemplo, bater no chão com a pata traseira esquerda significa: "Afirmo que sou veloz!" Contudo, um sinal tão completamente arbitrário abre espaço para o engodo: qualquer gazela pode facilmente dar o sinal, independentemente de sua velocidade. Então, os leões saberiam que muitas gazelas lentas que dão o sinal estão mentindo e aprenderão a ignorá-lo. É do interesse tanto dos leões quanto das gazelas velozes que o sinal seja crível. Que tipo de sinal poderia convencer o leão da honestidade da gazela?

O mesmo dilema ocorre na seleção sexual e na escolha do parceiro que discuti nos capítulos anteriores. Esse é um problema específico de como as fêmeas escolhem os machos, pois elas investem mais na reprodução, têm mais a perder e precisam ser mais seletivas. Teoricamente, uma fêmea deveria escolher um macho para transmitir seus bons genes à prole. Como é difícil avaliar os genes, a fêmea busca indicadores imediatos de bons genes, e um macho superior deve fornecer esses indicadores. Na prática, as características do macho, como plumagem, cantos e exibições, costumam servir como indicadores. Por que os machos "escolhem" se anunciar com esses indicadores em particular, por que as fêmeas deveriam confiar na honestidade do macho e ser atraídas por eles e por que eles significam bons genes?

Descrevi o problema como se a gazela ou um macho que corteja escolhessem voluntariamente um indicador dentre outros possíveis, e como se o leão ou a fêmea decidissem, depois de refletir, por um bom indicador de velocidade ou de bons genes. Na prática, logicamente essas "escolhas" são resultado da evolução e foram especificadas pelos genes. As fêmeas que escolhem machos baseando-se nos indicadores que realmente denotam bons genes masculinos, e os machos que usam indicadores explícitos de bons genes para se promover tendem a gerar mais descendentes, assim como as gazelas e os leões que evitam corridas desnecessárias.

Como resultado, muitos anúncios desenvolvidos pelos animais têm um paradoxo similar ao do anúncio de cigarros. Os sinais muitas vezes não parecem sugerir velocidade ou bons genes, mas, em vez disso, indicam desvantagens, custo e fontes de risco. Por exemplo, o sinal da gazela para o leão é um comportamento peculiar. Em vez de correr o mais rapidamente possível, ela corre devagar e dá vários saltos com as pernas esticadas no ar. Por que a gazela faria essa exibição aparentemente autodestrutiva, que desperdiça tempo e energia e dá ao leão a oportunidade de alcançá-la? Ou pensemos nos machos de várias espécies animais que possuem estruturas grandes que dificultam os movimentos, como a cauda do pavão ou as penas da ave-do-paraíso. Os machos de diversas espécies têm cores brilhantes, cantos altos e exibições chamativas que atraem predadores. Por que o macho anuncia essa falha, e por que a fêmea gosta disso? Ainda hoje estes paradoxos do comportamento animal continuam sem solução.

A teoria de Zahavi chega ao cerne do paradoxo. Segundo ela, essas estruturas e comportamentos prejudiciais são indicadores válidos de que o animal que os exibe é honesto ao reafirmar sua superioridade precisamente *porque* eles acarretam desvantagens. Um sinal que não implica em custos se presta ao engodo, pois um animal lento ou inferior pode emiti-lo. Só os sinais custosos ou prejudiciais são garantia de honestidade. Por exemplo, uma gazela lenta que pulasse diante de um leão que se aproxima selaria o seu destino, ao passo que uma gazela veloz ainda pode escapar depois de pular. Ao pular, a gazela jactancia-se: "Sou tão veloz que posso escapar de você mesmo fazendo isto." O leão tem informação para crer na honestidade da gazela, e ambos se beneficiam ao poupar tempo e energia numa perseguição cujo resultado é certo.

Aplicada aos machos que se exibem para as fêmeas, a teoria de Zahavi conclui que o macho que sobreviveu apesar da desvantagem da cauda longa ou do canto chamativo possui genes excelentes em outros aspectos. Ele provou ser *especialmente* bom para escapar de predadores, obter alimento e resistir a doenças. Quanto maior a desvantagem, mais rigoroso o teste pelo qual ele passou. A fêmea que escolhe um macho assim é como a dama medieval que testa os cavaleiros pretendentes vendo-os degolar dragões. Ao ver um cavaleiro de um só braço que ainda assim consegue degolar o dragão, ela sabe que por fim encontrou um cavaleiro com genes formidáveis. Ao exibir sua desvantagem, ele, na verdade, está exibindo sua superioridade.

Parece-me que a teoria de Zahavi se aplica a muitos comportamentos humanos custosos ou perigosos na busca de status e, mais particularmente, benefícios sexuais. Por exemplo, o homem que corteja a mulher com presentes caros e outras demonstrações de riqueza na verdade está dizendo: "Tenho muito dinheiro para sustentar você e filhos, e pode acreditar no meu exibicionismo porque vê o quanto estou gastando agora sem nem me abalar." As pessoas que exibem joias caras, carros esportivos ou obras de arte adquirem status porque o sinal não pode ser falso; todos sabem quanto custam estes objetos ostentatórios. Os índios norte-americanos do nordeste do Pacífico alcançavam status competindo para distribuir muitos presentes em cerimônias conhecidas como rituais *potlatch*. Antes da medicina moderna, a tatuagem não só era dolorosa, como também perigosa devido ao risco de infecção; então, as pessoas tatuadas na verdade anunciavam duas facetas de sua força: a resistência à doença e a tolerância à dor. Na ilha Malekula, no Pacífico, os homens tradicionalmente se exibem com uma prática perigosamente insana, hoje em dia imitada pelos que praticam o *bungee jump*, ao construir uma torre alta de onde saltar de cabeça depois de amarrar os tornozelos com cipós fortes e prender a outra ponta do cipó no alto da torre. O comprimento dos cipós é calculado para deter o salto do valentão quando sua cabeça está a poucos metros do solo. Sobreviver à façanha garante que o saltador é corajoso, um calculador cuidadoso e bom construtor.

A teoria de Zahavi também pode ser aplicada ao abuso de substâncias químicas entre os humanos. Especialmente na adolescência e no início da juventude, a idade em que é mais provável que se inicie o abuso de drogas, dedicamos muita energia para afirmar nosso status. Penso que compartilhamos o mesmo instinto inconsciente que leva os pássaros a fazerem exibições perigosas. Há dez mil anos nós fazíamos "exibições" ao desafiar um leão ou um inimigo tribal. Hoje dirigimos em alta velocidade ou consumimos drogas perigosas.

No entanto, a mensagem das nossas exibições permanece a mesma: sou forte e superior. Até para usar drogas só uma ou duas vezes devo ser bastante forte para aguentar a sensação de queimação e sufocamento da primeira baforada no cigarro ou o mal-estar da primeira ressaca. Para fazê-lo constantemente e permanecer vivo e saudável, devo ser superior (imagino eu). Trata-se de uma mensagem para nossos rivais, nossos pares e nossos possíveis parceiros — e para nós mesmos. O beijo do fumante pode ter um sabor horrível e o alcoólatra pode ser impotente na cama, mas ele ou ela esperam impressionar seus iguais ou atrair parceiros com uma mensagem implícita de superioridade.

Ora, a mensagem pode ser válida para as aves, mas para nós ela é falsa. Como tantos outros instintos que temos, este tornou-se mal adaptado na sociedade humana moderna. Se você conseguir andar mesmo depois de beber uma garrafa de uísque, isso prova que tem altos níveis de álcool desidrogenase no fígado, mas não implica que seja superior em outros aspectos. Se não tiver desenvolvido câncer no pulmão depois de fumar constantemente vários maços por dia, você pode ter um gene resistente ao câncer de pulmão, mas esse gene não significa inteligência, tino para os negócios ou capacidade de fazer felizes seu cônjuge e filhos.

É verdade que os animais com vida e corte breves não têm alternativa a não ser desenvolver indicadores imediatos, pois os parceiros potenciais não têm tempo suficiente para avaliar mutuamente suas verdadeiras qualidades. Mas nós, com nossas expectativas de vida, corte e associações de negócios de longo prazo, temos tempo suficiente para o escrutínio mútuo do nosso valor. Não confiamos em indicadores superficiais ou enganosos. O abuso de drogas é o clássico exemplo de um instinto que já foi útil — a confiança nos sinais de desvantagem — e se voltou contra nós. É a esse velho instinto que os fabricantes de uísque e tabaco direcionam seus anúncios enganosos e vergonhosos. Se legalizássemos a cocaína, os chefes do tráfico logo publicariam anúncios apelando para esse mesmo instinto. Já posso imaginá-lo: a foto do caubói na sua montaria, ou do homem sofisticado com a jovem atraente, diante de um maço de pó branco exibido de maneira tentadora.

AGORA VAMOS TESTAR minha teoria indo da sociedade industrial do Ocidente para o outro lado do mundo. O abuso de drogas não começou com a revolução industrial. O tabaco era cultivado entre os indígenas norte-americanos, há bebidas alcoólicas nativas em todo o mundo, e a cocaína e o ópio chegaram até nós vindos de outras sociedades. O mais antigo código de leis que existe, o do rei babilônio Hamurabi (1792-1750 a.C.), já continha uma seção regulamentando os estabelecimentos onde se bebia. Daí que, se a minha teoria for válida, deve ser aplicável a outras sociedades. Para exemplificar seu poder explicativo para várias culturas, mencionarei uma prática da qual você não deve ter ouvido falar: a ingestão de querosene entre praticantes de kung fu.

Ouvi falar sobre isso quando trabalhava na Indonésia com um jovem biólogo excepcional chamado Ardy Irwanto. Ardy e eu nos dávamos bem e um cuidava do bem-estar do outro. Uma vez fomos a uma área problemática e expressei minha preocupação a respeito das pessoas perigosas que poderíamos encontrar, mas Ardy me assegurou: "Não tem problema, Jared. Sou kung fu grau oito." Ele explicou que havia alcançado um alto grau de habilidade na arte marcial oriental do kung fu e era capaz de lutar sozinho contra um grupo de oito agressores. Para prová-lo, ele me mostrou uma cicatriz nas costas produzida durante um ataque de oito bandidos. Um deles o esfaqueou, então Ardy quebrou os braços de três deles e a cabeça de um terceiro, e os demais fugiram. Eu não tinha o que temer na sua companhia, assegurou-me ele.

Uma noite, no acampamento, Ardy se dirigiu aos nossos galões com sua caneca. Tínhamos dois galões: um azul para água, outro vermelho com querosene para o lampião. Para meu horror, Ardy se serviu do galão vermelho e levou a caneca aos lábios. Lembrei-me de um momento horrível numa expedição de montanhismo, quando tomei um gole de querosene por engano e passei o dia seguinte tossindo e gritei para detê-lo. Mas ele ergueu a mão e disse calmamente: "Não tem problema, Jared. Sou kung fu grau oito."

Ardy explicou que o kung fu lhe conferia força, a qual ele e seus mestres testavam todos os meses tomando uma caneca de querosene. Sem o kung fu, claro, o querosene faria uma pessoa mais fraca adoecer: que Deus não permita que eu, Jared, por exemplo, tente fazê-lo. Mas aquilo não fazia mal a Ardy, porque ele tinha o kung fu. Ele calmamente foi para a sua barraca beber seu querosene e, no dia seguinte, saiu de lá contente e saudável como sempre.

Não consigo acreditar que o querosene não fizesse mal a Ardy. Espero que ele tenha encontrado um modo menos pernicioso de testar periodicamente a própria capacidade. Mas, para ele e seus colegas, aquilo servia como um indicador de força e do nível avançado de kung fu. Só uma pessoa realmente forte podia passar naquele teste. A ingestão de querosene ilustra a teoria da desvantagem do uso de substâncias químicas tóxicas de uma maneira tão fortemente desagradável para nós quanto o cigarro e o álcool eram para Ardy.

COMO UM ÚLTIMO exemplo, vou generalizar ainda mais a teoria e estender suas aplicações para o passado — neste caso, a civilização maia, que floresceu na América Central há um ou dois mil anos. Os arqueólogos sempre se fascinaram com o sucesso dos maias em criar uma sociedade avançada no meio da floresta tropical. Hoje conhecemos, em graus variados, muitas conquistas maias, como o calendário, a escrita, o conhecimento de astronomia e as práticas agrícolas. Mas os arqueólogos sempre ficaram intrigados com uns tubos finos que encontravam nas escavações, cuja serventia desconheciam.

A função dos tubos só foi esclarecida com a descoberta de vasos pintados com cenas em que o tubo era usado: a administração de substâncias químicas por enemas. Os vasos mostram uma figura de status elevado, evidentemente um sacerdote ou príncipe, recebendo um enema cerimonial na presença de outras pessoas. O tubo do enema está ligado a uma bolsa com um líquido espumoso semelhante à cerveja — provavelmente contendo álcool ou alucinógenos, ou ambos, como sugerem as práticas de outros grupos indígenas. Muitas tribos indígenas das Américas Central e do Sul costumavam aplicar enemas rituais similares quando os exploradores europeus os encontraram pela primeira vez, e alguns o fazem ainda hoje. As substâncias administradas iam do álcool (feito da seiva fermentada do agave ou de casca de árvore) ao tabaco, peiote, derivados do LSD e alucinógenos derivados de cogumelos. Então, esse ritual é similar ao nosso consumo oral de substâncias tóxicas, mas há quatro razões pelas quais um enema é um indicador mais eficaz e válido de força do que a bebida.

Em primeiro lugar, podemos ter o hábito de beber sozinhos e, assim, perdemos a chance de exibir o nosso alto status de bebedores aos demais. No entanto, é mais difícil para uma pessoa solitária administrar a mesma bebida a si mesma por meio de um enema. Um enema estimula a participação de outras pessoas e, automaticamente, cria uma ocasião para a autopromoção. Em segundo lugar, requer mais força lidar com o álcool na forma de enema do que o bebendo, pois ele vai diretamente para o intestino e, portanto, à corrente sanguínea, sem antes ser diluído pela comida no estômago. Em terceiro, depois de ingeridas oralmente, as drogas são absorvidas pelo intestino delgado e passam para o fígado, onde muitas delas são desintoxicadas antes de chegar ao cérebro e outros órgãos sensíveis. Mas as drogas absorvidas pelo reto por meio de um enema não passam pelo fígado. Por último, a náusea pode limitar a ingestão de bebidas, mas não de enemas. Então, o enema me parece um anúncio de superioridade mais convincente do que os anúncios de uísque. Recomendo esse conceito a alguma empresa de relações públicas ambiciosa que esteja competindo pela conta de qualquer grande destilaria.

Agora vou resumir a visão sobre o abuso de substâncias químicas a que me referi. Ainda que a autodestruição frequente por substâncias químicas seja exclusiva dos humanos, eu a vejo como parte de um padrão do comportamento animal e, portanto, com inúmeros precedentes animais. Todos os animais tiveram de desenvolver sinais para transmitir mensagens rapidamente entre si. Se qualquer animal pudesse adquirir ou aprender estes sinais, eles levariam a enganos frequentes e ao descrédito. Para ser válido e convincente, o sinal deve assegurar a honestidade de quem assinala, implicando em risco, custo ou ônus que só os animais superiores podem suportar. Muitos sinais de animais que nos parecem contraproducentes — como os pulos da gazela ou as estruturas custosas e as exibições arriscadas com que os machos cortejam as fêmeas — podem ser vistos por esse prisma.

Parece-me que isso contribuiu para a evolução não só da arte humana, mas também do abuso químico. A arte e o abuso químico são marcas humanas amplamente disseminadas, características da maior parte das sociedades humanas conhecidas. Ambas exigem explicação, já que não é imediatamente óbvio como promovem a nossa sobrevivência mediante a seleção natural ou nos ajudam a conseguir parceiros mediante a seleção sexual. Argumentei anteriormente que a arte às vezes serve de indicador da superioridade ou do status individual, já que sua criação requer habilidade e sua aquisição exige status ou riqueza. Mas os indivíduos detentores de status por meio da arte adquirem melhor acesso aos recursos e aos parceiros. Agora quero propor que os humanos buscam status por meio de outras demonstrações custosas além da arte. Algumas (como pular de torres, dirigir em alta velocidade e abusar de substâncias químicas) são surpreendentemente perigosas. As primeiras demonstrações, onerosas, anunciam posição ou riqueza; as segundas, perigosas, anunciam que o indivíduo pode lidar com esses riscos e, portanto, deve ser superior.

Contudo, não afirmo que essa perspectiva leve a uma total compreensão da arte ou do abuso de substâncias químicas. Como mencionei com relação à arte, os comportamentos complexos adquirem vida própria, ultrapassam seu propósito inicial (se é que havia um só propósito) e podem ter tido múltiplas funções originais. Assim como a arte é hoje motivada mais pelo prazer do que pela necessidade de se exibir, o abuso de substâncias químicas também é agora muito mais que um anúncio. É também uma maneira de passar por cima de inibições, afogar mágoas ou simplesmente desfrutar uma bebida saborosa.

Tampouco nego que na perspectiva evolutiva há uma diferença básica entre o abuso humano de substâncias químicas e seus precedentes animais. Os saltos, as caudas longas e todos os precedentes animais que descrevi envolvem custos, e esses comportamentos persistem porque os benefícios são maiores. Uma gazela saltitante talvez perca uma cabeça de vantagem na perseguição, mas ganha quando diminui as chances de um leão persegui-la. A longa cauda do pássaro macho o atrapalha ao buscar comida ou escapar dos predadores, mas essas desvantagens de sobrevivência impostas pela seleção natural são amplamente compensadas pelas vantagens no acasalamento, mediante a seleção sexual. O resultado é uma prole maior — e não menor — a quem transmitir os genes do macho. Daí que essas características só parecem ser autodestrutivas; na verdade, elas são para a autopromoção.

No caso do abuso de substâncias químicas, porém, os custos superam os benefícios. Os viciados em drogas e os alcoólatras não só vivem menos, como perdem, em vez de ganhar, atrativos aos olhos dos parceiros em potencial e a capacidade de cuidar da prole. Essas características não persistem por haver vantagens ocultas que superem os custos; elas persistem principalmente porque são viciantes. No cômputo geral, são comportamentos autodestrutivos e não de autopromoção. As gazelas ocasionalmente podem calcular mal o salto, mas não cometem suicídio abusando deles. Nesse aspecto, nosso abuso de substâncias químicas autodestrutivas divergiu de seus precursores animais e tornou-se uma marca verdadeiramente humana.

CAPÍTULO 12

Sós em um universo superpovoado

Da próxima vez que você estiver longe das luzes da cidade numa noite clara, olhe o céu e observe a miríade de estrelas. Depois pegue um par de binóculos, aponte-os para a Via Láctea e calcule quantos milhares de estrelas escaparam ao seu olho nu. Então olhe uma foto da nebulosa de Andrômeda tirada por um telescópio poderoso e perceba a enorme quantidade de estrelas que escaparam ao seu binóculo.

Depois de absorver esses números você estará pronto para perguntar: como os humanos podem ser os únicos no universo? Quantas civilizações de seres inteligentes como nós deve haver por lá, olhando-nos? Quando poderemos nos comunicar com eles, visitá-los e ser visitados?

Na Terra, certamente somos únicos. Nenhuma outra espécie possui linguagem, arte ou agricultura numa complexidade remotamente próxima da nossa. Nenhuma outra espécie se excede no consumo de drogas. Mas nos quatro últimos capítulos vimos que para cada uma dessas marcas humanas há muitos precedentes animais e até precursores. Igualmente, a inteligência humana surgiu diretamente da inteligência do chimpanzé, que é impressionante pelos padrões dos demais animais, ainda que muito abaixo da nossa. Não é possível que outras espécies em outros planetas também tenham desenvolvido precursores animais no nível da nossa arte, linguagem e inteligência?

Ora, a maioria das marcas humanas não pode ser detectada à distância de muitos anos-luz. Se houver criaturas desfrutando da arte ou viciadas em drogas em planetas orbitando a estrela mais próxima, nunca saberemos. Mas, por sorte, dois sinais de seres inteligentes em outras partes podem ser detectados da Terra: as sondas espaciais e os sinais de rádio. Estamos ficando eficientes no envio de ambos, então certamente outras criaturas inteligentes dominam as habilidades necessárias. Onde, então, estão os esperados discos voadores?

Esse me parece um dos maiores enigmas de todas as ciências. Dados os bilhões de estrelas e as habilidades que se desenvolveram na nossa própria espécie, deveríamos detectar discos voadores ou, ao menos, sinais de rádio. Não se discute que haja bilhões de estrelas. Então por que a espécie humana não consegue explicar a falta dos discos? Seremos realmente únicos não só na Terra, mas em todo o universo acessível? Neste capítulo argumentarei que podemos ter uma perspectiva nova da nossa singularidade observando atentamente outras criaturas únicas aqui na Terra.

HÁ MUITO TEMPO as pessoas fazem essas perguntas. Por volta de 400 a.C. o filósofo Metrodoro escreveu: "Considerar a Terra o único mundo povoado num espaço infinito é tão absurdo quanto afirmar que num campo inteiro semeado de milhete só um grão germinará." Porém, só em 1960 cientistas fizeram uma primeira tentativa séria de encontrar uma resposta, ouvindo (sem sucesso) transmissões de rádio de duas estrelas próximas. Em 1974, astrônomos do gigantesco radiotelescópio Arecibo tentaram estabelecer um diálogo interestelar, enviando um poderoso sinal de rádio ao cúmulo estelar M13, na constelação de Hércules. O sinal descreveu aos habitantes de Hércules a aparência dos terráqueos, quantos somos e a localização da Terra no nosso sistema solar. Dois anos depois, a procura por vida extraterrestre foi a principal motivação das missões Viking a Marte, cujo custo, de aproximadamente um bilhão de dólares, ultrapassou todos os gastos da Fundação Nacional de Ciências dos EUA (desde sua criação) para classificar a vida na Terra. Recentemente, o governo dos Estados Unidos decidiu gastar mais centenas de milhões de dólares para detectar sinais de rádio de quaisquer seres inteligentes que possam existir fora do nosso sistema solar. Diversas naves espaciais estão agora saindo do nosso sistema solar, levando fitas gravadas e registros fotográficos de nossa civilização para informar aos extraterrestres que possam encontrar.

É fácil compreender por que os leigos, assim como os biólogos, consideram a detecção de vida extraterrestre como talvez a descoberta científica mais extraordinária de todas. Imagine como nossa autoimagem seria afetada se descobríssemos que o universo abriga outras criaturas inteligentes, com sociedades complexas, linguagens e tradições culturais adquiridas e capazes de se comunicar conosco. Entre os que acreditam na vida após a morte e numa deidade preocupada com a ética, a maior parte concordaria que há outra vida à espera dos humanos, mas não dos besouros (e tampouco dos chimpanzés). Os criacionistas creem que nossa espécie teve uma origem separada, a criação divina. Suponha, porém, que detectemos em outro planeta uma sociedade de criaturas com sete pernas, mais inteligente e ética do que nós, capazes de conversar conosco, mas com receptores e transmissores de rádio em lugar de olhos e bocas. Devemos supor que elas (mas não os chimpanzés) compartilham a vida após a morte conosco e que também foram criadas por uma divindade?

Vários cientistas tentaram calcular a probabilidade de haver criaturas inteligentes em algum lugar. Seus cálculos deram origem a um novo campo científico denominado exobiologia — o único campo científico sobre um tema cuja existência não foi provada. Vejamos agora os números que encorajam os exobiólogos a acreditar em seu tema de estudo.

Os exobiólogos calculam o número de civilizações técnicas avançadas no universo mediante uma equação conhecida como fórmula Banco Verde, que multiplica uma lista de números estimados. Alguns deles podem ser estimados com uma segurança considerável. Existem bilhões de galáxias, cada uma delas com bilhões de estrelas. Segundo os astrônomos, provavelmente várias estrelas têm um ou mais planetas, e muitos deles provavelmente contam com um meio ambiente propício à vida. Os biólogos concluem que, onde há condições propícias à vida, com o tempo ela surge. Multiplicando todas essas probabilidades ou números, concluímos que provavelmente bilhões de bilhões de planetas abrigam criaturas vivas.

Agora, estimemos que fração destas biotas planetárias tem seres inteligentes com civilizações técnicas avançadas, que operacionalmente definiremos como civilizações capazes de comunicação interestelar por rádio. (Essa definição exige menos do que a capacidade do disco voador, pois o nosso próprio desenvolvimento sugere que a comunicação interestelar por rádio precederá as sondas interestelares.) Dois argumentos sugerem que essa fração pode ser considerável. Primeiro, o único planeta onde temos certeza de que a vida evoluiu — o nosso — desenvolveu uma civilização técnica avançada. Já lançamos sondas interplanetárias. Fizemos progressos com técnicas para congelar e descongelar vida e produzir vida a partir do DNA — técnicas relevantes para preservar a vida tal como a conhecemos durante a longa duração de uma viagem interestelar. O progresso técnico nas últimas décadas tem sido tão rápido que sondas interestelares tripuladas certamente serão possíveis em no máximo poucos séculos, pois sondas interplanetárias não tripuladas já estão a caminho, fora do sistema solar.

Entretanto, esse primeiro argumento de que várias outras biotas planetárias desenvolveram civilizações técnicas avançadas não é muito convincente. Para empregar o jargão dos estatísticos, ela padece da falha óbvia da amostragem muito limitada (como generalizar a partir de um só caso?) e de um grau de tendenciosidade elevado (escolhemos esse caso precisamente porque envolvia nossa própria civilização técnica avançada).

Um segundo argumento, de maior peso, é que a vida na Terra se caracteriza pelo que os biólogos denominam evolução convergente. Isto é, aparentemente, em qualquer nicho ecológico ou adaptação fisiológica que se considere, muitos grupos de criaturas convergiram, evoluindo de maneira isolada para explorar aquele nicho ou para conseguir aquela adaptação. Um exemplo óbvio é a evolução independente do voo entre aves, morcegos, pterodátilos e insetos. Outros casos espetaculares são a evolução independente dos olhos e os mecanismos para eletrocutar as presas em muitos animais. Nos anos 1970 e 1980 os bioquímicos reconheceram a evolução convergente no nível molecular, como na evolução repetida de enzimas similares que quebram proteínas. A evolução convergente da anatomia, fisiologia, bioquímica e do comportamento é tão comum que quando os biólogos observam alguma similaridade entre duas espécies, uma das primeiras perguntas que se fazem agora é: essa similaridade resulta da ancestralidade comum ou da convergência?

Não há nada surpreendente na aparente ubiquidade da evolução convergente. Se durante milhões de anos você expuser milhões de espécies a forças seletivas semelhantes, claro que pode esperar que surjam soluções similares repetidamente. Sabemos que houve muita convergência entre espécies da Terra, mas pelo mesmo raciocínio também deve ter havido muita convergência entre as espécies da Terra e as de outras partes. Portanto, apesar de a comunicação por rádio ser algo que até agora só foi desenvolvida aqui, as considerações sobre a evolução convergente nos levam a esperar sua evolução em outros planetas. Como explica a *Enciclopédia Britânica*: "É difícil imaginar que a vida evolua em outro planeta sem progredir em direção à inteligência."

Mas essa conclusão nos leva de volta ao enigma anterior. Se muitas ou a maioria das estrelas possuem sistemas planetários, se muitos deles incluem pelo menos um planeta com condições propícias à vida, se a vida com o tempo provavelmente evolui onde as condições são propícias e se cerca de 1% dos planetas com vida possui uma civilização técnica avançada — então pode-se estimar que só a nossa galáxia contém aproximadamente um milhão de planetas com civilizações avançadas. E a poucas dezenas de anos-luz há muitas centenas de estrelas, algumas (a maioria?) das quais certamente têm planetas como o nosso, com vida. Então, onde estão todos os discos voadores que esperamos? Onde estão os seres inteligentes que deveriam nos visitar ou, ao menos, enviar sinais de rádio? O silêncio é ensurdecedor.

Algo deve estar errado nos cálculos dos astrônomos. Eles sabem o que dizem quando estimam o número de sistemas planetários e a fração deles que provavelmente tem vida. Acho essas estimativas plausíveis. Em vez disso, o problema deve estar no argumento, baseado na evolução convergente, de que uma fração significativa de biotas desenvolverá civilizações técnicas avançadas. Então, examinemos mais atentamente a inevitabilidade da evolução convergente.

Os PICA-PAUS SÃO um bom exemplo de comprovação, pois seu estilo de vida lhes proporciona muito mais alimentos do que os discos voadores ou os rádios. O "nicho do pica-pau" baseia-se em abrir buracos na madeira viva e retirar pedaços da casca da árvore. Isso significa uma fonte segura de alimento ao longo do ano todo, na forma de seiva, insetos que vivem sob a casca e insetos que nidificam na madeira. Significa também um lugar excelente para construir um ninho, já que um tronco oco garante proteção contra vento, chuva, predadores e flutuações de temperatura. Outras espécies de aves além do pica-pau cavam madeira morta para fazer seus ninhos, mas há muito menos árvores mortas disponíveis do que vivas.

Essas considerações significam que se contarmos com a evolução convergente da comunicação por rádio, certamente podemos contar com a evolução convergente de muitas espécies para explorar o nicho do pica-pau. Não surpreende que os pica-paus sejam aves muito bem-sucedidas. Existem mais de 200 espécies deles, muitas delas comuns. Eles têm diversos tamanhos, dos pequenininhos, do tamanho de um tico-tico, a outros do tamanho de corvos. Eles se espalham por quase todo o mundo, exceto nas ilhas oceânicas demasiado remotas onde não chegam voando.

A evolução do pica-pau foi difícil? Duas considerações parecem sugerir: "Não muito." Os pica-paus não são um grupo antigo extremamente distinto e sem parentes próximos, como os mamíferos que põem ovos. Os ornitólogos há muito tempo concordam que seus parentes mais próximos são o indicador, o tucano e o capitão-de-bigode, com os quais os pica-paus se parecem bastante, exceto pelas adaptações especiais para picar a madeira. Os pica-paus possuem diversas dessas adaptações, mas nenhuma é tão extraordinária quanto construir rádios, e todas são imediatamente consideradas extensões de adaptações existentes em outras aves. Há quatro grupos de adaptações.

O primeiro e mais evidente são as adaptações para escavar a madeira viva. Elas incluem o bico semelhante a um cinzel, narinas protegidas por penas para filtrar o pó da madeira, crânio espesso, cabeça e músculos do pescoço fortes, e uma articulação entre a base do bico e a frente do crânio para ajudar a amortecer o choque das batidas. É mais fácil encontrar características adequadas à perfuração da madeira viva em outras aves do que encontrar vestígios de rádios primitivos dos chimpanzés em nossos rádios. Muitas outras aves, tais como o papagaio, bicam ou picam madeira morta para fazer um buraco. Na família dos pica-paus existe uma graduação na capacidade de perfuração — dos torcicolos, que não conseguem cavar, aos diversos pica-paus que perfuram madeira macia e aos especialistas em madeira dura, como os que se alimentam da seiva.

Outro conjunto de adaptações são as que permitem pousar verticalmente no tronco das árvores: a cauda rígida, que exerce pressão na casca como uma braçadeira, músculos fortes para movimentar a cauda, pernas curtas e garras longas e curvas. A evolução dessas adaptações pode ser rastreada mais facilmente do que as adaptações para perfurar a madeira. Mesmo na família dos pica-paus, o torcicolo e o pica-pau-anão não possuem caudas rígidas para usar como braçadeiras. Muitos pássaros fora da família dos pica-paus, como a trepadeira-do-bosque e o papagaio pigmeu, desenvolveram caudas rígidas para se apoiar na casca das árvores.

A terceira adaptação é uma língua extremamente longa e extensível, sendo em alguns pica-paus tão comprida quanto a nossa. Quando o pica-pau invade o sistema de túneis dos insetos que vivem na madeira, ele usa a língua para lamber várias seções do sistema sem precisar cavar um novo buraco em cada seção. A língua dos pica-paus tem muitos precedentes animais, como a língua igualmente longa para caçar insetos dos sapos, tamanduás e porcos-da-terra.

Por último, a pele do pica-pau é dura para suportar as picadas de insetos e o estresse provocado pelas batidas e pelos músculos fortes. Quem já esfolou e recheou aves sabe que umas têm a pele mais grossa que outras. Os taxidermistas reclamam quando recebem pombos, cuja pele parece de papel e se rasga quase só de olhar para ela, mas sorriem quando recebem um pica-pau, um gavião ou um papagaio.

Assim, os pica-paus possuem muitas adaptações para perfurar a madeira, mas a maioria delas também evoluiu de modo convergente em outras aves e animais, e mesmo suas adaptações cranianas singulares podem ser rastreadas até seus precursores. Portanto, pode-se esperar que o pacote completo da perfuração de madeira pelos pica-paus tenha evoluído repetidamente, com o resultado de que agora haveria muitos grupos de animais grandes capazes de escavar madeira viva em busca de alimento ou um lugar para nidificar. Mas todos os pica-paus modernos estão mais proximamente relacionados entre si do que com qualquer não pica-pau, o que prova que eles só evoluíram uma vez. Mesmo nas terras remotas onde os pica-paus nunca chegaram, como a Austrália, a Papua-Nova Guiné e a Nova Zelândia, nada evoluiu para explorar as esplêndidas oportunidades que o estilo de vida do pica-pau oferece. Algumas aves e mamíferos nessas terras cavam madeira e cascas mortas, mas nenhuma escava madeira viva. Se naquela ocasião os pica-paus não tivessem evoluído nas Américas ou no Velho Mundo, um nicho excelente teria ficado vago na Terra.

FALEI DOS PICA-PAUS para esclarecer que a convergência não é universal e nem todas as boas oportunidades são aproveitadas. Poderia ter usado outros exemplos flagrantes para ilustrar o mesmo tema. A oportunidade mais comum à disposição dos animais é o consumo de plantas, cuja massa é constituída principalmente de celulose. No entanto, nenhum animal superior conseguiu desenvolver uma enzima para digerir a celulose. Os animais herbívoros que digerem celulose (como os bovinos) precisam de micróbios nos intestinos. Em outro exemplo que discuti num capítulo anterior, cultivar o próprio alimento parecia ter vantagens óbvias para os animais, mas os únicos que dominaram o truque antes do advento da agricultura humana há dez mil anos foram as formigas-cortadeiras e uns poucos outros insetos, que cultivam fungos ou "vacas" afídeas domésticas.

Assim, tem sido extremamente difícil desenvolver adaptações obviamente valiosas, como a perfuração da madeira, a digestão eficiente de celulose ou o cultivo dos próprios alimentos. Os rádios fazem muito menos pelas nossas necessidades alimentares e provavelmente têm bem menos chance de evoluir. Será que os nossos rádios não passam de um golpe de sorte que provavelmente não existe em nenhum outro planeta?

Considere o que a biologia poderia nos ter ensinado sobre a inevitabilidade da evolução do rádio na Terra. Se a construção de rádios fosse equivalente à perfuração de árvores, algumas espécies poderiam ter desenvolvido certos elementos do pacote ou desenvolvido o pacote completo. Por exemplo, poderíamos ter descoberto que os perus constroem receptores, mas não transmissores de rádio, enquanto os cangurus constroem transmissores, mas não receptores. Os registros fósseis poderiam ter mostrado dezenas de animais extintos no último meio bilhão de anos experimentando com a metalurgia e circuitos eletrônicos cada vez mais complexos, levando às torradeiras elétricas no Triádico, às ratoeiras operadas por bateria no Oligoceno e, finalmente, aos rádios no Holoceno. Os fósseis poderiam ter revelado transmissores de cinco watts construídos pelos trilobitos, transmissores de 200 watts em meio a ossadas dos últimos dinossauros e transmissores de 500 watts usados pelos dentes-de-sabre, até que os humanos aperfeiçoassem a produção de potência e fossem os primeiros a propagar a radiodifusão no espaço.

Mas nada disso ocorreu. Nem os fósseis nem os animais vivos — nem mesmo nossos parentes próximos, o chimpanzé pigmeu e o chimpanzé comum — tiveram precursores remotos do rádio. É instrutivo considerar a experiência da própria linhagem humana. Nem os australopitecos nem o primeiro *Homo sapiens* desenvolveram os rádios. Até 150 anos atrás, o *Homo sapiens* moderno não possuía nem os conceitos que levaram aos rádios. Os primeiros experimentos práticos só começaram por volta de 1888; há menos de cem anos Marconi construiu o primeiro transmissor capaz de emitir sinais por apenas um quilômetro; e ainda não enviamos sinais destinados a outras estrelas, ainda que o experimento de Arecibo, em 1974, tenha sido a primeira tentativa.

Mencionei anteriormente que a existência dos rádios no único planeta que conhecemos parecia sugerir, em princípio, uma alta probabilidade da evolução do rádio e outros planetas. Na verdade, um exame detalhado da história da Terra leva exatamente à conclusão oposta: havia uma probabilidade extremamente baixa de se desenvolver o rádio aqui. Só uma dentre bilhões de espécies na Terra demonstrou alguma propensão pelo rádio e, ainda assim, nos primeiros 69.000 a 70.000 anos de sua história de sete milhões de anos não conseguiu fazê-lo. Um visitante do espaço sideral que tivesse vindo à Terra em 1800 teria descartado qualquer possibilidade de que se construísse rádios aqui.

Você pode objetar que estou sendo muito rigoroso ao procurar precursores do rádio, quando em vez disso deveria procurar as duas qualidades necessárias para fabricá-lo: inteligência e habilidade mecânica. Mas a situação é um pouco mais animadora. Baseados na recente experiência evolutiva da nossa espécie, arrogantemente entendemos que inteligência e destreza constituem o melhor modo de dominar o mundo e são a causa da nossa evolução inevitável. Lembre-se da citação da *Enciclopédia Britânica* que fiz antes: "É difícil imaginar que a vida evolua em outro planeta sem que progrida em direção à inteligência." Novamente, a história da Terra leva à conclusão exatamente oposta. Na verdade, pouquíssimos animais na Terra se preocuparam muito com inteligência ou destreza. Nem remotamente algum outro animal adquiriu tanto quanto nós; os que adquiriram um pouco de uma (os golfinhos inteligentes, as aranhas hábeis) não adquiriram nada da outra; e a única outra espécie a adquirir um pouco de ambas (o chimpanzé comum e o chimpanzé pigmeu) foram muito malsucedidos. As espécies realmente bem-sucedidas da Terra são os ratos e os besouros, desajeitados e burros, que encontraram melhores vias para sua atual dominância.

PRECISAMOS CONSIDERAR AINDA a última variável da fórmula Banco Verde para calcular o número provável de civilizações capazes de comunicação interestelar por rádio. Essa variável é o tempo de vida de uma civilização como essa. A inteligência e a destreza necessárias para fabricar rádios são úteis para outros fins, que têm sido as marcas da nossa espécie há muito mais tempo que os rádios: os aparatos de destruição em massa e os meios para destruir o meio ambiente. Tornamo-nos tão potentes em ambos que aos poucos estamos cozinhando no próprio suco da nossa civilização. Podemos não desfrutar do luxo de acabar em banho-maria. Meia dezena de países possui hoje meios para levar todos nós a um fim rápido, e outros buscam ansiosamente obtê-los. A sabedoria de alguns antigos líderes de nações que possuem bombas, ou de alguns líderes atuais das nações que as buscam, não nos anima a pensar que haverá rádios na Terra por muito mais tempo.

Desenvolvemos rádios por um golpe de sorte extremamente improvável, e foi um golpe de sorte ainda maior tê-lo desenvolvido antes da tecnologia que pode dar cabo de nós em banho-maria ou numa rápida explosão. A história da Terra acena com poucas esperanças de que existam civilizações com rádio em outras partes, mas ela sugere também que, se existir alguma, é de curta duração. Outras civilizações inteligentes surgidas em outra parte provavelmente reverteram seu próprio progresso da noite para o dia, como estamos arriscados a fazer agora.

Temos muita sorte de que isso seja assim. Parece-me intrigante que astrônomos ansiosos por gastar cem milhões de dólares para procurar vida extraterrestre nunca tenham pensado seriamente na questão mais óbvia: o que aconteceria se a encontrássemos, ou se ela nos encontrasse? Os astrônomos presumem que nós e os pequenos monstros verdes daremos as boas-vindas uns aos outros e nos sentaremos para iniciar conversações fascinantes. Novamente a experiência na Terra fornece diretrizes úteis. Já descobrimos duas espécies muito inteligentes, mas tecnicamente menos avançadas do que nós — o chimpanzé comum e o chimpanzé pigmeu. A nossa resposta foi sentar-nos e tentar nos comunicar com eles? Claro que não. Em vez disso, nós os matamos, dissecamos, cortamos suas cabeças como troféus, os exibimos em jaulas, os injetamos com o vírus da AIDS para fazer experimentos médicos e destruímos ou invadimos os seus hábitats. Essa resposta era previsível, porque os exploradores humanos que descobriram humanos menos avançados tecnicamente também responderam atirando neles, dizimando suas populações com novas enfermidades e destruindo ou invadindo seus hábitats.

Quaisquer extraterrestres avançados que nos descobrissem certamente nos tratariam do mesmo modo. Pense outra vez nos astrônomos de Arecibo que propagaram sinais de rádio para o espaço descrevendo a localização da Terra e seus habitantes. Em sua loucura suicida, aquele ato foi semelhante à loucura do último imperador inca, Atahualpa, que descreveu a riqueza da sua capital aos seus captores espanhóis sedentos de ouro e lhes forneceu guias para a jornada. Se realmente existirem civilizações com rádio a uma distância adequada de nós, então, por favor, desliguem os transmissores e vamos tentar evitar ser detectados; do contrário estaremos condenados.

Por sorte, o silêncio do espaço sideral é ensurdecedor. Sim, existem bilhões de galáxias com bilhões de estrelas. Por lá também deve haver transmissores, mas não muitos, e eles não durarão muito tempo. Provavelmente não há mais ninguém na nossa galáxia, e certamente não a uma centena de anos-luz de nós. O que os pica-paus nos ensinam sobre os discos voadores é que provavelmente nunca veremos um. Para fins práticos, somos únicos e estamos sós num universo superpovoado. Graças a Deus!

PARTE QUATRO

CONQUISTADORES DO MUNDO

A PARTE TRÊS TRATOU DE ALGUMAS DE NOSSAS MARCAS CULTURAIS E SEUS precedentes ou precursores animais. Elas — especialmente a linguagem, a agricultura e a tecnologia avançada — foram a causa da nossa ascensão, permitindo nossa expansão pelo globo e a conquista do mundo.

Contudo, essa expansão não se limitou à conquista de áreas não ocupadas pela espécie humana. Ela envolveu também a expansão de populações humanas que conquistaram, expulsaram e mataram outras populações. Tornamo-nos conquistadores uns dos outros e do mundo. Assim, a expansão humana se caracteriza por outra marca humana com precedentes animais que levamos muito além dos limites animais — a nossa propensão para massacrar membros da nossa espécie. Junto com a destruição ambiental, é uma das duas razões potenciais que podem levar à nossa queda.

Para examinarmos a nossa ascensão à condição de conquistadores do mundo, lembremo-nos de que a maioria das espécies animais se distribui por uma pequena parte da superfície da Terra. Por exemplo, a rã de Hamilton está confinada a um trecho de floresta de 37 acres, além de uma montanha de pedra que ocupa 67 metros quadrados na Nova Zelândia. O mamífero selvagem mais disseminado além dos humanos era o leão, que por dez mil anos ocupou a maior parte da África, grande parte da Eurásia, a América do Norte e o norte da América do Sul. Mesmo na época de sua mais ampla distribuição o leão não chegou ao Sudeste Asiático, à Austrália, ao sul da América do Sul, às regiões polares nem às ilhas.

Os humanos costumavam ter uma distribuição tipicamente mamífera, em áreas quentes e sem florestas da África. Há uns 50.000 anos ainda estávamos confinados às áreas de temperatura tropical e temperadas da África e da Eurásia. Então nos expandimos para a Austrália e para a Papua-Nova Guiné (por volta de 50.000 anos atrás), as partes frias da Europa (há uns 30.000 anos), as Américas do Norte e do Sul (há uns 11.000 anos) e a Polinésia (entre 3.600 e 1.000 anos atrás). Hoje ocupamos ou pelo menos visitamos não só todas as terras, como também a superfície de todos os oceanos, e estamos começando a sondar o espaço e os abismos oceânicos.

No processo dessa conquista do mundo a nossa espécie passou por uma mudança básica na relação entre suas populações. A maioria das espécies animais com abrangência geográfica suficientemente ampla tem contato com as populações vizinhas, mas não com as distantes. Também nesse aspecto os humanos costumavam ser só mais uma espécie de grande mamífero. Até uma época relativamente recente, a maioria dos povos passava a vida toda circunscrita aos poucos quilômetros quadrados de seus lugares de origem e não tinha como saber da existência de povos que viviam a distâncias maiores. As relações entre tribos vizinhas eram marcadas por um equilíbrio instável entre o comércio e a hostilidade xenófoba.

Esta fragmentação promoveu — e foi reforçada — pela tendência de cada população humana a desenvolver sua própria língua e cultura. Inicialmente, o forte aumento da abrangência geográfica da nossa espécie envolveu um incremento na nossa diversidade cultural e linguística. Dentre as "novas" partes ocupadas nos últimos 50.000 anos, só a Papua-Nova Guiné e as Américas do Norte e do Sul contribuem com cerca da metade das línguas modernas do mundo. Porém, muito desta longa herança de diversidade cultural foi eliminada nos últimos cinco mil anos pela expansão dos Estados políticos centralizados. A liberdade de viajar — uma invenção moderna — está acelerando essa homogeneização das línguas e culturas. No entanto, em algumas regiões do mundo, principalmente na Papua-Nova Guiné, a tecnologia da Idade da Pedra e a nossa tradicional xenofobia persistiram até hoje, permitindo-nos um último vislumbre de como era o resto do mundo.

O resultado dos conflitos entre os grupos humanos em expansão foi fortemente influenciado por diferenças nas marcas culturais. Especialmente decisivas foram diferenças na tecnologia marítima e militar, na organização política e na agricultura. Os grupos com agricultura mais avançada adquiriram a vantagem militar dos grandes contingentes populacionais, a capacidade de sustentar uma casta militar permanente e de resistir a doenças infecciosas, para as quais as populações mais escassas não haviam desenvolvido defesas. Essas diferenças culturais costumavam ser atribuídas à superioridade genética dos povos conquistadores "avançados" em relação aos "primitivos". Entretanto, não se encontrou nenhuma evidência de superioridade genética. A probabilidade de que a genética tivesse algum papel é refutada pela facilidade com que grupos humanos os mais dessemelhantes dominaram as técnicas uns dos outros quando tiveram a oportunidade de aprendê-las. Os papuas filhos de pais da Idade da Pedra agora pilotam aviões, e Amundsen e sua equipe norueguesa aprenderam os métodos esquimós de guiar trenós puxados por cães para chegar ao polo Norte.

Então devemos perguntar por que alguns povos adquiriram vantagens culturais que lhes permitiram conquistar outros povos, mesmo sem vantagens genéticas evidentes. Por exemplo, foi só por acaso que os povos bantos originários da África equatorial deslocaram o povo khoisan ao longo de grande parte do sul do continente, e não o contrário? Não é possível identificar os fatores ambientais fundamentais por trás de conquistas em pequena escala, mas a sorte provavelmente não teve nenhum papel nisso, e os fatores fundamentais foram mais decisivos se analisarmos os deslocamentos populacionais em grande escala num período maior de tempo. Dois capítulos vão examinar dois dentre os maiores deslocamentos populacionais da história recente: a moderna expansão dos europeus no Novo Mundo e na Austrália; e o enigma perene de como as línguas indo-europeias conseguiram se espalhar tanto pela Eurásia partindo de um ponto original delimitado. Veremos claramente no primeiro caso, e mais especulativamente no segundo, que a cultura e a posição competitiva de cada sociedade humana foi moldada por sua herança biológica e geográfica, especialmente as espécies de plantas e animais disponíveis para domesticação.

A competição entre membros da mesma espécie não é exclusiva dos humanos. Também entre as espécies animais os competidores mais próximos são, inevitavelmente, membros da mesma espécie, porque compartilham uma similaridade ecológica próxima. O que varia enormemente entre as espécies é a forma que esta luta competitiva adquire. Na forma menos observável, animais rivais competem simplesmente consumindo os alimentos disponíveis para ambos e não exibem agressividade abertamente. Numa escala acima há exibições ritualizadas ou perseguições. No último recurso, documentado em muitas espécies, os rivais se matam entre si.

As unidades competidoras variam enormemente entre as espécies animais. Na maioria das aves canoras, como o tordo americano e o europeu, os machos ou pares de macho e fêmea se enfrentam. Entre os leões e os chimpanzés comuns, pequenos grupos de machos, que podem ser irmãos, às vezes lutam até a morte. Alcateias de lobos ou hienas lutam, e colônias de formigas entram em guerras de grande escala contra outras colônias. Ainda que para algumas espécies essas contendas terminem em morte, nem remotamente a sobrevivência de uma espécie animal é ameaçada por elas.

Os humanos competem entre si por território, como os membros da maioria das espécies animais. Porque vivemos em grupos, muita da nossa competição tomou a forma de guerras entre grupos adjacentes, no modelo das guerras entre as colônias de formigas, mais do que das competições em pequena escala entre os tordos. Como sucede entre grupos vizinhos de chimpanzés comuns e lobos, as relações entre tribos humanas adjacentes tradicionalmente eram marcadas pela hostilidade xenófoba, intermitentemente relaxada para permitir trocas de parceiros (e, na nossa espécie, também de produtos). A xenofobia é especialmente natural na nossa espécie porque muito do nosso comportamento é especificado culturalmente, não geneticamente, e porque as diferenças culturais entre as populações humanas são muito marcantes. Essas características tornam fácil para nós reconhecer membros de outros grupos à primeira vista por suas roupas e penteados, à diferença dos lobos e chimpanzés.

O que torna a xenofobia humana muito mais letal do que a xenofobia chimpanzé é sem dúvida o recente desenvolvimento de armas de destruição em massa a distância. Jane Goodall descreveu como os machos de um bando de chimpanzés comuns gradualmente mataram indivíduos do grupo vizinho e usurparam seu território, mas eles não tinham como matar indivíduos de um bando remoto nem exterminar a todos (inclusive a si próprios). Então, o assassinato xenófobo tem inúmeros precursores animais, mas só nós o desenvolvemos a ponto de ameaçar a nossa sobrevivência como espécie. A ameaça à nossa própria existência se une à arte e à língua como uma marca humana. Esta seção do livro termina examinando a história do genocídio humano, para tornar clara a vergonhosa tradição de onde provêm os fornos de Dachau e a moderna guerra nuclear.

CAPÍTULO 13

Os últimos primeiros contatos

N O DIA 4 DE AGOSTO DE 1938, UMA EXPEDIÇÃO DE EXPLORAÇÃO BIOLÓGICA do Museu Americano de História Natural fez uma descoberta que acelerou o fim de uma longa fase da história humana. Foi nessa data que os membros da patrulha avançada da Terceira Expedição Archbold (seu líder era Richard Archbold) tornaram-se os primeiros estrangeiros a penetrar o Grande Vale do rio Balim, no interior supostamente desabitado do oeste da Papua-Nova Guiné. Para surpresa de todos, o Grande Vale era densamente povoado — por 50.000 papuas que viviam na Idade da Pedra, até então desconhecidos pelo resto da humanidade e eles próprios desavisados da existência de outrem. Em busca de novas aves e mamíferos, Archbold encontrou uma sociedade humana incógnita.

Para examinarmos o significado dessa descoberta precisamos compreender o fenômeno do "primeiro contato". Como mencionei anteriormente, a maioria das espécies animais ocupa uma área geográfica que representa uma pequena fração da superfície da Terra. Dentre as espécies (como os leões e os ursos pardos) que ocorrem em vários continentes, indivíduos de um continente não se visitam entre si. Em vez disso, cada continente, e geralmente cada pequena parte de um continente, possui uma população própria, em contato com vizinhos próximos, mas não com membros distantes da mesma espécie. (As aves canoras migratórias são uma exceção aparente. Sim, elas se mudam sazonalmente entre continentes, mas num percurso tradicional, e, numa população determinada, tanto as que se reproduzem no verão quanto as que não se reproduzem no inverno tendem a ser muito circunscritas.)

A fidelidade geográfica dos animais se reflete na sua variação geográfica: populações da mesma espécie em diferentes áreas geográficas tendem a evoluir em subespécies com aparência distinta, porque a maior parte da reprodução se dá no seio da mesma população. Por exemplo, nenhum gorila das terras baixas do leste africano apareceu no oeste da África e vice-versa, apesar de as subespécies do leste e do oeste serem suficientemente distintas para que os biólogos reconhecessem um desgarrado se houvesse um.

Nesse aspecto, nós, humanos, fomos tipicamente animais na maior parte da nossa história evolutiva. Como outros animais, cada população humana é geneticamente moldada para o clima e para as doenças da sua área. Mas as populações humanas são também impedidas de se misturarem livremente por barreiras culturais e linguísticas muito mais fortes do que as que há entre os outros animais. Um antropólogo pode identificar aproximadamente a origem de uma pessoa nua por sua aparência, e um linguista ou um estudante de estilos de vestuário pode assinalar essa origem de maneira muito mais precisa. Isso é testemunho de como as populações humanas têm sido sedentárias.

Pensamos em nós mesmos como viajantes, mas fomos o oposto durante vários milhões de anos da evolução humana. Todos os grupos humanos ignoravam o mundo para além de suas terras e as de seus vizinhos imediatos. Só em milênios recentes as mudanças na organização política e na tecnologia permitiram a algumas pessoas viajar para longe, encontrar povos distantes ou aprender sobre povos e lugares que não visitaram pessoalmente. Esse processo se acelerou com a viagem de Colombo de 1492, e hoje só existe um punhado de tribos na América do Sul e na Papua-Nova Guiné à espera do primeiro contato com forasteiros longínquos. A entrada da Expedição Archbold no Grande Vale será lembrada como um dos primeiros contatos de uma grande população humana. Portanto, foi um marco no processo pelo qual a humanidade, de milhares de pequenas sociedades ocupando coletivamente só uma fração do globo, se transformou em conquistadora mundial com conhecimento do mundo.

Como um povo tão numeroso como os 50.000 papuas do Grande Vale permaneceu totalmente desconhecido para outros povos até 1938? Como, por sua vez, esses papuas permaneceram completamente alheios ao mundo que os cercava? Como o primeiro contato mudou as sociedades humanas? Proponho que esse mundo anterior ao primeiro contato — um mundo que está chegando ao fim na nossa geração — tem a chave para as origens da diversidade cultural humana. Como conquistadora mundial, a nossa espécie já superou a marca de seis bilhões, longe dos dez milhões de pessoas que existiam antes do advento da agricultura. Ironicamente, no entanto, nossa diversidade cultural diminui à medida que crescemos em número.

PARA QUEM NUNCA esteve na Papua-Nova Guiné, parece incompreensível que 50.000 pessoas tenham permanecido ocultas. Afinal, o Grande Vale fica a apenas 185 quilômetros das costas norte e sul. Os europeus descobriram a Papua-Nova Guiné em 1526, em 1852 chegaram os missionários holandeses e, em 1884, os governos coloniais europeus. Por que se passaram 54 anos até que o Grande Vale fosse encontrado?

A resposta — terreno, alimentação e carregadores — se torna óbvia assim que se pisa na Papua-Nova Guiné e se tenta sair de uma trilha estabelecida. Pântanos nas terras baixas, séries infindáveis de espinhaços que parecem facas e uma mata fechada só permitem avançar uns poucos quilômetros por dia na melhor das hipóteses. Em maio de 1983, numa expedição às montanhas Kumawa, eu e uma equipe de 12 papuas levamos duas semanas para avançar 11 quilômetros. Mas foi fácil, comparado à Expedição do Jubileu da União de Ornitólogos Britânicos. Em 4 de janeiro de 1910, eles chegaram à costa da Papua-Nova Guiné e se dirigiram às montanhas cobertas de neve que viam alguns quilômetros adiante. Em 12 de fevereiro de 1911, eles finalmente desistiram e deram meia-volta, depois de cobrir a metade da distância (72 quilômetros) em 13 meses.

Além dos problemas do terreno há a impossibilidade de sobreviver à custa da terra, devido à ausência de grandes animais de caça. Nas terras baixas da floresta a dieta básica dos papuas é uma árvore chamada palmeira-do-sago que secreta uma substância borrachuda com sabor de vômito. Nem mesmo os papuas conseguem encontrar suficientes alimentos silvestres para sobreviver nas montanhas. Esse problema foi ilustrado por uma visão terrível com que o explorador britânico Alexander Wollaston se deparou numa trilha na selva: os corpos de 30 papuas mortos recentemente e duas crianças agonizantes que haviam passado fome ao tentar voltar das terras baixas às montanhas sem levar provisões suficientes.

A escassez de alimentos silvestres na selva obriga os exploradores que atravessam áreas desabitadas, ou que são incapazes de retirar alimentos da mata nativa, a levar suas próprias provisões. Um carregador pode levar 20 quilos, o suficiente para se alimentar por uns 14 dias. Assim, antes de o advento dos aviões permitir que provisões fossem jogadas do ar, todas as expedições à Papua-Nova Guiné que avançaram por mais de sete dias de caminhada da costa (14 dias de ida e volta) o fizeram com grupos de carregadores que iam e vinham, construindo depósitos de mantimentos no interior da floresta. Eis um plano padrão: 50 carregadores começam pela costa com ração suficiente para 700 homens-dia, armazenam ração para 200 homens-dia suficiente para cinco dias no interior e retornam em mais cinco dias para a costa, depois de consumir a ração restante para 500 homens-dia (50 homens x dez dias) no processo. Depois, 15 carregadores caminham até aquele primeiro depósito, pegam a ração guardada para 200 homens-dia, armazenam ração para 50 homens-dia num ponto cinco dias de marcha mais à frente e regressam ao primeiro depósito (que a essa altura foi reabastecido), depois de consumir a restante ração para 150 homens-dia nesse processo. E assim...

Uma expedição que chegou mais perto de descobrir o Grande Vale antes de Archbold, a Expedição Kremer de 1921-1922, usou 800 carregadores, 200 toneladas de ração e 10 meses de revezamento para enviar quatro exploradores mata adentro, pouco além do Grande Vale. Infelizmente para Kremer, a sua rota passou alguns quilômetros a oeste do vale, de cuja existência ele não suspeitou por causa das escarpas e da selva.

Além dessas dificuldades físicas, o interior da Papua-Nova Guiné parecia não atrair os missionários nem os governos coloniais, porque acreditava-se que era praticamente desabitado. Os exploradores europeus que aportavam na costa ou nos rios descobriram muitas tribos nas terras baixas que sobreviviam à base de palmeira-do-sago e peixes, mas pouca gente subsistia nas montanhas escarpadas. Vista da costa norte ou da costa sul, a Cordilheira Central coberta de neve que forma o maciço central da Papua-Nova Guiné apresenta vertentes íngremes. Presumia-se que as faces norte e sul se encontravam num espinhaço. O que não se via de ambas as costas era os amplos vales propícios à agricultura ocultos por trás daquelas faces.

Quanto à área leste, o mito do interior despovoado caiu por terra em 26 de maio de 1930, quando dois mineiros australianos, Michael Leahy e Michael Dwyer, cruzaram o espinhaço das montanhas Bismarck em busca de ouro, olharam o vale abaixo e se alarmaram ao ver inúmeros pontos de luz: as fogueiras de milhares de pessoas. No oeste da Papua-Nova Guiné o mito terminou com o segundo voo exploratório de Archbold, em 23 de junho de 1938. Depois de sobrevoar por horas a selva com poucos sinais humanos, Archbold ficou atônito diante do Grande Vale, que lembrava a Holanda: uma paisagem aberta sem floresta, claramente dividida em pequenos campos circundados por canais de irrigação e com povoados espalhados. Archbold levou outras seis semanas para assentar acampamentos num lago e no rio próximos, onde seu hidroavião podia amarar, e para que equipes destes acampamentos conseguissem chegar ao Grande Vale e fazer o primeiro contato com seus habitantes.

É POR ISSO que o mundo não ouviu falar do Grande Vale antes de 1938. Por que os habitantes do vale, que agora são chamados de povo dani, não sabiam do mundo que os cercava?

Claro que, em parte, pelos mesmos problemas logísticos que a expedição Kremer enfrentou ao marchar para o interior, só que ao contrário. No entanto, esses problemas teriam menor importância em áreas do mundo com terreno mais suave e com mais alimentos silvestres do que na Papua-Nova Guiné e, portanto, não explicam por que todas as outras sociedades humanas no mundo também costumavam viver relativamente isoladas. Nesse ponto, temos de recordar uma perspectiva moderna à qual estamos acostumados. A nossa perspectiva não se aplicava à Papua-Nova Guiné até pouco tempo atrás, e há dez mil anos não se aplicava a nenhuma parte do mundo.

Recorde que hoje o mundo está dividido em Estados políticos, cujos cidadãos desfrutam de mais ou menos liberdade de viajar dentro dos limites do seu país ou visitar outros países. Qualquer um com tempo, dinheiro e vontade pode visitar quase qualquer país, à exceção de certos redutos xenófobos, como a Coreia do Norte. O resultado é que pessoas e bens se espalharam pelo globo e muitos produtos, como a Coca-Cola, são encontrados em todos os continentes. Recordo constrangido uma visita que fiz, em 1976, a uma ilha do Pacífico chamada Rennell, cuja localização isolada, com paredões verticais de rochas sem praias e paisagem de coral haviam preservado sua cultura polinésia até pouco tempo atrás. Partindo da costa ao amanhecer, me embrenhei na selva sem avistar sinal de humanos. Quando ao cair da tarde por fim ouvi a voz de uma mulher mais adiante e avistei uma pequena choça, fiquei imaginando que veria uma bela moça polinésia, intocada pela civilização, com sua saia de palha e seios nus me esperando naquele local remoto de uma ilha remota. Como se não bastasse que a mulher fosse gorda e tivesse marido, o que mais humilhou minha autoimagem de explorador intrépido foi a camiseta da Universidade de Wisconsin que ela usava.

Por outro lado, nos últimos dez mil anos da história humana era impossível viajar livremente e a difusão de camisetas era muito limitada. Cada aldeia ou bando constituía uma unidade política vivendo em um estado perpétuo de guerras, tréguas, alianças e trocas com grupos vizinhos. Portanto, os habitantes das terras altas da Papua-Nova Guiné passavam a vida inteira circunscritos a uma área de 16 quilômetros em torno do seu local de nascimento. Eles às vezes podiam avançar furtivamente em territórios fronteiriços num ataque surpresa, ou com permissão de fazê-lo em períodos de trégua, mas não possuíam estrutura social para viajar além das terras imediatamente circunvizinhas. A ideia de tolerar estranhos sem relação com os locais era tão impensável quanto a ideia de que um forasteiro se atrevesse a aparecer.

Ainda hoje o legado dessa mentalidade de não ultrapassar limites persiste em muitas partes do mundo. Sempre que vou observar pássaros na Papua-Nova Guiné, tenho o cuidado de parar no vilarejo mais próximo e pedir permissão para observar pássaros naquelas terras e rios. Em duas ocasiões, quando me esqueci desta precaução (ou pedi permissão no vilarejo equivocado), e subi o rio num bote, ao regressar encontrei barreiras de canoas repletas de moradores carregados de pedras para atirar em mim, furiosos porque eu invadira seu território. Quando estive com o povo elopi do oeste da Papua-Nova Guiné e quis cruzar o território da tribo vizinha fayu para chegar a uma montanha, os elopis me explicaram sucintamente que os fayus me matariam se eu tentasse fazê-lo. Para eles, aquilo era natural, dispensava explicações. Claro que os fayus matam os invasores; acha que eles seriam burros a ponto de admitir forasteiros no seu território? Forasteiros caçam seus animais, assediam suas mulheres, trazem doenças e fazem o reconhecimento do terreno para um ataque posterior.

A maioria dos povos pré-contato mantinha relações de troca com os vizinhos, mas muitos pensavam que eram os únicos seres humanos no mundo. Talvez a fumaça das fogueiras no horizonte ou uma canoa vazia flutuando no rio indicasse a existência de outros povos. Mas sair do próprio território para encontrá-los, mesmo se vivessem a poucos quilômetros de distância, equivalia ao suicídio. Um habitante das terras altas da Papua-Nova Guiné comentou sua vida antes da chegada dos brancos em 1930: "Nós não havíamos visto lugares distantes. Só conhecíamos este lado das montanhas. E pensávamos que éramos o único povo que existia."

Esse isolamento gerou uma enorme diversidade genética. Cada vale da Papua-Nova Guiné possui não só língua e cultura próprias, mas também suas anormalidades genéticas e doenças locais. O primeiro vale onde trabalhei foi o lar do povo foré, famoso na ciência por uma doença endêmica chamada *kuru*, causada por um vírus fatal, ou pela doença do riso, que respondia por mais da metade dos óbitos (especialmente entre mulheres) e deixava um desequilíbrio de três homens para cada mulher nas aldeias forés. Em Karimui, quase 100 quilômetros ao oeste da área foré, não existe o *kuru*, mas as pessoas são afetadas pela lepra. Outras tribos são singulares pela alta incidência de surdez, de pseudo-hermafroditismo entre homens sem pênis, de envelhecimento precoce ou puberdade atrasada.

Hoje podemos vislumbrar áreas do globo que não visitamos nos filmes e na TV. Podemos ler sobre elas nos livros. Há dicionários em inglês para quase todas as principais línguas do mundo, e na maioria dos habitantes de vilarejos que falam dialetos ainda há indivíduos que entendem uma das principais línguas faladas no mundo. Por exemplo, nas últimas décadas missionários linguistas estudaram centenas de línguas indígenas da Papua-Nova Guiné e da América do Sul, e encontrei habitantes que falavam indonésio ou neomelanésio em todas as aldeias da Papua-Nova Guiné que visitei, por mais remotas que fossem. Então, as barreiras linguísticas já não impedem o fluxo mundial de informações. Quase todas as aldeias do mundo hoje têm acesso a relatos diretos sobre o mundo exterior e fornecem relatos bastante diretos sobre si mesmas.

Em contraste, os povos pré-contato não tinham como imaginar o mundo externo nem aprender indiretamente sobre ele. As informações chegavam mediante longas cadeias de línguas e sua precisão se perdia a cada passo — como na brincadeira infantil chamada "telefone", em que uma criança num círculo cochicha uma mensagem à criança ao lado, que, por sua vez, a repete à próxima criança, até que a mensagem volta para a primeira criança e o seu significado ficou irreconhecível. Como resultado, os habitantes das terras altas da Papua-Nova Guiné não tinham noção do oceano que distava 160 quilômetros de suas aldeias e não sabiam nada dos homens brancos que havia séculos rondavam suas zonas costeiras. Quando tentaram entender por que os primeiros homens brancos que chegaram usavam calças e cintos, uma das teorias era de que as calças serviam para esconder um pênis exageradamente longo enrolado na cintura. Alguns danis acreditavam que um grupo vizinho de papuas comia capim e tinha as mãos unidas às costas.

As expedições de primeiro contato tiveram um efeito traumático difícil de imaginar para nós, que vivemos no mundo moderno. Os habitantes das terras altas "descobertos" por Michael Leahy nos anos 1930, entrevistados 50 anos depois, ainda se lembravam perfeitamente de onde estavam e do que faziam no momento do primeiro contato. Talvez o paralelo mais próximo para os europeus e americanos modernos sejam as lembranças de um ou dois momentos políticos importantes na nossa vida. A maioria dos americanos da minha geração recorda o momento, em 7 de dezembro de 1941, em que ouviu sobre o ataque japonês a Pearl Harbor. Imediatamente soubemos que a notícia mudaria nossa vida nos anos seguintes. Mas o impacto de Pearl Harbor e da guerra subsequente foi menor na sociedade americana, comparado ao impacto da primeira expedição de contato entre os habitantes das terras altas da Papua-Nova Guiné. Naquele dia, o mundo deles mudou para sempre.

As expedições revolucionaram a cultura material desses povos ao trazer machados de aço e fósforos, cuja superioridade diante dos machados de pedra e pederneiras para fazer fogo era flagrante. Os missionários e administradores governamentais que vieram depois das expedições reprimiram práticas culturais arraigadas, como o canibalismo, a poliginia, a homossexualidade e a guerra. Outras práticas foram espontaneamente descartadas pelos próprios membros das tribos em favor das novas práticas que observaram. Mas houve também uma revolução mais profundamente inquietante na sua visão do que compunha o universo. Eles e seus vizinhos já não eram os únicos humanos, com uma única forma de vida.

First Contact, um livro de Bob Connoly e Robin Anderson, relata de maneira dolorosa esse momento nas terras altas do leste com base nas recordações de papuas e brancos, já velhos, que se encontravam lá nos anos 1930. Os papuas, aterrorizados a princípio, pensaram que os brancos fossem almas penadas, até que cavaram e examinaram as fezes dos brancos, enviaram moças apavoradas para fazerem sexo com os invasores e descobriram que os brancos defecavam e eram homens como eles. Leahy escreveu em seus diários que os papuas cheiravam mal, enquanto estes achavam o odor dos brancos estranho e assustador. A obsessão de Leahy por ouro era estranha para os papuas, assim como Leahy estranhava a obsessão deles por sua forma de riqueza e moeda de troca, as conchas de búzios. Ainda falta escrever os relatos dos sobreviventes dos danis do Grande Vale e da Expedição Archbold, que se encontraram em 1938.

COMECEI DIZENDO QUE a entrada de Archbold no Grande Vale foi um divisor de águas não só para os danis, como, em parte, para a história humana. Que diferença faz que todos os grupos humanos vivessem em relativo isolamento, à espera do primeiro contato, se hoje só restam alguns deles? Podemos inferir a resposta comparando aquelas áreas do mundo onde o isolamento terminou há muito tempo com as áreas onde ele persiste nos tempos modernos. Também podemos estudar as rápidas mudanças que se seguiram aos primeiros contatos históricos. Estas comparações sugerem que o contato entre povos distantes gradualmente obliterou grande parte da diversidade cultural humana surgida durante milênios de isolamento.

Vejamos a diversidade artística como um exemplo flagrante. Na Papua-Nova Guiné, os estilos de escultura, música e dança eram muito diferentes entre uma aldeia e outra. Alguns habitantes do rio Sepik e dos pântanos do Asmat produziam entalhes mundialmente famosos por sua qualidade. Mas os habitantes das aldeias foram aos poucos forçados ou levados a abandonar suas tradições artísticas. Quando visitei uma pequena tribo isolada de 578 indivíduos em Bomai, em 1965, o missionário que controlava a única loja havia convencido os nativos a queimar toda a sua arte. Séculos de um desenvolvimento cultural singular ("artefatos pagãos", como o missionário os classificou) foram destruídos numa manhã. Na minha primeira visita a vilarejos remotos em 1964, ouvi tambores de madeira e canções tradicionais; nas visitas que fiz nos anos 1980 ouvi guitarras, rock e caixas de som funcionando a bateria. Quem tenha visto os entalhes Asmat no Metropolitan Museum of Art de Nova York ou tenha ouvido os tambores de madeira tocados em dueto antifonal numa velocidade estonteante pode avaliar a enorme tragédia que foi a perda dessa arte após o contato.

Também tem havido uma perda significativa de línguas. Por exemplo, hoje a Europa tem apenas cerca de 50 línguas, a maioria pertencente a uma só família linguística (indo-europeia). Em contraposição, a Papua-Nova Guiné, com menos de um décimo da área da Europa e menos de um centésimo da população, possui cerca de 1.000 línguas, muitas delas sem relação com línguas conhecidas na região ou em outra parte! A língua mais comum da Papua-Nova Guiné é falada por poucos milhares de pessoas que vivem num raio de 15 quilômetros. Quando viajei 100 quilômetros pelas terras altas do leste, de Okapa a Karimui, ouvi seis línguas, começando pelo foré (uma língua com posposições, como o finlandês) e terminando pelo tudawhe (com tons alternativos e vogais nasais, como o chinês.)

A Papua-Nova Guiné exibe aos linguistas como era o mundo, cada tribo isolada com sua própria língua, até o surgimento da agricultura permitir que alguns grupos se expandissem e disseminassem suas línguas por áreas mais extensas. A expansão indo-europeia começou há apenas seis mil anos e eliminou todas as línguas anteriores do oeste europeu, exceto o basco. A expansão do banto nos últimos milênios também exterminou a maioria das demais línguas da África tropical e subsaariana, assim como ocorreu com a expansão austronésia na Indonésia e nas Filipinas. Só no Novo Mundo, centenas de línguas indígenas americanas se extinguiram nos últimos séculos.

Não seria boa a perda dessas línguas, já que menos línguas implicaria numa comunicação mais fácil entre os povos do mundo? Talvez, mas isso é ruim sob outros aspectos. As línguas diferem em estrutura e vocabulário, na forma de expressar causalidade, sentimentos e responsabilidade pessoal, e, portanto, na forma do pensamento. Não existe uma língua "melhor" com um único propósito: línguas diferentes servem a diferentes propósitos. Por exemplo, pode não ter sido por acaso que Platão e Aristóteles escreveram em grego, ao passo que Kant escreveu em alemão. As partículas gramaticais dessas duas línguas, além da facilidade que têm de formar palavras compostas, pode tê-los ajudado a fazer delas línguas proeminentes na filosofia ocidental. Outro exemplo, familiar aos que estudaram latim, é que as línguas declinadas (em que a terminação das palavras é suficiente para indicar a estrutura da oração) podem usar variações na ordem das palavras e expressar nuances impossíveis no inglês. A ordem das palavras no inglês é severamente limitada, ao servir como a principal pista da estrutura da oração. Se o inglês se tornar a língua mundial, não será necessariamente por ser a melhor língua para a diplomacia.

A variedade de práticas culturais na Papua-Nova Guiné também eclipsa a de áreas equivalentes em outras partes do mundo moderno, pois as tribos isoladas podiam viver experiências sociais que outros teriam considerado totalmente inaceitáveis. As formas de automutilação e canibalismo variavam de uma tribo para outra. Na época do primeiro contato, algumas tribos andavam nuas, outras ocultavam os genitais e eram extremamente pudicas sexualmente, e outras, ainda (inclusive os danis do Grande Vale), exibiam abertamente o pênis e os testículos usando diversos adereços. As práticas de educação infantil iam da extrema permissividade (incluindo a liberdade dos bebês forés de tocar em objetos quentes e se queimarem) à punição por mau comportamento, em que o rosto da criança baham era esfregado com urtiga, e à extrema repressão, cujo resultado era o suicídio infantil entre os kukukukus. Os homens baruas exercem a bissexualidade institucionalizada e conviviam com meninos numa grande casa homossexual comunitária, embora cada homem tivesse uma pequena casa heterossexual com a esposa, as filhas e os filhos pequenos. Os tudawhes tinham casas de dois andares, nas quais mulheres, crianças, moças solteiras e porcos ocupavam o piso inferior, enquanto os homens e os jovens solteiros ocupavam o piso superior, ao qual se tinha acesso por uma escada externa.

Não lamentaríamos a diminuição da diversidade cultural do mundo moderno se isso significasse unicamente o fim da automutilação e do suicídio infantil, mas as sociedades cujas práticas culturais tornaram-se dominantes foram selecionadas justamente por seu sucesso econômico e militar. Essas qualidades não são necessariamente as que promovem a felicidade ou fomentam a sobrevivência no longo prazo. O consumismo e a exploração do meio ambiente nos servem hoje, mas trazem maus presságios para o futuro. Traços da sociedade americana que já se apresentam como desastrosos em qualquer livro incluem a forma como tratamos os idosos, a rebeldia adolescente, o abuso de psicotrópicos e uma enorme desigualdade. Para cada um desses problemas há (ou havia, antes do primeiro contato) diversas sociedades papuas que encontraram melhores soluções.

INFELIZMENTE, OS MODELOS alternativos da sociedade humana estão desaparecendo rapidamente, e foi-se o tempo em que os humanos podiam tentar novos modelos em isolamento. Certamente em nenhuma parte há populações não contatadas tão extensas quanto as que foram encontradas pela Expedição Archbold naquele dia de agosto de 1938. Quando trabalhei no rio Rouffaer na Papua-Nova Guiné, em 1979, os missionários das vizinhanças haviam acabado de encontrar uma tribo de 400 nômades que informaram sobre outro bando não contatado cinco dias rio acima. Também há pequenos grupos em partes remotas do Peru e do Brasil. Mas em algum momento de nossa época podemos esperar que ocorra o último primeiro contato e o fim da última experiência isolada de se configurar uma sociedade humana.

Embora esse último primeiro contato não signifique o fim da diversidade cultural, que em grande parte é capaz de sobreviver à televisão e às viagens, ele certamente significará uma redução drástica. É uma perda lamentável, pelas razões que acabo de examinar. Mas nossa xenofobia só foi tolerável enquanto os meios de nos matarmos uns aos outros eram limitados e não levavam à nossa aniquilação como espécie. Quando tento pensar nas razões pelas quais as armas nucleares não se combinarão inexoravelmente às nossas tendências genocidas para quebrar o recorde que já estabelecemos na primeira metade do século XX, um dos maiores motivos de esperança que consigo identificar é a homogeneização cultural acelerada. A perda da diversidade cultural pode ser o preço que teremos de pagar para sobreviver.

CAPÍTULO 14

Conquistadores acidentais

Algumas das características mais óbvias da nossa vida cotidiana colocam as questões mais difíceis para os cientistas. Se olhar à sua volta na maior parte dos lugares nos Estados Unidos ou na Austrália, a maioria das pessoas que você vê é de ascendência europeia. Nesses mesmos lugares, há 500 anos, todos, sem exceção, teriam sido índios nos Estados Unidos ou nativos (aborígines) na Austrália. Por que os europeus chegaram a substituir a maior parte da população nativa da América do Norte e da Austrália, em vez de os indígenas ou os nativos australianos substituírem a maior parte da população europeia original?

Essa pergunta pode ser recolocada: por que o antigo índice de desenvolvimento tecnológico e político foi mais rápido na Eurásia, mais lento nas Américas (e na África subsaariana) e mais lento ainda na Austrália? Por exemplo, em 1492, a maior parte da população da Eurásia usava instrumentos de ferro, possuía escrita e agricultura, grandes estados centralizados com navios interoceânicos e estava à beira da industrialização. Os americanos contavam com a agricultura, uns poucos estados centralizados, a escrita só numa área e não tinham navios interoceânicos nem instrumentos de ferro e estavam alguns milhares de anos atrás da Eurásia política e tecnologicamente. A Austrália não possuía agricultura, escrita, estados e navios, ainda estava na condição anterior ao primeiro contato e usava ferramentas de pedra comparáveis às que se fazia dez mil anos antes na Eurásia. Foram essas diferenças tecnológicas e políticas — e não as diferenças biológicas que determinam o resultado da competição entre populações animais — que permitiram aos europeus se expandirem para outros continentes.

Os europeus do século XIX tinham uma resposta simples e racista para essas questões. Eles concluíram que estavam na dianteira cultural por serem inerentemente mais inteligentes e que, portanto, tinham um destino manifesto de conquistar, deslocar ou matar gente "inferior". O problema dessa resposta é que ela não só é odiosa e arrogante como também equivocada. É óbvio que os povos diferem enormemente quanto aos conhecimentos que adquirem, dependendo das circunstâncias do seu entorno. Mas, apesar dos esforços, não foram encontradas evidências convincentes de diferenças genéticas na capacidade mental dos povos.

Devido a esse legado de explicações racistas, toda a questão das diferenças humanas no plano da civilização ainda cheira a racismo. No entanto, há razões evidentes para explicar corretamente o problema. Essas diferenças tecnológicas levaram a grandes tragédias nos últimos 500 anos, e o seu legado de colonialismo e conquista ainda molda fortemente o mundo atual. Enquanto não apresentarmos uma outra explicação convincente, perdurará a suspeita de que as teorias genéticas racistas podem ser verdadeiras.

Nesse capítulo argumentarei que as diferenças continentais nos níveis de civilização surgiram do efeito da geografia no desenvolvimento das nossas marcas culturais, não da genética humana. Os continentes diferiam nos recursos de que dependiam as civilizações — especialmente as plantas e espécies animais silvestres domesticáveis. Os continentes também diferiam na facilidade com que as espécies domesticadas podiam se espalhar de uma área para outra. Ainda hoje, americanos e europeus têm consciência de como acidentes geográficos distantes, como o Golfo Pérsico ou o istmo do Panamá, nos afetam a vida. Mas a geografia e a biogeografia influenciaram a vida humana ainda mais profundamente nas últimas centenas de milhares de anos.

Por que enfatizo as espécies de plantas e animais? Como ressaltou o biólogo J. B. S. Haldane: "A civilização se baseia não só nos homens, mas também nas plantas e animais." A agricultura e o pastoreio, apesar de terem trazido as desvantagens discutidas no capítulo 10, permitiram alimentar muito mais pessoas por quilômetro quadrado do que a subsistência com base nos alimentos silvestres disponíveis na mesma área. Os excedentes armazenáveis de alimentos cultivados por alguns indivíduos permitiram a outros se dedicarem à metalurgia, à manufatura, à escrita — e a servir nos exércitos profissionais. Os animais domésticos proporcionaram não só carne e leite para alimentar as pessoas, mas também lã e pele para vesti-las e tração para transportar pessoas e produtos. Os animais também forneceram força para puxar arados e carroças e, portanto, aumentar enormemente a produtividade agrícola, comparada ao que se obtinha antes exclusivamente com a força humana.

Como resultado, a população humana no mundo cresceu de cerca de dez milhões, por volta de 10.000 a.C., quando éramos todos caçadores-coletores, para mais de seis bilhões hoje. As populações densas eram um pré-requisito para o surgimento dos Estados centralizados. Elas também promoveram a evolução das doenças infecciosas, às quais as populações expostas desenvolveram certa resistência, mas outras populações não. Todos esses fatores determinaram quem colonizou e conquistou quem. A conquista europeia da América e da Austrália não se deve aos genes melhores, mas aos germes piores (especialmente a varíola), à tecnologia mais avançada (como armas e navios), ao armazenamento de informações por meio da escrita e à organização política — tudo, em último caso, proveniente das diferenças continentais da geografia.

COMECEMOS PELAS DIFERENÇAS dos animais domésticos. Por volta de 4000 a.C., o oeste da Eurásia já criava os "cinco grandes" predominantes ainda hoje: ovelhas, cabras, porcos, vacas e cavalos. Os povos do leste asiático domesticaram outros quatro tipos de espécies que substituem as vacas localmente: iaque, búfalo, gauro e bantengue. Como já mencionado, esses animais proporcionavam alimento, força de tração e vestimenta, além do incalculável valor militar do cavalo. (Ele foi o tanque, o caminhão e o jipe de guerra até o século XIX.) Por que os índios americanos não colheram benefícios similares ao domesticar espécies mamíferas equivalentes: a cabra-montesa, as ovelhas montanhesas, pecaris, bisões e tapires? Por que os índios não montaram nos tapires e os nativos da Austrália não montaram em cangurus para invadir e aterrorizar a Eurásia?

A verdade é que está provado que só é possível domesticar uma pequena parte das espécies mamíferas do planeta. Isso fica claro quando se consideram todas as tentativas fracassadas. Diversas espécies deram o passo necessário para se tornarem animais de estimação dóceis em cativeiro. Nas aldeias da Papua-Nova Guiné muitas vezes encontrei cangurus e gambás domesticados e vi macacos e doninhas domesticados em aldeias indígenas na Amazônia. Os antigos egípcios domesticavam gazelas, antílopes, grous e até hienas e, possivelmente, girafas. Os romanos ficaram aterrorizados com os elefantes africanos domesticados com os quais Aníbal cruzou os Alpes (não os elefantes asiáticos, as espécies domesticadas que vemos nos circos hoje).

Mas todos esses esforços incipientes de domesticação fracassaram. A domesticação exige não só capturar animais selvagens e domesticá-los, mas conseguir que se reproduzam em cativeiro e modificá-los mediante o acasalamento seletivo para que nos sejam mais úteis. Desde a domesticação dos cavalos, por volta de 4000 a.C., e das renas, alguns milhares de anos depois, nenhum grande mamífero europeu foi acrescentado ao repertório de animais domesticados. Então, as poucas espécies modernas de mamíferos domésticos com as quais contamos foram rapidamente escolhidas dentre centenas de outras testadas e descartadas.

Por que falharam os esforços de domesticar a maioria das espécies animais? Acontece que para que a domesticação seja bem-sucedida, o animal selvagem deve possuir um conjunto de características incomuns. Em primeiro lugar, na maioria dos casos deve ser uma espécie social que viva em rebanhos. Os indivíduos subordinados dos rebanhos demonstram ter comportamentos instintivamente submissos diante dos indivíduos dominantes e podem transferi-los aos humanos. O carneiro selvagem asiático (ancestral dos domésticos) tem esse comportamento, mas não o carneiro de grandes chifres da América do Norte — uma diferença crucial, que impediu os indígenas de domesticá-lo. À exceção de gatos e furões, as espécies territorialistas solitárias não foram domesticadas.

Em segundo lugar, espécies como gazelas e vários cervos e antílopes, que fogem ao primeiro sinal de perigo em vez de defender seu espaço, são nervosas demais para lidar com elas. O nosso fracasso na domesticação dos cervos é especialmente notável, pois é dos poucos animais selvagens com os quais os humanos se associaram mais de perto por dezenas de milhares de anos. Apesar de os cervídeos sempre terem sido objeto de caça intensa e de muitas vezes terem sido domesticados, dentre suas 41 espécies só as renas foram domesticadas com sucesso. O comportamento territorialista, os reflexos de fuga ou ambos eliminaram a candidatura das outras 40 espécies. Só a rena apresentava a tolerância necessária diante dos intrusos e um comportamento gregário e não territorialista.

Por último, como os zoológicos descobrem desalentados, animais em cativeiro que são dóceis e saudáveis podem se recusar a se reproduzir em jaulas. Você mesmo não gostaria de fazer uma corte longa e copular sob os olhos atentos de outrem; muitos animais tampouco. O problema de fazer os animais em cativeiro se reproduzirem tem feito fracassar tentativas persistentes de domesticar alguns animais potencialmente muito úteis. Por exemplo, a melhor lã do mundo é a da vicunha, uma pequena espécie de camelo nativa dos Andes. Mas nem os incas nem os fazendeiros modernos conseguiram domesticá-la, e a lã ainda é obtida capturando vicunhas selvagens. Príncipes dos antigos reinos assírios e marajás indianos do século XIX domesticaram os guepardos, o mais veloz dos mamíferos, para caçar. Mas cada guepardo individual era capturado na selva, e os zoológicos só conseguiram reproduzi-los a partir de 1960.

Coletivamente, esses motivos ajudam a explicar por que os eurasianos conseguiram domesticar as cinco grandes, mas não outras espécies a elas relacionadas, e por que os indígenas da América do Norte não domesticaram bisões, pecaris, tapires, ovelhas e cabras montanhesas. O valor militar do cavalo é especialmente interessante para ilustrar diferenças aparentemente pequenas que tornam uma espécie singularmente valiosa e outra inútil. Os cavalos pertencem à ordem perissodátila dos mamíferos, que reúne os animais ungulados com um número ímpar de dedos: cavalos, tapires e rinocerontes. Dentre as 17 espécies vivas de perissodátilos, nunca foram domesticadas as dos quatro tapires e dos cinco rinocerontes, nem cinco das oito espécies de cavalos selvagens. Africanos ou indianos montados em rinocerontes ou em tapires teriam derrotado quaisquer invasores europeus, mas isso nunca ocorreu.

Um sexto parente do cavalo selvagem, o asno selvagem africano, deu origem aos burros domésticos, que provaram ser excelentes animais de carga, mas inúteis no uso militar. O sétimo parente do cavalo selvagem, o hemíono do oeste asiático, pode ter sido usado para puxar carroças durante alguns séculos após 3000 a.C., mas todos os relatos sobre o hemíono mencionam sua má índole com adjetivos como "destemperado", "irascível", e "intratável". Os animais teimosos eram mantidos amordaçados para impedir que mordessem os tratadores. Quando os cavalos domesticados chegaram ao Oriente Médio, por volta de 2300 a.C., os hemíonos foram descartados como um fracasso na domesticação.

Os cavalos revolucionaram a guerra de uma maneira que nenhum outro animal, nem mesmo os elefantes e os camelos, conseguiu fazer. Pouco após sua domesticação, eles podem ter ajudado os pastores que falavam as primeiras línguas indo-europeias a iniciarem a expansão que levaria suas línguas para a maior parte do mundo. Algumas milênios mais tarde, atrelados às bigas, os cavalos tornaram-se os indefectíveis tanques Sherman das guerras antigas. Depois da invenção das selas e dos arreios, eles permitiram que Átila, o Huno, devastasse o Império Romano, que Gengis Khan conquistasse um império que se estendeu da Rússia à China, e o surgimento de impérios militares no oeste africano. Os cavalos ajudaram Cortés e Pizarro, à frente de uma centena de espanhóis, a derrubarem os dois Estados mais populosos e avançados do Novo Mundo, os impérios asteca e inca. Apesar dos inúteis ataques da cavalaria polonesa contra os exércitos invasores de Hitler em 1939, a importância militar deste que é o mais valioso de todos os animais domésticos só teve fim depois de seis mil anos.

Ironicamente, parentes dos cavalos que Cortés e Pizarro montaram já eram nativos do Novo Mundo. Se esses cavalos tivessem sobrevivido, Montezuma e Atahualpa poderiam ter derrotado os conquistadores atacando com suas cavalarias. Contudo, numa cruel reviravolta do destino, os cavalos americanos se extinguiram muito antes disso, junto com 80% ou 90% das outras espécies de grandes animais das Américas e da Austrália. Isso ocorreu aproximadamente na época em que os primeiros povos — ancestrais dos indígenas modernos e dos nativos australianos — chegaram a esses continentes. Os americanos perderam seus cavalos e também outras espécies potencialmente domesticáveis, como os grandes camelos, as preguiças gigantes e os elefantes. A Austrália e a América do Norte ficaram sem espécies de mamíferos domesticáveis, a menos que os cães indígenas derivem dos lobos norte-americanos. Na América do Sul só restou o porco-da-índia (usado como alimento), a alpaca (usada para lã) e a lhama (usada como animal de carga, mas pequena demais para transportar gente).

Como resultado, os animais domésticos não contribuíram para as necessidades proteicas dos nativos australianos e americanos, exceto nos Andes, onde sua contribuição era ainda menor do que no Velho Mundo. Nenhum mamífero nativo da América ou da Austrália puxou carroças, arados ou bigas, produziu leite ou transportou gente. As civilizações do Novo Mundo progrediram baseadas exclusivamente na força muscular humana, enquanto as do Velho Mundo basearam-se no poder da tração animal, do vento e da água.

Os cientistas ainda debatem se a extinção pré-histórica da maioria dos grandes mamíferos americanos e australianos se deveu a fatores climáticos ou se foi causada pelos primeiros povoadores. Seja qual for o motivo, a extinção pode ter determinado que, dez mil anos depois, os descendentes desses primeiros povoadores seriam conquistados por povos da Eurásia e da África, os continentes que conservaram a maior parte de suas espécies de grandes mamíferos.

SERÁ QUE ARGUMENTOS semelhantes se aplicam às plantas? Alguns paralelos saltam à vista imediatamente. Como ocorre com os animais, só uma pequena fração das espécies de plantas silvestres se adequava à domesticação. Por exemplo, as espécies de plantas nas quais um indivíduo hermafrodita se autopoliniza (como o trigo) foram domesticadas mais cedo e mais facilmente do que as espécies de polinização cruzada (como o centeio). A razão para isso é que as variedades autopolinizantes são mais fáceis de selecionar e manter como uma linhagem verdadeira, pois não se misturam continuamente com seus parentes silvestres. Em outro exemplo, apesar de as bolotas de muitas espécies de carvalhos terem sido uma fonte importante de alimentos na Europa e na América do Norte pré-históricas, o carvalho nunca foi domesticado, talvez porque os esquilos tenham sido sempre muito mais eficientes do que os humanos na seleção e plantio das bolotas. Para cada planta domesticada que ainda usamos hoje, muitas outras foram experimentadas no passado e descartadas. (Que americano de hoje já comeu a planta *Iva annua*, que os indígenas do leste dos Estados Unidos domesticaram por volta de 2000 a.C. para obter sementes?)

Essas considerações ajudam a explicar o lento ritmo do desenvolvimento tecnológico na Austrália. A pobreza relativa das plantas e animais selvagens adequados à domesticação naquele continente sem dúvida contribuiu para o fracasso dos aborígines australianos em desenvolver a agricultura. Mas não é tão óbvio o motivo pelo qual a agricultura nas Américas era atrasada com relação ao Velho Mundo. Afinal, muitas plantas comestíveis de importância mundial foram domesticadas no Novo Mundo: o milho, a batata, os tomates e a abóbora, entre outras. A resposta a esse enigma exige uma análise mais detalhada do milho, o cultivo mais importante do Novo Mundo.

O milho é um cereal — isto é, uma gramínea com sementes de amido comestíveis, como os grãos da cevada ou do trigo. Os cereais fornecem a maior parte das calorias consumidas pela raça humana. Todas as civilizações dependeram de cereais, e diversos cereais nativos foram domesticados por civilizações diferentes: por exemplo, trigo, cevada, aveia e centeio no Oriente Próximo e na Europa; arroz e variedades de painço na China e no Sudeste Asiático; sorgo, milheto e grãos de capim-pé-de-galinha na África subsaariana; mas só o milho no Novo Mundo. Pouco depois de Colombo descobrir a América, o milho foi levado para a Europa pelos primeiros exploradores e espalhado pelo mundo, e agora, à exceção do trigo, suplanta os demais cultivos mundiais em extensão. Por que então o milho não levou as civilizações indígenas norte-americanas a se desenvolverem tão rapidamente quanto as do Velho Mundo, alimentadas pelo trigo e outros cereais?

Acontece que o milho era muito mais trabalhoso de domesticar e cultivar e fornecia um produto inferior. É duro saber disso se você, como eu, adora milho cozido besuntado de manteiga. Durante a infância eu esperava ansioso pelo fim do verão, quando parávamos nos postos à beira da estrada e escolhíamos as espigas mais bonitas. Hoje o milho é a safra mais importante nos Estados Unidos, com um valor de 22 bilhões de dólares para nós e de 50 bilhões de dólares para o mundo. Mas antes que você me acuse de difamação, por favor, entenda as diferenças entre o milho e outros cereais.

O Velho Mundo contava com uma dezena de gramíneas silvestres fáceis de domesticar e cultivar. Suas grandes sementes, favorecidas pelo clima sazonal do Oriente Próximo, tornaram sua utilidade evidente para os primeiros agricultores. Era fácil colhê-las em grandes quantidades com uma foice e moê-las, bem como era fácil prepará-las para comer e semear. Outra vantagem sutil foi apontada por Hugh Iltis, botânico da Universidade de Wisconsin: não foi preciso concluir que podiam ser armazenadas, porque os roedores selvagens no Oriente Próximo já escondiam até 30 quilos dessas sementes em tocas.

Os grãos do Velho Mundo já eram produtivos quando silvestres: ainda é possível colher até 350 quilos de grãos por acre nos campos selvagens de trigo que crescem naturalmente nas colinas do Oriente Próximo. Em poucas semanas, uma família podia colher o suficiente para se alimentar durante o ano. Então, mesmo antes da domesticação do trigo e da cevada, havia aldeias sedentárias na Palestina que tinham inventado a foice, os pilões e os silos para armazenamento e se alimentavam de grãos silvestres.

A domesticação do trigo e da cevada não foi um ato consciente. Não aconteceu de vários caçadores-coletores se sentarem um dia para lamentar a extinção dos grandes animais de caça, discutirem que tipos de trigo eram melhores, semearem aquelas sementes e se tornarem agricultores no ano seguinte. Em vez disso, o processo que denominamos domesticação de plantas — mudanças nas plantas silvestres a partir do cultivo — foi um subproduto não intencional da preferência por algumas plantas silvestres em detrimento de outras que acidentalmente disseminou as sementes das plantas preferidas. No caso dos cereais, as pessoas naturalmente preferiam colher os de sementes grandes, fáceis de descascar e com talos firmes que mantinham as sementes juntas. Só foram necessárias algumas mutações, favorecidas por essa seleção humana inconsciente, para a produção de variedades de cereais de grãos grandes que não se espalhavam, aos quais nos referimos como domesticados.

Por volta de 8000 a.C., os restos de trigo e cevada encontrados nas escavações de sítios arqueológicos em antigas aldeias do Oriente Próximo começam a demonstrar essas mudanças. O desenvolvimento dos pães de trigo, outras variedades domésticas e a semeadura intencional vieram em seguida. Gradualmente encontram-se nos sítios menos restos de alimentos silvestres. Por volta de 6000 a.C., o cultivo fora integrado ao pastoreio de animais, num sistema completo de produção de alimentos. Para o bem ou para o mal, os povos já não eram caçadores-coletores, mas agricultores e pastores, a caminho de serem civilizados.

Agora compare esses desenvolvimentos relativamente diretos no Velho Mundo com o que sucedeu no Novo Mundo. Como os lugares onde a agricultura teve início nas Américas não contavam com o clima sazonal do Oriente Próximo, não havia as gramíneas com grandes sementes que cresciam silvestres na natureza. Os indígenas mexicanos e norte-americanos começaram a domesticar três gramíneas de sementes pequenas — *Phalaris caroliniana*, cevadinha e um milheto silvestre —, mas elas foram substituídas com a chegada do milho e, depois, dos cereais europeus. O ancestral do milho foi uma gramínea silvestre mexicana que possuía a vantagem das grandes sementes, mas que, em outros aspectos, não parecia uma planta muito promissora: o teosinto, uma planta anual.

A espiga do teosinto é tão diferente do milho que até pouco tempo atrás os cientistas debatiam a respeito do seu real papel na ancestralidade do milho, e até hoje alguns são céticos quanto a isso. Nenhum outro cultivo passou por mudanças tão drásticas na domesticação como o teosinto. Ele tem só de seis a doze grãos por espiga, e eles não são comestíveis, pois estão cobertos por uma casca dura como pedra. Pode-se chupar o açúcar dos talos de teosinto como se faz com a cana-de-açúcar, o que os camponeses mexicanos fazem ainda hoje. Mas ninguém utiliza as sementes hoje em dia, e não há indícios de que na pré-história isso tenha ocorrido.

Hugh Iltis identificou o principal passo na utilidade do teosinto: uma mudança de sexo permanente! No teosinto, os ramos laterais terminam em inflorescências masculinas globosas; no milho, eles terminam em estruturas femininas, as espigas. Ainda que isso pareça uma diferença drástica, trata-se de uma mudança controlada por hormônios que pode ter sido provocada por um fungo, um vírus ou uma mudança climática. Quando as flores masculinas mudavam para femininas, produziam grãos comestíveis sem casca que podiam ter chamado a atenção dos caçadores-coletores famintos. O ramo central da inflorescência então teria sido o início de um sabugo de milho. Os primeiros sítios arqueológicos mexicanos possuem restos de espigas minúsculas, com menos de quatro centímetros de comprimento, muito semelhantes à variedade norte-americana Tom Thumb.

Com essa mudança abrupta de sexo, o teosinto (vulgo milho) entrou na rota da domesticação. No entanto, comparado ao caso dos cereais do Oriente Próximo, milhares de anos de desenvolvimento o esperavam antes do surgimento do milho de grande produtividade, capaz de alimentar aldeias ou cidades. Para os agricultores indígenas, o produto final ainda era muito mais difícil de lidar do que os cereais dos agricultores do Velho Mundo. As espigas eram colhidas manualmente uma por uma e não em conjunto com uma foice; era preciso debulhar a espiga; os grãos não caíam e tinham de ser raspados ou retirados com os dentes; e a semeadura envolvia o plantio individual, em vez do lançamento dos grãos. E o resultado era ainda mais pobre em termos nutricionais do que os cereais do Velho Mundo: menor teor de proteína, deficiência de aminoácidos importantes e da vitamina niacina (que podia causar a doença pelagra) e a exigência de um tratamento alcalino do grão para superar parcialmente essas deficiências.

Em resumo, as características da dieta básica do Novo Mundo fizeram com que fosse muito mais difícil discernir seu valor potencial na planta silvestre, desenvolvê-lo mediante a domesticação, e mais difícil extraí-lo mesmo depois de domesticado. Grande parte da distância entre as civilizações do Novo e do Velho Mundo pode ser atribuída às peculiaridades de uma única planta.

ATÉ AQUI, DISCUTI o papel da biogeografia no suprimento de espécies de animais selvagens e plantas silvestres adequadas à domesticação. Mas há outro papel importante da geografia que merece ser mencionado. Cada civilização dependeu não só das plantas comestíveis domesticadas localmente, mas também de plantas que chegaram de outras partes depois de serem domesticadas. O eixo predominantemente Norte-Sul do Novo Mundo dificultou esta difusão das plantas comestíveis; o eixo predominantemente Leste-Oeste do Velho Mundo a facilitou (ver figura 6).

Hoje consideramos a difusão das plantas algo tão natural que raramente paramos para pensar na origem dos nossos alimentos. Uma refeição típica nos Estados Unidos ou na Europa pode incluir o frango (originário do Sudeste Asiático) com milho (do México) ou batatas (do sul dos Andes), temperado com pimenta (da Índia) e acompanhado de um pedaço de pão (de trigo do Oriente Próximo) com manteiga (da Etiópia). Mas a difusão de plantas e animais úteis não começou nos tempos modernos: ela ocorre há milhares de anos.

As plantas e animais se espalharam rápida e facilmente na zona climática à qual já estavam adaptados. Para ampliá-la, desenvolveram novas variedades com diferentes tolerâncias climáticas. Uma olhada no mapa do Velho Mundo na figura 6 mostra que as espécies podiam cruzar longas distâncias sem deparar com mudanças de clima. Vários desses deslocamentos foram muito importantes para introduzir a agricultura e o pastoreio em novas áreas ou aprimorá-los em áreas antigas. As espécies se deslocaram entre a China, a Índia, o Oriente Próximo e a Europa sem sair das latitudes temperadas do hemisfério norte. Ironicamente, a canção patriótica americana "America the Beautiful" invoca seus céus espaçosos e as ondulações âmbar dos grãos. Na verdade, os céus mais espaçosos do hemisfério norte estão no Velho Mundo, onde ondulações âmbar de grãos chegaram a se espalhar por mais de 11.000 quilômetros, do canal da Mancha ao mar da China.

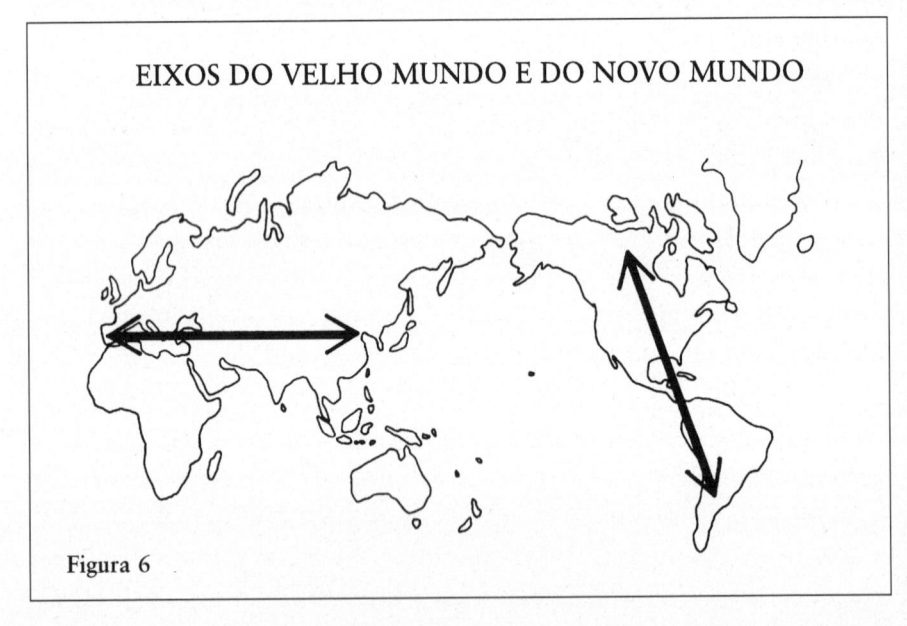

EIXOS DO VELHO MUNDO E DO NOVO MUNDO

Figura 6

Os antigos romanos já cultivavam trigo e cevada do Oriente Próximo, pêssegos e frutas cítricas da China, pepinos e gergelim da Índia, e cânhamo e cebolas da Ásia central, além de aveia e papoula, originárias da Europa. Os cavalos que se espalharam do Oriente Próximo para o oeste africano revolucionaram as táticas militares, enquanto ovelhas e cabras se espalharam das terras altas do leste da África e introduziram o pastoreio no sul da

África entre os hotentotes, que não possuíam animais domésticos. O sorgo e o algodão africanos chegaram à Índia por volta de 2000 a.C., e as bananas e inhames da zona tropical do Sudeste Asiático cruzaram o oceano Índico e enriqueceram a agricultura da África tropical.

Entretanto, no Novo Mundo, a zona temperada da América do Norte está isolada da zona temperada dos Andes e do América do Sul por milhares de quilômetros de trópico, onde as espécies de zona temperada não sobrevivem. Como resultado, a lhama, a alpaca e o porco-da-índia dos Andes não se espalharam nos tempos pré-históricos até a América do Norte e o México que, consequentemente, não tiveram mamíferos domésticos para transportar carga ou produzir lã e carne (exceto os cães, comestíveis e alimentados com milho). As batatas tampouco se espalharam dos Andes para o México ou a América do Norte, ao passo que os girassóis nunca se disseminaram da América do Norte para os Andes. Muitos cultivos, que aparentemente eram compartilhados historicamente entre as Américas do Norte e do Sul, na verdade ocorreram em variedades distintas ou mesmo em espécies distantes nos dois continentes. Isso parece ser certo, por exemplo, com relação ao algodão, aos feijões, à fava, à pimenta e ao tabaco. O milho se espalhou do México para as Américas do Norte e do Sul, mas evidentemente isto não foi fácil, talvez devido ao tempo que levou para desenvolver variedades adequadas a outras altitudes. Só em 900 d.C. — milhares de anos depois do surgimento do milho no México — o milho se integrou à dieta básica no vale do Mississippi, impulsionando assim o surgimento tardio da misteriosa civilização de construtores de montículos funerários do meio-oeste americano.

Se o Velho e o Novo Mundos tivessem sofrido uma rotação de 90 graus em seus eixos, a disseminação dos cultivos e animais domésticos teria sido mais lenta no Velho Mundo e mais rápida no Novo Mundo. Consequentemente, os ritmos de ascensão à civilização teriam sido diferentes. Quem sabe se essa diferença teria sido suficiente para que Montezuma e Atahualpa invadissem a Europa, mesmo sem contar com cavalos?

PROPUS AQUI QUE as diferenças continentais no ritmo do advento da civilização não foram um acaso provocado por gênios individuais. Elas não foram produzidas pelas diferenças biológicas que determinam o resultado da competição entre as populações animais — por exemplo, algumas populações com capacidade de correr mais rapidamente ou digerir alimentos de modo mais eficiente do que outras. Elas tampouco resultaram de diferenças médias de criatividade entre povos; não há evidência de que essas diferenças existam. Em vez disso, foram determinadas pelo efeito biogeográfico no desenvolvimento cultural. Se a Europa e a Austrália tivessem misturado suas populações há 12.000 anos, os antigos nativos australianos, transplantados para a Europa, teriam invadido a América e a Austrália mais tarde, partindo da Europa.

A geografia estabelece regras para a evolução biológica e cultural de todas as espécies, inclusive a nossa. O papel da geografia na determinação da história política moderna é ainda mais evidente do que o seu papel na determinação da velocidade com que domesticamos plantas e animais. Dessa perspectiva, é quase engraçado ler que a metade dos estudantes americanos não sabe onde fica o Panamá, mas isso não é nada engraçado quando os políticos exibem a mesma ignorância. Dois exemplos bastam, dentre os vários exemplos notórios dos desastres causados pelos políticos que ignoram a geografia: os limites não naturais traçados no mapa da África pelos poderes coloniais europeus no século XIX, que minaram a estabilidade de vários Estados africanos modernos que herdaram essas fronteiras; e as fronteiras do Leste Europeu, traçadas em 1919 pelo Tratado de Versalhes por políticos que não conheciam a região e que serviram de combustível para a Segunda Guerra Mundial.

Há algumas décadas, nos EUA a geografia era uma disciplina obrigatória nas escolas, depois foi retirada de vários currículos. Essa medida equivocada baseou-se na crença de que essa disciplina não ia além da memorização dos nomes das capitais. Mas vinte semanas de geografia no ensino fundamental não são suficientes para ensinar aos futuros políticos os efeitos que os mapas realmente exercem sobre nós. As máquinas de fax e as comunicações por satélite que cobrem o globo não podem apagar as diferenças entre nós provocadas pelas diferenças de localização. No longo prazo, e numa escala ampla, o lugar onde vivemos contribui em grande medida para nos tornar quem somos.

CAPÍTULO 15

Cavalos, hititas e história

"Yksi, kaksi, kolme, neljä, viisi."
Observei a menina que contava cinco bolas de gude. O gesto era familiar, mas as palavras eram estranhas. Em quase toda a Europa eu teria ouvido palavras como "one, two, three" no Reino Unido, "uno, due, tre" na Itália, "ein, zwei, drei" na Alemanha, "odin, dva, tri" na Rússia. Mas estava de férias na Finlândia, e o finlandês é das poucas línguas da Europa não indo-europeia.

Hoje em dia a maioria das línguas europeias e muitas línguas asiáticas do Oriente até a Índia são muito similares entre si (ver a tabela de vocabulário a seguir). Apesar de reclamarmos na escola ao tentar memorizar listas de palavras em francês, as chamadas línguas indo-europeias se parecem ao inglês e entre si e diferem de todas as demais línguas do mundo no vocabulário e na gramática. Dentre os cinco mil idiomas modernos no mundo, só 140 pertencem a essa família linguística, mas sua importância é desproporcional com relação aos números. Graças à expansão global dos europeus a partir de 1492 — especialmente dos povos da Inglaterra, Espanha, Portugal, França e Rússia —, quase a metade da população mundial atual de mais de seis bilhões tem um idioma indo-europeu como língua-mãe.

Vocabulário indo-europeu versus *vocabulário não indo-europeu*

			LÍNGUAS INDO-EUROPEIAS			
Inglês	one	two	three	mother	brother	sister
Alemão	ein	zwei	drei	Mutter	Bruder	Schwester
Francês	un	deux	trois	mère	frère	soeur
Latim	unus	duo	tres	mater	frater	soror
Russo	odin	dva	tri	mat'	brat	sestra
Irlandês arcaico	oen	do	tri	mathir	brathir	siur
Tocariano	sas	wu	trey	macer	procer	ser
Lituano	vienas	du	trys	motina	brolis	seser
Sânscrito	eka	duva	trayas	matar	bhratar	svasar
PIE*	oynos	dwo	treyes	mater	bhrater	suesor
			LÍNGUAS NÃO INDO-EUROPEIAS			
Finlandês	yksi	kaksi	kolme	äiti	veli	sisar
Foré*	ka	tara	kakaga	nano	naganto	nanona

*PIE é a sigla para protoindo-europeu, a língua-mãe reconstruída dos primeiros indo-europeus. Foré é uma língua falada nas terras altas da Papua-Nova Guiné. Observe-se que a maioria das palavras indo-europeias é muito similar e totalmente diferente das línguas não indo-europeias.

Para nós soa perfeitamente natural que a maioria das línguas indo-europeias se pareça entre si, e não precisamos de mais explicações. Só quando visitamos partes do mundo com grande diversidade linguística percebemos como é estranha a homogeneidade europeia e como ela requer explicação. Por exemplo, em áreas das terras altas da Papua-Nova Guiné onde trabalho e onde o primeiro contato com o mundo exterior só ocorreu no século XX, línguas tão distintas entre si como o chinês e o inglês, por exemplo, são faladas a curta distância uma da outra. As condições na Eurásia também devem ter sido diferentes antes do primeiro contato, e aos poucos a diversidade diminuiu até que, finalmente, alguns povos que falavam a língua-mãe da família linguística indo-europeia varreram do mapa todas as demais línguas europeias.

De todos os processos que levaram à perda da diversidade linguística original no mundo moderno, a expansão indo-europeia foi a mais importante. O seu primeiro estágio, que há muito tempo disseminou as línguas indo-europeias pela Europa e grande parte da Ásia, foi seguido por um segundo, que teve início em 1492 e a levou a todos os continentes. Quando e onde começou essa varredura e o que a impulsionou? Por que, em vez disso, a Europa não foi invadida por falantes de uma língua relacionada, digamos, ao finlandês ou o assírio?

O problema indo-europeu é o mais famoso da linguística histórica e é também um problema da arqueologia e da história. No caso dos europeus que levaram adiante o segundo estágio da expansão indo-europeia em 1492, conhecemos o vocabulário e a gramática, bem como os portos de onde zarparam, as datas das navegações, os nomes dos líderes e por que tiveram êxito na conquista. Mas a tentativa de compreender o primeiro estágio é a busca por um povo ininteligível cuja língua e sociedade permanecem veladas no passado anterior ao alfabeto, apesar de terem se tornado conquistadores e terem fundado as sociedades dominantes atuais. Essa busca é também uma grande história policial, cuja solução depende de uma língua descoberta atrás de uma parede secreta num monastério budista, e de uma língua italiana inexplicavelmente preservada nos panos que cobriam uma múmia egípcia.

Ao pensar nele pela primeira vez, você pode ser desculpado por descartar o problema indo-europeu como obviamente insolúvel. Se a língua-mãe indo-europeia é anterior à escrita, não será, por definição, impossível de estudar? Se encontrássemos esqueletos ou cerâmica dos primeiros indo-europeus, como os reconheceríamos? Os esqueletos e cerâmicas dos húngaros modernos, que vivem no centro da Europa, são tão tipicamente europeus quanto o gulache é típico da Hungria. Um arqueólogo do futuro que escavasse uma cidade húngara nunca adivinharia que os húngaros falam uma língua não indo-europeia se não encontrasse exemplos escritos. Mesmo que pudéssemos estabelecer o lugar e a época dos primeiros indo-europeus, como poderíamos deduzir as vantagens que levaram sua língua ao triunfo?

Surpreendentemente, os linguistas conseguiram encontrar respostas para essas questões das próprias línguas. Primeiro, explicarei por que estamos tão confiantes em que as distribuições linguísticas de hoje refletem uma varredura no passado. Depois, tentarei entender quando e onde a língua-mãe foi falada e como ela conseguiu dominar uma parte tão grande do mundo.

Como podemos inferir que as línguas indo-europeias modernas substituíram outra língua, já desaparecida? Não me refiro às substituições do segundo estágio dos últimos 500 anos, em que o inglês e o espanhol deslocaram a maioria das línguas nativas das Américas e da Austrália. As expansões modernas evidentemente foram possíveis devido às vantagens adquiridas pelos europeus mediante as armas, os germes, o ferro e a organização política. Refiro-me à substituição inferida no primeiro estágio, quando o indo-europeu varreu as demais línguas europeias do oeste asiático, o que deve ter ocorrido antes de a escrita chegar a essas áreas.

O mapa da figura 7 mostra a distribuição dos ramos sobreviventes da língua indo-europeia em 1492, pouco antes de os espanhóis atravessarem o Atlântico com Colombo. Três deles são especialmente familiares aos europeus e americanos: o germânico (incluindo o inglês e o alemão), o itálico (que inclui o francês e o espanhol) e o eslavo (incluindo o russo), cada um tem 12 ou 16 línguas sobreviventes e entre 300 e 500 milhões de falantes. No entanto, o ramo maior é o indo-iraniano, com 90 línguas e quase 700 milhões de falantes, do Irã à Índia (incluindo o romani, a língua dos ciganos). O grego, albanês, armênio, báltico (que consiste no lituano e no látvio) e o celta (incluindo o galês e o escocês), cada um deles com entre 2 e 10 milhões de falantes, são ramos relativamente pequenos. Pelo menos dois ramos indo-europeus, o anatólio e o tocariano, desapareceram há muito tempo, mas são conhecidos pela grande quantidade de escritos preservados, enquanto outros deixaram menos rastros.

O que comprova que todas essas línguas estejam relacionadas entre si e distintas de outros ramos linguísticos? Uma pista óbvia é o vocabulário compartilhado, ilustrado na tabela anterior, além de milhares de outros exemplos. Uma segunda pista são as terminações similares das palavras (as chamadas desinências) usadas para formar conjugações verbais e declinações nominais. Essas terminações são ilustradas na parte da conjugação de "to be" na tabela a seguir. É mais fácil reconhecer essas similaridades quando se percebe que as raízes e terminações compartilhadas por línguas relacionadas em geral não são compartilhadas da mesma maneira. Em vez disso, um som particular numa língua muitas vezes é substituído por outro som na outra língua. Exemplos familiares são a equivalência frequente do inglês "th" e do alemão "d" (inglês "thing" = alemão "ding"; "thank" = "danke"), ou do inglês "s" e o espanhol "es" (inglês "school" = "escuela"; "stupid" = "estúpido").

CAVALOS, HITITAS E HISTÓRIA 275

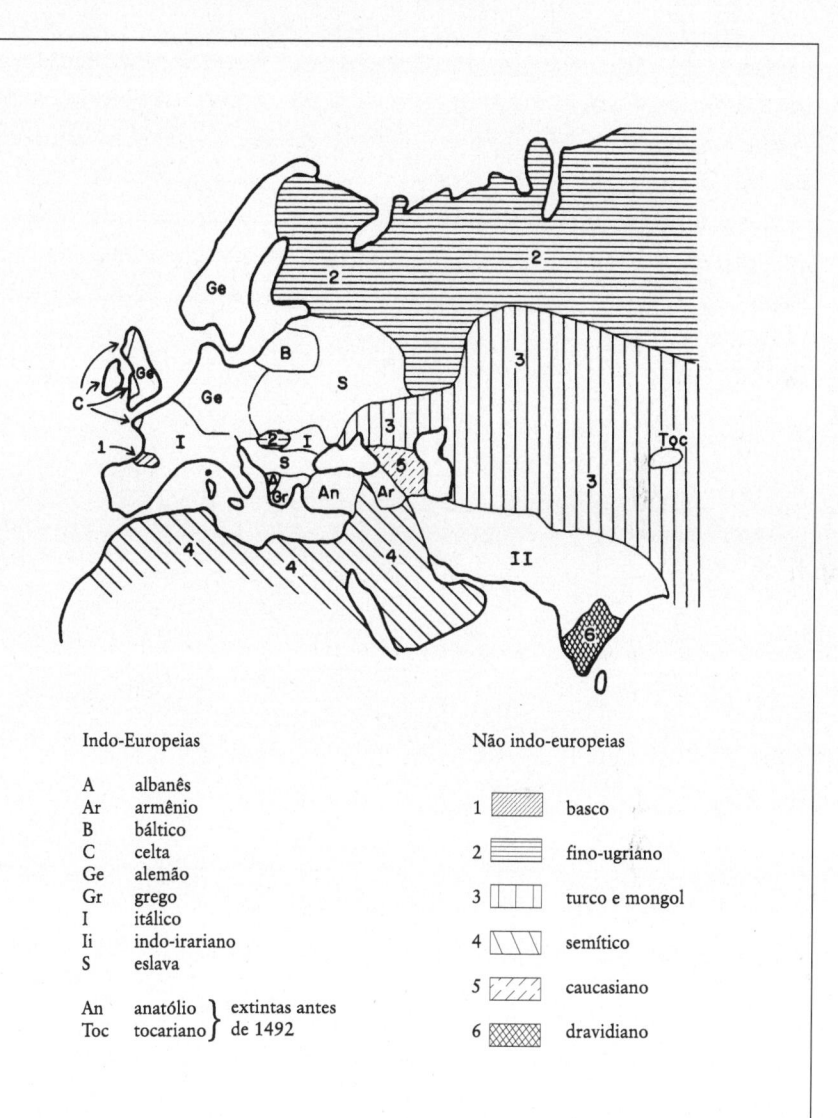

Indo-Europeias		Não indo-europeias	
A	albanês		
Ar	armênio	1	basco
B	báltico		
C	celta	2	fino-ugriano
Ge	alemão		
Gr	grego	3	turco e mongol
I	itálico		
Ii	indo-irariano	4	semítico
S	eslava		
		5	caucasiano
An	anatólio ⎫ extintas antes		
Toc	tocariano ⎭ de 1492	6	dravidiano

Figura 7. Mapa linguístico da Europa e do oeste da Ásia por volta de 1492, pouco antes do descobrimento do Novo Mundo. Outros ramos linguísticos indo-europeus devem ter se extinguido antes disso. Contudo, os únicos dos quais temos longos textos escritos são o ramo anatólio (que inclui o hitita) e o ramo tocariano, cujas terras originais foram ocupadas por falantes do turco e do mongol antes de 1492.

Essas semelhanças entre as línguas indo-europeias são detalhadas, mas há traços muito mais flagrantes na formação de palavras e sons separando as línguas indo-europeias de outras famílias linguísticas. Por exemplo, o meu terrível sotaque em francês me constrange assim que abro a boca para falar *"Où est le métro?"* Mas a minha dificuldade com o francês é fichinha comparada à minha total incapacidade de produzir os sons de estalido das modernas línguas do sul da África, ou as oito gradações da entonação das vogais nas línguas das terras baixas da Papua-Nova Guiné. Naturalmente, os meus amigos adoravam me ensinar nomes de pássaros que diferiam em só um tom de palavras que significavam excremento, para depois me observar pedir mais informação sobre aquele "pássaro" a um morador local.

Terminações verbais indo-europeias versus *terminações verbais não indo-europeias: to be or not to be*

	LÍNGUAS INDO-EUROPEIAS	
Inglês	(I) am	(he) is
Gótico	im	ist
Latim	sum	est
Grego	eimi	esti
Sânscrito	asmi	asti
Eslavo eclesiástico	jesmi	jesti
	LÍNGUAS NÃO INDO-EUROPEIAS	
Finlandês	olen	on
Foré	miyuwe	miye

Nota: O vocabulário e as terminações verbais e nominais unem as línguas indo-europeias e as separam de outras línguas.

A formação das palavras indo-europeias é tão singular quanto seus sons. Os substantivos e verbos possuem várias terminações que memorizamos assiduamente ao aprender uma nova língua. (Quantos ex-estudantes de latim ainda sabem entoar "amo amas amat amamus amatis amant"?) Cada uma dessas terminações fornece diversos tipos de informação. Por exemplo, o "o" de "amo" especifica a primeira pessoa do singular no presente do indicativo: o amante não é meu rival, há um, e não dois, de mim, eu amo em vez de receber amor, e amo hoje, e não ontem. Que os céus acudam o amante que durante a serenata se equivoque em um só desses detalhes! Mas outras línguas, como o turco, empregam uma sílaba ou um fonema separados para cada uma dessas informações, ao passo que outras, como o vietnamita, praticamente dispensam as variações nominais.

Dadas todas essas semelhanças entre as línguas indo-europeias, como surgiram as diferenças entre elas? Uma pista é que qualquer língua cujos documentos escritos se estendem por muitos séculos pode sofrer variações com o tempo. Por exemplo, para os falantes do inglês moderno, o inglês do século XVIII é estranho, ainda que totalmente compreensível; podemos ler Shakespeare (1564-1616), apesar de precisarmos de notas para compreender todas as palavras que emprega; mas textos em inglês antigo, como o poema Beowulf (aproximadamente 700-750), parecem quase uma língua estrangeira. (Ver exemplo no Salmo 23, na página 298.) Portanto, quando os falantes de uma língua original se espalharam por diferentes áreas com contato limitado, mudanças independentes nas palavras e na pronúncia em cada área inevitavelmente produziram dialetos distintos, tais como os que surgiram em diversas partes dos Estados Unidos nos poucos séculos desde que se iniciou o assentamento inglês permanente, em 1607. Com a passagem dos séculos, os dialetos divergem a tal ponto que seus falantes já não conseguem entender uns aos outros e, então, passam a ser considerados línguas distintas. Um dos exemplos mais bem documentados desse processo é o desenvolvimento das línguas românicas a partir do latim. Textos do século VIII que ainda sobrevivem mostram como as línguas de França, Itália, Espanha, Portugal e Romênia divergiram gradualmente do latim — e entre si.

A derivação dessas modernas línguas neolatinas ilustra como grupos de línguas relacionadas entre si se desenvolvem a partir de uma língua ancestral comum. Mesmo se não contássemos com textos antigos em latim, ainda poderíamos reconstruir grande parte dessa língua-mãe comparando traços de suas línguas derivadas atuais. Do mesmo modo podemos reconstruir uma árvore genealógica de todos os ramos das línguas indo-europeias baseando-nos parte em textos antigos, parte em inferências. Assim, a evolução das línguas se dá por descendência e divergência, como Darwin demonstrou no caso da evolução biológica. Na língua, como nos esqueletos, os antigos ingleses e australianos, que começaram a divergir com a colonização da

Austrália em 1788, são muito mais parecidos entre si do que com os chineses, dos quais divergiram há dezenas de milhares de anos.

As línguas em qualquer parte do mundo continuarão a divergir com o tempo, mantidas unicamente pelos contatos entre povos vizinhos. Um exemplo do produto final é a Papua-Nova Guiné, que era politicamente unificada antes da colonização europeia e onde quase mil línguas mutuamente ininteligíveis — incluindo dezenas sem nenhuma relação conhecida entre si nem com outras línguas no mundo — são faladas numa área do tamanho do Texas. Assim, quando você encontrar a mesma língua ou línguas relacionadas numa área ampla, saberá que o relógio da evolução linguística deve ter começado a girar recentemente. Isto é, uma língua deve ter se disseminado recentemente, eliminado outras, e começado a se diferenciar novamente. Estes processos explicam as similaridades entre as línguas bantas do sul da África e entre as línguas austronésias do Sudeste Asiático e do Pacífico.

As línguas românicas são o exemplo mais bem documentado. Por volta de 500 a.C. o latim estava confinado a uma pequena área ao redor de Roma e compartilhava a Itália com muitas outras línguas. A expansão dos romanos, falantes do latim, erradicou todas as demais línguas da Itália e, mais tarde, ramos inteiros da família indo-europeia, tais como as línguas celtas, em outras partes da Europa. Esses ramos irmãos foram tão completamente substituídos pelo latim que só os conhecemos por palavras isoladas, nomes e inscrições. Com a subsequente expansão portuguesa e espanhola após 1492, a língua inicialmente falada por centenas de milhares de romanos erradicou centenas de outras línguas com o surgimento das línguas neolatinas que, hoje, são faladas por meio bilhão de pessoas.

A família linguística indo-europeia como um todo foi um rolo compressor, mas aqui e ali podemos encontrar restos na forma de antigas línguas não indo-europeias sobreviventes. O único vestígio que sobrevive hoje na Europa ocidental é a língua basca, da Espanha, sem relações conhecidas com nenhuma outra língua do mundo. (As línguas não indo-europeias remanescentes da Europa moderna — húngaro, finlandês, estoniano e, possivelmente, o lapão — são invasoras relativamente recentes, vindas do Oriente.) Entretanto, certas línguas faladas na Europa até a época romana legaram suficientes palavras e inscrições preservadas que permitem identificá-las como não indo-europeias. A mais amplamente preservada destas línguas desaparecidas é o misterioso etrusco, do nordeste da Itália, do qual existe um texto de 281 linhas escrito num rolo de linho que, de alguma maneira, foi parar no Egito como a mortalha de uma múmia. Todas as línguas não indo-europeias desaparecidas eram parte dos restos da expansão indo-europeia.

Outros restos linguísticos foram varridos para as próprias línguas indo-europeias. Para compreender como os linguistas reconhecem esses restos, imagine que você é um visitante recém-chegado do espaço sideral e recebe três livros escritos em inglês, um de autor inglês, outro de autor americano e o terceiro de um australiano, sobre os países desses autores.

A língua e a maioria das palavras nos três livros seriam as mesmas. Mas se você comparasse o livro americano com o livro inglês, encontraria no primeiro diversos topônimos que obviamente são estrangeiros na língua básica dos livros — nomes como Massachusetts, Winnipesaukee e Mississippi. O livro australiano traria outros topônimos igualmente estrangeiros, mas diferentes — Woonarra, Goondiwindi e Murrumbidgee. Você imagina que os imigrantes ingleses que chegaram aos Estados Unidos e à Austrália encontraram nativos que falavam línguas distintas, e que os imigrantes tomaram palavras emprestadas para nomear lugares e coisas. Você inclusive infere algo sobre as palavras e sons dessas línguas nativas desconhecidas. Mas, na verdade, conhecemos as línguas nativas americanas e australianas das quais se tomou emprestado e podemos confirmar que suas inferências indiretas a partir das palavras emprestadas estão corretas.

Os linguistas que estudam muitas línguas indo-europeias também detectaram palavras emprestadas de línguas extintas, aparentemente não indo-europeias. Por exemplo, aproximadamente um sexto das palavras gregas cuja derivação pode ser traçada parece ser não indo-europeia. Essas palavras podem ter sido emprestadas pelos gregos invasores dos nativos que eles encontraram: topônimos como Corinto e Olimpo, palavras para cultivos como azeitona e parreira, e nomes de heróis e deuses como Ateneia e Odisseu. Essas palavras podem ser o legado linguístico da população pré-indo-europeia aos falantes do grego que os invadiram.

Assim, ao menos quatro tipos de evidências indicam que as línguas indo-europeias são fruto de um rolo compressor recente. As evidências incluem: a relação genealógica das línguas indo-europeias sobreviventes; a diversidade linguística muito maior de áreas como a Papua-Nova Guiné, que não foram invadidas recentemente; as línguas não indo-europeias que sobreviveram na Europa até a época romana ou mais tarde; e o legado não indo-europeu em diversas línguas indo-europeias.

DIANTE DAS EVIDÊNCIAS de uma língua-mãe indo-europeia no passado distante, é possível reconstruir parte dela? A princípio soa absurda a ideia de aprender a escrever uma língua extinta sem escrita. Na verdade, os linguistas têm reconstruído grande parte da língua-mãe examinando as raízes das palavras compartilhadas pelas línguas-filhas.

Por exemplo, se a palavra que designa "ovelha" fosse totalmente diferente em cada ramo moderno indo-europeu, não concluiríamos nada sobre a palavra "ovelha" na língua-mãe. Mas se ela fosse similar em diversos ramos, especialmente naqueles geograficamente distantes, como o indo-iraniano e o celta, poderíamos inferir que os vários ramos herdaram a mesma raiz da língua-mãe. Conhecendo as mudanças de som ocorridas nas várias línguas-filhas, poderíamos então reconstruir a forma da raiz na língua-mãe.

Como mostra a figura 8, em muitas línguas indo-europeias, da Índia à Irlanda, as palavras para "ovelha" são realmente muito similares: "avis", "hawis", "ovis", "ois", "oi" etc. A palavra "sheep" em inglês moderno obviamente possui uma raiz diferente, mas o inglês retém a raiz original na palavra "ewe". Considerações sobre as mudanças de som pelas quais passaram as diversas línguas indo-europeias sugerem que a forma original era "owis".

Naturalmente, a mesma raiz compartilhada por diversas línguas-filhas não prova automaticamente a herança da língua-mãe. A palavra pode ter se espalhado mais tarde entre as línguas-filhas. Os arqueólogos, céticos diante da tentativa dos linguistas de reconstruir as línguas-mães, adoram citar palavras como "coca-cola", compartilhada por muitas línguas europeias modernas. Eles afirmam que os linguistas seriam capazes de atribuir "coca-cola" à língua-mãe de milhares de anos atrás. De fato, essa palavra ilustra como os linguistas distinguem empréstimos recentes de antigas heranças: a palavra evidentemente é estrangeira ("coca" provém de uma palavra indígena peruana; "cola", do oeste da África); e ela não apresenta as mesmas mudanças de som entre línguas como ocorre nas antigas raízes indo-europeias (em alemão se diz "Coca-Cola" e não "Köcherköhler").

UMA OVELHA É UMA OVELHA É UMA OVELHA

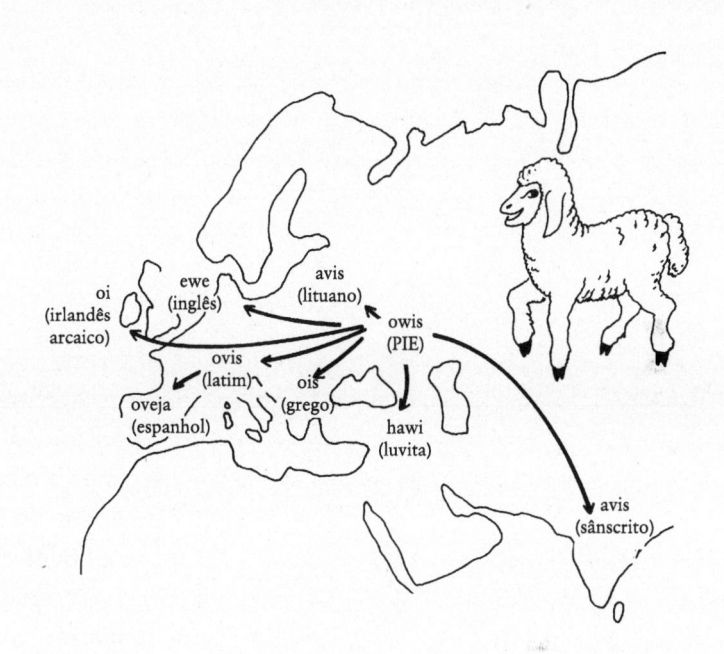

Figura 8. Em muitas línguas indo-europeias modernas, e em algumas arcaicas que conhecemos pelos escritos preservados, as palavras que denominam "ovelha" são muito semelhantes. Elas devem ter derivado de uma forma ancestral, que se acredita ter sido "owis", usada no protoindo-europeu (PIE), a língua-mãe não escrita.

Com esses métodos, os linguistas conseguiram reconstruir grande parte da gramática e quase duas mil raízes de palavras da língua-mãe, denominada protoindo-europeu, mas geralmente abreviada para PIE. Isso não significa que todas as palavras em línguas indo-europeias modernas descendam do PIE: a maioria não descende, porque houve muitas invenções ou empréstimos (como a raiz "sheep", que substitui a antiga raiz do PIE "owis" em inglês). As raízes que herdamos do PIE tendem a ser palavras para universais humanos que os povos certamente já denominavam há milhares de anos: os números e as relações humanas (como na tabela da página 272); palavras para partes do corpo e suas funções; objetos ou conceitos ubíquos, como "céu", "noite", "verão" e "frio". Dentre os universais humanos assim reconstruídos estão atos prosaicos, como "peidar", com duas raízes diferentes no PIE, dependendo de se é ruidoso ou não. A raiz para o ato ruidoso (PIE "perd") deu origem a uma série de palavras similares nas modernas línguas indo-europeias ("perdet", "pardate" etc.) — inclusive o inglês "fart" (ver a figura 9).

ATÉ AQUI, VIMOS que os linguistas conseguiram extrair das línguas escritas as evidências da língua-mãe anterior à escrita que foi um rolo compressor. As próximas indagações óbvias são: quando o PIE foi usado, onde foi falado e como conseguiu sobrepujar tantas outras línguas? Comecemos pela questão do "quando", aparentemente impossível. Já é bastante ruim precisar deduzir as palavras de uma língua sem escrita; mas como fazer para determinar quando ela foi falada?

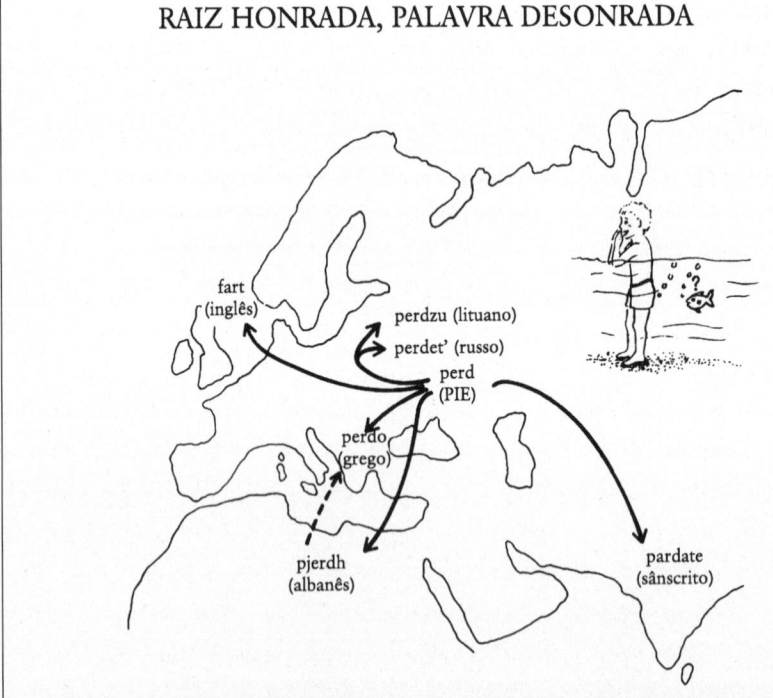

RAIZ HONRADA, PALAVRA DESONRADA

fart (inglês)
perdzu (lituano)
perdet' (russo)
perd (PIE)
perdo (grego)
pjerdh (albanês)
pardate (sânscrito)

Figura 9. Assim como no caso das palavras para "ovelha", as palavras que significam "peidar alto" são escritas de modo similar em muitas línguas indo-europeias. Isso sugere uma forma ancestral, que se deduz tenha sido "perd", empregada na língua protoindo-europeia (PIE), a língua-mãe não escrita.

Podemos ao menos começar a diminuir as possibilidades examinando as mais antigas mostras de línguas indo-europeias. Por muito tempo, as mostras mais antigas que os estudiosos conseguiram identificar eram textos iranianos de aproximadamente 1000-800 a.C., e textos sânscritos compostos provavelmente por volta de 1200-1000 a.C., mas escritos posteriormente a essa data. Textos de um reino mesopotâmio chamado Mitanni, escritos numa língua não indo-europeia com algumas palavras visivelmente emprestadas de uma língua relacionada com o sânscrito, fizeram a existência de línguas aparentadas com o sânscrito retroceder para quase 1500 a.C.

O avanço seguinte foi a descoberta, no final do século XIX, de um conjunto de correspondências diplomáticas egípcias. A maior parte estava escrita em semítico, mas duas cartas numa língua desconhecida permaneceram um mistério até que escavações na Turquia encontraram milhares de tabuletas no mesmo idioma. As tabuletas eram os arquivos de um reino que prosperou entre 1650 e 1200 a.C., ao qual hoje nos referimos pelo nome bíblico de "hitita".

Em 1917, os estudiosos se assombraram com o anúncio de que a língua hitita, ao ser decifrada, indicou pertencer a um ramo indo-europeu anterior, muito distinto e arcaico, chamado anatólio. Alguns nomes evidentemente semelhantes ao hitita, mencionados em cartas de mercadores assírios de um entreposto próximo ao futuro sítio arqueológico da capital hitita, empurraram a trilha detetivesca para trás, para o ano 1900 a.C. Essa é a primeira evidência direta da existência da língua indo-europeia.

Então, em 1917, foi provada a existência de dois ramos indo-europeus — o anatólio e o indo-iraniano — datados entre 1900 e 1500 a.C., respectivamente. Um terceiro ramo inicial foi estabelecido em 1952, quando o jovem criptógrafo inglês Michael Ventris demonstrou que a chamada escritura linear B das antigas Creta e Grécia, que resistira à decifração desde sua descoberta, por volta de 1900, era uma forma primitiva da língua grega. Aquelas tabuletas com linear B datam de aproximadamente 1300 a.C. Mas o hitita, o sânscrito e o primitivo grego diferem muito entre si, certamente mais do que o francês e o espanhol atuais, que divergiram há mil anos. Isso sugere que os ramos hitita, sânscrito e grego devem ter se separado do PIE por volta de 2500 a.C. ou antes.

De quanto tempo são as diferenças entre esses ramos? Como é possível obter um fator de calibragem para converter uma "diferença percentual entre línguas" no "tempo desde que as línguas começaram a divergir"? Alguns linguistas usam o índice de mudança de palavras nas línguas escritas historicamente documentadas, como as mudanças do anglo-saxão para o inglês de Chaucer e o inglês moderno. Esses cálculos, que pertencem a uma ciência denominada glotocronologia (= cronologia das línguas), levaram à regra variável de que cerca de 20% do vocabulário básico de uma língua é substituído a cada mil anos.

A maioria dos especialistas rejeita os cálculos dos glotocronologistas, argumentando que os índices de substituição de palavras variam segundo as circunstâncias sociais e as próprias palavras. No entanto, esses mesmos especialistas em geral se dispõem a fazer uma estimativa improvisada. A conclusão habitual, seja a dos glotocronologistas, seja a improvisada, é que a comunidade PIE deve ter começado a se dividir em várias comunidades de línguas-filhas por volta de 3000 a.C., certamente por volta de 2500 a.C., e não antes de 5000 a.C.

Existe outra abordagem, completamente independente, para o problema da datação: a de uma ciência chamada paleontologia linguística. Assim como os paleontólogos tentam descobrir sobre o passado buscando relíquias enterradas no solo, os paleontólogos linguistas o fazem buscando relíquias enterradas nas línguas.

Para entender como isso funciona, recorde que os linguistas reconstruíram quase duas mil palavras do vocabulário PIE. Não surpreende que entre elas haja palavras como "irmão" e "céu", que devem ter existido e sido nomeadas desde o surgimento da linguagem humana. Mas o PIE não deveria ter uma palavra para "fuzil", já que os fuzis foram inventados por volta de 1300, muito depois de os falantes do PIE terem se espalhado para falar línguas distintas na Turquia e na Índia. Na verdade, a palavra "fuzil" emprega raízes diferentes nas diversas línguas indo-europeias: "gun" em inglês, "fusil" em francês, "ruzhyo" em russo etc. A razão é óbvia: línguas diferentes não poderiam herdar a mesma raiz para "fuzil" do PIE, e cada uma delas teve de inventar ou tomar por empréstimo sua própria palavra quando os fuzis foram inventados.

O exemplo do fuzil sugere que devemos pegar uma série de invenções cujas datas conhecemos e ver quais delas possuem nomes reconstruídos ou não do PIE. Qualquer coisa — como o fuzil — que tenha sido inventada depois que o PIE começou a se dividir não deveria ter um nome reconstruído. Qualquer coisa — como irmão — que tenha sido conhecida como um conceito ou tenha sido inventada antes da divisão deveria ter um nome. (Ela não *precisa* ter um nome, porque certamente muitas palavras do PIE certamente se perderam. Conhecemos as palavras em PIE para "olho" e "sobrancelha", mas não para "pálpebra", ainda que os falantes de PIE certamente tivessem pálpebras.)

Talvez as principais invenções *sem* nomes do PIE sejam os carros de guerra, que se disseminaram entre 2000 e 1500 a.C., e o ferro, cujo uso adquiriu importância entre 1200 e 1000 a.C. A ausência de termos em PIE para essas invenções relativamente tardias não é de surpreender, já que a singularidade do hitita nos convenceu de que o PIE se dividiu muito antes de 2000 a.C. Dentre esses primeiros desenvolvimentos que possuem nomes em PIE, há palavras para "ovelha" e "cabra", que começaram a ser domesticadas por volta de 8000 a.C.; gado (inclusive palavras isoladas para vaca, novilho e boi), domesticado por volta de 6400 a.C.; cavalos, domesticados aproximadamente em 4000 a.C.; e arados, inventados mais ou menos na época da domesticação dos cavalos. A última invenção datada com um nome PIE é a roda, inventada por volta de 3300 a.C.

Com esse raciocínio, a paleontologia linguística, mesmo na ausência de outras evidências, dataria a divisão do PIE antes de 2000 a.C., mas depois de 3000 a.C. Essa conclusão está de acordo com outra, à qual se chegou extrapolando as diferenças entre o hitita, o grego e o sânscrito em tempos remotos. Se queremos encontrar traços dos primeiros indo-europeus, devemos nos concentrar cautelosamente nos registros arqueológicos do período entre 2500 e 5000 a.C. — e talvez um pouco antes de 3000 a.C.

APÓS CHEGAR A UM acordo razoável sobre a questão do "quando", perguntemo-nos agora: onde se falou o PIE? Os linguistas discutem a respeito do berço do protoindo-europeu desde que começaram a avaliar o seu significado. Houve todo tipo de resposta, do polo Norte à Índia, da costa do Atlântico à do Pacífico na Eurásia. Como afirma o arqueólogo J. P. Mallory, a questão não é "Onde os especialistas localizam o berço do indo-europeu?", mas "Onde o localizam *hoje*?"

Para compreender por que esse problema é tão difícil, tentemos primeiro resolvê-lo rapidamente observando um mapa (figura 7). Em 1492, a maioria dos ramos sobreviventes do indo-europeu estava praticamente confinada à Europa ocidental, e só o indo-iraniano se estendia ao leste do mar Cáspio. Portanto, a Europa ocidental seria a solução mais simples para buscar a terra do PIE: a que exigiria que menos gente percorresse longas distâncias.

Infelizmente para ela, uma língua indo-europeia "nova", mas há muito extinta, foi descoberta em 1900 num local triplamente improvável. Primeiro, a língua (tocariano, como é hoje denominado) apareceu numa câmara secreta oculta por uma parede num monastério budista dentro de uma caverna. A câmara continha uma biblioteca de documentos antigos nessa estranha língua, escritos entre 600 e 800 d.C. por missionários e mercadores budistas. Segundo, o monastério ficava no Turquestão chinês, a leste de todos os falantes do indo-europeu, e a cerca de 1.600 quilômetros dos mais próximos falantes do indo-europeu. Finalmente, o tocariano não tinha relação com o indo-iraniano, o ramo geográfico mais próximo do indo-europeu, e possivelmente tinha relação com os ramos empregados na própria Europa, a milhares de quilômetros ao oeste. É como se de repente descobríssemos que os habitantes do início da Idade Média na Escócia falassem uma língua relacionada com o chinês.

Obviamente, os tocarianos não chegaram ao Turquestão chinês de helicóptero. Certamente caminharam ou foram a cavalo, e temos de presumir que antigamente, na Ásia Central, muitas outras línguas indo-europeias desapareceram sem a sorte de serem preservadas por documentos em câmaras secretas. Um mapa linguístico moderno da Eurásia (figura 7) deixa claro o que deve ter ocorrido com o tocariano e todas as demais línguas indo-europeias perdidas na Ásia Central. Hoje, aquela área é ocupada por povos que falam línguas turcas ou mongólicas, descendentes das hordas que invadiram a região da época dos hunos a Gengis Khan. Os estudiosos debatem se os exércitos de Gengis Khan degolaram 2.400.000 ou só 1.600.000 pessoas ao capturarem Harat, mas estão de acordo em que essas atividades transformaram o mapa linguístico da Ásia. Em contraste, a maior parte das línguas indo-europeias que se sabe terem desaparecido da Europa — como as línguas celtas que César ouviu na Gália — foi substituída por outras línguas indo-europeias. O centro de gravidade das línguas indo-europeias, aparentemente europeu em 1492, foi um artefato dos recentes holocaustos linguísticos na Ásia. Se o berço do PIE realmente estivesse localizado centralmente no que, por volta do ano 600, se tornou o reino indo-europeu, estendendo-se da Irlanda ao Turquestão chinês, então esse berço seriam as estepes russas ao norte do Cáucaso e não a Europa ocidental.

Assim como as línguas nos deram algumas pistas sobre a época da divisão do PIE, elas fornecem pistas para localizar o berço do PIE. Uma delas é que a família linguística com a qual o indo-europeu tem ligações mais claras é o ugro-finês, a família que incluiu o finlandês e outras línguas nativas da zona de florestas ao norte da Rússia (ver figura 7). É verdade que as ligações entre o ugro-finês e as línguas indo-europeias são muito mais fracas do que as que existem entre o inglês e o alemão, em razão de a língua inglesa ter sido levada do noroeste da Alemanha para a Inglaterra há só 1.500 anos. As ligações são muito mais tênues do que as que existem entre o alemão e os ramos eslavos do indo-europeu, que provavelmente divergiram há milhares de anos. Mas as ligações sugerem uma proximidade muito mais antiga entre os falantes do PIE e do protougro-finês. Como o ugro-finês provém das florestas do norte da Rússia, isso sugere um berço do PIE na estepe russa, ao sul das florestas. Por outro lado, se o PIE tiver surgido muito mais ao sul (digamos, na Turquia), as maiores afinidades do indo-europeu deveriam ter sido com as antigas línguas semíticas do Oriente Próximo.

Uma segunda pista para o berço do PIE é o vocabulário não indo-europeu que se espalhou por diversas línguas indo-europeias. Mencionei que esses restos são especialmente notáveis no grego e também são visíveis no hitita, no irlandês e no sânscrito. Isso sugere que essas áreas eram ocupadas por não indo-europeus e depois foram invadidas por indo-europeus. Sendo assim, o local de origem do PIE não foi a Irlanda nem a Índia (que hoje ninguém mais aponta como tal), mas tampouco foi a Grécia ou a Turquia (que alguns estudiosos ainda apontam como tal).

A moderna língua indo-europeia que mais se assemelha ao PIE é o lituano. Os primeiros textos preservados do lituano, do ano de 1500 aproximadamente, contêm uma grande parte de raízes do PIE, como os textos sânscritos de quase três mil anos antes. O conservadorismo do lituano sugere que foi sujeito a poucas influências de línguas não indo-europeias e que ele pode ter permanecido próximo ao berço do PIE. Antigamente o lituano e outras línguas bálticas estavam mais amplamente distribuídas pela Rússia, até os godos e eslavos empurrarem os bálticos de volta ao seu atual domínio na Lituânia e na Látvia. Então, esse raciocínio também sugere que o berço do PIE ficava na Rússia.

Uma terceira pista provém do vocabulário reconstruído do PIE. Já vimos que ele incluiu palavras para coisas familiares em 4000 a.C., mas só em 2000 a.C. passou a incluir coisas desconhecidas, o que ajuda a datar a época em que foi falado. Será que isso pode indicar o local onde era falado? O PIE tem uma palavra para neve ("snoighwos"), o que sugere localização em clima temperado e não em clima tropical e fornece a raiz para neve em inglês ["snow"]. Dentre os muitos animais e plantas nomeados em PIE (como "mus" = camundongo), a maioria se espalha pela zona temperada da Eurásia e ajuda assinalar a latitude do seu local de origem, mas não a longitude.

Para mim, a pista mais forte no vocabulário PIE é o que lhe falta, não o que contém: as palavras para diversos cultivos. Os falantes do PIE certamente cultivavam algo, já que possuíam palavras para arado e foice. Mas só sobreviveu uma palavra para um grão específico. Em contraposição, a língua africana protobanta reconstruída e a língua protoaustronésia do Sudeste Asiático possuem muitos nomes de cultivos. O protoaustronésio foi falado há ainda mais tempo que o PIE, então as modernas línguas austronésias tiveram mais tempo de perder aquelas palavras antigas para cultivos do que as modernas línguas indo-europeias. Apesar disso, as modernas línguas austronésias ainda têm diversos nomes para antigos cultivos. Então, os falantes do PIE provavelmente possuíam poucos cultivos, e os seus descendentes tomaram emprestado ou inventaram nomes de cultivos à medida que se mudavam para áreas mais agricultáveis.

Mas essa conclusão leva a um duplo enigma. Primeiro, por volta de 3500 a.C. a agricultura já se tornara a forma de vida dominante em quase toda a Europa e grande parte da Ásia. Isso diminui enormemente as opções para situar o berço do PIE: deve ter sido uma área pouco comum, onde a agricultura não era dominante. Em segundo lugar, ela traz a questão de por que os falantes do PIE conseguiram se expandir. Uma das principais causas da expansão do banto e do austronésio foi o fato de os primeiros falantes dessas línguas terem sido agricultores e se espalhado por áreas ocupadas por caçadores-coletores, que eles sobrepujaram numericamente ou dominaram. Se os falantes do PIE foram agricultores rudimentares que invadiram uma Europa agrária, a experiência histórica vira de ponta-cabeça. Então, não podemos resolver o "onde" da origem do indo-europeu enquanto não resolvermos a questão mais difícil: por quê?

NA EUROPA, pouco antes do advento da escrita, houve não uma, mas duas revoluções econômicas cujo impacto foi tão extenso que poderiam ter criado um rolo compressor linguístico. A primeira foi a chegada da agricultura e do pastoreio, que surgiram no Oriente Próximo por volta de 8000 a.C., foram da Turquia para a Grécia em aproximadamente 6500 a.C. e se disseminaram em direção ao norte e o oeste até a Inglaterra e a Escandinávia. A agricultura e o pastoreio permitiram um grande aumento na população humana com relação aos números que antes os caçadores-coletores podiam sustentar. Colin Renfrew, professor de arqueologia na Universidade de Cambridge, na Inglaterra, publicou um livro interessante em que argumenta que os agricultores da Turquia foram os falantes do PIE que levaram as línguas indo-europeias para a Europa.

Minha primeira reação ao ler o livro de Renfrew foi: "Claro, ele deve estar certo!" A agricultura produziu uma agitação linguística na Europa, como ocorreu na África e no Sudeste Asiático. Isso é altamente provável, já que, como demonstraram os geneticistas, estes primeiros agricultores deram a maior contribuição para os genes dos europeus modernos.

Mas a teoria de Renfrew ignora ou descarta todas as evidências linguísticas. Os agricultores chegaram à Europa milhares de anos antes da data estimada do PIE. Esses primeiros agricultores não tinham, mas os falantes do PIE sim, inovações como arados, rodas e cavalos domesticados. O PIE é claramente deficiente em palavras para os cultivos que definem os primeiros agricultores. O hitita, a língua indo-europeia da Turquia mais antiga que se conhece, não é a língua indo-europeia mais próxima do PIE puro, como se poderia esperar a partir da teoria de Renfrew, mas sim a mais desviante delas. A teoria de Renfrew se assenta num silogismo: a agricultura provavelmente causou um rolo compressor, o rolo compressor do PIE requer uma causa, então se supõe que a agricultura foi a causa. Tudo o mais sugere que, em vez disso, a agricultura levou para a Europa as línguas mais antigas que o PIE assolou, como o etrusco e o basco.

Porém, entre 5000 e 3000 a.C. — datação correta das origens do PIE — houve uma segunda revolução econômica na Eurásia. Essa segunda revolução coincidiu com o início da metalurgia e envolveu a expansão no emprego dos animais domésticos — não só pela carne e pelas peles, como os humanos usaram os animais selvagens por milhões de anos, mas para novos objetivos, que incluíam a produção de leite e lã, a tração dos arados e dos veículos com rodas, e como montaria. A revolução se refletiu no enriquecimento do vocabulário do PIE com palavras para "jugo" e "arado", "leite" e "manteiga", "lã" e "tecer" e um conjunto de palavras associadas aos veículos com rodas ("roda", "eixo", "barra", "arreios", "cubo" e "pino").

O significado econômico dessa revolução foi o aumento do poder e da população humana muito além dos níveis possibilitados unicamente pela agricultura e o pastoreio. Por exemplo, por meio do leite e seus derivados a vaca fornecia muito mais calorias do que sua simples carne. O arado permitiu ao agricultor plantar numa extensão muito maior do que com uma enxada ou um pau para cavar. Veículos puxados a tração animal possibilitaram a exploração de muito mais terra e transportar os produtos às aldeias para serem processados.

É difícil dizer quando alguns desses avanços ocorreram, porque se espalharam muito rapidamente. Por exemplo, os veículos com rodas não existiam antes de 3300 a.C., mas poucos séculos depois eles foram amplamente registrados em toda a Europa e o Oriente Médio. Contudo, há um avanço crucial cuja origem pode ser identificada: a domesticação dos cavalos. Pouco antes de isso suceder não havia cavalos selvagens no Oriente Médio e no sul da Europa, eles eram raros no norte da Europa e só abundavam nas estepes da Rússia e ao leste. A primeira evidência da domesticação dos cavalos, por volta de 4000 a.C., se encontra na cultura sredny stog, das estepes ao norte do mar Negro, onde o arqueólogo David Anthony identificou marcas de desgaste em dentes de cavalos, indicando o uso de freio.

Em todo o mundo, quando e onde foram introduzidos, os cavalos trouxeram enormes benefícios às sociedades humanas. Pela primeira vez as pessoas podiam viajar por terra mais rapidamente do que suas pernas podiam levá-las. A velocidade ajudou os caçadores a perseguir as presas e os pastores a conduzir as ovelhas e o gado por vastas áreas. O mais importante é que a velocidade ajudou os guerreiros a fazer rápidos ataques de surpresa contra inimigos distantes e a recuar antes que estes conseguissem organizar o contra-ataque. Então, em todo o mundo o cavalo revolucionou a guerra e permitiu que os povos que os usavam aterrorizassem seus vizinhos. O estereótipo que existe entre os americanos dos índios das Grandes Planícies como ferozes guerreiros montados na verdade foi criado recentemente, entre 1660 e 1770. Como os cavalos europeus chegaram ao oeste dos Estados Unidos antes de os próprios europeus e outros produtos europeus, podemos ter certeza de que o cavalo transformou a sociedade indígena das planícies.

As evidências arqueológicas deixam claro que os cavalos domésticos também transformaram a sociedade da estepe russa muito antes disso, por volta de 4000 a.C. O hábitat na estepe, com campos abertos de gramíneas, era difícil de explorar antes de os cavalos resolverem os problemas da distância e do transporte. A ocupação humana da estepe russa foi acelerada pela domesticação do cavalo e mais tarde explodiu com a invenção dos veículos puxados por bois, por volta de 3300 a.C. A economia da estepe passou a se basear na combinação de ovelhas e gado para a carne, leite e lã, além dos cavalos e veículos com rodas para o transporte, suplementada por alguns cultivos.

Não há evidências de agricultura intensiva nem de armazenamento de alimentos nesses primeiros sítios arqueológicos da estepe, em forte contraste com a abundância de evidências em outros sítios europeus e do Oriente Médio da mesma época. Os povos da estepe não possuíam grandes assentamentos e, evidentemente, eram muito errantes — outra vez em contraste com as aldeias com moradas alinhadas de dois andares do sudeste europeu na mesma época. O que o cavaleiro não possuía em termos arquitetônicos lhe sobrava em zelo militar, como atestam seus túmulos faustosos (só para os homens!), com uma enorme quantidade de adagas e outras armas — e às vezes inclusive com bigas e esqueletos de cavalos.

Assim, o rio Dnieper, na Rússia (ver figura 10), marcou um limite cultural abrupto: a leste, cavaleiros bem armados; a oeste, ricas aldeias agrárias e seus silos. Essa proximidade de lobos e ovelhas significava P-R-O-B-L-E-M-A. Quando a invenção da roda completou o pacote econômico dos cavaleiros, os seus artefatos tiveram uma rápida expansão por milhares de quilômetros para o leste, pelas estepes da Ásia Central (ver mapa). Desse movimento podem ter surgido os ancestrais dos tocarianos. A expansão dos povos da estepe para o oeste foi marcada pela concentração das aldeias de agricultores europeus próximas da estepe em enormes assentamentos defensivos, depois pelo colapso dessas sociedades e o aparecimento dos túmulos característicos da estepe na Europa, chegando até a Hungria.

COMO A LÍNGUA INDO-EUROPEIA PODE TER SE DISSEMINADO

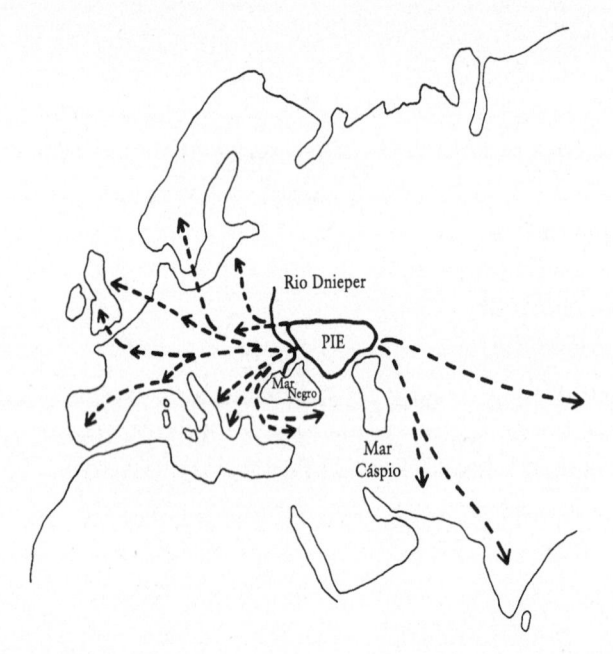

Figura 10. Este mapa mostra como as línguas indo-europeias sobreviventes podem ter se disseminado. O suposto berço da língua-mãe, o protoindo-europeu (PIE), ficava na estepe russa ao norte do mar Negro e a leste do rio Dnieper.

Quanto às inovações que impulsionaram o rolo compressor dos povos da estepe, a única pela qual recebem o devido crédito é a domesticação do cavalo. Eles também devem ter desenvolvido os veículos com rodas, a ordenha e a tecnologia lanígera à parte das civilizações do Oriente Médio, mas tomaram emprestados do Oriente Médio ou da Europa as ovelhas, o gado, a metalurgia e, provavelmente, o arado. Então, nenhuma "arma secreta" explica a expansão da estepe. Em vez disso, com a domesticação do cavalo os povos da estepe foram os primeiros a formar um pacote econômico-militar que veio a dominar o mundo nos cinco mil anos seguintes — especialmente depois que lhe acrescentaram a agricultura intensiva, ao invadirem o sudeste europeu. Daí que o seu sucesso, como o do segundo estágio da expansão europeia, que começou em 1492, tenha sido um acidente biogeográfico. Eles eram os povos cuja terra natal combinou cavalos selvagens em abundância com a proximidade dos centros das civilizações do Oriente Médio e da Europa.

COMO ARGUMENTA Marija Gimbutas, arqueologista da UCLA, no quarto milênio a.C. os povos da estepe russa a oeste dos montes Urais encaixavam bem nos postulados dos protoindo-europeus de onde derivamos. Eles viveram na época certa. Sua cultura incluía os importantes elementos econômicos reconstruídos a partir do PIE (como rodas e cavalos) e carecia dos mesmos elementos que o PIE (como carros de guerra e muitos termos relacionados a cultivos). Eles viviam no lugar adequado ao PIE: a zona temperada, ao sul dos povos ugro-fineses, perto da última morada dos lituanos e de outros povos bálticos.

Se o encaixe é tão perfeito, por que a teoria da origem do indo-europeu na estepe permanece tão controversa? Não haveria controvérsia se os arqueólogos tivessem conseguido demonstrar uma rápida expansão da cultura da estepe do sul da Rússia à Irlanda por volta de 3000 a.C. Mas isso não ocorreu: as evidências diretas dos invasores da estepe não vão além do oeste da Hungria. Ao mesmo tempo, por volta de 3000 a.C. e depois disso, encontra-se uma surpreendente variedade de outras culturas se desenvolvendo na Europa e denominadas a partir de seus artefatos (por exemplo, as culturas da Cerâmica Cordada e do Machado de Guerra). Essas culturas europeias emergentes combinam elementos da estepe, como os cavalos e o militarismo, com antigos elementos da Europa ocidental, especialmente a agricultura. Esses fatos levam muitos arqueólogos a descartar a hipótese da estepe e a encarar as culturas emergentes do oeste da Europa como desenvolvimentos locais.

Mas há uma razão óbvia para a cultura da estepe não ter se espalhado intacta até a Irlanda. O limite ocidental da própria estepe está nas planícies húngaras. É por isso que os invasores posteriores da Europa provenientes da estepe, como os mongóis, se detiveram ali. Para avançar, a sociedade da estepe precisou se adaptar à paisagem coberta de florestas do oeste europeu — adotando a agricultura extensiva ou invadindo as sociedades europeias existentes e se hibridando com seus povos. A maioria dos genes dessas sociedades resultantes da hibridação pode ter sido os genes da Velha Europa.

Se os povos da estepe impuseram o PIE, a sua língua-mãe, do sudeste da Europa à Hungria, então foi a cultura-filha indo-europeia, não a cultura da estepe original, que se espalhou e derivou em culturas-netas na Europa. As evidências arqueológicas de grandes mudanças culturais sugerem que essas culturas-netas podem ter surgido por toda a Europa e se espalhado para o leste, até a Índia, entre 3000 e 1500 a.C. Muitas línguas não indo-europeias sobreviveram o suficiente para serem preservadas na escrita (como o etrusco), e o basco sobrevive ainda hoje. Assim, o rolo compressor indo-europeu não agiu de uma vez, mas numa longa cadeia de eventos que levou cinco mil anos.

Como analogia, considere como as línguas indo-europeias chegaram a dominar as Américas do Norte e do Sul. Possuímos abundantes registros escritos para provar que elas provêm das invasões europeias de falantes do indo-europeu. Mas esses imigrantes europeus não assolaram as Américas de uma só vez, e os arqueólogos não encontram resquícios de culturas europeias não modificadas ao longo do século XVI no Novo Mundo. Essa cultura era inútil na fronteira dos Estados Unidos. No entanto, a cultura dos colonizadores era altamente modificada ou híbrida e combinou línguas indo-europeias e boa parte da tecnologia europeia (como armas e ferro) com os cultivos dos indígenas norte-americanos e (especialmente nas Américas Central e do Sul) os genes indígenas. Em algumas áreas do Novo Mundo, séculos se passaram até que a língua e a economia indo-europeias dominassem. A invasão só atingiu o Ártico no século XX. Só agora está chegando a grande parte da Amazônia, e a região andina do Peru e da Bolívia promete permanecer indígena por um longo tempo.

Suponha que um arqueólogo do futuro escave no Brasil, depois que os registros escritos tiverem sido destruídos e as línguas indo-europeias tiverem desaparecido da Europa. Ele descobrirá que os artefatos europeus surgiram na costa brasileira por volta de 1530, mas penetraram na Amazônia lentamente. Os povos que o arqueólogo encontrará vivendo na Amazônia serão uma mistura de indígenas americanos, negros africanos, europeus e japoneses, todos falando português. O arqueólogo provavelmente não perceberá que o português era uma língua estranha, trazida pelos invasores para uma sociedade local híbrida.

MESMO APÓS A EXPANSÃO do PIE, no quarto milênio a.C., novas interações de cavalos, povos da estepe e línguas indo-europeias continuaram a moldar a história europeia. A tecnologia equestre do PIE era primitiva e provavelmente envolvia pouco mais que um freio de corda e a montaria em pelo. Nos milhares de anos que se seguiram, o valor militar dos cavalos continuou a crescer, com invenções que foram do freio metálico e dos carros de guerra puxados por cavalos, por volta de 2000 a.C., às ferraduras, aos estribos e às selas das cavalarias posteriores. A maioria desses avanços não surgiu na estepe, mas os povos da estepe foram os que mais os aproveitaram, porque sempre tiveram mais pastagens e, portanto, mais cavalos.

Com a evolução da tecnologia equestre, a Europa foi invadida por muitos outros povos da estepe, dentre os quais os mais conhecidos são os hunos, os turcos e os mongóis. Esses povos criaram uma sucessão de impérios imensos e de vida curta, que se estenderam das estepes ao leste da Europa. Mas nunca mais os povos da estepe conseguiram impor a sua língua ao oeste da Europa. Eles tiveram maiores vantagens no início, quando, montados em pelo, os cavaleiros que falavam PIE invadiram a Europa, que não contava com cavalos domesticados.

Há outra diferença entre as invasões posteriores do PIE, registradas, e as primeiras, das quais não há registros. Os últimos invasores já não eram falantes do indo-europeu das estepes do oeste, mas falantes de turco e mongol das estepes do leste. Ironicamente, no século XI os cavalos permitiram às tribos turcas da Ásia central invadir as terras da primeira língua indo-europeia escrita, o hitita. A inovação mais importante dos primeiros indo-europeus foi, então, usada contra os seus descendentes. Os turcos são principalmente europeus quanto aos genes, mas não são indo-europeus na língua. De maneira similar, no ano de 896 uma invasão do leste tornou a Hungria amplamente europeia em seus genes, mas ugro-finesa na língua. Para ilustrar como uma pequena força invasora de cavaleiros da estepe podia impor sua língua a uma sociedade europeia, a Turquia e a Hungria são modelos de como o resto da Europa veio a falar o indo-europeu.

Mais tarde, os povos da estepe de maneira geral, independentemente da língua que falassem, deixaram de ser vencedores, ao confrontar o avanço da tecnologia no oeste europeu. Quando o fim veio, ele foi rápido. Em 1241 os mongóis consolidaram o maior império da estepe que já existiu, estendendo-se da Hungria à China. Mas depois de 1500, aproximadamente, os russos, falantes do indo-europeu, começaram a ocupar as estepes a partir do oeste. Em poucos séculos de imperialismo czarista eles conquistaram os cavaleiros da estepe que haviam aterrorizado a Europa e a China por mais de cinco mil anos. Hoje a estepe está dividida entre a Rússia e a China, e só a Mongólia mantém um vestígio da independência da estepe.

Muitos absurdos racistas foram escritos a respeito da suposta superioridade dos povos indo-europeus. A propaganda nazista invocava uma raça ariana pura. Na verdade, os indo-europeus nunca se unificaram após a expansão do PIE, há cinco mil anos, e os próprios falantes do PIE podem ter se dividido em culturas relacionadas entre si. Algumas das lutas mais amargas e os fatos mais vis da história escrita colocaram um grupo indo-europeu contra outro. Judeus, ciganos e eslavos, que os nazistas tentaram exterminar, conversavam em línguas tão indo-europeias quanto as de seus perseguidores. Os falantes do PIE simplesmente estiveram no lugar certo no momento certo para criar um pacote tecnológico útil. Em razão desse golpe de sorte, a sua foi a língua-mãe cujas línguas-filhas vieram a ser faladas pela metade do mundo.

UMA FÁBULA PROTOINDO-EUROPEIA

Owis Ekwoosque

Gwrreei owis, quesyo wlhnaa ne eest, ekwoons espeket, oinom ghe gwrrum woghom weghontm, ionomque megam bhorom, oinomque ghmmenm ooku bherontm.

Owis nu ekwomos ewewquet: "Keer aghnutoi moi ekwoons agontm nerm widntei."

Ekwoos tu ewewquont: "Kludhi, owei, keer ghe aghnutoi nsmei widntmos: neer, potis, owioom r wlhnaam sebhi gwhermom westrom qurnneuti. Neghi owioom wlhnaa esti."

Tod kekluwoos owis agrom ebhuget.

(A) Ovelha e (o) Cavalo

Num(a) colina, (uma) ovelha sem lã viu cavalos, um (deles) puxando (uma) carroça pesada, um carregando (um) grande fardo, e um levando (um) homem rapidamente.

(A) ovelha disse (aos) cavalos: "Meu coração me dói vendo (um) homem guiando cavalos."

(Os) cavalos disseram: "Ouça, ovelha, nosso coração dói quando vemos (isso): (um) homem, o senhor, faz de(a) lã de(a) ovelha (uma) roupa quente para si. E (a) ovelha não tem lã.

Quando ouviu isso, (a) ovelha fugiu em (a) planície.

Para tentar entender como soava o protoindo-europeu (PIE), apresento essa fábula inventada em PIE reconstruído e sua tradução. A fábula foi criada há mais de um século pelo linguista August Schleicher. A versão revisada que apresento se baseia na que foi publicada por W. P. Lehmann e L. Zgusta em 1979 e que leva em conta avanços posteriores na compreensão do PIE. A versão que reproduzo aqui foi ligeiramente alterada para torná-la mais inteligível a não linguistas, segundo recomendação de Jaan Puhvel.

O PIE inicialmente soa estranho, mas muitas palavras parecem familiares quando as examinamos devido às raízes inglesas ou latinas derivadas do PIE. Por exemplo, "owis" significa "ovelha" (cf. o inglês "ewe", "ovine"); "wlhnaa" significa "lã" (cf. o inglês "wool"); "ekwoos" significa "cavalo" (cf. o inglês "equestrian", do latim "equus"); "ghmmenm" significa "homem" (cf. o inglês "human", do latim "hominem"); "que" significa "e", como no latim; "megam" significa grande (do grego "megal"); "keer" significa "coração" (cf. o inglês "core", do latim "cor, cordis"); "moi" significa "para mim"; e "widntei" e "widntmos" significam "ver" (cf. o inglês "video", do latim "videre"). O texto em PIE não possui artigos definidos e indefinidos ("o/a" e "um/uma") e coloca o verbo ao fim da oração.

Este exemplo mostra como alguns linguistas pensam que era o PIE, mas não o considere uma mostra exata. Lembre-se: o PIE nunca foi escrito; os estudiosos divergem quanto aos detalhes de como reconstruí-lo; e a própria fábula foi inventada.

Como o inglês mudou ao longo dos últimos mil anos: o Salmo 23

Moderno 1989
   The Lord is my shepherd, I lack nothing.
   He lets me lie down in green pastures.
   He leads me to still waters.

Bíblia do rei Jaime (1611)
   The Lord is my shepherd, I shall not want.
   He maketh me to lie down in green pastures.
   He leadeth me beside the still waters.

Inglês médio (1100-1500)
   Our Lord gouerneth me, and nothyng shal defailen to me.
   In the sted of pastur he sett me ther.
   He norissed me upon water of fyllyng.

Inglês antigo (800-1066)
   Drithen me raet, ne byth me nanes godes wan.
   And he me geset on swythe good feohland.
   And fedde me be waetera stathum.

CAPÍTULO 16

Em preto e branco

O ANIVERSÁRIO DE FUNDAÇÃO DE QUALQUER NAÇÃO É UMA DATA A SER comemorada por seus habitantes, mas em 1988 os australianos tinham um motivo especial, o bicentenário. Poucos grupos de colonizadores enfrentaram tantos obstáculos quanto os que aportaram com a Primeira Frota na futura localização de Sydney, em 1788. A Austrália ainda era *terra incognita*: os colonizadores não sabiam o que esperar e como sobreviver. Estavam separados de sua terra natal por uma viagem marítima de 24.000 quilômetros que durava oito meses. Quase morreram de fome nos dois anos e meio que se passaram até outra frota com suprimentos chegar da Inglaterra. Muitos colonos eram criminosos condenados, já traumatizados com os aspectos mais brutais da vida no século XVIII. Apesar desse começo, os colonos sobreviveram, prosperaram, povoaram um continente, construíram uma democracia e forjaram um caráter nacional próprio. Não surpreende que os australianos se orgulhem de comemorar a fundação da sua nação.

No entanto, uma série de protestos tirou o brilho das comemorações. Os colonos brancos não eram os primeiros australianos. A Austrália fora povoada 50.000 anos antes pelos ancestrais dos povos que hoje denominamos "aborígines australianos", também conhecidos na Austrália como "negros". Durante a colonização britânica, a maioria dos habitantes originais foi morta pelos colonizadores ou morreu de outras causas, o que levou alguns descendentes atuais dos sobreviventes a fazer manifestações de protesto no bicentenário, em vez de celebrá-lo. As comemorações se centraram implicitamente em como a Austrália se tornara branca. Começo este capítulo analisando como a Austrália deixou de ser negra e como colonizadores ingleses corajosos cometeram um genocídio.

Que os australianos brancos não se ofendam; quero deixar claro que não acuso seus antepassados de terem feito algo absolutamente horrendo. A razão pela qual discuto o extermínio dos aborígines é precisamente o fato de este não ser único: é um exemplo bem documentado de um fenômeno cuja frequência poucas pessoas conseguem avaliar. Embora a nossa primeira ideia de "genocídio" mundial provavelmente seja o massacre nos campos de concentração nazistas, ele não foi o genocídio em maior escala do século XX. Os tasmanianos e centenas de outros povos foram alvos modernos de campanhas de extermínio menores, mas bem-sucedidas. Diversos povos espalhados pelo mundo são alvos em potencial no futuro próximo. Porém, o genocídio é um assunto tão doloroso que simplesmente não queremos pensar nisso ou preferimos crer que boas pessoas não cometem genocídio, só os nazistas. Mas a recusa a pensar nisso traz consequências: pouco temos feito para impedir os numerosos episódios de genocídio ocorridos desde a Segunda Guerra Mundial e não estamos atentos para onde o próximo pode ocorrer. Além da destruição dos recursos naturais, as nossas tendências genocidas, aliadas às armas nucleares, constituem hoje os dois meios mais prováveis pelos quais a espécie humana pode reverter todo o seu progresso praticamente da noite para o dia.

Apesar do crescente interesse de psicólogos, biólogos e alguns leigos pelo genocídio, as questões básicas que ele envolve continuam provocando polêmicas. Os animais matam indivíduos da própria espécie ou será esta uma invenção humana sem precedentes no mundo animal? Ao longo da história do homem, o genocídio foi uma aberração ou foi suficientemente comum para figurar como uma marca humana, assim como a arte e a linguagem falada? A sua frequência está aumentando porque as armas modernas permitem cometê-lo com o apertar de um botão, reduzindo assim nossas inibições instintivas diante do assassinato de outros humanos? Por que tantos casos despertam tão pouca atenção? Os assassinos genocidas são indivíduos anormais ou pessoas normais em situações incomuns?

Para entender o genocídio, não podemos pensar de modo limitado; devemos buscar recursos na biologia, na ética e na psicologia. Daí que nossa investigação do genocídio comece pela reconstituição de sua história biológica, dos nossos ancestrais animais até os dias de hoje. Depois de perguntar como os assassinos conciliam o genocídio com seus códigos de ética, examinaremos seus efeitos psicológicos nos perpetradores, nas vítimas sobreviventes e nos observadores. Antes de buscar respostas para essas questões, será útil analisar o extermínio dos tasmanianos, um estudo de caso típico na ampla gama de genocídios.

A TASMÂNIA É UMA ILHA montanhosa com superfície equivalente à da Irlanda, situada a 320 quilômetros da costa sudeste da Austrália. Ao ser descoberta pelos europeus em 1642, nela habitavam cerca de cinco mil caçadores-coletores relacionados aos aborígines australianos e que talvez dominassem a tecnologia mais simples de qualquer povo moderno. Os tasmanianos fabricavam apenas um punhado de tipos de ferramentas de pedra e madeira. Como os aborígines, não possuíam ferramentas metálicas, agricultura, gado, cerâmica nem arco e flecha. À diferença dos habitantes da Austrália, eles não tinham bumerangues, cães, redes, não conheciam a costura nem tinham habilidade para fazer fogo.

Seus barcos eram balsas que só faziam trajetos curtos, e não haviam tido nenhum contato com outros seres humanos desde que a elevação do nível do mar separou a Tasmânia da Austrália, dez mil anos antes. Confinados ao seu universo particular por centenas de gerações, eles haviam sobrevivido ao mais longo isolamento da história humana moderna — um isolamento que só foi descrito pela ficção científica. Quando os colonizadores brancos da Austrália finalmente puseram fim a esse isolamento, não havia dois povos na Terra menos preparados para compreender um ao outro do que os tasmanianos e os brancos.

A trágica colisão desses dois povos levou ao conflito assim que os baleeiros e colonos britânicos aportaram, por volta de 1800. Os brancos raptaram crianças tasmanianas para servir de mão de obra, raptaram mulheres para servir de amantes, mutilaram ou mataram os homens, invadiram campos de caça e tentaram expulsar os tasmanianos de suas terras. Assim, o conflito rapidamente se concentrou na apropriação do espaço vital, Lebensraum, que ao longo da história humana tem sido uma das causas mais comuns do genocídio. Como resultado dos raptos, em novembro de 1830 a população nativa do nordeste da Tasmânia viu-se reduzida a 72 homens adultos, 3 mulheres adultas e nenhuma criança. Um pastor fuzilou 19 tasmanianos com uma metralhadora giratória carregada com pregos. Outros quatro pastores emboscaram um grupo de nativos, mataram 30 e jogaram os corpos do alto de um penhasco, que hoje se chama Victory Hill.

Naturalmente os tasmanianos retaliaram, e os brancos contra-atacaram. Para pôr fim à matança, em abril de 1828 o governador Arthur ordenou que todos os tasmanianos abandonassem a parte da ilha que os ingleses haviam invadido. Para fazer cumprir a ordem, grupos patrocinados pelo governo denominados "bandos errantes", compostos por prisioneiros comandados pela polícia, caçaram e mataram tasmanianos. Foi declarada a lei marcial em novembro de 1828, e os soldados foram autorizados a matar quaisquer tasmanianos vistos nas áreas ocupadas. Em seguida foi posta uma recompensa pelos nativos: cinco libras britânicas por adulto e duas libras por criança caçada viva. A medida foi denominada "caça aos negros" em razão do tom de pele dos tasmanianos e se tornou um bom negócio, ao qual se dedicaram bandos errantes privados e oficiais. Ao mesmo tempo, foi criada uma comissão, liderada por William Broughton, o arquidecano anglicano da Austrália, para recomendar uma política geral para os nativos. Após considerar propostas de capturá-los para serem vendidos como escravos, envená-los, enjaulá-los ou caçá-los com cães, a comissão determinou a continuidade das recompensas e o emprego da polícia montada.

Em 1830, um missionário extraordinário, George Augustus Robinson, foi contratado para reunir os remanescentes dos tasmanianos e levá-los para a ilha Flinders, a 48 quilômetros de distância. Robinson estava convencido de que agia pelo bem dos tasmanianos. Ele recebeu 30 libras adiantadas e receberia mais 700 ao terminar o trabalho. Enfrentando perigos e dificuldades e sendo ajudado por uma corajosa nativa chamada Truganini, ele conseguiu levar os nativos — inicialmente persuadindo-os de que teriam um destino pior se não se entregassem, depois apontando-lhes um fuzil. Muitos nativos morreram a caminho de Flinders, mas aproximadamente 200 chegaram lá, os últimos sobreviventes de uma população de cinco mil.

Robinson estava determinado a civilizar e cristianizar os sobreviventes. O seu assentamento era governado como uma prisão, num local castigado pelo vento e sem água potável. As crianças foram separadas dos pais para facilitar o trabalho civilizatório. A programação diária incluía a leitura da Bíblia, o cântico de hinos e a inspeção dos leitos e dos pratos para verificar sua limpeza. No entanto, a dieta daquela prisão causou desnutrição, que, combinada a doenças, matou os nativos. Poucas crianças sobreviveram mais de uma semana. O governo reduziu os gastos, na esperança de que os nativos morressem logo. Em 1869, só restavam vivos Truganini, outra mulher e um homem.

William Lanner, o último tasmaniano.
Fotografia de Wooley, da coleção do
Museu e Galeria de Arte Tasmanianos.

Os três tasmanianos sobreviventes atraíram o interesse de cientistas, para os quais eles seriam o elo perdido entre os humanos e os primatas. Portanto, quando em 1869 morreu o último homem, William Lanner, equipes médicas dirigidas pelo dr. George Stokell, da Real Sociedade da Tasmânia, e o dr. W. L. Crowther, do Colégio Real de Cirurgiões, competiram para exumar e enterrar novamente o corpo de Lanner, cortando partes do cadáver e roubando-as uns dos outros. O dr. Crowther cortou a cabeça; o dr. Stokell, as mãos e os pés, e alguém mais cortou as orelhas e o nariz, como suvenires. O dr. Stokell fez uma bolsa para guardar tabaco com a pele de Lanner.

Antes de morrer, em 1876, Truganini se aterrorizara com aquela mutilação *post-mortem* e, em vão, pedira que seu corpo fosse jogado no mar. Como ela temia, a Real Sociedade exumou o seu cadáver e exibiu-o publicamente no Museu Tasmaniano, onde permaneceu até 1947. Nesse ano, o museu finalmente cedeu às queixas contra o mau gosto e transferiu o esqueleto de Truganini para uma sala reservada a cientistas. Isso também provocou novos protestos. Por fim, em 1976 — no centenário da morte de Truganini — o seu esqueleto foi cremado, apesar das objeções do museu, e as cinzas foram espalhadas no mar, como ela pedira.

Os tasmanianos eram pouco numerosos, mas o seu extermínio influenciou desproporcionalmente a história australiana, porque a Tasmânia foi a primeira colônia australiana a resolver o problema nativo e a que chegou mais perto da solução final. Aparentemente, isso foi feito livrando-se de todos os nativos. (Na verdade, sobreviveram algumas crianças de mulheres tasmanianas com homens brancos, e hoje os seus descendentes são um constrangimento para o governo local, que continua sem saber o que fazer com eles.) Muitos brancos da Austrália invejaram a eficiência da solução tasmaniana e resolveram imitá-la, mas também aprenderam uma lição com ela. O extermínio dos tasmanianos fora feito em áreas de assentamento, diante dos olhos da imprensa urbana, e havia provocado alguns comentários negativos. Então o extermínio dos aborígines, muito mais numerosos, foi feito além das fronteiras, longe dos centros urbanos.

O instrumento dessa política governamental, inspirada nos bandos errantes do governo da Tasmânia, foi um setor da polícia montada denominado "polícia nativa", que empregou táticas de busca e destruição para matar ou expulsar os aborígines. Uma estratégia típica consistia em cercar um acampamento durante a noite e atirar nos habitantes ao amanhecer. Os colonos brancos também foram pródigos no uso de comida envenenada para assassinar aborígines. Outra prática comum era acorrentar os aborígines capturados pelo pescoço em fileiras a caminho da prisão. O romancista britânico Anthony Trolope expressou a atitude prevalecente com relação aos aborígines na Grã-Bretanha do século XIX: "Sobre o negro australiano, certamente podemos dizer que ele deve ir. Que ele pereça sem sofrimentos desnecessários deve ser o objetivo de todos os que estão preocupados com isso."

Truganini, a última tasmaniana.
Fotografia de Wooley, da coleção do
Museu e Galeria de Arte Tasmanianos.

Essas táticas se prolongaram durante o século XX. Num incidente em Alice Springs, em 1928, a polícia massacrou 31 aborígines. O Parlamento australiano rejeitou um relatório sobre o massacre, e dois sobreviventes aborígines (e não a polícia) foram processados por homicídio. As correntes no pescoço ainda estavam em uso e eram defendidas em 1958, quando o comissário de polícia do oeste australiano explicou ao jornal *Herald*, de Melbourne, que os prisioneiros aborígines preferiam ser acorrentados.

Os aborígines eram demasiado numerosos para serem exterminados completamente, como haviam feito com os tasmanianos. No entanto, desde a chegada dos colonos britânicos até o censo de 1921, a população aborígine diminuiu de cerca de 300.000 para 60.000.

Hoje a atitude dos australianos brancos diante de sua história assassina varia enormemente. A política governamental e a visão particular de muitos brancos é cada vez mais simpática aos aborígines, porém outros brancos negam responsabilidade pelo genocídio. Em 1982, por exemplo, uma das principais revistas australianas, *The Bulletin*, publicou a carta de uma senhora chamada Patricia Cobern, que negou indignada que os colonos brancos tivessem exterminado os tasmanianos. Na verdade, escreveu ela, os colonos eram pacíficos e tinham um caráter profundamente moral, ao passo que os tasmanianos eram traiçoeiros, assassinos, agressivos, imundos, glutões, viviam infestados de vermes e estavam desfigurados pela sífilis. Além disso, eles não sabiam cuidar dos filhos, nunca se banhavam e tinham costumes matrimoniais repulsivos. Eles morreram em razão dessas práticas sanitárias inadequadas, além de terem um desejo de morte e carecerem de crença religiosa. Foi mera coincidência que, após milhares de anos de existência, eles morressem num conflito com os colonizadores. Os únicos massacres que ocorreram foram perpetrados pelos tasmanianos contra os colonos, e não vice-versa. Além disso, os colonos só se armaram para se defender, não estavam familiarizados com armas e nunca atiravam em mais de 41 tasmanianos de cada vez.

PARA COLOCAR EM PERSPECTIVA o caso dos tasmanianos e dos aborígines australianos, considere os três mapas do mundo (figuras 11, 12 e 13), que ilustram três períodos diferentes de algumas matanças classificadas como genocídios. Esses mapas levantam uma questão para a qual não há resposta: como definir o genocídio? Etimologicamente, a palavra designa "aniquilamento de grupo humano": a raiz grega "genos" significa raça e a raiz latina

ALGUNS GENOCÍDIOS, 1492-1900

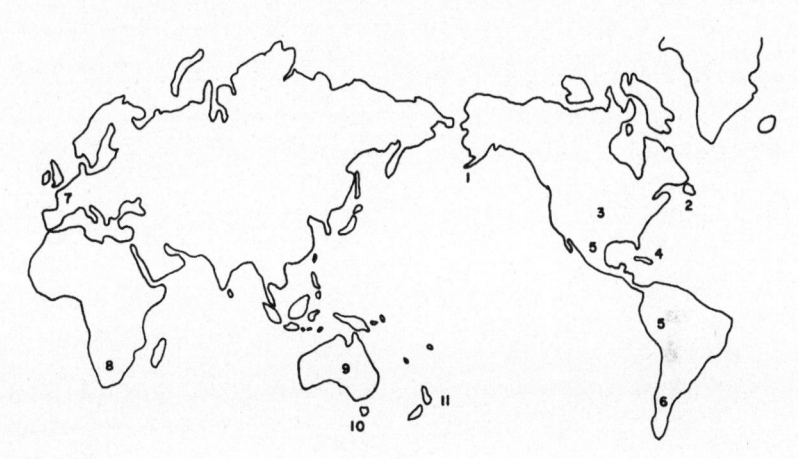

Figura 11.

	MORTES	VÍTIMAS	ASSASSINOS	LUGAR	DATA
1.	XX	aleútes	russos	Ilhas Aleutas	1745-1770
2.	X	índios beothuks	franceses e micmacs	Newfoundland, Canadá	1497-1829
3.	XXXX	índios	americanos	EUA	1620-1890
4.	XXXX	índios caribenhos	espanhóis	Caribe	1492-1600
5.	XXXX	índios	espanhóis	Américas Central e do Sul	1498-1824
6.	XX	índios araucanos	argentinos	Argentina	anos 1870
7.	XX	protestantes	católicos	França	1572
8.	XX	boxímanes, hotentotes	bôeres	África do Sul	1625-1795
9.	XXX	aborígines	australianos	Austrália	1788-1928
10.	X	tasmanianos	australianos	Tasmânia	1800-1876
11.	X	morioris	maoris	Ilhas Chatham	1835

X = menos de 10.000; XX = 10.000 ou mais; XXX = 100.000 ou mais; XXXX = 1.000.000 ou mais.

ALGUNS GENOCÍDIOS, 1900-1950

Figura 12.

	MORTES	VÍTIMAS	ASSASSINOS	LUGAR	DATA
1	XXXXX	judeus, ciganos, poloneses, russos	nazistas	Europa ocupada	1939-1945
2	XXX	sérvios	croatas	Iugoslávia	1941-1945
3	XX	oficiais poloneses	russos	Katyn, Polônia	1940
4	XX	judeus	ucranianos	Ucrânia	1917-1920
5	XXXXX	oponentes políticos	russos	Rússia	1929-1939
6	XXX	minorias étnicas	russos	Rússia	1943-1946
7	XXXX	armênios	turcos	Armênia	1915
8	XX	hererós	alemães	sudoeste da África	1904
9	XXX	hindus, muçulmanos	muçulmanos, hindus	Índia, Paquistão	1947

XX = 10.000 ou mais; XXX = 100.000 ou mais; XXXX = 1.000.000 ou mais; XXXXX = 10.000.000 ou mais.

"cídio" significa matar (como em suicídio e infanticídio). As vítimas devem ser escolhidas por pertencerem a um grupo, independentemente de seus indivíduos terem ou não feito algo que provocasse seu assassinato. Quanto à característica que define o grupo, ela pode ser racial (brancos australianos massacraram tasmanianos negros), nacional (russos mataram os oficiais

ALGUNS GENOCÍDIOS, 1950-1990

Figura 13.

	MORTES	VÍTIMAS	ASSASSINOS	LUGAR	DATA
1	XX	índios	brasileiros	Brasil	1957-1968
2	X	índios aché	paraguaios	Paraguai	década de 1970
3	XX	civis argentinos	exército argentino	Argentina	1976-1983
4	XX	muçulmanos, cristãos	cristãos, muçulmanos	Líbano	1975-1990
5	X	ibos	nigerianos do norte	Nigéria	1966
6	XX	opositores	ditador	Guiné Equatorial	1977-1979
7	X	opositores	imperador Bokassa	República Centro-Africana	1978-1979
8	XXX	sudaneses do sul	sudaneses do norte	Sudão	1955-1972
9	XXX	ugandenses	Idi Amin	Uganda	1971-1979
10	XX	tutsis	hutus	Ruanda	1962-1963
11	XXX	hutus	tutsis	Burundi	1972-1973
12	X	árabes	negros	Zanzibar	1964
13	X	tamis, singaleses	singaleses, tamis	Sri Lanka	1985
14	XXXX	bengaleses	exército paquistanês	Bangladesh	1971
15	XXXX	cambojanos	Khmer Vermelho	Camboja	1975-1979
16	XXX	comunistas e chineses	indonésios	Indonésia	1965-1967
17	XX	timorenses	indonésios	Timor Leste	1975-1976

X = menos de 10.000; XX = 10.000 ou mais; XXX = 100.000 ou mais; XXXX = 1.000.000 ou mais.

poloneses em Katyn, russos brancos, em 1940), étnica (hutus e tutsis, grupos africanos que massacraram uns aos outros em Ruanda e no Burundi, nos anos 1960 e 1970), religiosa (muçulmanos e cristãos se enfrentaram no Líbano em décadas recentes) ou política (o Khmer Vermelho dizimou seus compatriotas cambojanos entre 1975 e 1979).

Então, se a matança coletiva é a essência do genocídio, pode-se argumentar que a definição é muito estreita. A palavra "genocídio" às vezes é usada de maneira tão ampla que perde sentido e nos cansamos de ouvi-la. Mesmo que seja restrita aos casos de massacre em grande escala, as ambiguidades permanecem. Eis uma mostra dessas ambiguidades:

Quantas mortes são necessárias para que um massacre seja considerado genocídio em vez de homicídio? Esta questão é absolutamente arbitrária. Os australianos mataram todos os cinco mil tasmanianos, e os colonos americanos mataram os últimos 70 índios susquehanna em 1763. Será que o pequeno número de vítimas disponíveis desqualifica essas mortes como genocidas, apesar da totalidade do extermínio?

O genocídio é só aquele feito por governos, ou atos isolados também contam? O sociólogo Irving Horowitz distinguiu o ato isolado como "homicídio" e definiu o genocídio como "a destruição sistemática e estrutural de gente inocente por um aparelho burocrático de Estado".

Contudo, há um contínuo que vai dos massacres "puramente" governamentais (o expurgo de seus oponentes por parte de Stalin) aos massacres "puramente" isolados (empresas de desenvolvimento agrário brasileiras que contrataram matadores profissionais para exterminar índios). Os índios americanos foram mortos por cidadãos e pelo exército dos Estados Unidos, ao passo que os ibos da Nigéria foram mortos por turbas e soldados. Em 1835, os te ati awas, uma tribo maori da Nova Zelândia, foram bem-sucedidos num plano ousado de capturar um navio, carregá-lo de provisões e invadir as ilhas Chatham. Mataram 300 dos seus ocupantes (outro grupo polinésio denominado morioris), escravizaram os sobreviventes e ocuparam as ilhas. Segundo a definição de Horowitz, este e outros extermínios igualmente bem planejados de um grupo tribal por outro não constituem genocídio, porque as tribos não contavam com um aparelho burocrático de Estado.

Se as pessoas morrem em massa como resultado de ações cruéis não especificamente planejadas para matá-las, isso é genocídio? Genocídios bem planejados são o dos tasmanianos pelos australianos, o dos armênios pelos turcos na Primeira Guerra Mundial e, particularmente, o perpetrado pelos nazistas durante a Segunda Guerra Mundial. No outro extremo, quando os índios choctaws, cherokees e creeks do sudeste dos Estados Unidos foram forçados a se deslocar para o oeste do rio Mississippi, na década de 1830, não houve a intenção, de parte do presidente Andrew Jackson, de que muitos deles morressem pelo caminho, mas ele não tomou as medidas necessárias para mantê-los vivos. A morte de numerosos deles foi um mero resultado, inevitável, das marchas forçadas durante o inverno com pouca roupa e alimentos.

Uma afirmação extremamente ingênua sobre o papel da intenção no genocídio foi feita por ocasião da acusação contra o governo paraguaio de cumplicidade no extermínio dos índios guaiaquis, que foram escravizados, torturados, privados de alimentos e medicamentos e massacrados. O ministro da Defesa paraguaio respondeu simplesmente que não houvera a intenção de destruir os guaiaquis: "Apesar das vítimas e dos perpetradores, não existe o terceiro elemento necessário para estabelecer o crime de genocídio — isto é, a intenção. Portanto, como não houve intenção, não se pode falar em 'genocídio'." O representante permanente do Brasil nas Nações Unidas também rebateu as acusações de genocídio dos índios da Amazônia: "...houve ausência da malícia especial e da motivação necessárias para caracterizar a ocorrência como genocídio. Os crimes em questão foram cometidos por razões exclusivamente econômicas, e os perpetradores agiram unicamente para tomar posse das terras de suas vítimas."

Alguns massacres, como os de judeus e ciganos pelos nazistas, não foram provocados: não ocorreram em retaliação a assassinatos anteriores cometidos pelas vítimas. Em diversos casos, no entanto, o massacre é a culminação de uma série de assassinatos de ambas as partes. Quando uma provocação é seguida de retaliação maciça, desproporcional à provocação, como decidir quando a "mera" retaliação se transforma em genocídio? Em maio de 1945, na cidade argelina de Sétif, as comemorações pelo fim da Segunda Guerra Mundial se converteram em revolta racial, quando os argelinos mataram 103 franceses. A cruel reação dos franceses foi o bombardeio aéreo de 44 aldeias, o bombardeio de cidades costeiras por um cruzador, massacres organizados por comandos civis e assassinatos indiscriminados praticados por soldados. Os mortos argelinos foram 1.500, segundo os franceses, ou 50.000, segundo os argelinos. As interpretações desse acontecimento diferem tanto quanto as estimativas dos mortos: para os franceses, foi a repressão de uma revolta; para os argelinos, um massacre genocida.

ESTABELECER OS MOTIVOS do genocídio é tão difícil quanto defini-lo. Diversos motivos podem operar simultaneamente, por isso convém dividi-los em quatro tipos. Nos primeiros dois tipos há um conflito real de interesses em torno de terras ou poder, que pode ou não estar oculto por trás de uma ideologia. Nos outros dois esse conflito é mínimo, e a motivação é mais abertamente ideológica ou psicológica.

Talvez o motivo mais comum para o genocídio surja quando um povo militarmente poderoso tenta ocupar as terras de outro, mais fraco, que resiste. Dentre os inúmeros casos diretos desse tipo estão a matança dos tasmanianos e dos aborígines australianos pelos australianos brancos, o massacre dos índios americanos pelos americanos brancos, dos índios araucanos pelos argentinos e dos boxímanes e hotentotes pelos colonos bôeres na África do Sul.

Outro motivo comum envolve uma longa luta pelo poder no seio de uma sociedade pluralista, que leva um grupo a buscar uma solução final matando o outro. Casos envolvendo dois grupos étnicos incluem a matança dos tutsis pelos hutus em Ruanda, em 1962-1963, dos hutus pelos tutsis no Burundi, em 1972-1973; dos sérvios pelos croatas na Iugoslávia, durante a Segunda Guerra Mundial, dos croatas pelos sérvios ao final da guerra, e dos árabes em Zanzibar pelos negros, em 1964. Contudo, assassino e assassinado podem pertencer ao mesmo grupo étnico e diferir unicamente quanto à posição política. Foi o que ocorreu no maior genocídio da história, cometido pelo governo da URSS contra oponentes políticos entre seus cidadãos, com um saldo de 20 milhões de vítimas estimadas entre 1929 e 1939 e de 66 milhões entre 1917 e 1959. Massacres políticos menos numerosos foram cometidos pelo Khmer Vermelho, que dizimou vários milhões de cambojanos nos anos 1970, além das centenas de milhares de comunistas mortos na Indonésia entre 1965 e 1967.

No caso desses dois motivos para o genocídio, as vítimas podiam ser vistas como um obstáculo significativo para o controle, por parte dos assassinos, de terras ou do poder. No extremo oposto estão os massacres de bodes expiatórios de uma minoria indefesa, culpabilizada pelas frustrações dos assassinos. Judeus foram mortos por cristãos no século XIV como bodes expiatórios da peste bubônica; pelos russos no começo do século XX em razão dos problemas políticos do país, pelos ucranianos após a Primeira Guerra Mundial como bodes expiatórios da ameaça bolchevique, e pelos nazistas na Segunda Guerra Mundial, culpabilizados pela derrota da Alemanha na Primeira Guerra Mundial. Quando a Sétima Cavalaria do Exército dos Estados Unidos massacrou centenas de índios sioux em Wounded Knee, em 1890, os soldados estavam se vingando tardiamente do contra-ataque em que os sioux haviam aniquilado a Sétima Cavalaria do general Custer na Batalha de Little Big Horn 14 anos antes. Em 1943-1944, no auge do sofrimento devido à invasão nazista, Stalin ordenou o massacre e deportação de seis minorias étnicas, todas bodes expiatórios: balkares, chechenos, tártaros da Crimeia, ingushes, calmucos e karachais.

As perseguições raciais e religiosas constituem o outro tipo de motivo. Não pretendo compreender a mentalidade nazista, mas sua determinação de exterminar os ciganos pode ser fruto de motivações "puramente" raciais, ao passo que o extermínio dos judeus reunia motivações raciais e religiosas. A lista de massacres religiosos é quase infinitamente longa. Inclui o massacre de todos os judeus e muçulmanos de Jerusalém na Primeira Cruzada com a captura da cidade em 1099, e o massacre dos protestantes franceses pelos católicos no Dia de São Bartolomeu, em 1572. Obviamente, os motivos raciais e religiosos tiveram um forte peso nos genocídios motivados por lutas por questões de terras, poder e culpabilização.

MESMO SE DESCONSIDERARMOS os desacordos quanto às definições e os motivos, restam ainda muitos casos de genocídio. Vejamos o quanto se estendem para trás no tempo, e antes da nossa história como espécie, os registros de genocídios.

É verdade que, como se afirma, o homem é o único animal a matar membros da própria espécie? Por exemplo, em seu livro *On Aggression*, o notável biólogo Konrad Lorenz argumenta que os instintos agressivos dos animais são contidos por inibições instintivas contrárias ao ato de matar. Contudo, na história humana esse equilíbrio supostamente foi perturbado pela invenção das armas: as inibições que herdamos já não são suficientemente fortes para impedir os novos meios de matar. Essa visão do homem como o único assassino, evolutivamente inadaptado, foi aceita por Arthur Koestler e muitos outros autores conhecidos.

Na verdade, estudos feitos em décadas recentes documentam mortes provocadas de diversas espécies animais, mas certamente não de todas. O massacre de um indivíduo ou de um bando vizinho pode ser benéfico para o animal, se com isso ele puder se apossar do território, dos alimentos ou das fêmeas do vizinho. Mas os ataques também envolvem certo risco para o atacante. Muitas espécies animais não têm meios para matar seus pares e, dentre as espécies que os têm, algumas se contêm. Uma análise de custo/benefício do assassinato pode parecer profundamente repugnante, mas ela nos ajuda a entender por que o assassinato só é característico de algumas espécies animais.

Nas espécies não sociais, os assassinatos são necessariamente de um indivíduo por outro. Contudo, nas espécies sociais carnívoras, como leões, lobos, hienas e formigas, o assassinato pode adquirir a forma de ataques coordenados de membros de um bando contra membros do bando vizinho — isto é, massacres ou "guerras". Sua forma varia de acordo com a espécie. Os machos podem poupar as fêmeas e cruzar com elas, matar os filhotes e expulsar (macacos langures) ou até matar (leões) os machos vizinhos; machos e fêmeas podem ser mortos (lobos). Por exemplo, Hans Kruuk relata a luta entre duas alcateias de hienas na cratera Ngorongoro, da Tanzânia:

"Aproximadamente uma dúzia de hienas... atacou um dos machos e mordeu-o onde pôde — especialmente barriga, pés e orelhas. A vítima foi completamente coberta pelos agressores, que passaram cerca de dez minutos atacando-a... O macho foi literalmente destroçado, e mais tarde, quando examinei os ferimentos de perto, parecia que suas orelhas, seus pés e testículos haviam sido arrancados; ele estava paralisado por uma lesão na espinha, tinha grandes feridas nas patas traseiras e na barriga e hemorragias subcutâneas por toda parte."

Para compreender nossas origens genocidas, é particularmente interessante analisar o comportamento de dois de nossos parentes mais próximos: o gorila e o chimpanzé comum. Algumas décadas atrás, qualquer biólogo presumia que nossa habilidade para manejar ferramentas e fazer planos em grupo fazia de nós mais assassinos que os primatas antropoides — se é que estes podiam ser assassinos. No entanto, descobertas recentes sugerem que um gorila ou um chipanzé comum tem tanta chance de ser morto como qualquer humano comum. Entre os gorilas, por exemplo, os machos lutam entre si pelo domínio do harém de fêmeas, e o ganhador pode matar os filhotes do perdedor e o pai. Essas lutas são a principal causa de mortes de filhotes e adultos machos entre os gorilas. Ao longo da vida, a mãe gorila típica perde ao menos um filhote pelas mãos de machos infanticidas. Assim, 38% das mortes de filhotes de gorilas se deve ao infanticídio.

Especialmente esclarecedor, pois foi detalhadamente documentado, é o extermínio de um bando de chimpanzés comuns estudado por Jane Goodall, extermínio este que foi cometido por outro bando entre 1974 e 1977. Ao final de 1973 os dois bandos estavam em situação bastante equivalente: o bando Kasakela, ao norte, tinha oito machos adultos e ocupava 15 quilômetros quadrados, e o bando Kahama, ao sul, tinha seis machos adultos e ocupava 10 quilômetros quadrados. O primeiro incidente fatal ocorreu em janeiro de 1974, quando seis dos adultos Kasakela, um macho adolescente e uma fêmea adulta deixaram para trás os jovens chimpanzés, viajaram para o sul e depois se moveram em silêncio e rapidamente em direção ao sul ao ouvirem chamados vindos daquela direção, até surpreenderem um macho Kahama chamado Godi. Um macho Kasakela jogou Godi no chão, sentou-se na sua cabeça e agarrou as suas pernas, e os demais passaram dez minutos batendo nele e mordendo-o. Finalmente, um atacante jogou uma grande pedra em Godi e o bando partiu. Apesar de conseguir se levantar, Godi ficou gravemente ferido, sangrava e tinha marcas de furos. Ele nunca mais foi visto e provavelmente morreu devido aos ferimentos.

No mês seguinte, os machos Kasakela e uma fêmea novamente viajaram em direção ao sul e atacaram o macho Kahama Dé, que já estava debilitado devido a um ataque anterior ou alguma doença. Os atacantes puxaram Dé de uma árvore, o pisotearam, morderam e espancaram, depois arrancaram pedaços de sua pele. Uma fêmea Kahama no cio que estava com Dé foi forçada a seguir para o norte com os atacantes. Dois meses depois, Dé foi visto ainda vivo, mas esquálido, com a espinha e a pelve protuberantes, sem alguns dedos da mão, sem uma parte de um dedo do pé e com o escroto reduzido a um quinto do tamanho normal. Depois disso ele não foi mais avistado.

Em fevereiro de 1975, cinco machos adultos e um adolescente do bando Kasakela atacaram Golias, um velho macho Kahama. Por 18 minutos eles o espancaram, morderam e chutaram, o pisotearam, o ergueram e o jogaram no chão, o arrastaram pelo solo e torceram sua perna. Ao final do ataque, Golias não conseguia se sentar e nunca mais foi visto.

Os ataques descritos acima foram dirigidos contra os machos Kahama, mas em setembro de 1975 a fêmea Kahama Madame Bee foi gravemente ferida após pelo menos quatro ataques não fatais no ano anterior. O ataque foi feito por quatro machos Kasakela adultos, enquanto um macho adolescente e quatro fêmeas (inclusive a filha raptada de Madame Bee) observavam. Os agressores golpearam, morderam, estapearam e arrastaram Madame Bee, pisotearam-na, pularam sobre ela, a atiraram no chão, voltaram a erguê-la e jogá-la no chão, depois a empurraram, fazendo-a despencar de uma encosta. Ela morreu cinco dias depois.

Em maio de 1977, cinco machos Kasakela mataram o macho Charlie, do bando Kahama, mas os detalhes da luta não foram observados. Em novembro de 1977, seis machos Kasakela agarraram o macho Sniff, um Kahama, e o golpearam e morderam, o arrastaram pelos pés e quebraram sua perna esquerda. No dia seguinte ele estava vivo, mas não foi visto novamente depois disso.

Dentre os chimpanzés Kahama remanescentes, dois machos adultos e duas fêmeas desapareceram por causas desconhecidas e duas fêmeas jovens se transferiram para o bando Kasakela, que passou a ocupar o território Kahama. Entretanto, em 1979, o próximo bando ao sul, o Kalande, maior e com pelo menos nove machos adultos, começou a invadir o território Kasakela e pode ter sido o responsável pelo desaparecimento de vários chimpanzés Kasakela ou por seus ferimentos. Ataques grupais semelhantes têm sido observados no único outro estudo de campo de longo prazo sobre os chimpanzés comuns, mas não nos estudos de longo prazo dos chimpanzés pigmeus. Se julgarmos estes chimpanzés comuns assassinos pelos critérios dos assassinatos humanos, é difícil não se espantar com a sua ineficiência. Mesmo quando grupos de três a seis agressores encurralaram vítimas solitárias, as deixaram rapidamente indefesas e prosseguiram atacando-a por dez a vinte minutos ou mais, ao final a vítima sempre sobrevivia. Contudo, os agressores conseguiram imobilizá-la e muitas vezes provocaram sua morte posterior. O padrão era que a vítima inicialmente se agachava e podia tentar proteger a cabeça, mas depois desistia de se defender, e o ataque prosseguia até o ponto em que a vítima já não se movia. Nesse aspecto, os ataques entre bandos diferem dos ataques menos violentos no seio do mesmo bando. A ineficácia assassina dos chimpanzés reflete sua carência de armas, mas ainda assim surpreende que não tenham aprendido a matar por estrangulamento, pois essa é uma das suas capacidades.

Não só os assassinatos individuais, mas todo o desenrolar do genocídio chimpanzé é ineficiente segundo os nossos padrões. Passaram-se três anos e dez meses entre a primeira morte de um chimpanzé Kahama e o fim do bando, e todas as mortes foram de indivíduos, nunca de vários chimpanzés Kahama de uma só vez. Em contraposição, os colonizadores australianos muitas vezes conseguiam eliminar um grupo de aborígines num só ataque durante a madrugada. Em parte essa ineficiência reflete a falta de armas entre os chimpanzés. Como todos estão igualmente desarmados, a morte só acontece quando diversos agressores dominam uma única vítima, ao passo que os colonizadores australianos tinham sobre os aborígines desarmados a vantagem das armas e podiam matar vários de uma vez. Parcialmente, também, os chimpanzés genocidas são muito inferiores aos humanos em inteligência e, consequentemente, em planejamento estratégico. Aparentemente, os chimpanzés não conseguem planejar um ataque noturno ou coordenar uma emboscada com a divisão das equipes de assalto.

Porém, os chimpanzés genocidas parecem manifestar intencionalidade e um planejamento não sofisticado. As matanças dos chimpanzés Kahama foram resultado da ação direta, rápida, silenciosa e agitada em direção ou no interior do território Kahama, sentados nas árvores e à escuta por quase uma hora, para finalmente correr na direção dos chimpanzés Kahama ao detectá-los. Os chimpanzés também compartilham a xenofobia conosco; reconhecem claramente membros de outros bandos e suas diferenças com relação a si próprios e os tratam de maneira muito diferente. Em resumo, de todas as marcas humanas — a arte, a linguagem falada, as drogas e outras — a que deriva mais diretamente dos precursores animais é o genocídio. Os chimpanzés comuns já organizavam matanças, exterminavam bandos vizinhos, lutavam pela conquista territorial e raptavam fêmeas jovens núbeis. Se os chimpanzés tivessem lanças e soubessem usá-las, seus massacres sem dúvida se equiparariam aos nossos em eficácia. O comportamento chimpanzé sugere que uma importante razão para a nossa marca humana de vida coletiva foi a defesa contra outros grupos humanos, especialmente quando adquirimos armas e um cérebro suficientemente grande para planejar emboscadas. Se esse raciocínio estiver correto, a ênfase tradicional dos antropólogos no "homem caçador" como força impulsionadora da evolução humana pode ser válida — com a diferença de que éramos ao mesmo tempo a presa e o predador, o que nos forçou a viver em grupo.

ASSIM, OS DOIS PADRÕES de genocídio mais comuns entre os humanos possuem precedentes animais: matar machos e fêmeas se encaixa nos padrões de chimpanzés e lobos, e matar os machos e poupar as fêmeas se encaixa no padrão de gorilas e leões. Contudo, sem precedentes inclusive entre animais é o procedimento adotado pelo exército argentino entre 1976 e 1983, quando assassinou mais de dez mil opositores políticos e suas famílias, os "desaparecidos". As vítimas incluem homens comuns, mulheres não grávidas e crianças de até 3 ou 4 anos que, com frequência, foram torturadas antes de serem mortos. Mas os soldados argentinos deram uma contribuição singular para o comportamento animal ao encarcerar mulheres grávidas: as mulheres foram mantidas vivas até darem à luz e só depois foram mortas com um tiro na cabeça, para que o recém-nascido fosse adotado por famílias de militares sem filhos.

Se não somos os únicos entre os animais a ter inclinação a matar, será que ainda assim essa propensão é um fruto patológico da civilização moderna? Os autores modernos, chocados com a destruição de sociedades "primitivas" pelas sociedades "avançadas", tendem a idealizar as primeiras como nobres selvagens, supostos amantes da paz, ou que só cometem assassinatos isolados, nunca massacres. Erich Fromm acreditava que a guerra nas sociedades de caçadores-coletores era "característicamente não sangrenta". Certamente, alguns povos pré-letrados (pigmeus e esquimós) parecem menos belicosos do que outros (os papuas, os índios das Grandes Planícies americanas e os índios da Amazônia). Mesmo os povos belicosos — é o que se diz — praticam a guerra de maneira ritualizada e a suspendem quando alguns adversários são mortos. Mas essa idealização não coaduna com a minha ex-

Liliana Carmen Pereyra Azzarri (21 anos), caso n° 195 dos desaparecidos argentinos investigados por grupos de direitos humanos. Liliana foi raptada com cinco meses de gravidez. Foi mantida viva num centro de tortura (a Academia Militar ESMA) até dar à luz um menino, em fevereiro de 1978, e em seguida foi morta com um tiro no crânio à queima-roupa. Seu esqueleto, encontrado no cemitério de Mar del Plata, onde outros desaparecidos foram enterrados, foi identificado em 1985. Seu filho ainda não foi encontrado e pode ter sido levado por uma família de militares. A forma como Liliana foi tratada exemplifica o conceito de honra invocado pela antiga junta militar para justificar suas ações. Agradeço às Avós da Praça de Maio a permissão de reproduzir a fotografia de Liliana.

periência com os habitantes das terras altas da Papua-Nova Guiné, que costumam ser citados como praticantes de guerras limitadas ou ritualizadas. Lá, a maioria dos conflitos consiste em escaramuças com poucos ou nenhum morto, mas às vezes os grupos conseguem massacrar os vizinhos. Como outros povos, os papuas tentaram expulsar ou matar os vizinhos quando isso lhes pareceu vantajoso, seguro ou uma questão de sobrevivência.

Quando nos voltamos para as primeiras civilizações letradas, os registros escritos testemunham a frequência do genocídio. As guerras entre gregos e troianos, entre Roma e Cartago, entre assírios, babilônios e persas tinham todas o mesmo fim: o massacre dos derrotados, independentemente do sexo, ou a mortandade dos homens e a escravização das mulheres. Todos conhecem o relato bíblico sobre o desmoronamento das muralhas de Jericó ao som das trombetas de Josué. Menos citada é a consequência disso: Josué obedeceu à ordem do Senhor de massacrar os habitantes de Jericó e também os das cidades de Ai, Maquedá, Libna, Hebron, Debir e muitas outras. Isso era tão comum que o Livro de Josué dedica só uma frase a cada massacre, como dizendo: o único que merece ser citado é o massacre de Jericó, onde Josué fez algo realmente incomum: poupou a vida de uma família (porque havia colaborado com os seus mensageiros).

Encontramos episódios semelhantes nos relatos das guerras das Cruzadas, dos ilhéus do Pacífico e muitos outros grupos. É claro que não estou dizendo que o massacre dos derrotados, independentemente do sexo, era praxe após a derrota acachapante. Mas esse final, ou sua versão menos drástica, como a matança dos homens e a escravização das mulheres, acontecia com suficiente frequência para ser considerado mais do que uma aberração na nossa visão da natureza humana. Desde 1950 houve quase vinte episódios de genocídio; em dois deles (Bangladesh em 1971, Camboja ao final dos anos 1970) estima-se um milhão de vítimas em cada episódio, além de outros quatro genocídios com mais de 100.000 vítimas cada um (o Sudão e a Indonésia nos anos 1960, Burundi e Uganda nos anos 1970) (ver mapa da figura 13).

Evidentemente, há milhões de anos o genocídio faz parte da nossa herança humana e pré-humana. Em vista dessa longa história, o que pensar de nossa impressão de que os genocídios do século XX são únicos? Não há dúvida de que Stalin e Hitler estabeleceram novos recordes do número de vítimas, porque obtiveram três vantagens sobre os assassinos de outras épocas: a população mais adensada das vítimas, o aperfeiçoamento das comunicações para persegui-las e o avanço na tecnologia para destruição em massa. Em outro exemplo de como a tecnologia pode acelerar o genocídio, os ilhéus da lagoa Roviana, nas Ilhas Salomão, no sudoeste do Pacífico, eram famosos por caçarem cabeças, que deixaram despovoadas as ilhas vizinhas. Contudo, como me explicaram os meus amigos de Roviana, os ataques só se intensificaram quando os machados de aço chegaram às Ilhas Salomão, no século XIX. Decapitar um homem com um machado de pedra é difícil, a lâmina rapidamente perde o fio e é tedioso afiá-la.

Uma questão muito mais controversa é se hoje a tecnologia tornou o genocídio psicologicamente mais fácil, como afirmou Konrad Lorenz. Seu raciocínio é o seguinte. À medida que nós, humanos, evoluímos dos primatas antropoides, passamos a precisar matar cada vez mais animais para nos alimentarmos. Porém, também vivíamos em sociedades com maior ou menor número de indivíduos, entre os quais a cooperação era essencial. Essas sociedades não podiam se manter, a menos que desenvolvêssemos fortes inibições para matar outros humanos. Ao longo da maior parte da história de nossa evolução, as armas só funcionaram a curta distância e, portanto, as inibições para encarar alguém e matá-lo eram suficientes. As modernas armas operadas com botões superam as inibições, permitindo-nos matar sem nem ver o rosto das vítimas. Assim, a tecnologia criou os pré-requisitos psicológicos para os genocídios de colarinho-branco de Auschwitz e Treblinka, Hiroshima e Dresden.

Não sei se esse argumento psicológico realmente contribuiu significativamente para a facilidade moderna do genocídio. A frequência dos genocídios no passado parece ter sido tão alta quanto a atual, apesar de questões práticas terem limitado o número de vítimas. Para entender melhor o genocídio, devemos deixar de lado datas e números e pensar na ética do assassinato.

É ÓBVIO QUE o nosso impulso de matar é contido pela ética quase o tempo todo. A questão é: o que o deflagra?

Ainda que possamos dividir o mundo entre "nós" e os "outros", hoje sabemos que há milhares de tipos de "outros", todos diferentes entre si e de nós na língua, na aparência e nos costumes. Parece tolo desperdiçar palavras assinalando isso: todos sabemos pelos livros e pela televisão, e a maioria de nós também sabe por experiências pessoais de viagens. É difícil nos transportarmos para a mentalidade que prevaleceu ao longo da maior parte da história humana descrita no Capítulo 13. Assim como chimpanzés, gorilas e carnívoros sociais, vivíamos em bandos territorialistas. O mundo conhecido era muito menor e mais simples do que hoje: havia apenas uns poucos tipos conhecidos de "outros", os nossos vizinhos próximos.

Por exemplo, na Papua-Nova Guiné até pouco tempo cada tribo mantinha um padrão cambiante de guerras e alianças com a tribo vizinha. Uma pessoa podia entrar no vale ao lado numa visita amigável (nunca totalmente livre de perigos) ou num ataque aberto, mas as chances de atravessar uma sequência de vales em condições pacíficas eram ínfimas. As poderosas regras sobre o tratamento dos semelhantes a "nós" não se aplicavam aos "outros", os vizinhos inimigos pouco conhecidos. À medida que eu caminhava pelos vales da Papua-Nova Guiné, povos que praticavam o canibalismo e estavam há apenas uma década de distância da Idade da Pedra me advertiam sobre os hábitos indescritivelmente primitivos, vis e canibais dos povos que eu encontraria no vale seguinte. Até as gangues de Al Capone na Chicago do século XX tinham a política de contratar matadores de fora da cidade, para que o assassino sentisse que estava matando "um dos outros" e não "um dos nossos".

Os textos da Grécia clássica apontam para uma extensão desse territorialismo tribal. O mundo conhecido era mais amplo e diverso, mas "nós" gregos ainda nos distinguíamos "deles", bárbaros. A palavra "bárbaro" deriva do grego *barbaroi*, que simplesmente significa estrangeiros não gregos. Egípcios e persas, cujo nível de civilização era equivalente ao dos gregos, ainda assim eram *barbaroi*. O ideal de conduta não era tratar todos os homens igualmente, mas recompensar os amigos e punir os inimigos. Quando o autor ateniense Xenofonte quis elogiar seu admirado líder Ciro, contou que Ciro sempre recompensava generosamente as boas ações dos seus amigos e retaliava severamente as maldades dos inimigos (por exemplo, extraindo-lhes os olhos ou decepando-lhes as mãos).

Como alcateias rivais de hienas, os humanos praticaram um padrão duplo de comportamento: fortes inibições para matar "um dos nossos" e luz verde para matar os "outros" quando era seguro fazê-lo. Nessa dicotomia o genocídio era aceitável, fosse ele um instinto animal herdado ou um código de ética especificamente humano. Todos nós adquirimos na infância critérios arbitrariamente dicotômicos de respeito ou desprezo por outros humanos. Recordo uma cena no aeroporto de Goroka, nas terras altas da Papua-Nova Guiné: os meus assistentes de campo tudawhes estavam de pé desajeitados, as camisas rasgadas e descalços, quando se aproximou um homem branco, com a barba por fazer, sem banho tomado, um chapéu enfiado nos olhos e forte sotaque australiano. Antes mesmo que ele começasse a rosnar para os tudawhes "negros inúteis, nem daqui a um século serão capazes de governar este país", eu já estava pensando com meus botões: "Seu babaca branquelo, por que você não volta para casa, para o seu maldito banho de desinfetar ovelhas." Ali estava a matriz do genocídio: eu desprezando o australiano, e ele desprezando os tudawhes, os dois baseados nas características coletivas apreendidas à primeira vista.

Com o tempo, essa antiga dicotomia foi se tornando cada vez mais inaceitável como base de um código de ética. Em vez disso, houve certa tendência a ao menos se fingir respeitar um código universal — isto é, estipular regras semelhantes para tratar povos dessemelhantes. O genocídio entra em conflito direto com um código universal.

Apesar desse conflito ético, diversos genocidas modernos conseguiram se orgulhar descaradamente de seus feitos. Quando o general argentino Julio Argentino Roca abriu os pampas para o assentamento de brancos, exterminando sem piedade os índios araucanos, uma nação argentina satisfeita o elegeu presidente em 1880. Como os genocidas de hoje se arranjam entre suas ações e um código de ética universal? Eles recorrem a um de três tipos de racionalização, que são variantes de um tema psicológico simples: "Culpe a vítima!"

Primeiro, a maioria dos que creem num código universal ainda considera a legítima defesa justificável. Essa é uma racionalização elástica e útil porque, invariavelmente, os "outros" podem ser provocados para que se comportem de modo inadequado, justificando assim a legítima defesa. Por exemplo, os tasmanianos deram aos colonizadores a desculpa para o genocídio ao matarem um total estimado de 183 colonos ao longo de 34 anos, depois de terem sido provocados por um número muito maior de mutilações, raptos, estupros e assassinatos. Até Hitler alegou a legítima defesa ao deflagrar a Segunda Guerra Mundial: ele se deu ao trabalho de forjar um ataque polonês a um posto fronteiriço alemão.

Seguir a religião ou a crença política "certas", pertencer à raça "certa" ou alegar representar o progresso ou um nível mais elevado de civilização é a segunda justificativa tradicional para levar adiante qualquer coisa, inclusive o genocídio, contra os que seguem princípios errados. Quando eu era estudante em Munique, em 1962, nazistas inveterados ainda me explicavam, de maneira factual, que os alemães haviam sido forçados a invadir a Rússia, porque o povo russo havia aderido ao comunismo. Os meus 15 assistentes de campo nas montanhas Fakfak, na Papua-Nova Guiné, me pareciam muito semelhantes entre si, porém mais tarde eles me explicaram quais dentre eles eram muçulmanos e quais eram cristãos, e por que os primeiros (ou os segundos) eram, irremediavelmente, seres humanos inferiores. Existe uma hierarquia quase universal de desprezo, segundo a qual povos letrados com metalurgia avançada (isto é, os colonizadores brancos da África) desprezam os pastores (isto é, tutsis, hotentotes), os quais, por sua vez, desprezam os agricultores (por exemplo, hutus), que desprezam os nômades ou os caçadores-coletores (por exemplo, pigmeus, boxímanes).

Por último, nossos códigos de ética veem os seres humanos e os animais de maneira diferente. Assim, os genocidas modernos comparam rotineiramente as suas vítimas a animais para justificar os massacres. Os nazistas consideravam os judeus piolhos sub-humanos; os franceses na Argélia se referiam aos muçulmanos locais como *ratons* (ratos); os paraguaios "civilizados" descreviam os índios aché, que eram caçadores-coletores, como ratos raivosos; os bôeres chamavam os africanos de *bobbejaan* (babuínos); e os nigerianos do norte, escolarizados, viam os ibos como vermes sub-humanos. O inglês, como outras línguas, é rico em nomes de animais empregados como pejorativos: porco, macaco, cadela, cachorro, vaca, rato.

Os três tipos de racionalização ética foram empregados pelos colonizadores australianos para justificar o extermínio dos tasmanianos. Contudo, meus compatriotas americanos e eu podemos ter uma melhor perspectiva desse processo de racionalização se examinarmos o caso que fomos condicionados a racionalizar desde a infância: o extermínio inacabado dos índios americanos. O conjunto das atitudes que absorvemos segue esta linha:

Para começar, não discutimos muito a tragédia indígena — não como discutimos os genocídios da Segunda Guerra Mundial na Europa, por exemplo. A nossa grande tragédia nacional é considerada a Guerra Civil. Quando chegamos a considerar o conflito brancos *x* índios, o encaramos como algo que pertence ao passado distante e o descrevemos numa linguagem militar: a Guerra Pequod, o conflito de Great Swamp, a Batalha de Wounded Knee, a Conquista do Oeste etc. Na nossa visão, os índios eram belicosos e violentos mesmo com outras tribos indígenas, mestres nas emboscadas e na traição. Eles eram famosos pela barbárie, notavelmente as práticas especificamente indígenas de torturar os prisioneiros e escalpelar os inimigos. Eles eram poucos e viviam como caçadores nômades, especialmente de bisões. A população indígena dos Estados Unidos em 1492 é tradicionalmente estimada em um milhão. Esse número é tão banal, comparado à atual população de 250 milhões, que a inevitabilidade de que os brancos ocupassem o continente quase vazio fica imediatamente evidente. Muitos índios morreram de varíola e outras doenças. As atitudes mencionadas anteriormente nortearam a política indigenista dos mais admirados presidentes e líderes dos Estados Unidos desde George Washington (ver citações em "Políticas indigenistas de alguns americanos famosos", no final deste capítulo).

Essas racionalizações se baseiam numa transformação dos fatos históricos. A linguagem militar implica em guerra declarada empreendida por machos adultos combatentes. Na verdade, as táticas brancas mais comuns eram ataques furtivos (geralmente de civis) a aldeias e acampamentos, para matar índios de qualquer idade ou sexo. Durante o primeiro século do assentamento branco, os governos pagavam recompensas por escalpos a matadores de índios semiprofissionais. Quando se considera a frequência das rebeliões, guerras de classes, violência motivada pelo álcool, violência legalizada contra criminosos e guerra total na Europa, incluindo a destruição de alimentos e propriedades, as sociedades europeias contemporâneas eram pelo menos tão belicosas e violentas quanto as sociedades indígenas. A tortura era infinitamente refinada na Europa: pense no esquartejamento e na estripação, na morte na fogueira e no ecúleo. Embora a população de índios pré-contato na América do Norte seja objeto das opiniões mais variadas, estimativas recentes, mais plausíveis, indicam aproximadamente 18 milhões, número que os colonos brancos só alcançaram em 1840. Alguns índios nos Estados Unidos eram caçadores seminômades sem agricultura, mas a maioria era de agricultores assentados que viviam em aldeias. As doenças podem ter sido responsáveis pela maior parte das mortes entre os índios, mas algumas delas foram intencionalmente transmitidas pelos brancos, e ainda assim sobrou uma grande quantidade de índios para serem mortos por meios mais diretos. Só em 1916 morreram os últimos índios "selvagens" nos Estados Unidos (os índios yahis, conhecidos como ishis), e até 1923 ainda eram publicadas as memórias francas e sem remorsos dos matadores brancos dessa tribo.

Em suma, os americanos romantizam o conflito de brancos *versus* índios como batalhas de homens adultos a cavalo, empreendidas pela cavalaria dos

Estados Unidos e os caubóis, contra ferozes nômades caçadores de bisões capazes de oferecer forte resistência. O conflito seria descrito de forma mais precisa como uma raça de agricultores civis exterminando outra. Nós, americanos, recordamos indignados as nossas próprias perdas no Álamo (cerca de 200 mortos), no navio de guerra *Maine* (260 mortos) e em Pearl Harbor (cerca de 2.200 mortos) e os incidentes que impulsionaram o nosso apoio à guerra mexicana, à guerra hispano-americana e à Segunda Guerra Mundial, respectivamente. Mas esses números encolhem diante das perdas esquecidas que infligimos aos índios. Um exame introspectivo demonstra que, ao reescrever a nossa grande tragédia nacional, como outros tantos povos modernos nós reconciliamos o genocídio com um código de ética universal. A solução foi alegar legítima defesa e o princípio da prerrogativa, classificando as vítimas como animais selvagens.

A NOSSA REESCRITURA da história americana parte de um aspecto do genocídio de grande importância prática em sua prevenção: os seus efeitos psicológicos nos assassinos, nas vítimas e em terceiros. A questão mais intrigante envolve o efeito, ou o aparente não efeito, em terceiros. A primeira impressão é de que se deve esperar que nenhum horror poderia atrair tanta atenção quanto o massacre intencional, coletivo e selvagem de tantas pessoas. Na verdade, os genocídios raramente atraem a atenção do público em outros países e muito raramente são interrompidos por uma intervenção estrangeira. Quem dentre nós prestou atenção ao massacre dos árabes de Zanzibar em 1964 ou dos índios aché no Paraguai nos anos 1970?

Contraste a nossa não reação a esses e a todos os demais genocídios de décadas atrás com a forte reação a dois casos de genocídio moderno que permanecem vívidos na nossa imaginação: o dos judeus nas mãos dos nazistas e (muito menos vívido para a maioria das pessoas) o dos armênios nas mãos dos turcos. Estes casos diferem em três aspectos cruciais dos genocídios que ignoramos: as vítimas eram brancas, com as quais outros brancos se identificam; os perpetradores eram nossos inimigos de guerra, os quais fomos encorajados a odiar por serem maus (especialmente os nazistas); e há sobreviventes organizados nos Estados Unidos que fazem grandes esforços para nos fazer recordá-los. Então, é preciso uma constelação especial de circunstâncias para que terceiros prestem atenção ao genocídio.

Ishi, o último índio sobrevivente da tribo yahi do norte da Califórnia. Esta fotografia o mostra faminto e aterrorizado em 29 de agosto de 1911, o dia em que ele se apresentou, depois de passar 41 anos escondido num cânion remoto. A maior parte da sua tribo fora massacrada por colonos brancos entre 1853 e 1870. Em 1870, os 16 sobreviventes do massacre final se esconderam no monte Lassen e continuaram a viver como caçadores-coletores. Em novembro de 1908, quando os sobreviventes haviam sido reduzidos a quatro, agrimensores se depararam com o acampamento e levaram todas as suas ferramentas, roupas e suprimentos para o inverno, e o resultado foi que três yahis (a mãe e a irmã de Ishi, além de um homem velho) morreram. Ishi ainda viveu sozinho outros três anos, até que não aguentou e saiu para a civilização branca, na expectativa de ser linchado. Na verdade, ele foi empregado pelo museu da Universidade da Califórnia em São Francisco e morreu de tuberculose em 1916. A foto pertence aos arquivos do Museu Lowie de Antropologia, Universidade da Califórnia, Berkeley.

Esta estranha passividade dos terceiros é exemplificada pela passividade dos governos, cujas ações refletem a psicologia coletiva humana. Em 1948 as Nações Unidas adotaram a Convenção sobre o Genocídio, na qual este é considerado crime, mas a ONU nunca deu passos concretos para preveni-lo, detê-lo ou puni-lo, apesar das queixas apresentadas à instituição por genocídios ocorridos em Bangladesh, Burundi, Camboja, Paraguai e Uganda. No auge do terror de Idi Amin, a resposta do secretário-geral da ONU a uma queixa foi pedir ao próprio Amin que a investigasse. Os Estados Unidos não ratificaram a Convenção sobre o Genocídio.

Nada fizemos porque não sabíamos, ou não podíamos saber, sobre os genocídios que estavam acontecendo? Certamente que não: muitos genocídios ocorridos nos anos 1960 e 1970 foram detalhadamente divulgados na época, inclusive os de Bangladesh, Brasil, Burundi, Camboja, Timor Leste, Guiné Equatorial, Indonésia, Líbano, Paraguai, Ruanda, Sudão, Uganda e Zanzibar. (As mortes em Bangladesh e no Camboja chegaram a um milhão.) Por exemplo, em 1968, o governo brasileiro processou 134 dos 700 funcionários do seu Serviço de Proteção ao Índio por terem participado no extermínio de tribos indígenas amazônicas. Dentre os atos detalhados no relatório Figueiredo, de 5.115 páginas, do procurador-geral da República, apresentado numa conferência de imprensa pelo ministro do Interior, constava o seguinte: morte dos índios com dinamite, metralhadoras, açúcar envenenado com arsênico, introdução proposital de varíola, influenza, tuberculose e sarampo; rapto de crianças indígenas para escravizá-las e a contratação de assassinos profissionais por empresas de desenvolvimento agrário. Resumos do relatório apareceram na imprensa norte-americana e britânica, mas não provocaram muitas reações.

Pode-se então concluir que a maioria das pessoas simplesmente não liga para a injustiça cometida contra outrem ou pensa que isso não é assunto seu. Isso certamente é parte da explicação, mas não toda. Muitos se preocuparam apaixonadamente com algumas injustiças, como o *apartheid* na África do Sul; por que não com o genocídio? Essa questão foi levada de maneira dolorosa à Organização de Estados Africanos pelas vítimas hutus dos tutsis, no Burundi, onde entre 80.000 e 200.000 hutus foram massacrados em 1972: "O *apartheid* tutsi é mais feroz que o *apartheid* do Vorster, mais desumano que o colonialismo português. Fora o movimento nazista, nada compete com ele na história mundial. E os povos africanos não dizem nada. Os chefes de Estado africanos recebem o carrasco Micombero [presidente do Burundi, um tutsi] e apertam sua mão num cumprimento fraternal. Senhores chefes de Estado, se os senhores desejam ajudar os povos africanos de Namíbia, Zimbábue, Angola, Moçambique e Guiné-Bissau a se libertarem de seus opressores brancos, não têm o direito de deixar que africanos assassinem africanos... Os senhores estão esperando que todo o grupo étnico hutu do Burundi seja exterminado antes de erguer as suas vozes?"

Para compreender essa passividade de terceiros, devemos avaliar a reação dos sobreviventes. Psiquiatras que estudaram testemunhas de genocídios, como os sobreviventes de Auschwitz, descrevem seus efeitos como "entorpecimento psicológico". A maioria de nós já experimentou uma dor intensa e duradoura quando um amigo ou parente querido morre de causas naturais longe de nós. É praticamente impossível imaginar a intensidade multiplicada do sofrimento quando se é forçado a ver de perto muitos amigos e parentes sendo mortos com extrema crueldade. Para os sobreviventes, há um esfacelamento do sistema de crenças implícito, no qual a crueldade era proibida; o sentimento de estigma, de que se deve ser realmente sem valor para ser alvo de tanta crueldade; e o sentimento de culpa por sobreviver quando os companheiros morrem. A dor física intensa nos deixa atordoados, e o mesmo ocorre sob intensa dor psicológica: não há outro modo de sobreviver e se manter são. Para mim, essas reações foram vividas por um parente que sobreviveu a dois anos em Auschwitz — e por décadas foi praticamente incapaz de chorar.

Quanto às reações dos assassinos, aqueles cujo código de ética distingue os "nós" dos "outros", podem sentir orgulho, mas aqueles criados segundo um código de ética universal podem compartilhar o torpor das vítimas, exacerbado pela culpa. Centenas de milhares de americanos que lutaram no Vietnã sofreram esse entorpecimento. Até os descendentes dos genocidas — os quais não têm nenhuma responsabilidade individual — podem sentir uma culpa coletiva, reflexo da rotulação coletiva das vítimas que define o genocídio. Para diminuir a dor da culpa, muitas vezes os descendentes reescrevem a história: lembre-se da reação dos americanos modernos, da sra. Cobern e de muitos australianos modernos.

Agora podemos começar a entender melhor a falta de reação de terceiros ao genocídio. O genocídio inflige danos psicológicos incapacitantes e duradouros nas vítimas e nos assassinos que o experimentam diretamente. Mas também pode deixar cicatrizes profundas nos que ouvem a respeito, como os filhos dos sobreviventes de Auschwitz ou os psicoterapeutas que tratam dos sobreviventes e dos veteranos do Vietnã. Os terapeutas que foram preparados profissionalmente para poderem ouvir sobre o sofrimento humano às vezes não conseguem suportar as lembranças dolorosas dos envolvidos em genocídios. Se profissionais pagos para isso não podem suportá-lo, quem pode culpar o público leigo por se recusar a ouvir?

Considere as reações de Robert Jay Lifton, psiquiatra americano com vasta experiência com sobreviventes de situações extremas, antes de entrevistar os sobreviventes da bomba A de Hiroshima: "...agora, em vez de lidar com o 'problema da bomba atômica', fui confrontado com os detalhes brutais das experiências reais de seres humanos sentados à minha frente. Cada entrevista me deixava profundamente chocado e emocionalmente exausto. Mas logo — em alguns dias, na verdade — notei que minhas reações estavam mudando. Eu ouvia as descrições dos mesmos horrores, mas o efeito sobre mim havia diminuído. A experiência foi uma demonstração inesquecível do 'fechamento psíquico' que caracterizou todos os aspectos da exposição à bomba atômica..."

QUE GENOCÍDIOS PODEMOS esperar do *Homo sapiens* no futuro? Há inúmeras razões óbvias para o pessimismo. Há no mundo diversas regiões problemáticas que parecem um convite ao genocídio: o norte da Irlanda, a ex-Iugoslávia, Sri Lanka, Nova Caledônia e o Oriente Médio, para citar algumas. Os governos totalitários inclinados ao genocídio parecem irrefreáveis. A artilharia moderna permite matar um número maior de pessoas, matar de terno e gravata e, inclusive, perpetrar o genocídio universal da raça humana.

Ao mesmo tempo, vejo motivos para um otimismo cauteloso: o futuro não precisa ser tão mortal quanto o passado. Em muitos países hoje convivem pessoas de diferentes raças, religiões e grupos étnicos com graus variados de justiça social, mas livres dos massacres: por exemplo, Suíça, Bélgica, Papua-Nova Guiné, Fiji e até os Estados Unidos pós-Ishi. Alguns genocídios foram interrompidos satisfatoriamente, reduzidos ou evitados mediante os esforços ou ações preventivas de terceiros. Até o extermínio nazista dos judeus, que consideramos o mais eficiente e irrefreável dos genocídios, foi frustrado na Dinamarca, na Bulgária e nos demais Estados ocupados nos quais o chefe da Igreja dominante denunciou publicamente a deportação de judeus antes ou logo após o ocorrido. Outro sinal de esperança é que as viagens modernas, a televisão e a fotografia nos permitem enxergar outras pessoas que vivem a 15.000 quilômetros de distância como humanos iguais a nós. Por mais que amaldiçoemos a tecnologia do nosso tempo, ela está apagando as distinções entre "nós" e os "outros" que tornam possível o genocídio. Se este foi considerado socialmente aceitável ou até admirável no mundo pré-contato, a disseminação moderna da cultura e do conhecimento internacionais sobre povos distantes tem feito dele algo cada vez mais injustificável.

Ainda assim, o risco do genocídio estará entre nós enquanto não pudermos entendê-lo e enquanto nos iludirmos na crença de que só gente perversa, isolada, é capaz de perpetrá-lo. É verdade que é difícil não ficar atordoado ao ler sobre isso. É difícil imaginar como nós, e outras pessoas comuns e boas que conhecemos, poderíamos encarar pessoas indefesas e matá-las. O mais perto que estive de imaginá-lo foi quando um amigo que conheço há muitos anos me contou sobre um massacre genocida do qual participou:

Kariniga é um bom homem da tribo tudawhe que trabalhou comigo na Papua-Nova Guiné. Passamos juntos por situações de grandes riscos, medos e triunfos, e gosto dele e o admiro. Uma noite, quando tínhamos cinco anos de convivência, ele me contou um episódio de sua juventude. Houve uma longa história de conflitos entre os tudawhes e uma aldeia vizinha da tribo daribi. Os daribis e os tudawhes me parecem muito semelhantes, mas Kariniga os considerava indizivelmente vis. Numa sucessão de emboscadas, os daribis finalmente conseguiram matar muitos tudawhes, inclusive o pai de Kariniga, até que os tudawhes sobreviventes se desesperaram. Todos os homens tudawhes que sobreviveram cercaram a aldeia daribi à noite e na madrugada atearam fogo às choças deles. Quando os daribis saíram das choças em chamas, foram feridos com lanças. Alguns daribis conseguiram escapar e se esconderam na floresta, e os tudawhes os perseguiram e mataram quase todos nas semanas seguintes. Mas o governo australiano pôs fim à perseguição antes que Kariniga conseguisse pegar o assassino de seu pai.

Desde aquela noite, muitas vezes estremeci ao recordar esses detalhes — o brilho nos olhos de Kariniga quando me falou do massacre durante a madrugada; do momento de intensa satisfação quando ele finalmente enfiou a lança num assassino do seu povo; de suas lágrimas de raiva e frustração pela fuga do assassino de seu pai, que ele esperava um dia conseguir envenenar. Naquela noite pensei ter compreendido como uma boa pessoa era impelida a matar. O potencial para o genocídio que as circunstâncias apresentaram a Kariniga existe em todos nós. À medida que o crescimento da população mundial aumentar os conflitos sociais internos e entre as sociedades, os seres humanos terão maior impulso para matar uns aos outros, e armas mais eficazes para fazê-lo. Ouvir relatos sobre um genocídio em primeira pessoa é insuportável e doloroso. Mas se continuarmos a dar as costas e não o entendermos, quando chegará a nossa vez de sermos os assassinos — ou as vítimas?

AS POLÍTICAS INDIGENISTAS DE ALGUNS AMERICANOS FAMOSOS

Presidente George Washington: "Os objetivos imediatos são a destruição total e a devastação dos seus assentamentos. É essencial arruinar suas plantações e impedir que plantem mais."

Benjamin Franklin: "Se for o Desígnio da Providência Extirpar estes Selvagens de modo a abrir espaço para os Agricultores da Terra, não parece improvável que o Rum seja o meio indicado."

Presidente Thomas Jefferson: "Esta raça infeliz, que tantos esforços temos feito para salvar e civilizar, com sua deserção inesperada e suas barbaridades atrozes justificou o extermínio e agora espera a nossa decisão sobre a sua sorte."

Presidente John Quincy Adams: "Que direito tem o caçador a uma floresta de mil quilômetros sobre a qual ele acidentalmente se estendeu em busca de presas?"

Presidente James Monroe: "O estado caçador ou selvagem exige maior extensão de território para o seu sustento do que é compatível com o progresso e as reivindicações justas da vida civilizada... e deve ceder a elas."

Presidente Andrew Jackson: "Eles não possuem a inteligência, a diligência, os costumes morais nem o desejo de aprimoramento essenciais para qualquer mudança favorável de sua condição. Estando em meio a uma raça diferente e superior, e sem apreciar as causas da sua inferioridade nem tentar controlá-las, eles necessariamente devem ceder à força das circunstâncias e logo desaparecer."

Presidente do Supremo Tribunal John Marshall: "As tribos de índios que habitavam este país eram selvagens, sua ocupação era a guerra, e sua subsistência era obtida da floresta... Foi impossível aplicar a lei que regula, e em geral deve regular, as relações entre conquistador e conquistado a povos nestas circunstâncias. O descobrimento [da América pelos europeus] deu o direito exclusivo de extinguir o título de ocupação indígena, seja pela compra, seja pela conquista."

Presidente William Henry Harrison: "Deve uma das melhores partes do planeta permanecer em estado natural, guarida de um punhado de selvagens desprezíveis, quando parece destinada pelo Criador a sustentar uma grande população e ser o berço da civilização?"

Presidente Theodore Roosevelt: "O colonizador e o pioneiro no fundo tiveram a justiça do seu lado; este grande continente não podia continuar a ser uma reserva de caça de selvagens esquálidos."

General Philip Sheridan: "Os únicos índios bons que vi estavam mortos."

PARTE CINCO

A REVERSÃO DO NOSSO PROGRESSO DA NOITE PARA O DIA

A NOSSA ESPÉCIE ESTÁ AGORA NO SEU AUGE POPULACIONAL, DE EXPANSÃO geográfica, de poder e da fração da produtividade da Terra sob seu comando. Essa é a boa notícia. A má notícia é que também estamos no processo de reverter todo este progresso muito mais rapidamente do que o tempo que levamos para criá-lo. O nosso poder ameaça a nossa própria existência. Não sabemos se subitamente vamos explodir, antes de expirar em banho-maria em razão do aquecimento global, da poluição, da destruição do hábitat, de mais bocas para alimentar, de menos alimentos para estas bocas e do extermínio de outras espécies, que são a nossa base de recursos. Esses perigos são realmente novos, surgidos com a Revolução Industrial, como se pensa?

É crença comum que, na natureza, as espécies vivem em equilíbrio entre si e com o meio ambiente. Os predadores não exterminam suas presas nem os herbívoros esgotam suas plantas. Segundo essa visão, os humanos são os únicos desajustados. Se isso fosse verdade, a natureza não teria nada a nos ensinar.

Há algo de verdade nessa visão, na medida em que as espécies não se extinguem em condições naturais tão rapidamente como as exterminamos hoje, exceto em raras circunstâncias. Um evento assim tão raro foi a extinção dos dinossauros, há 65 milhões de anos, possivelmente devido ao impacto de um asteroide. Como as multiplicações evolutivas das espécies são muito lentas, as extinções naturais obviamente também devem ser lentas, ou há muito tempo não teríamos outras espécies. Dito de outro modo, as espécies vulneráveis são eliminadas rapidamente, e o que persiste na natureza são as espécies robustas.

Contudo, essa conclusão ainda nos deixa com muitos exemplos instrutivos de espécies que exterminam outras espécies. Quase todos os casos conhecidos combinam dois elementos. Primeiro, envolvem espécies que chegam a ambientes onde não ocorriam antes e onde encontram populações de presas que desconhecem os predadores invasores. Quando a poeira ecológica baixa e se alcança um novo equilíbrio, algumas presas podem ter sido exterminadas. Segundo, os que causam essas extinções são predadores inconstantes, que não se especializam numa só espécie de presa, mas podem se alimentar de várias presas diferentes. Apesar de exterminar algumas espécies de presas, o predador sobrevive substituindo-as por outras.

Esses extermínios muitas vezes ocorrem quando os humanos, intencional ou acidentalmente, transferem uma espécie de uma parte do globo para outra. Ratos, gatos, cabras, porcos, formigas e até cobras estão entre os matadores transferidos. Por exemplo, durante a Segunda Guerra Mundial, uma serpente arborícola nativa da Austrália foi acidentalmente transportada em navios ou aviões para a ilha de Guam, no Pacífico, até então livre de cobras. Esse predador já exterminou ou levou à beira da extinção a maioria das espécies de aves nativas das florestas, que não tiveram oportunidade de desenvolver defesas comportamentais contra cobras. Entretanto, essa serpente não corre perigo, apesar de ter praticamente exterminado suas presas entre as aves, porque pode substituir as vítimas por ratos, camundongos, musaranhos e lagartos. Em outro exemplo, os gatos e raposas introduzidos na Austrália pelos humanos vêm devorando os pequenos marsupiais e ratos australianos, sem colocar sua sobrevivência em risco, porque há lebres e outras espécies em abundância das quais se alimentar.

Nós, humanos, somos o primeiro exemplo de predador inconstante. Comemos de tudo, caracóis, algas e baleias, cogumelos e morangos. Podemos fazer colheitas excessivas de algumas espécies, a ponto de extingui-las, e substituí-las por outro alimento. Assim, uma onda de extinções ocorre cada vez que os humanos chegam a uma parte até então desocupada do globo. O dodô, cujo nome tornou-se sinônimo de extinção, costumava habitar as ilhas Maurício, a qual, depois de serem descobertas em 1507, tiveram a metade das espécies de pássaros terrestres e de água doce extinta. Os dodôs, em particular, eram grandes, comestíveis, não voavam e eram presa fácil para os marinheiros famintos. O mesmo ocorreu com espécies de pássaros havaianos há 1.500 anos e com as espécies de grandes mamíferos americanos quando chegaram os ancestrais dos índios há 11.000 anos. Ondas de extinção também acompanharam grandes avanços na tecnologia de caça em terras há muito ocupadas pelos humanos. Por exemplo, as populações selvagens do órix árabe, um belo antílope do Oriente Próximo, sobreviveram a um milhão de anos de caça humana, mas sucumbiram aos rifles de alta precisão em 1972.

Há vários precedentes animais para nossa propensão a exterminar espécies individuais de presas e sobrevivermos substituindo-as por outras. Haverá precedente de alguma população animal que tenha destruído toda a sua base de recursos e tenha levado a si mesma à extinção? Isso é raro, porque as populações animais são reguladas por diversos fatores que automaticamente tendem a diminuir as taxas de natalidade ou aumentar as de mortalidade quando um animal é mais numeroso que o seu suprimento alimentar — ou vice-versa, quando este é raro. Por exemplo, a mortalidade por fatores externos, como predadores, doenças, parasitas e fome, tende a aumentar em altas densidades populacionais. A alta densidade também provoca reações do próprio animal, como o infanticídio, o adiamento da reprodução e o aumento da agressividade. Essas reações e os fatores externos em geral reduzem a população animal e diminuem a pressão sobre os recursos antes que estes sejam exauridos.

No entanto, algumas populações animais esgotaram suas fontes de alimentos e se extinguiram. Um exemplo é a progênie de 29 renas, que em 1944 foram introduzidas na ilha de St. Matthew, no mar de Bering. Por volta de 1963, elas haviam se multiplicado e chegaram a seis mil, mas para se alimentarem as renas dependem de liquens de lento crescimento, e na St. Matthew estes não se recuperaram do intenso pastio das renas, já que elas não tinham para onde migrar. Durante um forte inverno em 1963-1964, todos os animais morreram de inanição, à exceção de 41 fêmeas e um macho estéril, deixando uma população condenada numa ilha coberta de milhares de carcaças. Um exemplo similar foi a introdução de coelhos na ilha Lisianski, a oeste do Havaí, na primeira década do século XX. Em uma década, os coelhos haviam comido tudo, exceto duas ipomeias e uma plantação de tabaco.

Esses e outros exemplos de suicídio ecológico envolvem populações que subitamente se livraram dos fatores que costumavam regular suas populações. Normalmente, coelhos e renas estão sujeitos a predadores, e nos continentes as renas usam a migração como uma válvula de segurança para que a vegetação de uma área de pasto se recupere. Mas as ilhas Lisianki e St. Matthew não possuíam predadores e migrar era impossível, então os animais se reproduziram e se alimentaram sem limites.

Ao refletir sobre isso, fica evidente que a espécie humana também tem tido êxito ao escapar recentemente dos antigos controles do crescimento populacional. Eliminamos a predação há muito tempo; a medicina atual reduziu enormemente a mortalidade por doenças infecciosas; algumas das nossas principais técnicas de controle populacional, como o infanticídio, a guerra crônica e a abstinência sexual tornaram-se socialmente inaceitáveis. Hoje a população mundial dobra a cada 35 anos. É verdade que não tão rápido quanto as renas de St. Matthew. A ilha Terra é maior do que a St. Matthew, e alguns dos nossos recursos são mais elásticos do que liquens (ainda que outros, como o petróleo, sejam menos elásticos). Mas a conclusão qualitativa é a mesma: nenhuma população pode crescer indefinidamente.

Assim, o aperto ecológico atual tem precursores animais conhecidos. Como muitos predadores inconstantes, exterminamos algumas espécies de presas ao colonizar um novo ambiente ou adquirir um novo poder destruidor. Como algumas populações animais que subitamente escapam dos antigos limites ao crescimento, corremos o risco de nos extinguirmos ao destruir nossos recursos básicos. E quanto à visão de que estávamos num estado de relativo equilíbrio ecológico antes da Revolução Industrial e que só a partir dela começamos a realmente exterminar espécies e superexplorar o meio ambiente? Essa fantasia rousseauniana será examinada nos próximos três capítulos.

Primeiro examinaremos a crença amplamente disseminada numa antiga Idade do Ouro, em que supostamente vivíamos como bons selvagens, praticando uma ética conservacionista em harmonia com a natureza. Na verdade, os extermínios em massa coincidiram com cada expansão importante do *Lebensraum* humano nos últimos dez mil anos e, possivelmente, por muito mais tempo. A nossa responsabilidade direta pelas extinções é mais clara no caso das expansões mais recentes, das quais há evidências ainda frescas: a expansão europeia a partir de 1492 e a colonização, um pouco mais recente, das ilhas oceânicas pelos polinésios e os malgaxes. Expansões mais antigas, como a primeira ocupação humana das Américas e da Austrália, também foram acompanhadas por extinções maciças, ainda que tenha havido mais tempo para o desaparecimento das evidências e, portanto, as conclusões sobre causa e efeito sejam mais débeis.

Não é só que a Idade do Ouro tenha sido obscurecida pelas extinções em massa. Nenhuma grande população humana se extinguiu por esgotar os seus recursos alimentares, mas isso ocorreu em pequenas ilhas, e muitas populações extensas danificaram seus recursos a ponto de provocar um colapso econômico. Os exemplos mais claros provêm de culturas isoladas, como as civilizações da ilha de Páscoa e anasazi. Mas os fatores ambientais também impulsionaram as principais mudanças na civilização ocidental, inclusive os colapsos sucessivos do Oriente Médio, da hegemonia grega e depois a hegemonia romana. Portanto, o abuso autodestrutivo do meio ambiente, longe de ser uma invenção moderna, é há muito tempo uma das principais forças motrizes da história humana.

Depois examinaremos atentamente a "extinção em massa na Idade do Ouro", mais dramática e controversa. Há uns 11.000 anos ocorreu a extinção da maioria dos grandes mamíferos de dois continentes, a América do Norte e a América do Sul. Na mesma época surgiu a primeira evidência inequívoca da ocupação humana nas Américas pelos ancestrais dos índios americanos. Foi a maior expansão territorial humana desde que o *Homo erectus* partiu da África para colonizar a Europa e a Ásia há um milhão de anos. A coincidência temporal entre os primeiros americanos e os últimos grandes mamíferos americanos, a ausência de extinções em massa em outras partes do mundo no mesmo período e provas de que alguns desses animais hoje extintos foram caçados sugerem o que se denomina a hipótese de *Blitzkrieg* no Novo Mundo. Segundo essa interpretação, quando a primeira leva de caçadores humanos se multiplicou e se espalhou do Canadá à Patagônia, encontrou grandes animais que não conheciam os humanos e os exterminou em sua marcha. Os críticos dessa teoria são tão numerosos quanto os que a apoiam, e tentaremos entender o debate.

Por fim, vamos calcular números aproximados da contagem das espécies que já levamos à extinção. Começaremos pelos números mais sólidos: as espécies cujas extinções ocorreram em tempos modernos e estão bem documentadas, e das quais a busca de sobreviventes tem sido tão minuciosa que não há dúvida de que não restaram sobreviventes. Depois faremos uma estimativa de três números menos confiáveis: as espécies modernas que não são avistadas há algum tempo e se extinguiram despercebidamente; as espécies modernas que ainda nem foram "descobertas" e nomeadas; e as espécies que os humanos exterminaram antes do surgimento da ciência moderna. Esse pano de fundo nos permitirá avaliar nossos principais mecanismos de extermínio e o número de espécies que provavelmente exterminaremos no transcurso da vida dos meus filhos — se prosseguirmos no ritmo atual.

CAPÍTULO 17

A Idade de Ouro que nunca houve

> Para o meu povo, cada parte da terra é sagrada. Cada agulha brilhante de pinheiro, cada franja de areia, cada bruma nos bosques escuros, cada clareira e inseto a zumbir são sagrados na memória e na experiência do meu povo... O homem branco... é um forasteiro que chega à noite e tira da terra o que necessita. A terra não é sua irmã, mas sua inimiga... Continue contaminando o seu leito e uma noite você sufocará no seu próprio lixo.
>
> De uma carta enviada pelo chefe Seattle, da tribo duwanish de índios americanos, ao presidente Franklin Pierce, em 1855.

OS AMBIENTALISTAS REVOLTADOS COM OS DANOS QUE AS SOCIEDADES industriais provocam no mundo em geral veem o passado como uma Idade de Ouro. Quando os europeus começaram a colonizar a América, o ar e os rios eram limpos, a paisagem era verde e nas Grandes Planícies havia abundância de bisões. Hoje respiramos fumaça, nos preocupamos com substâncias químicas tóxicas na água que bebemos, asfaltamos a paisagem e raramente vemos um grande animal selvagem. O pior certamente ainda está por vir. Quando nossos filhos pequenos chegarem à idade da aposentadoria, metade das espécies do mundo estará extinta, o ar será radioativo e os mares estarão poluídos com petróleo.

Indubitavelmente, dois motivos simples explicam muito da nossa crescente desordem: a tecnologia moderna tem muito mais poder de causar acidentes do que os machados de pedra do passado, e hoje há muito mais gente no planeta. Mas um terceiro fator também pode ter contribuído: uma mudança de atitude. À diferença dos modernos habitantes das cidades, pelo menos alguns povos pré-industriais — como os duwanishes, cujo chefe citei — dependiam do meio ambiente e o reverenciavam. Há muitas histórias sobre como esses povos são conservacionistas praticantes. Uma vez um membro de uma tribo na Papua-Nova Guiné me explicou: "É nosso costume que, se um caçador um dia mata um pombo em certo lugar da aldeia, ele espera uma semana para matar pombos novamente e segue na direção oposta." Só há pouco tempo começamos a entender quão sofisticadas são as políticas de conservação dos chamados povos primitivos. Por exemplo, especialistas estrangeiros bem-intencionados desertificaram grandes extensões de terras na África. Nessas mesmas áreas, os pastores locais haviam prosperado como nômades durante milênios fazendo migrações anuais que garantiam que a terra nunca se exaurisse.

A visão nostálgica compartilhada até recentemente pela maioria dos meus colegas ambientalistas e por mim é parte da tendência humana a encarar o passado como uma Idade de Ouro em muitos outros aspectos. Um famoso expoente dessa visão foi o filósofo francês do século XVIII, Jean-Jacques Rousseau, cujo *Discurso sobre a origem da desigualdade* traçou a nossa degeneração da Idade de Ouro à miséria humana que ele enxergava à sua volta. Quando os exploradores europeus do século XVIII encontraram povos pré-industriais, como os polinésios e os índios americanos, esses povos foram idealizados nos salões europeus como "bons selvagens" que viviam numa Idade de Ouro permanente, intocados pelas maldições da civilização, como a intolerância religiosa, a tirania política e a desigualdade social.

Até hoje, a época clássica grega e romana são amplamente consideradas a Idade de Ouro da civilização ocidental. Ironicamente, gregos e romanos também se viam como degenerações de uma Idade de Ouro longínqua. Posso recitar quase inconscientemente os versos do poeta Ovídio que memorizei no curso de latim do colegial: "*Aurea prima sata est aetas, quae vindice nullo...*": "Primeiro houve a Idade de Ouro, quando os homens eram honestos e dignos por vontade própria." Ovídio contrastou essas virtudes à traição e à belicosidade desenfreadas da sua época. Não tenho dúvida de que os humanos que sobreviverem à sopa radioativa do século XXII escreverão de maneira igualmente nostálgica sobre nossa era, que lhes parecerá comparativamente pacífica.

Diante dessa crença generalizada numa Idade de Ouro, algumas descobertas recentes dos arqueólogos e paleontólogos causam um choque. Agora se sabe que, ao longo de milhares de anos, as sociedades pré-industriais exterminaram espécies, destruíram hábitats e minaram sua própria sobrevivência. Alguns exemplos mais bem documentados envolvem os índios da Polinésia e da América do Norte, os que mais frequentemente são citados como ambientalistas exemplares. Desnecessário dizer que essa visão revisionista é fortemente contestada não só nos corredores da academia, mas também entre leigos no Havaí, na Nova Zelândia e em outras regiões com grandes minorias polinésias ou indígenas. Serão essas novas "descobertas" só outro argumento de pseudociência racista com o qual os colonizadores brancos pretendem justificar a desapropriação dos povos indígenas? Como conciliar essas descobertas com as evidências de práticas conservacionistas dos povos pré-industriais modernos? Se essas descobertas estiverem corretas, podemos usá-las como histórias de caso para nos ajudar a prever o destino que nossas políticas ambientais nos reservam? Podem as descobertas recentes explicar alguns colapsos misteriosos de civilizações antigas, como a da ilha de Páscoa e dos maias?

Antes de responder essas questões controversas precisamos compreender as novas evidências que ameaçam a suposta Idade de Ouro do ambientalismo. Primeiro, examinemos as evidências das antigas levas de extermínios; depois, as evidências das antigas destruições de hábitats.

QUANDO OS COLONIZADORES britânicos começaram a se estabelecer na Nova Zelândia, nos anos 1800, não encontraram mamíferos terrestres nativos, à exceção dos morcegos. Isso não surpreende. A Nova Zelândia é uma ilha remota, muito distante dos continentes para ser alcançada por mamíferos sem asas. Contudo, os arados dos colonizadores desenterraram ossos e ovos de grandes aves extintas que os maoris (os primeiros colonos polinésios da Nova Zelândia) recordavam pelo nome de "moa". Dos esqueletos completos, alguns dos quais evidentemente recentes, pois conservavam pele e penas, temos uma boa ideia de como eram os moas: aves semelhantes aos avestruzes em uma dúzia de espécies, que iam das pequenas, de "apenas" 1 metro e 18 quilos, até gigantes de 225 quilos e 3 metros de altura. Os seus hábitos alimentares podem ser inferidos a partir das moelas preservadas, que contêm gravetos e folhas de dezenas de espécies de plantas, indicando que eram herbívoros. Eles eram os equivalentes neozelandeses dos grandes mamíferos herbívoros, como o cervo e o antílope.

Os moas são hoje a ave neozelandesa extinta mais conhecida, mas várias outras foram descritas a partir dos ossos fossilizados, num total de pelo menos 18 espécies desaparecidas antes da chegada dos europeus. Além dos moas, muitas outras aves eram grandes e não voavam, incluindo um grande pato, um galeirão gigante e um ganso enorme. Essas aves que não podiam voar descendiam de aves normais que haviam voado até a Nova Zelândia e depois evoluíram e perderam os dispendiosos músculos das asas numa terra livre de predadores mamíferos. Outras aves extintas, como pelicanos, cisnes, um corvo gigante e uma águia colossal, eram perfeitamente capazes de voar.

Pesando até 14 quilos, essa águia foi de longe a maior e mais poderosa ave de rapina do mundo. Ela fazia parecer pequeno até o maior gavião que existe hoje, o gavião-real. A águia neozelandesa teria sido o único predador capaz de atacar os moas adultos. Apesar de alguns moas terem sido quase vinte vezes mais pesados que a águia, ela poderia tê-los matado aproveitando-se da postura ereta em duas pernas dos moas, aleijando-os com um ataque na cabeça e no longo pescoço e, finalmente, levando vários dias para consumir a carcaça, assim como os leões não têm pressa de consumir uma girafa. Os hábitos da águia podem explicar os diversos esqueletos de moas decepados que foram encontrados.

Até aqui, discuti os animais extintos da Nova Zelândia. Mas os caçadores de fósseis também descobriram ossos de pequenos animais do tamanho de camundongos e ratos. Correndo ou agachados no solo havia pelo menos três espécies de aves canoras que não voavam ou, pelo menos, não voavam longe, diversos sapos, caramujos gigantes, muitos insetos gigantes semelhantes aos grilos com o dobro do tamanho de um camundongo e esquisitos morcegos, semelhantes aos camundongos, que enrolavam as asas e corriam. Alguns desses pequenos animais estavam completamente extintos quando os europeus chegaram. Outros ainda sobreviviam em pequenas ilhas junto à costa, mas seus ossos fossilizados indicam que foram abundantes na Nova Zelândia. Em conjunto, essas espécies extintas que evoluíram isoladamente teriam fornecido à Nova Zelândia equivalentes ecológicos dos mamíferos não voadores do continente que nunca chegaram lá: moas em vez de cervos, gansos que não voavam e galeirões em vez de lebres, grilos enormes, pequenos pássaros canoros e morcegos em vez de camundongos, e águias colossais em vez de leopardos.

Fósseis e evidências bioquímicas indicam que os ancestrais dos moas chegaram à Nova Zelândia há milhões de anos. Quando e por que, depois de sobreviver por tanto tempo, os moas finalmente se extinguiram? Que desastre pode ter atingido tantas espécies tão distintas quanto grilos, águias, patos e moas? Especificamente, estariam essas estranhas criaturas ainda vivas quando chegaram os ancestrais dos maoris, por volta do ano 1000?

Quando visitei a Nova Zelândia pela primeira vez, em 1966, dizia-se que os moas haviam desaparecido devido a mudanças climáticas, e que quaisquer espécies que os maoris tivessem encontrado já estariam mal das pernas, para usar uma linguagem figurada. Os neozelandeses tinham como um dogma que os maoris eram conservacionistas e não tinham exterminado os moas. Não há dúvida de que os maoris, como outros polinésios, usavam machados de pedra, viviam principalmente da agricultura e da pesca e não possuíam os meios de destruição das sociedades industriais modernas. No máximo, dizia-se, eles poderiam ter dado o tiro de misericórdia em populações já à beira da extinção. Mas três conjuntos de descobertas demoliram essa convicção.

Primeiro, a Nova Zelândia esteve coberta de glaciares ou de tundra fria durante a última Idade do Gelo, que terminou há cerca de dez mil anos. Desde então, o clima da Nova Zelândia tornou-se muito mais favorável, com temperaturas mais cálidas e a disseminação de florestas magníficas. Os últimos moas morreram com as moelas cheias de comida, tendo desfrutado do melhor clima que haviam visto em dezenas de milhares de anos.

Segundo, a datação com carbono-14 dos ossos das aves encontrados nos sítios arqueológicos datados dos maoris provam que todas as espécies conhecidas de moas ainda estavam presentes em abundância quando os primeiros maoris desembarcaram na costa. O mesmo ocorria com os extintos gansos, patos, cisnes, águias e outras aves, que agora só conhecemos por seus ossos fossilizados. Em poucos séculos, os moas e a maior parte das outras aves se extinguiu. Teria sido uma coincidência incrível que indivíduos de dezenas de espécies que haviam ocupado a Nova Zelândia por milhões de anos escolhessem aquele preciso momento geológico da chegada humana para se extinguirem em sincronia.

Por fim, há mais de uma centena de grandes sítios arqueológicos — alguns dos quais se estendem por dezenas de hectares — onde os maoris retalharam um número prodigioso de moas, os cozinharam em fornos de barro e descartaram os restos. Eles comeram a carne, usaram as peles para se vestir, transformaram os ossos em anzóis e joias e usaram os ovos como recipientes para água. No século XIX, ossos de moas foram retirados aos montes dos sítios. O número estimado de esqueletos de moas nos sítios conhecidos de caça dos maoris varia entre 100.000 e 500.000, cerca de dez vezes mais que o número de moas que provavelmente existiu na Nova Zelândia em qualquer época. Os maoris devem ter massacrado os moas durante várias gerações.

Então, agora está claro que os maoris exterminaram os moas, em parte matando-os, em parte roubando os ovos dos ninhos e, em parte, provavelmente ao desmatarem as florestas onde os moas viviam. Quem já fez trilha nas montanhas rugosas da Nova Zelândia a princípio ficará incrédulo ao pensar nisso. Imagine aqueles cartazes turísticos que anunciam os fiordes da Nova Zelândia, com seus profundos desfiladeiros de 3.000 metros de altura, os 70 litros de chuva ao ano e os frios invernos. Ainda hoje, caçadores profissionais, armados com rifles telescópicos e operando de helicópteros, não conseguem dar conta do número de cervos naquelas montanhas. Como uns poucos milhares de maoris que viviam nas ilhas South e Stewart exterminaram os moas armados unicamente com machados de pedra e andando a pé?

No entanto, há uma diferença crucial entre cervos e moas. Os cervos foram adaptados ao longo de dezenas de milhares de gerações para fugir dos caçadores humanos, ao passo que os moas nunca haviam visto humanos até a chegada dos maoris. Como os ingênuos animais das Ilhas Galápagos de hoje, é provável que os moas fossem suficientemente dóceis para deixarem um caçador se aproximar deles e golpeá-los com um bastão. Diferentes dos cervos, os moas podem ter tido taxas de reprodução suficientemente baixas para que um punhado de caçadores em visita ao vale a cada par de anos matasse os moas mais rapidamente do que eles conseguiam se reproduzir. É exatamente isso o que ocorre hoje com o maior mamífero nativo sobrevivente na Papua-Nova Guiné, um canguru arborícola das remotas montanhas Bewani. Nas áreas povoadas por humanos, os cangurus arborícolas são noturnos, incrivelmente ariscos, vivem em árvores e, portanto, são mais difíceis de caçar do que os moas teriam sido. Apesar disso tudo, e apesar das reduzidas populações humanas na montanha Bewani, os efeitos cumulativos de grupos ocasionais de caça — literalmente uma visita por vale ao longo de vários anos — têm sido suficientes para levar este canguru à lista de animais em via de extinção. Depois de ver isso ocorrer com três cangurus, não tenho dificuldade em compreender o que sucedeu com os moas.

Não só os moas, mas todas as outras espécies de aves extintas na Nova Zelândia estavam vivas quando os maoris chegaram. As maiores — o cisne e o pelicano, o ganso e o galeirão que não voavam — certamente eram caçadas. A águia gigante, no entanto, pode ter sido morta pelos maoris em legítima defesa. O que *você* acha que aconteceu quando aquela águia, especializada em aleijar e matar presas bípedes de 1 a 3 metros de altura, fez ao ver os primeiros maoris de 1,80 metro? Ainda hoje, as águias da Manchúria treinadas para caçar às vezes matam seus tratadores humanos, mas as aves da Manchúria seriam simples anãs diante do gigante da Nova Zelândia, que estava pré-adaptado para se tornar um matador de humanos.

É claro que nem a legítima defesa nem a caça explicam o rápido desaparecimento dos peculiares grilos, caramujos, corruíras e morcegos. Por que tantas espécies foram extintas em todas as suas variações ou em toda parte, exceto por algumas ilhas costeiras? O desmatamento pode ser parte da resposta, mas a principal razão foram os outros caçadores que os maoris trouxeram com eles, intencionalmente ou não: os ratos! Assim como os moas evoluíram sem a presença humana e eram indefesos diante dos humanos, outros pequenos animais insulares que evoluíram na ausência de ratos eram indefesos diante deles. Sabemos que a espécie de rato disseminada pelos europeus teve um papel importante no extermínio moderno de muitas espécies de pássaros no Havaí e outras ilhas oceânicas, antes livres desses animais. Por exemplo, quando os ratos finalmente chegaram à ilha Big South

Cape, na costa da Nova Zelândia, em 1962, em três anos exterminaram ou dizimaram as populações de oito espécies de aves e uma de morcego. Por isso tantas espécies da Nova Zelândia se restringem hoje às ilhas livres de ratos, os únicos lugares onde puderam sobreviver quando a leva de ratos que acompanhou os maoris varreu a terra firme na Nova Zelândia.

Assim, quando as maoris desembarcaram, encontraram uma biota intacta na Nova Zelândia de criaturas tão estranhas que as descartaríamos como fantasias de ficção científica se não tivéssemos ossos fossilizados para nos convencer de sua existência prévia. A cena era o mais próximo do que um dia veríamos se chegássemos a outro planeta fértil em que a vida tivesse evoluído. Em pouco tempo, grande parte daquela comunidade entrou em colapso devido a um holocausto biológico, e os remanescentes desapareceram no segundo holocausto, com a chegada dos europeus. O resultado é que hoje a Nova Zelândia possui aproximadamente a metade das espécies de aves que saudaram os maoris, e muitos dos sobreviventes estão agora em risco de extinção ou confinados a ilhas com uns poucos mamíferos nocivos introduzidos. Uns poucos séculos de caça bastaram para acabar com milhões de anos da história dos moas.

NÃO SÓ NA NOVA ZELÂNDIA, mas em todas as demais ilhas remotas do Pacífico onde os arqueólogos pesquisaram recentemente foram encontrados ossos de muitas espécies de aves extintas nos sítios dos primeiros colonos, o que prova que a extinção das aves e as colonizações humanas estavam relacionadas de alguma forma. Os paleontólogos Storrs Olson e Helen James, do Instituto Smithsoniano, identificaram espécies fósseis de aves que desapareceram durante o assentamento polinésio, que teve início por volta do ano 500, em todas as principais ilhas do Havaí. Os fósseis incluem não só pequenos pássaros que se alimentavam do néctar das flores, relacionados a espécies que ainda estão presentes, mas também estranhos gansos e íbis que não voavam e não têm parentes vivos. O Havaí é conhecido pela extinção de suas aves após o assentamento europeu, mas essa extinção anterior era desconhecida, até que Olson e James começaram a publicar suas descobertas em 1982. As extinções conhecidas das aves havaianas antes da chegada do capitão Cook somam agora o incrível número de ao menos cinquenta espécies, quase um décimo do número de espécies de aves que se reproduzem em solo americano.

Isto não quer dizer que todas as aves havaianas foram caçadas até se extinguirem. Ainda que provavelmente os gansos, como os moas, tenham sido exterminados pelo excesso de caça, o mais provável é que as pequenas aves canoras tenham sido eliminadas pelos ratos que chegaram com os primeiros havaianos ou devido à destruição das florestas que os havaianos derrubaram para semear. Descobertas semelhantes de aves extintas nos sítios arqueológicos dos primeiros polinésios foram feitas em Fiji, Taiti, Tonga, Nova Caledônia, Ilhas Marquesas, Ilhas Chatham, ilhas Cook, Ilhas Salomão e no arquipélago de Bismarck.

Uma colisão especialmente intrigante entre aves e polinésios ocorreu na Ilha de Henderson, uma franja de terra particularmente remota do oceano Pacífico tropical, 200 quilômetros a leste da Ilha de Pitcairn, famosa por seu isolamento. (Pitcairn é tão remota que os amotinados que tomaram o H.M.S. *Bounty* do capitão Bligh viveram ali livremente por 18 anos, até a ilha ser redescoberta.) Henderson é uma ilha com bancos de corais cobertos por uma floresta, coalhados de fendas, e é totalmente inadequada para a agricultura. Naturalmente, hoje a ilha é desabitada e tem sido assim desde que os europeus a descobriram, em 1606. Henderson muitas vezes é citada como um dos hábitats mais imaculados do mundo, sem nunca ter sido afetada pelos humanos.

Assim, foi uma grande surpresa quando Olson e seu colega paleontologista David Steadman identificaram ossos de duas grandes espécies de pombos, um pombo menor e três aves marinhas extintas entre 500 e 800 anos atrás. Estas seis espécies, ou parentes próximos, haviam sido encontradas em sítios arqueológicos em várias ilhas polinésias habitadas, onde era evidente que deviam ter sido exterminadas por humanos. A aparente contradição de que as aves também tivessem sido exterminadas por humanos em Henderson, desabitada e aparentemente inabitável, foi resolvida ao serem descobertos antigos sítios polinésios com centenas de artefatos culturais, o que provou que, na verdade, a ilha foi ocupada por polinésios durante vários séculos. Naqueles sítios, junto aos ossos das seis espécies de aves exterminadas em Henderson, havia ossos de outras espécies de aves que sobreviveram, além de muitos peixes.

Assim, os primeiros polinésios que colonizaram Henderson evidentemente subsistiram principalmente de pombos, aves marinhas e peixes até dizimarem as populações de aves, e, ao destruírem sua fonte de alimentos, morreram de fome ou abandonaram a ilha. O Pacífico contém pelo menos outras 11 ilhas "misteriosas" além da Henderson, ilhas desabitadas quando os europeus as descobriram, mas que contêm evidências da ocupação prévia dos polinésios. Algumas dessas ilhas foram ocupadas por centenas de anos antes de sua população humana morrer ou abandoná-las. Todas eram pequenas ou pouco adequadas à agricultura, o que fazia os colonos dependerem de aves e outros animais para se alimentar. Dadas as evidências numerosas de superexploração dos animais selvagens pelos primeiros polinésios, não só a Henderson, como as outras ilhas misteriosas podem ser túmulos de populações humanas que exauriram a sua fonte de recursos.

ANTES DE DEIXAR AQUI a impressão de que os primeiros polinésios eram exterminadores pré-industriais singulares, vamos saltar para a outra metade do globo até a quarta maior ilha do mundo, Madagascar, localizada no oceano Índico junto à costa da África. Quando os exploradores portugueses chegaram, por volta de 1500, encontraram Madagascar ocupada pelo povo que agora se denomina malgaxe. Em termos geográficos, teria sido de esperar que sua língua tivesse relação com as línguas africanas faladas a meros 320 quilômetros a oeste, na costa de Moçambique. Surpreendentemente, no entanto, sua língua pertencia ao grupo de línguas faladas na ilha indonésia de Bornéu, no lado oposto do oceano Índico, milhares de quilômetros a nordeste. Fisicamente, a aparência dos malgaxes vai do tipicamente indonésio ao tipicamente negro do leste africano. Estes paradoxos se devem a que os malgaxes chegaram há mil ou dois mil anos, com as viagens comerciais dos indonésios pela linha costeira do oceano Índico até a Índia e, mais tarde, ao leste da África. Em Madagascar eles construíram uma sociedade baseada no pastoreio de vacas, cabras e porcos, agricultura e pesca, e ligada à costa africana pelos comerciantes muçulmanos.

Tão interessante quanto o povo de Madagascar são seus animais selvagens — e os que faltam. Vivendo em enorme abundância no continente africano existem várias espécies de animais grandes e chamativos que correm pelo solo e são diurnos — antílopes, avestruzes, zebras, babuínos e leões que atraem os turistas modernos ao leste da África. Nenhum desses animais, e nenhum animal remotamente equivalente, viveu em Madagascar na época moderna. Eles foram mantidos a distância pelos 320 quilômetros que separam a ilha do continente, assim como o mar manteve os marsupiais australianos longe da Nova Zelândia. No entanto, Madagascar possui duas dúzias de espécies de primatas pequenos, semelhantes a macacos, chamados lêmures, que pesam menos de 9 quilos, são arborícolas e têm hábitos principalmente noturnos. Há várias espécies de roedores, morcegos, insetívoros e parentes dos mangustos, mas o maior deles pesa apenas uns 11 quilos.

No entanto, em todas as praias de Madagascar há provas da existência de aves gigantes, na forma de inúmeras cascas de ovos do tamanho de uma bola de futebol. Com o tempo, apareceram ossos não só das aves que punham aqueles ovos, como de um conjunto notável de grandes mamíferos e répteis desaparecidos. Os ovos eram produzidos por meia dúzia de espécies de aves que não voavam, com 3 metros de altura e pesando até 450 quilos, como os moas e avestruzes, porém mais corpulentas e hoje denominadas aves-elefante. Os répteis eram duas espécies de tartarugas de terra gigantescas, com cascos de até 1 metro de comprimento, que foram muito comuns, como indica a abundância dos seus ossos. Mais diferentes do que estes grandes répteis e aves era a dúzia de espécies de lêmures do tamanho de um gorila, e todos maiores, ou pelo menos tão grandes quanto, a maior espécie sobrevivente de lêmures. Com base no pequeno tamanho das órbitas oculares de suas caveiras, todos, ou a maioria dos lêmures extintos, provavelmente eram diurnos e não noturnos. Alguns deles evidentemente viviam no solo, como os babuínos, enquanto outros trepavam em árvores, como os orangotangos e os coalas.

Como se isso não fosse suficiente, Madagascar também exibe os ossos de um hipopótamo pigmeu extinto ("só" do tamanho de uma vaca), um orictéropo e um grande carnívoro parente do mangusto, semelhante a um puma de pernas curtas. Juntos, esses grandes animais forneciam a Madagascar os equivalentes funcionais dos grandes animais sobreviventes que continuam a atrair turistas aos parques de caça africanos — assim como os moas na Nova Zelândia e outras aves estranhas. As tartarugas, aves-elefante e hipopótamos pigmeus teriam sido os herbívoros, no lugar dos antílopes e das zebras; os lêmures teriam substituído os babuínos e os grandes símios; e os carnívoros aparentados com o mangusto teriam feito as vezes de leopardos ou pequenos leões.

O que sucedeu com todos esses grandes mamíferos, répteis e aves extintos? Podemos ter certeza de que alguns estavam vivos para deleitar os olhos dos primeiros malgaxes a chegar, que usaram as cascas dos ovos das aves-elefante como recipientes para água e descartaram os ossos retalhados dos hipopótamos pigmeus e de algumas outras espécies em seus montes de lixo. Além disso, os ossos de todas as demais espécies extintas são conhecidos por sítios fósseis de poucos milhares de anos. Como devem ter evoluído e sobrevivido por milhões de anos até aquele momento, é pouco provável que todos estes animais tenham sido previdentes a ponto de desaparecer justo antes da chegada de humanos famintos. Na verdade, alguns deviam sobreviver em partes remotas da ilha quando os europeus chegaram, já que Flacourt, o governador francês do século XVII, recebeu descrições de um animal que sugere um lêmure do tamanho de um gorila. As aves-elefante podem ter sobrevivido o tempo suficiente para serem conhecidas pelos comerciantes árabes no oceano Índico e dar origem à lenda do pássaro roca (uma ave gigante) na história de Simbad, o Marujo.

Certamente alguns — e provavelmente todos — gigantes desaparecidos de Madagascar de alguma forma foram exterminados pelas atividades dos primeiros malgaxes. Não é difícil entender por que as aves-elefante foram extintas, já que as cascas dos seus ovos serviam como úteis jarras de dois galões. Mais do que caçadores de grandes presas, os malgaxes eram pastores e pescadores, mas os outros grandes animais teriam sido presas tão fáceis quanto os moas da Nova Zelândia, já que nunca haviam visto humanos. É por isso que, provavelmente, as grandes espécies diurnas e terrestres de lêmures, fáceis de ver e agarrar, valiam o esforço da caçada e terminaram extintas, ao passo que os pequenos arborícolas de hábitos noturnos sobreviveram.

Contudo, subprodutos não intencionais das atividades dos malgaxes provavelmente mataram mais dos grandes animais do que a caça. Incêndios para desmatar florestas para o pasto e estimular o crescimento de gramíneas anuais teriam destruído os hábitats de que os animais dependiam. A pastagem de gado vacum e caprino também teria transformado os hábitats e competido diretamente por alimentos com as tartarugas e aves-elefante. Os cães e porcos introduzidos na ilha teriam caçado os animais que viviam em tocas no solo e seus filhotes e ovos. Quando os portugueses chegaram, as aves-elefante, antes abundantes, estavam reduzidas a cascas de ovos que cobriam as areias das praias, esqueletos pelo chão e vagas lembranças dos pássaros rocas.

MADAGASCAR E A POLINÉSIA fornecem exemplos bem documentados das ondas de extinção que provavelmente afetaram todas as grandes ilhas oceânicas colonizadas por povos anteriores à expansão europeia dos últimos 500 anos. Todas estas ilhas onde a vida havia evoluído na ausência dos humanos possuíam espécies únicas de grandes mamíferos que os zoólogos modernos nunca conheceram vivas. Ilhas mediterrâneas, como Creta e Chipre, tinham hipopótamos pigmeus e tartarugas gigantes (assim como Madagascar), além de elefantes-anões e cervos-anões. O Caribe perdeu macacos, preguiças terrestres, um roedor do tamanho de um urso e corujas de diversos tamanhos: normais, gigantes, colossais e titânicas. É provável que, de alguma forma, estas grandes aves, mamíferos e tartarugas tenham sucumbido aos primeiros povos mediterrâneos ou aos índios americanos que chegaram às suas costas. Aves, mamíferos e tartarugas não foram as únicas vítimas: lagartos, sapos, caramujos e até grandes insetos desapareceram também, somando milhares de espécies se incluirmos todas as ilhas oceânicas. Olson descreve estas extinções insulares como "uma das catástrofes mais rápidas e profundas da história mundial". Porém, não teremos certeza de que os humanos tenham sido responsáveis por isso enquanto os ossos dos últimos animais e os restos dos primeiros povos não forem datados com mais exatidão nas demais ilhas, como já foi feito na Polinésia e em Madagascar.

Além dessas ondas de extermínio pré-industrial nas ilhas, no passado distante outras espécies podem ter sido vítimas de ondas de extermínio nos continentes. Há cerca de 11.000 anos, por volta da época provável em que os primeiros ancestrais dos índios americanos chegaram ao Novo Mundo, a maioria das grandes espécies de mamíferos se extinguiu em toda a América do Norte e a do Sul. Há um longo debate sobre se esses grandes mamíferos foram extintos pela ação dos índios caçadores ou se simplesmente sucumbiram às mudanças climáticas ocorridas na mesma época. No próximo capítulo explico que creio ter sido obra dos caçadores. Contudo, é mais difícil assinalar datas e causas de acontecimentos de dez mil anos atrás do que de acontecimentos como a colisão entre os maoris e os moas, ocorrida nos últimos mil anos. Igualmente, nos últimos 50.000 anos a Austrália foi colonizada pelos ancestrais dos atuais aborígines *e* perdeu a maioria das espécies de grandes animais. Estes incluíam cangurus gigantes, o "leão marsupial" e o "rinoceronte marsupial" (conhecido como diprotondonte), além de lagartos, cobras, crocodilos e aves gigantes. Entretanto, ainda não sabemos se a chegada dos humanos australianos de algum modo provocou o desaparecimento dos grandes animais na Austrália. Ainda que agora seja quase certo que os primeiros povos pré-industriais a chegar às ilhas destruíram as espécies insulares, o júri ainda não decidiu se isso ocorreu também nos continentes.

COM TODAS ESSAS evidências de que a Idade de Ouro foi manchada pelo extermínio de espécies, voltemo-nos agora para as evidências da destruição dos hábitats. Três exemplos dramáticos envolvem conhecidos enigmas arqueológicos: as estátuas gigantescas da ilha de Páscoa, os *pueblos* abandonados do sudoeste americano e as ruínas de Petra.

Uma aura de mistério envolve a ilha de Páscoa desde que seus habitantes polinésios foram "descobertos" pelo explorador holandês Jakob Roggeveen em 1722. Localizada no oceano Pacífico, a 3.700 quilômetros do Chile, Páscoa supera a ilha Henderson como um dos trechos de terra mais isolados do mundo. Centenas de estátuas, pesando até 85 toneladas e com até 11 metros de altura, foram esculpidas de blocos vulcânicos, de alguma forma transportadas por vários quilômetros e colocadas sobre plataformas por povos sem metalurgia nem rodas e sem outra fonte de energia além da musculatura humana. Há muitas outras estátuas inacabadas nas pedreiras ou abandonadas entre estas e as plataformas. É como se os escultores e carregadores tivessem largado o trabalho subitamente, deixando para trás uma paisagem fantasmagórica e silenciosa.

Quando Roggeveen chegou, muitas estátuas ainda estavam de pé, embora não houvesse outras sendo esculpidas. Por volta de 1840, todas as estátuas erguidas haviam sido deliberadamente derrubadas pelos próprios habitantes. Como estátuas tão grandes foram transportadas e erguidas, por que foram depois derrubadas e por que deixaram de ser produzidas?

A primeira pergunta foi respondida quando os habitantes locais demonstraram a Thor Heyerdahl como seus ancestrais haviam usado troncos como rolamentos para transportar as estátuas e, depois, como alavancas para erguê-las. As outras perguntas foram resolvidas por estudos arqueológicos e paleontológicos posteriores, que revelaram a truculenta história da ilha. Quando os polinésios se estabeleceram na ilha de Páscoa, por volta do ano 400, a ilha era coberta de florestas, que eles aos poucos desmataram para semear e obter troncos para fazer canoas e erguer as estátuas. Por volta de 1500, a população humana era de aproximadamente 7.000 pessoas (mais de 50 por quilômetro quadrado), cerca de 1.000 estátuas haviam sido esculpidas e pelo menos 324 delas haviam sido erguidas. Mas as florestas foram tão completamente destruídas que nenhuma árvore sobreviveu.

Um resultado imediato desse desastre ecológico autoinfligido foi que os ilhéus já não contavam com troncos para transportar e erigir as estátuas, então deixaram de esculpi-las. O desmatamento teve duas consequências indiretas que trouxeram a fome: a erosão do solo e, portanto, safras mais escassas, e a ausência de madeira para confeccionar canoas e, portanto, menos proteínas disponíveis na forma de peixes. O resultado é que a população era maior do que a ilha podia sustentar, e a sociedade entrou em colapso, num holocausto interno de lutas e canibalismo. Uma classe guerreira tomou o poder. Pontas de lanças manufaturadas em grandes quantidades passaram a marcar a paisagem; os derrotados eram comidos ou escravizados, e as pessoas passaram a viver em cavernas para se defender. O que antes fora uma ilha luxuriante, com uma das civilizações mais notáveis, se deteriorou. Hoje a ilha de Páscoa é uma terra estéril cheia de estátuas caídas e com menos de um terço da população original.

O SEGUNDO ESTUDO de caso de destruição pré-industrial do hábitat envolve o colapso de uma das mais avançadas civilizações indígenas da América do Norte. Quando os exploradores espanhóis chegaram ao sudoeste americano, encontraram moradas gigantescas de vários pisos (*pueblos*) desabitadas no meio do deserto desprovido de árvores. Por exemplo, a casa de

650 cômodos no Chaco Canyon National Monument, no Novo México, tinha cinco andares, 200 metros de comprimento e 96 metros de largura, o que faz dela o maior edifício construído na América do Norte antes que os arranha-céus de aço o superassem no século XIX. Os índios navajos da região conheciam os construtores desaparecidos pelo nome de "anasazi", que significa "os antigos".

Mais tarde, arqueólogos estabeleceram que a construção dos *pueblos* chacos teve início pouco depois do ano 900, e que a ocupação parou no século XII. Por que os anasazis ergueriam uma cidade numa terra estéril, dentre todos os lugares inóspitos que havia? Onde obtinham lenha e as vigas de cinco metros de comprimento (200.000 delas!) em que os tetos se apoiavam? Por que abandonaram a cidade construída com tanto esforço?

A visão convencional, semelhante à convicção de que as aves-elefante de Madagascar e os moas da Nova Zelândia desapareceram devido a mudanças climáticas, atribui o abandono do Chaco Canyon à seca. No entanto, o trabalho dos paleobotânicos Julio Betancourt, Thomas van Devender e seus colegas — que usaram uma técnica engenhosa para decifrar as mudanças na vegetação do Chaco ao longo do tempo — sugere outra interpretação. O método da equipe baseou-se em pequenos roedores do gênero *Neotoma*, que acumulam plantas e outros materiais em refúgios que eles abandonam depois de 50 ou 100 anos, mas que se mantêm preservados devido às condições climáticas do deserto. As plantas podem ser identificadas séculos mais tarde, e o refúgio pode ser datado com técnicas de carbono-14. Assim, cada refúgio é praticamente uma cápsula do tempo da vegetação local.

Com esse método, Betancourt e Van Devender puderam reconstruir a seguinte cadeia de acontecimentos. Quando os *pueblos* de Chaco foram construídos, não estavam cercados pelo deserto estéril, mas por um bosque de juníperos e uma ponderosa floresta adjacente de pinheiros. Esta descoberta resolve imediatamente o mistério da origem da lenha e da madeira e descarta o aparente paradoxo de uma civilização avançada surgida no meio do deserto. Entretanto, com a continuidade da ocupação de Chaco, o bosque e a floresta foram dizimados, até que o ambiente tornou-se a terra árida e desprovida de árvores que é hoje. Os índios então precisavam caminhar 16 quilômetros para conseguir lenha, e outros 40 quilômetros para conseguir madeira. Quando a floresta de pinheiros foi desmatada, eles construíram um elaborado sistema viário para arrastar galhos e troncos das encostas das montanhas, a mais de 80 quilômetros de distância, com tração exclusivamente humana. Além disso, os anasazis resolveram o problema da agricultura num meio ambiente seco construindo sistemas de irrigação para concentrar a água disponível no fundo dos vales. À medida que o desmatamento aumentava a erosão, a água foi secando e os canais de irrigação foram fazendo sulcos no solo, o lençol freático pode ter descido abaixo do nível dos campos anasazis, tornando a irrigação impossível sem o uso de bombas. Então, a seca pode ter contribuído para que os anasazis abandonassem o Chaco Canyon, mas o desastre ecológico provocado por eles também foi um fator determinante.

O ÚLTIMO EXEMPLO de destruição pré-industrial do hábitat ilustra a mudança geográfica gradual no centro de poder das antigas civilizações ocidentais. Lembremos que o primeiro centro de poder e inovação foi o Oriente Médio, origem de tantos avanços cruciais — a agricultura, a domesticação animal, a escrita, os Estados imperiais, os carros de guerra e outros. O domínio oscilava entre a Assíria, Babilônia, a Pérsia e, às vezes, o Egito e a Turquia, mas permanecia no Oriente Médio ou em áreas adjacentes. Com a queda do império persa, derrotado por Alexandre, o Grande, o domínio por fim se deslocou para o oeste, primeiro para a Grécia, depois para Roma e, mais tarde, para o oeste e o norte da Europa. Por que Oriente Médio, Grécia e Roma perderam a primazia? (A atual importância passageira do Oriente Médio, que reside unicamente em seus recursos petrolíferos, só realça, ao contrário, a fragilidade da região em outros aspectos.) Por que as superpotências modernas são os Estados Unidos, a Rússia, Alemanha e Inglaterra, Japão e China, e não mais a Grécia e a Pérsia?

Essa mudança geográfica no poder é um padrão amplo e duradouro demais para ter surgido por acaso. Uma hipótese plausível é que cada antigo centro de civilização tenha destruído a sua fonte de recursos. O Oriente Médio e o Mediterrâneo nem sempre foram a paisagem degradada que são hoje. Na antiguidade, grande parte dessa área foi um verdejante mosaico de montanhas cobertas de florestas e vales férteis. Milhares de anos de desmatamento, excesso de pastio, erosão e sedimentação dos vales converteram este berço da civilização ocidental na paisagem relativamente seca, erma e infértil que hoje predomina. Pesquisas arqueológicas na Grécia antiga revelaram vários ciclos de crescimento populacional, alternados com a queda da população e o abandono dos assentamentos humanos. Nas fases de crescimento, a construção de terraços e represas inicialmente protegia o entorno, até que o desmatamento das florestas e das encostas íngremes para a agricultura e o pastio intensivo por um excesso de animais, além do plantio de cultivos em curtos intervalos de tempo, exauriram o sistema. A cada vez, o resultado foi a erosão maciça das montanhas, a inundação dos vales e o colapso das sociedades locais. Um desses acontecimentos coincidiu com (e pode ter causado) o misterioso colapso da gloriosa civilização micênica, após o qual a Grécia regrediu vários séculos, numa era sombria de analfabetismo.

Esse ponto de vista sobre a destruição ambiental se apoia em relatos contemporâneos e evidências arqueológicas. No entanto, algumas sequências fotográficas forneceriam provas mais decisivas do que quaisquer evidências anedóticas. Se tivéssemos fotos da mesma colina grega a intervalos de mil anos, poderíamos identificar as plantas, medir a cobertura do sol e calcular a mudança da floresta para arbustos à prova de cabras. Poderíamos adicionar números à extensão da degradação ambiental.

Nesse ponto, os refúgios voltam a nos ajudar. Embora no Oriente Médio não haja roedores que constroem refúgios para guardar alimentos, há animais semelhantes à marmota, do tamanho de lebres, chamados hírax, que constroem refúgios semelhantes aos dos roedores americanos. (Surpreendentemente, seus parentes vivos mais próximos podem ser os elefantes.) Três cientistas do Arizona — Patricia Fall, Cynthia Lindquist e Steven Falconer — estudaram refúgios de hírax na famosa cidade perdida de Petra, na Jordânia, que exemplifica o paradoxo da antiga civilização ocidental. Petra hoje é especialmente familiar entre os fãs de Steven Spielberg e George Lucas, em cujo filme *Indiana Jones e a última cruzada*, Sean Connery e Harrison Ford saem à procura do Santo Graal pelos magníficos templos e tumbas de pedra de Petra, cercada pelo deserto arenoso. Quem tenha visto aquelas cenas de Petra deve se perguntar como uma cidade tão rica teria surgido e se mantido numa paisagem tão inóspita. Na verdade, antes de 7000 a.C. já havia uma aldeia neolítica nos arredores do sítio de Petra, e a agricultura e o pastoreio surgiram ali pouco depois. No reinado nabateu, do qual Petra era a capital, a cidade floresceu como um centro mercantil que controlava o comércio entre a Europa, a Arábia e o Oriente. A cidade cresceu e enriqueceu ainda sob o controle romano e depois bizantino. Mais tarde foi abandonada e tão completamente esquecida que suas ruínas só foram redescobertas em 1812. O que causou o colapso de Petra?

Os refúgios de hírax em Petra fornecem restos de mais de uma centena de espécies de plantas, e o hábitat que prevaleceu quando o dono de cada refúgio estava vivo pode ser avaliado comparando-se as proporções de pólen nos refúgios com as que existem nos hábitats modernos. A partir dos refúgios foi possível reconstruir a seguinte trajetória da degradação do meio ambiente em Petra:

A cidade se localiza numa área de clima seco mediterrâneo, não muito diferente das montanhas cobertas de bosques que há detrás da minha casa em Los Angeles. A vegetação original teria sido um bosque dominado por carvalhos e pistaches. Na época dos romanos e bizantinos, a maioria das árvores já teria sido derrubada, e em seu lugar havia uma estepe aberta, como demonstra o fato de que só 18% do pólen dos refúgios provêm de árvores, e o resto, de plantas rasteiras. (Em comparação, as árvores contribuem com 40% a 85% do pólen das florestas mediterrâneas modernas, e 18% é de floresta-estepe.) Por volta de 900 d.C., poucos séculos após o final do controle bizantino sobre Petra, dois terços das árvores remanescentes haviam desaparecido. Até os arbustos, ervas e gramíneas haviam escasseado, convertendo o meio ambiente no deserto que vemos agora. As árvores remanescentes têm os galhos mais baixos podados pelas cabras e se espalham por penhascos à prova de cabras ou por pomares protegidos.

Ao justapor os dados dos refúgios dos hírax aos dados arqueológicos e escritos chega-se à seguinte interpretação. O desmatamento entre a era neolítica e a imperial foi promovido para obter terra agricultável, pasto para ovelhas e cabras, lenha e madeira para construção. Mesmo as casas neolíticas se apoiavam em troncos e consumiam até 13 toneladas de lenha por morada na confecção do reboco de paredes e pisos. A explosão demográfica da época imperial acelerou o ritmo do desmatamento e do pastio excessivo. Sistemas elaborados de canais, dutos e cisternas foram necessários para coletar e armazenar água para as plantações e a cidade.

Com o colapso do governo bizantino, as plantações foram abandonadas e a população diminuiu drasticamente, mas a erosão do solo continuou, pois os habitantes passaram a depender mais do pastoreio. As cabras, insaciáveis, começaram a comer arbustos, ervas e gramíneas. O governo otomano dizimou os bosques remanescentes antes da Primeira Guerra Mundial para obter madeira para a estrada de ferro Hejaz. Eu e outros cinéfilos nos entusiasmamos com a visão das guerrilhas árabes conduzidas por Lawrence da Arábia (vulgo Peter O'Toole) dinamitando aquela ferrovia em Technicolor, sem saber que estávamos assistindo ao último ato de destruição das florestas de Petra.

A paisagem assolada de Petra é hoje uma metáfora do que ocorreu com o resto do berço da civilização ocidental. Seus arredores modernos não puderam seguir alimentando uma cidade que comandou as principais rotas comerciais, assim como os arredores modernos de Persépolis não puderam alimentar a capital de uma superpotência como o império persa foi um dia. As ruínas dessas cidades, e as de Atenas e Roma, são monumentos a Estados que destruíram seus meios de subsistência. As civilizações mediterrâneas não foram as únicas sociedades letradas a cometer suicídio ecológico. O colapso da civilização clássica maia, na América Central, e o da civilização harappiana, no vale do Indo, na Índia, são candidatos óbvios ao ecodesastre, com uma expansão populacional que destruiu o meio ambiente. Os cursos sobre história da civilização costumam tratar de reis e invasões bárbaras, mas, no longo prazo, o desmatamento e a erosão podem ter tido um papel ainda mais importante na história humana.

ESSAS SÃO ALGUMAS descobertas recentes que fazem a suposta Idade de Ouro dos ambientalistas parecer incrivelmente mítica. Agora voltemos aos grandes temas que levantei no início. Em primeiro lugar, como reconciliar essas descobertas sobre danos ambientais passados com os relatos sobre práticas conservacionistas de tantos povos pré-industriais modernos? Evidentemente, nem todas as espécies foram extintas e nem todos os hábitats foram destruídos, então a Idade de Ouro não pode ter sido tão terrível.

Sugiro a seguinte resposta a esse paradoxo. É verdade que sociedades pequenas, estabelecidas há muito tempo e igualitárias tendem a desenvolver práticas conservacionistas, porque tiveram bastante tempo para conhecer o seu meio ambiente e perceber seus próprios interesses. Porém, danos costumam ocorrer quando povos colonizam subitamente um ambiente desconhecido (como os primeiros maoris e os ilhéus de Páscoa); ou quando avançam por uma nova fronteira (como os primeiros índios que chegaram à América) depois de devastar a região anterior; ou quando adquirem uma nova tecnologia cujo poder de destruição não é devidamente avaliado (como os papuas modernos, que agora dizimam as populações de pombos com rifles). O dano também é possível em Estados centralizados, que concentram riqueza nas mãos de governantes sem contato com o meio ambiente. E algumas espécies e hábitats são mais suscetíveis do que outros — como as aves que não voam e nunca viram humanos (como os moas e as aves-elefante) ou os ambientes secos, frágeis e implacáveis em que surgiram as civilizações anasazi e mediterrânea.

Em segundo lugar, essas descobertas arqueológicas recentes nos trazem lições práticas? Muitas vezes a arqueologia é considerada uma disciplina acadêmica socialmente irrelevante, a primeira da fila em época de cortes orçamentários e de fundos. Na verdade, a pesquisa arqueológica é uma das melhores pechinchas para os planejadores governamentais. Em todo o mundo lançamos empreendimentos com grande potencial para causar danos irreversíveis e que não passam de visões mais poderosas das ideias postas em prática por sociedades do passado. Não podemos arcar com a experiência de criar cinco municípios de cinco maneiras diferentes e esperar para ver quais entrarão em decadência. Em vez disso, nos custaria muito menos se, no longo prazo, contratássemos arqueólogos para descobrir o que sucedeu da última vez, em vez de cometer os mesmos erros novamente.

Eis um exemplo. O sudoeste americano possui mais de 250.000 quilômetros quadrados de bosques de pinheiros-juníperos, que exploramos cada vez mais para obter lenha. Infelizmente, o serviço florestal dos EUA possui poucos dados para ajudar a programar um manejo florestal destes bosques. No entanto, os anasazis já haviam tentado esse experimento e calcularam mal, com o resultado de que o bosque ainda não se recuperou no Chaco Canyon, passados mais de 800 anos. Seria mais barato pagar arqueólogos para calcular o consumo de lenha dos anasazis do que cometer o mesmo erro e arruinar mais de 250.000 quilômetros quadrados do território, como podemos fazer agora.

Por fim, a questão mais delicada. Hoje os ambientalistas consideram moralmente más as pessoas que exterminam espécies e destroem hábitats. As sociedades industriais têm se agarrado a qualquer desculpa para denegrir os povos pré-industriais e, assim, justificar o seu extermínio e a apropriação das suas terras. Serão as pretensas descobertas sobre os moas e a vegetação do Chaco Canyon uma simples expressão do racismo pseudocientífico que, na verdade, quer dizer que os maoris e os índios não merecem tratamento justo porque eram maus?

Devemos recordar que sempre foi difícil para os humanos saber em que medida podem utilizar os recursos biológicos indefinidamente sem esgotá-los. Pode ser difícil de distinguir entre a queda significativa destes recursos e a flutuação entre um ano e outro. É ainda mais difícil avaliar o ritmo de produção de novos recursos. Quando os sinais de declínio são suficientemente evidentes para convencer a todos, pode ser tarde demais para salvar a espécie ou o hábitat. Assim, os povos pré-industriais que não puderam manter seus recursos não cometeram pecados morais, mas fracassaram em resolver um problema ecológico realmente complicado. Esses fracassos foram trágicos, porque provocaram um colapso no estilo de vida dos próprios povos.

Fracassos trágicos só se tornam pecados morais se estávamos conscientes desde o início. Nesse sentido, há duas grandes diferenças entre nós e os índios anasazis do século XI: o conhecimento científico e a instrução. Nós sabemos, mas eles não sabiam, traçar gráficos que determinam um tamanho populacional sustentável em função do índice de uso dos recursos. Podemos ler a respeito de todos os desastres ecológicos do passado; os anasazis não podiam fazê-lo. No entanto, a nossa geração continua a caçar baleias e desmatar florestas tropicais como se ninguém tivesse caçado moas nem desmatado bosques de pinheiros-juníperos. O passado era a Idade de Ouro da ignorância, e o presente é a Idade de Ferro da cegueira intencional.

Desse ponto de vista, é incompreensível que as sociedades modernas repitam um passado de manejo ecológico inadequado e suicida, com muito mais armas de destruição nas mãos de um número muito maior de pessoas. É como se não tivéssemos visto esse filme antes na história humana e não soubéssemos como termina. O soneto de Shelley "Ozymandias" evoca muito bem Persépolis, Tikal e a ilha de Páscoa; talvez algum dia evoque, para outros, as ruínas da nossa civilização:

Encontrei um viajante de uma terra antiga
Que disse: "Duas imensas pernas de pedra sem tronco
Erguem-se no deserto. Junto a elas, na areia,
Meio enterrado, jaz um rosto despedaçado, cuja fronte,
o lábio enrugado e o sorriso de frio comando
Dizem que o escultor leu bem aquelas paixões
Que ainda sobrevivem, estampadas nessas coisas inertes,
A mão que os escarneceu e o coração que os alimentou;
E no pedestal estão escritas estas palavras:
'Meu nome é Ozymandias, rei dos reis:
Apreciem minha obra, poderosos, e desesperem-se!'
Nada mais resta. Ao redor da decadência
Daquela ruína colossal, ilimitada e vazia,
As areias solitárias e planas espalham-se ao longe."

CAPÍTULO 18

Blitzkrieg e Ação de Graças no Novo Mundo

Os Estados Unidos dedicam dois feriados nacionais, o dia de Colombo e o dia de Ação de Graças, à comemoração de momentos dramáticos da "descoberta" europeia do Novo Mundo. Nenhum feriado celebra a descoberta muito anterior, feita pelos índios. No entanto, escavações arqueológicas sugerem que a primeira descoberta supera em dramaticidade as aventuras de Cristóvão Colombo e dos peregrinos de Plymouth. Possivelmente, num curto período de mil anos depois de encontrar uma passagem numa franja de gelo no Ártico e cruzar a atual fronteira entre o Canadá e os Estados Unidos, os índios chegaram à ponta da Patagônia e povoaram dois continentes produtivos e inexplorados. A marcha dos índios em direção ao sul foi a expansão de maior âmbito na história do *Homo sapiens*. Nada remotamente semelhante voltou a ocorrer no nosso planeta.

A ocupação em direção ao sul foi marcada por outro drama. Quando os índios caçadores chegaram, encontraram as Américas repletas de grandes mamíferos que agora estão extintos: mamutes semelhantes a elefantes e mastodontes, preguiças terrestres com até 3 toneladas, gliptodontes semelhantes a tatus de mais de 1 tonelada, castores do tamanho de ursos e tigres dentes-de-sabre, além de leões-americanos, guepardos, camelos, cavalos e muitos outros. Se esses animais tivessem sobrevivido, os turistas que hoje visitam o Parque Nacional de Yellowstone veriam mamutes e leões, além de ursos e bisões. A questão do que ocorreu naquele momento em que os caçadores se depararam com os animais ainda é altamente controversa entre arqueólogos e paleontólogos. Segundo a interpretação que me parece mais plausível, o resultado foi uma *Blitzkrieg* em que os animais foram rapidamente exterminados — possivelmente num período de apenas dez anos em qualquer lugar. Se essa perspectiva estiver correta, terá sido a extinção mais concentrada de grandes animais desde que a colisão de um asteroide dizimou os dinossauros há 65 milhões de anos. Terá sido também a primeira de uma série de *Blitzkriegs* que jogou por terra nossa suposta Idade de Ouro de inocência ambiental, e que desde então permaneceu como uma marca humana.

ESSE CONFRONTO DRAMÁTICO foi o desfecho de uma longa epopeia em que os humanos, ao se espalharem a partir de seu centro original na África, ocuparam todos os demais continentes habitáveis. Os nossos ancestrais africanos se expandiram pela Ásia e Europa há cerca de um milhão de anos, e da Ásia para a Austrália há cerca de 50.000 anos, o que deixava as Américas do Norte e do Sul como os últimos continentes habitáveis onde ainda não havia *Homo sapiens*.

Do Canadá à Terra do Fogo, hoje os índios americanos são fisicamente mais homogêneos do que os habitantes de qualquer outro continente, o que implica que chegaram há muito pouco tempo para se diversificarem geneticamente. Mesmo antes de a arqueologia encontrar evidências dos primeiros índios, era claro que deviam ter se originado na Ásia, porque os índios modernos se parecem com os mongóis asiáticos. Diversas evidências recentes da genética e da antropologia confirmaram essa conclusão. Uma olhada no mapa mostra que a rota mais fácil da Ásia para a América é cruzar o estreito de Bering, que separa a Sibéria do Alasca. A última ponte de terra no estreito existiu (com algumas interrupções breves) de vinte e cinco a dez mil anos atrás.

Entretanto, a colonização do Novo Mundo exigiu mais que uma ponte de terra: devia haver gente vivendo do lado siberiano da ponte. Devido ao clima inclemente, o Ártico siberiano também só foi colonizado tarde na história humana. Os colonos devem ter vindo das zonas frias temperadas da Ásia ou do Leste Europeu, como os caçadores da Idade da Pedra que viviam no que é agora a Ucrânia e construíam suas casas com ossos de mamute habilidosamente empilhados. Há pelo menos 20.000 anos também havia caçadores de mamutes no Ártico siberiano, e há cerca de 12.000 anos ferramentas de pedra semelhantes às dos caçadores siberianos aparecem em registros arqueológicos do Alasca.

Depois de atravessar a Sibéria e o estreito de Bering, os caçadores da Idade do Gelo ainda estavam separados de seus futuros campos de caça nos Estados Unidos por outra barreira: uma vasta capa de gelo como a que hoje cobre a Groenlândia, estendendo-se de costa a costa no Canadá. Em alguns períodos da Idade do Gelo, se abria um corredor norte-sul estreito e sem gelo nessa camada, ao leste das Montanhas Rochosas. Um desses corredores se fechou há aproximadamente 20.000 anos, mas aparentemente não havia humanos no Alasca esperando para cruzá-lo. Contudo, quando ele voltou a se abrir, há uns 12.000 anos, os caçadores deviam estar prontos, porque as suas reveladoras ferramentas de pedra logo depois aparecem não só ao final do corredor, perto de Edmonton (Alberta, no Canadá), como em outras partes ao sul da camada de gelo. Àquela altura, os caçadores encontraram os elefantes e outros grandes mamíferos, e o drama começou.

Os arqueólogos denominam esses pioneiros indígenas ancestrais de povo Clovis, pois suas ferramentas de pedra foram encontradas pela primeira vez numa escavação próxima da cidade de Clovis, no Novo México, a uns 16 quilômetros da fronteira do Texas. Porém, ferramentas Clovis ou similares têm sido encontradas em todos os 48 estados contíguos dos Estados Unidos, e de Edmonton, no Canadá, ao norte do México. Vance Haynes, arqueólogo da Universidade do Arizona, ressalta que as ferramentas são muito similares às dos caçadores de mamutes europeus e siberianos, com uma exceção notável: as pontas chatas dos dois lados das lanças de pedra são acanaladas por um corte longitudinal para facilitar o encaixe da pedra na vara. Não está claro se as pontas eram montadas em lanças para serem disparadas manualmente, em dardos para serem lançadas por uma vareta ou em machados. De alguma maneira, porém, as pontas foram atiradas em grandes mamíferos com força suficiente para que, algumas vezes, se partissem em duas e, outras vezes, penetrassem os ossos. Os arqueólogos encontraram esqueletos de mamutes e bisões com pontas Clovis nas costelas, inclusive um mamute no sul do Arizona com um total de oito pontas. Nos sítios Clovis escavados os mamutes são, de longe, a presa mais comum (a julgar por seus ossos), mas outras vítimas incluem bisões, mastodontes, tapires, camelos, cavalos e ursos.

Dentre as extraordinárias descobertas sobre o povo Clovis está a rapidez com que se disseminou. Todos os sítios Clovis nos EUA datados pelas técnicas de carbono-14 mais avançadas foram ocupados por uns poucos séculos, no período anterior a 11.000 anos. Inclusive sítios humanos na ponta da Patagônia datam de cerca de 10.500 anos. Assim, cerca de um milênio depois de emergir do corredor livre de gelo de Edmonton, os humanos se espalharam de costa a costa e de ponta a ponta do Novo Mundo.

Igualmente notável é a rápida transformação da cultura Clovis. Há aproximadamente 11.000 anos as pontas foram abruptamente substituídas por um modelo menor, mais bem-feito, que agora é conhecido como pontas Folsom (a partir de um sítio perto de Folsom, no Novo México, onde foram identificadas pela primeira vez). As pontas Folsom em geral são associadas aos ossos de um bisão extinto de chifres largos, mas nunca aos mamutes, os preferidos dos caçadores Clovis.

Pode haver uma razão simples para os caçadores Folsom terem mudado dos mamutes para os bisões: já não haveria mais mamutes. Tampouco havia mastodontes, camelos, cavalos, preguiças terrestres gigantes e várias dezenas de outros tipos de grandes mamíferos. Em conjunto, naquela época a América do Norte perdeu surpreendentes 73% e a América do Sul 80% de seus gêneros de grandes mamíferos. Muitos paleontólogos não culpam os caçadores Clovis por este espasmo de extinção, pois não há evidências de morticínio em massa — só os ossos fossilizados de algumas carcaças esquartejadas por aqui e ali. Em vez disso, eles atribuem as extinções a mudanças climáticas e dos hábitats ao final da Idade do Gelo, época em que os Clovis chegaram. Esse raciocínio me intriga por diversos motivos: os hábitats livres do gelo para os mamíferos se expandiram, em vez de se contraírem, quando os glaciares cederam lugar às gramíneas e florestas; os grandes mamíferos americanos já haviam sobrevivido ao final de pelo menos 22 Idades do Gelo anteriores sem passar por esse espasmo de extinção; e houve muito menos extinções na Europa e na Ásia quando os glaciares daqueles continentes derreteram, por volta da mesma época.

Se as mudanças climáticas foram a causa, seria de se esperar efeitos nas espécies que preferem climas quentes e frios. Em vez disso, os fósseis do

Grand Canyon datados com carbono-14 demonstram que a preguiça terrestre de Shasta e a cabra-montesa de Harrington, que provêm, respectivamente, de climas quentes e frios, desapareceram no espaço de um século, há uns 11.000 anos. As preguiças eram comuns até pouco antes de se extinguirem. Em suas bolas de excremento do tamanho de uma bola de softball ainda bem preservadas em algumas cavernas no sudoeste americano, os botânicos identificaram restos das plantas de que elas se alimentavam: *Ephedra* e *Sphaeralcea ambigua*, da família das malváceas, que ainda hoje crescem nos arredores dessas cavernas. É altamente suspeito que tanto essas preguiças bem alimentadas quanto as cabras do Grand Canyon tenham desaparecido logo após os caçadores Clovis chegarem ao Arizona. Assassinos já foram condenados com base em evidências circunstanciais menos convincentes. Se o clima realmente tiver extinguido as preguiças, temos de dar crédito a estes animais supostamente estúpidos com inteligência insuspeita, pois todas decidiram cair mortas simultaneamente para enganar alguns cientistas do século XX e induzi-los a culpar os caçadores Clovis.

Uma explicação mais plausível dessa "coincidência" é que, na verdade, foi um caso de causa e efeito. Paul Martin, geocientista da Universidade do Arizona, descreveu o final dramático do encontro entre caçadores e elefantes como uma *"Blitzkrieg"*. Segundo ele, os primeiros caçadores a surgir do corredor livre de gelo em Edmonton cresceram e se multiplicaram porque encontraram abundância de grandes mamíferos dóceis e fáceis de caçar. À medida que os mamíferos desapareciam numa área, os caçadores e sua prole se mudavam para novas áreas onde eles ainda eram abundantes e prosseguiam exterminando essas populações ao avançar suas fronteiras. Quando os caçadores finalmente chegaram à ponta meridional da América do Sul, a maioria das grandes espécies de mamíferos do Novo Mundo havia sido exterminada.

A TEORIA DE MARTIN provocou fortes críticas, a maioria delas centrada em quatro dúvidas: um bando de uma centena de caçadores chegados em Edmonton poderia se reproduzir tão rapidamente e povoar um hemisfério no período de mil anos? Poderiam ter se espalhado tão rapidamente a ponto de cobrir quase 13.000 quilômetros, de Edmonton à Patagônia, neste lapso de tempo?

Seriam os caçadores Clovis realmente os primeiros povoadores do Novo Mundo? Os caçadores da Idade da Pedra foram tão eficazes na perseguição de centenas de milhões de grandes mamíferos a ponto de nenhum indivíduo conseguir sobreviver, deixando poucas evidências fósseis das caçadas?

Examinemos a primeira questão, as taxas de reprodução. As populações de caçadores-coletores modernos, mesmo nos melhores campos de caça, não passavam de um habitante por 3 quilômetros quadrados. Portanto, uma vez que todo o hemisfério ocidental foi ocupado, a população de caçadores-coletores teria sido, no máximo, de uns dez milhões, já que a área do Novo Mundo fora do Canadá e de outras áreas cobertas por glaciares na época dos Clovis era de cerca de 25 milhões de quilômetros quadrados. Nos exemplos modernos, quando colonizadores chegam a terras desabitadas (por exemplo, quando os amotinados do H. M. S. *Bounty* chegaram à Ilha de Pitcairn), seu crescimento populacional é de 3,4% ao ano. Isso significa que cada casal tem quatro filhos sobreviventes numa média de tempo geracional de 20 anos, o que equivaleria à multiplicação de 100 caçadores em 10 milhões num período de apenas 340 anos. Assim, os caçadores Clovis facilmente poderiam ter se multiplicado até chegar a 10 milhões no lapso de um milênio.

Os descendentes dos pioneiros de Edmonton teriam podido alcançar a ponta meridional da América do Sul num período de mil anos? A distância em linha reta é de pouco menos de 13.000 quilômetros, então eles precisariam ter percorrido uma média de 13 quilômetros ao ano. Esta é uma tarefa simples: um caçador — ou caçadora — preparado poderia cobrir a cota anual em um dia, sem se mover nos restantes 364 dias. As pedreiras de onde as ferramentas Clovis foram feitas podem ser identificadas pelo tipo local de pedra, e por isso sabemos que as ferramentas individuais viajaram até 320 quilômetros. Algumas migrações zulus na África do Sul no século XIX cobriram quase 4.800 quilômetros em apenas 50 anos.

Teriam sido os caçadores Clovis os primeiros humanos a se espalharem ao sul da camada de gelo canadense? Esta é a questão mais difícil e extremamente controversa entre os arqueólogos. A defesa da primazia dos Clovis se baseia, inevitavelmente, em evidências negativas: não existem restos ou artefatos inequivocamente humanos anteriores aos Clovis com data universalmente aceita em nenhuma parte do Novo Mundo ao sul da camada de gelo canadense. Atente para o fato de que há dezenas de "supostos" sítios com evidências anteriores aos Clovis, mas todos, ou quase todos, apresentam sérias dúvidas quanto à possível contaminação anterior, por carbono mais antigo, do material usado para datação com carbono-14; se o material datado realmente estava associado a restos humanos, ou se as ferramentas supostamente confeccionadas por humanos não passavam de pedras moldadas pela natureza. Os dois sítios pré-Clovis mais plausíveis são o Meadowcroft Rock Shelter, na Pensilvânia, e o sítio Monte Verde, no Chile, datados em pelo menos 13.000 anos. O Monte Verde é descrito como tendo preservado de maneira surpreendentemente boa diversos tipos de artefatos humanos, mas os resultados ainda não foram publicados em detalhes e não podem ser adequadamente avaliados. No Meadowcroft, um debate sem solução afirma que as datas de carbono-14 estão erradas, especialmente porque se calcula que as espécies de plantas e animais do sítio viveram ali em época muito mais recente do que 16.000 anos atrás.

Por outro lado, a evidência dos povos Clovis é inegável, é encontrada nos 48 estados americanos contíguos e é aceita por todos os arqueólogos. As evidências de assentamentos anteriores por humanos mais primitivos nos demais continentes habitáveis também é inequívoca e universalmente aceita. Em todos os sítios Clovis observa-se um nível com artefatos Clovis e ossos de numerosas espécies extintas de mamíferos; imediatamente acima (isto é, mais recente) deste nível vem o nível com artefatos Folsom, mas sem ossos de nenhum grande mamífero extinto, exceto o bisão; e imediatamente abaixo do nível Clovis, níveis que se estendem por milhares de anos antes da época Clovis refletem condições ambientais benéficas, repletas de ossos de grandes mamíferos extintos, mas sem artefatos humanos. Como povos poderiam ter se estabelecido no Novo Mundo antes dos Clovis e *não* deixar para trás a trilha comum de abundantes evidências que convencem os arqueólogos, tais como ferramentas de pedra, fogueiras, cavernas ocupadas e esqueletos ocasionais, com datas de carbono-14 inequívocas? Como poderia um povo anterior aos Clovis não ter deixado pistas da sua presença nos sítios Clovis, apesar das condições tão favoráveis à vida? Como podiam ter chegado do Alasca à Pensilvânia ou ao Chile como quem vai de helicóptero, sem deixar traços de sua presença nos territórios em que intervieram? Por esses motivos, acho mais plausível que as datas do Meadowcroft Rock Shelter e do

Monte Verde estejam de alguma forma equivocadas. A interpretação da primazia dos Clovis faz sentido; para mim, a interpretação pré-Clovis simplesmente não tem cabimento.

OUTRO ARGUMENTO FORTEMENTE contestado na teoria da *Blitzkrieg* de Martin é a suposta caça em excesso e o extermínio dos grandes mamíferos. É difícil imaginar os caçadores da Idade da Pedra conseguindo matar um mamute e ainda mais difícil imaginá-los como causadores de sua extinção pela caça. Mesmo que *fossem* capazes de matar os mamutes, por que o fariam? E onde estão todas as carcaças?

Certamente, quando paramos diante de um esqueleto de mamute num museu, a ideia de usar uma lança com ponta de pedra para atacar um animal gigantesco provido de colmilhos parece absolutamente suicida. No entanto, os africanos e asiáticos modernos conseguem matar elefantes usando armas igualmente simples, caçando em grupo e confiando em emboscadas ou no fogo, mas às vezes um caçador solitário persegue um elefante armado de uma lança ou flechas envenenadas. Os modernos caçadores de elefantes ainda são considerados amadores comparados com os caçadores de mamutes da época dos Clovis, herdeiros de milhares de anos de experiência de caça com ferramentas de pedra. Os artistas dos museus gostam de representar os caçadores da Idade da Pedra como brutos nus que arriscavam a vida lançando pedregulhos num mamute enfurecido, e um ou dois caçadores estendidos mortos no chão. Isso é um absurdo. Se morressem caçadores numa caçada típica, os mamutes teriam exterminado os caçadores, e não o contrário. O quadro mais realista seria o de profissionais agasalhados e em segurança atirando lanças em um mamute aterrorizado, emboscado num estreito leito de rio.

Recorde também que os grandes mamíferos do Novo Mundo provavelmente nunca haviam avistado humanos antes dos caçadores Clovis, se eles realmente foram os primeiros a chegar ao Novo Mundo. Sabemos, pela Antártica e Galápagos, que os animais que evoluíram na ausência dos humanos são dóceis e destemidos. Quando visitei as isoladas montanhas Foja, na Papua-Nova Guiné, onde não há população humana, os grandes cangurus arborícolas eram tão dóceis que pude chegar a poucos metros deles. Provavelmente os grandes mamíferos do Novo Mundo eram igualmente ingênuos e foram mortos antes de terem tempo de temer o homem.

Os caçadores Clovis podiam ter matado mamutes num ritmo que os levasse à extinção? Pense novamente que, em média, 3 quilômetros quadrados abrigavam um caçador-coletor e (comparado com os elefantes africanos atuais) um mamute, e que um quarto da população Clovis consistia em caçadores machos adultos que matavam, cada um, um mamute a cada dois meses. Isso significa seis mamutes mortos anualmente a cada 3 quilômetros quadrados, então os mamutes teriam que reproduzir os seus números em menos de um ano para repor os mortos. No entanto, os elefantes modernos são reprodutores lentos, que levam cerca de 20 anos para repor os seus números, e poucas espécies de grandes mamíferos se reproduzem de modo suficientemente rápido para uma reposição em menos de três anos. Assim, é plausível que em poucos anos os caçadores Clovis tenham exterminado localmente os grandes mamíferos e se mudado para a área seguinte. Os arqueólogos que hoje tentam documentar a matança procuram agulhas num palheiro fóssil: alguns anos de ossos de mamutes esquartejados em meio aos ossos de todos os mamutes que morreram de causas naturais durante centenas de milhares de anos. Não é de admirar que tenham encontrado tão poucas carcaças de mamutes com pontas Clovis nas costelas.

Por que um caçador Clovis mataria um mamute a cada dois meses, se um mamute de 2,5 toneladas, com pouco mais de 1 tonelada de carne, fornecia 5 quilos de carne por pessoa ao dia, durante dois meses, para alimentar o caçador, sua mulher e dois filhos? Cinco quilos parecem um exagero grosseiro, mas na verdade este peso está próximo da ração individual diária de carne consumida na fronteira dos Estados Unidos no século XIX. Isso, presumindo-se que os caçadores Clovis realmente comessem 1 tonelada de carne de mamute. Mas conservar a carne por dois meses exigia secá-la: você se daria ao trabalho de secar 1 tonelada de carne se, em vez disso, pudesse matar outro mamute? Como observou Vance Haynes, a caça de mamutes pelos Clovis demonstra que os animais eram parcialmente esquartejados, o que sugere muito desperdício e um uso seletivo da carne por povos que viviam em meio à abundância de presas. Provavelmente parte da caça não era pela carne, mas pelo marfim, a pele ou simples machismo. As focas e baleias também têm sido caçadas na época moderna pelo óleo ou a pele, e a carne é desprezada e apodrece. Nas aldeias de pescadores da Papua-Nova Guiné, é comum avistar carcaças descartadas de grandes tubarões, mortos apenas por causa das barbatanas, com as quais se prepara uma deliciosa sopa.

Estamos muito familiarizados com as *Blitzkriegs* dos caçadores europeus modernos que quase exterminaram bisões, baleias, focas e vários outros grandes animais. Descobertas arqueológicas recentes em diversas ilhas oceânicas demonstram que estas *Blitzkriegs* ocorreram sempre que os primeiros caçadores chegaram a terras com animais ingênuos diante dos humanos. Se a colisão entre humanos e grandes animais ingênuos sempre termina num espasmo de extinção, isso poderia ter sido diferente com a chegada dos Clovis ao Novo Mundo?

OS PRIMEIROS CAÇADORES que chegaram a Edmonton não podiam prever esse final. Portanto, deve ter sido dramático quando, tendo deixado para trás um Alasca superpovoado onde a caça escasseava, depois de atravessar um corredor livre de gelo eles encontraram manadas de mamutes, camelos e outros animais dóceis. Ao explorar a região, logo devem ter percebido (à diferença de Cristóvão Colombo e dos peregrinos de Plymouth) que não havia ninguém lá, que eram os primeiros a chegar àquelas terras férteis. Esses peregrinos de Edmonton também tinham motivos para comemorar um dia de Ação de Graças.

CAPÍTULO 19

A segunda nuvem

ATÉ CHEGARMOS À NOSSA PRÓPRIA GERAÇÃO, NINGUÉM TINHA POR QUE se preocupar se a próxima geração humana sobreviveria ou desfrutaria um planeta em que valesse a pena viver. A nossa é a primeira geração a ser confrontada com essas questões sobre o futuro de seus filhos. Dedicamos grande parte de nossa vida ensinando nossos filhos a se sustentar e conviver bem com outras pessoas. Cada vez mais nos perguntamos se esses esforços não terão sido em vão.

Essas preocupações surgiram devido a duas nuvens que pairam sobre nós — nuvens cujas consequências são similares, mas que encaramos de maneira muito diferente. Uma, o risco de um holocausto nuclear, revelou-se pela primeira vez na nuvem sobre Hiroshima. Todos concordam que o risco é real, já que existem gigantescos depósitos de armas nucleares e os políticos ao longo da história às vezes fizeram cálculos equivocados. Todos concordam que se o holocausto nuclear realmente ocorrer, será terrível para nós e pode inclusive aniquilar a todos. Esse risco preocupa grande parte da atual diplomacia mundial. A única coisa sobre a qual discordamos é quanto à melhor maneira de lidar com isso — por exemplo, se devemos almejar o desarmamento completo ou parcial, o equilíbrio nuclear ou a superioridade nuclear.

A outra nuvem é o risco de um holocausto ambiental, cuja causa potencial, muito discutida, é a gradual extinção da maioria das espécies do mundo. Em contraste com o caso do holocausto nuclear, o desacordo é quase total quanto aos riscos reais de uma extinção em massa, e se esta realmente nos fará tanto dano caso aconteça. Por exemplo, uma das estimativas mais citadas é que os humanos levaram à extinção aproximadamente 1% das espécies de aves nos últimos séculos. Em um extremo, muitas pessoas cautelosas — especialmente economistas e líderes empresariais, mas também alguns biólogos e muitos leigos — pensam que essa perda de 1% é irrelevante, mesmo que tenha realmente acontecido. Na verdade, essas pessoas argumentam que 1% é uma cifra *super*estimada, que a maioria das espécies são supérfluas para nós e não nos faria dano perder dez vezes mais espécies. No extremo oposto, muitas outras pessoas cautelosas — especialmente os biólogos conservacionistas e um número crescente de leigos que participam dos movimentos ambientalistas — pensam que a cifra de 1% é *sub*estimada e que a extinção em massa poria em risco a qualidade ou a possibilidade da vida humana. Evidentemente, para os nossos filhos fará muita diferença que uma ou outra dessas perspectivas extremas esteja próxima da verdade. Os riscos de um holocausto nuclear ou ambiental são as duas questões verdadeiramente prementes que a raça humana enfrenta hoje. Comparadas com elas, nossas obsessões habituais com o câncer, a AIDS e as dietas empalidecem e se tornam insignificantes, pois estes problemas não ameaçam a sobrevivência da espécie humana. Se as ameaças nuclear e ambiental não se materializarem, teremos muito tempo livre para resolver bagatelas como o câncer. Se não as evitarmos, a solução do câncer não terá sido de grande ajuda.

Quantas espécies os humanos realmente já eliminaram? Quantas mais podem ser extintas no lapso de uma vida humana? Se mais espécies se extinguirem, e daí? Qual a contribuição das codornas para o produto interno bruto? As espécies não estão destinadas a se extinguir mais cedo ou mais tarde? A alegada crise da extinção em massa é uma fantasia histérica, um risco futuro real ou um evento comprovado que já está ocorrendo?

Precisamos examinar três passos para chegar a estimativas realistas dos números envolvidos no debate sobre a extinção em massa. Em primeiro lugar, vejamos quantas espécies se extinguiram na era moderna (isto é, desde 1600). Em segundo lugar, vamos estimar quantas extinções ocorreram antes de 1600. O terceiro passo é tentar prever quantas mais devem ocorrer no lapso das nossas vidas, a dos nossos filhos e nossos netos. Finalmente, nos perguntaremos que diferença isso faz.

O PRIMEIRO PASSO, calcular o número de espécies extintas na era moderna, parece fácil. É só pegar alguns grupos de plantas ou animais, contar num catálogo o número total de espécies, marcar as que sabemos que se extinguiram a partir de 1600 e somá-las. Para treinar esse exercício, as aves apresentam a vantagem de serem fáceis de ver e identificar. Além disso, hordas de observadores de pássaros as acompanham. O resultado disso é que sabemos mais sobre elas do que sobre qualquer outro grupo de animais.

Hoje existem aproximadamente 9.000 espécies de aves. Apenas uma ou duas espécies desconhecidas ainda são descobertas a cada ano, então praticamente todas as aves vivas já foram nomeadas. A principal agência dedicada à situação das aves no mundo — o Conselho Internacional para a Preservação das Aves (ICBP) — lista 108 espécies de aves, além de muitas subespécies que estariam extintas desde 1600. Praticamente todas as extinções foram causadas pelos humanos de uma forma ou de outra — voltarei a isso mais adiante. Cento e oito é aproximadamente 1% do número total de espécies de aves. É daí que vem a porcentagem que mencionei antes.

Antes de tomar isso como a última palavra sobre o número atual de extinções de aves, devemos entender como se chegou ao número 108. O ICBP só lista uma espécie como extinta depois que ela foi procurada em áreas onde se sabe que ocorria ou onde costumava aparecer e essa espécie não é avistada por muitos anos. Em muitos casos, os observadores acompanharam a redução de uma população para um punhado de indivíduos e registraram a sua sorte. Por exemplo, a subespécie de ave extinta mais recentemente nos Estados Unidos foi o pardal *Ammodramus maritimus nigrescens*, que habitava os pântanos nos arredores de Titusville, na Flórida. À medida que sua população foi encolhendo, os órgãos de defesa da vida selvagem colocaram anéis de identificação nos poucos pardais que restavam para que se pudessem reconhecê-los. Quando só restavam seis, eles foram colocados em cativeiro para protegê-los e fazê-los reproduzir. Infelizmente, morreu um depois do outro. O último indivíduo, e com ele a própria subespécie, morreu em 16 de junho de 1987.

Então, não há dúvida de que o pardal *Ammodramus maritimus nigrescens* está extinto. Tampouco há dúvida quanto a muitas outras subespécies e as 108 espécies de aves listadas. A lista das espécies da América do Norte desaparecidas desde a colonização europeia, e os anos em que cada espécie individual morreu inclui: grande alca (1844), cormorão-de-lunetas (1952), pato labrador (1875), pombo-viajante (1914) e periquito da Carolina (1918). O grande alca costumava habitar a Europa, mas nenhuma outra espécie de ave europeia foi declarada extinta desde 1600, ainda que algumas espécies desaparecidas da Europa sobrevivam em outros continentes.

E quanto às demais espécies que não cumpriram os rigorosos critérios de extinção do ICBP? Podemos ter certeza de que ainda existem? No caso da maioria das aves da América do Norte e da Europa, a resposta é "sim". Centenas de milhares de fanáticos observadores de pássaros monitoram anualmente todas as espécies de aves nesses continentes. Quanto mais rara a espécie, mais fanática é sua busca anual. Nenhuma espécie de ave norte-americana ou europeia poderia desaparecer despercebidamente. Só existe uma espécie de ave norte-americana cuja atual existência é incerta: o gorjeador de Bachman, cujo último registro é de 1977; mas o ICBP não desanima, devido a registros mais recentes não confirmados. (O pica-pau de bico de mármore também pode estar extinto, mas sua população norte-americana é "apenas" uma subespécie; alguns indivíduos das outras subespécies desse pica-pau sobrevivem em Cuba.) Assim, o número de extinções de espécies de aves norte-americanas desde 1600 certamente não é menor do que cinco nem maior do que seis. Todas as espécies de gorjeador de Bachman podem cair em uma de duas categorias: "definitivamente extinta" ou "definitivamente existente". De igual maneira, o número de espécies de aves europeias extintas desde 1600 é certamente uma — não duas, não zero, mas uma.

Portanto, temos uma resposta exata, inequívoca, à questão de quantas espécies de aves europeias e norte-americanas se extinguiram desde 1600. Se pudéssemos ser tão categóricos com relação a outros grupos de espécies, o nosso primeiro passo, avaliar o debate sobre a extinção em massa, teria sido dado. Infelizmente, isso não se aplica às plantas e outros grupos de animais, nem a outras partes do mundo — menos ainda aos trópicos, onde habita a imensa maioria das espécies. Na maioria dos países tropicais há poucos ou nenhum observador de aves, e não há monitoramento anual. Muitas áreas tropicais nunca foram monitoradas novamente depois que sua biologia foi explorada, há vários anos. A situação de muitas espécies tropicais é desconhecida, porque não foram avistadas outra vez nem procuradas desde sua descoberta. Por exemplo, dentre as aves da Papua-Nova Guiné que eu estudo, só se conhece o *Philemon brassi* por meio de 18 espécimes mortas numa lagoa do rio Idenburg entre 22 de março e 19 de abril de 1939. Nenhum cientista revisitou essa lagoa, então não sabemos nada sobre a situação atual dessa ave.

Pelo menos sabemos onde procurá-la. Diversas outras espécies foram descritas a partir de espécies coletadas por expedições no século XIX que forneceram indicações vagas sobre o lugar da coleta — por exemplo, "América do Sul". Tente definir a situação de alguma espécie rara com apenas essa pista vaga sobre onde achá-la! Não se conhece o canto, o comportamento e as preferências de hábitat destas espécies. Então, não sabemos onde buscá-las nem como identificá-las se as avistarmos ou ouvirmos.

Assim, a categoria de muitas espécies tropicais não pode ser classificada como "definitivamente extinta" nem como "definitivamente existente". Então, é questão de sorte que uma espécie atraia a atenção de um ornitólogo, se torne objeto de pesquisa e, portanto, seja reconhecida como possivelmente extinta.

Eis um exemplo. As Ilhas Salomão são outra de minhas áreas favoritas para observar pássaros no Pacífico tropical. Elas são lembradas pelos americanos e japoneses mais velhos como o local de algumas das batalhas mais cruentas da Segunda Guerra Mundial. (Lembremos Guadalcanal, Henderson Field, o barco PT do presidente Kennedy, o Expresso de Tóquio.) O ICBP lista como extinta uma espécie de ave das Ilhas Salomão, o pombo coroado de Meek (*Microgoura meeki*). Mas, ao tabular as observações recentes das 164 espécies conhecidas das Ilhas Salomão, notei que 12 delas não eram vistas desde 1953. Algumas dessas espécies certamente se extinguiram, porque antes eram abundantes e visíveis, ou porque os ilhéus me disseram que estas aves haviam sido exterminadas pelos gatos.

Doze espécies possivelmente extintas num total de 164 pode não parecer preocupante. Contudo, as Ilhas Salomão estão em melhor situação ambiental do que o resto do mundo tropical, por serem relativamente pouco habitadas e com poucas espécies de aves, pelo baixo desenvolvimento econômico e as muitas florestas virgens. A Malásia é mais tipicamente tropical e rica em espécies, e a maior parte de sua floresta de terras baixas foi derrubada. Os biólogos identificaram 266 espécies de peixes que dependiam de água doce nos rios das florestas da Malásia. Uma pesquisa recente que durou quatro anos só encontrou 122 das 266 espécies — menos da metade. As outras 144 espécies de peixes de água doce se extinguiram, são raras ou muito locais. Chegaram a essa situação antes que alguém percebesse.

A Malásia, como costuma ocorrer nos países tropicais, sofre a pressão humana. Os peixes são típicos de todas as espécies, exceto pelas aves, e atraem escassa atenção científica. A estimativa de que a Malásia já perdeu (ou quase) a metade dos peixes de água doce dá uma ideia razoavelmente aproximada da situação das plantas, invertebrados e vertebrados, à exceção das aves, em grande parte das áreas tropicais.

Isso é um complicador quando se tenta chegar ao número de extinções desde 1600: não se conhece a situação de muitas espécies ou das mais mencionadas. E tem mais. Até agora estamos tentando avaliar a extinção apenas das espécies descobertas e descritas (nomeadas). Teriam outras espécies se extinguido antes mesmo de serem descritas?

Claro que sim, pois procedimentos de amostragem sugerem que o número atual de espécies no mundo é de quase 30 milhões, mas menos de dois milhões de espécies foram nomeadas. Dois exemplos ilustram a certeza das extinções anteriores à descrição. O botânico Alwyn Gentry pesquisou as plantas de uma região serrana isolada no Equador chamada Centinela, onde encontrou 38 novas espécies limitadas àquela zona. Pouco depois, a península foi desmatada e as plantas foram exterminadas. Nas Ilhas Cayman, no Caribe, o zóologo Fred Thompson descobriu duas novas espécies de caracol terrestre nativos de uma floresta numa montanha de calcário que foi completamente derrubada anos depois por um projeto de loteamento residencial.

O fato acidental de que Gentry e Thompson tenham visitado aqueles morros antes, e não depois, de serem derrubados significa que temos nomes para aquelas espécies extintas. Mas a maioria das áreas tropicais em desenvolvimento não são antes pesquisadas por biólogos. Deve haver caracóis terrestres em Centinela, e plantas e caracóis em inúmeras serras tropicais que exterminamos antes de conhecer.

Em resumo, o problema de determinar o número de extinções modernas a princípio parece simples e leva a estimativas modestas — por exemplo, só cinco ou seis espécies de aves extintas em toda a América do Norte e a Europa. No entanto, ao refletir sobre isso percebemos que a lista publicada de espécies conhecidas extintas é uma subestimação grosseira do número real de extinções, por duas razões: primeira, por definição, a lista publicada só considera as espécies nomeadas, ao passo que a maioria das espécies (exceto em grupos bem estudados, como as aves) não foi nem nomeada. Segunda, fora da América do Norte e da Europa, e excetuando as aves, a lista publicada inclui unicamente as poucas espécies que, por algum motivo, atraíram o interesse dos biólogos e se descobriu que estavam extintas. Dentre as restantes espécies cuja situação se desconhece muitas provavelmente estão extintas ou em vias de extinção como, por exemplo, a metade dos peixes de água doce da Malásia.

AGORA PASSEMOS AO segundo passo da avaliação do debate sobre a extinção em massa. Até aqui, nossas estimativas se centraram nas espécies exterminadas a partir de 1600, quando começou a classificação científica das espécies. Essas extinções devem ter ocorrido porque a população humana cresceu em número, chegou a áreas antes desabitadas e inventou tecnologias cada vez mais destrutivas. Teriam esses fatores surgido subitamente em 1600, após vários milhões de anos da história humana? Não houve extermínios antes de 1600?

Claro que não. Até 50.000 atrás, os humanos viviam na África e nas áreas mais quentes da Europa e da Ásia. Entre essa época e 1600, a nossa espécie passou por uma expansão geográfica em massa que nos levou à Austrália e à Papua-Nova Guiné há uns 50.000 anos, depois à Sibéria e às Américas do Norte e do Sul e, finalmente, à maior parte das ilhas oceânicas remotas, por volta de 2000 a.C. Tivemos também uma forte expansão demográfica, de talvez alguns milhões de pessoas, há 50.000 anos, para aproximadamente meio bilhão em 1600. A nossa destrutividade também aumentou com o aprimoramento das habilidades na caça nos últimos 50.000 anos, as ferramentas de pedra polida e a agricultura nos últimos dez mil anos e as ferramentas de metal nos últimos seis mil anos.

Em todas as áreas do mundo estudadas pelos paleontólogos em que os homens chegaram pela primeira vez nos últimos 50.000 anos, essa chegada coincidiu aproximadamente com extinções pré-históricas em massa. Nos dois capítulos anteriores descrevi as extinções em Madagascar, Nova Zelândia, Polinésia, Austrália, Caribe, Américas e ilhas mediterrâneas. Desde que os cientistas souberam dessas ondas de extinções pré-históricas associadas à chegada do homem, eles debatem se as pessoas foram a causa ou se simplesmente coincidiu de chegarem quando os animais sucumbiam às mudanças climáticas. No caso das ondas de extinção nas ilhas polinésias, hoje não resta dúvida de que a chegada dos polinésios as provocou de uma forma ou outra. A extinção das aves e a chegada dos polinésios coincidiram em poucos séculos, numa época em que não houve grande mudança climática e os ossos de milhares de moas assados foram encontrados em fornos polinésios. A coincidência no tempo é igualmente convincente em Madagascar. Mas as causas das extinções anteriores, especialmente na Austrália e nas Américas, ainda estão em debate.

Como expliquei no caso das extinções nas Américas, no capítulo anterior, parece-me evidente que os humanos também tiveram um papel. Em todas as áreas do mundo houve ondas de extinção após a chegada do homem, mas ela não ocorreu simultaneamente em outras áreas que passavam por mudanças climáticas similares, e não ocorreu na mesma área quando as mudanças climáticas foram anteriores.

Então, duvido que tenha sido obra das mudanças climáticas. Em vez disso, quem tenha visitado a Antártica ou Galápagos viu como os animais nesses lugares são dóceis, pois até recentemente não estavam acostumados aos humanos. Os fotógrafos ainda chegam perto desses animais ingênuos como a mesma facilidade que tinham os caçadores. Em minha opinião, os primeiros caçadores que chegaram também se aproximaram dos mamutes e moas ingênuos, enquanto os ratos que vieram com os primeiros caçadores se aproximaram de passarinhos ingênuos no Havaí e em outras ilhas.

Não foi só nessas áreas antes desabitadas que os homens pré-históricos provavelmente exterminaram espécies. Nos últimos 20.000 anos também houve extinções em áreas que os humanos ocupavam há muito tempo — na Eurásia, onde rinocerontes lanudos, mamutes e cervos gigantes (o "alce irlandês") desapareceram, e na África, que perdeu seu búfalo gigante, o gnu gigante e o cavalo gigante. Esses grandes mamíferos podem ter sido vítimas dos homens pré-históricos que já os caçavam há muito tempo, mas que passaram a fazê-lo com armas muito melhores do que antes. Os grandes mamíferos da Eurásia e da África não eram ingênuos em relação aos humanos, mas desapareceram pelas mesmas duas razões que levaram o urso pardo da Califórnia e os ursos, lobos e castores do Reino Unido a sucumbir mais recentemente, após milhares de anos de perseguição humana. Essas razões são mais gente e melhores armas.

Podemos ao menos estimar quantas espécies estiveram envolvidas nessas extinções pré-históricas? Ninguém tentou adivinhar o número de plantas, invertebrados e lagartos exterminados pela destruição do hábitat pré-histórico. Mas praticamente todas as ilhas oceânicas exploradas por paleontólogos exibem restos de espécies de aves extintas recentemente. A extrapolação para essas ilhas que ainda não foram exploradas paleontologicamente sugere que cerca de duas mil espécies de aves — um quinto de todas as aves que existiam há alguns milhares de anos — dessas ilhas foram espécies exterminadas na pré-história. Isso não leva em conta as aves que podem ter sido eliminadas nos continentes durante a pré-história. Na época da chegada dos humanos, ou pouco depois, cerca de 73% dos gêneros de grandes mamíferos se extinguiram na América do Norte; 80%, na América do Sul e 86%, na Austrália.

O ÚLTIMO PASSO para avaliar o debate sobre o extermínio em massa é prever o futuro. O pico da onda de extinção que provocamos já passou, ou ainda há mais por vir? Há vários modos de avaliar essa questão.

Uma maneira simples é pensar que as espécies que estarão extintas no futuro fazem parte daquelas que hoje estão em vias de extinção. Quantas espécies têm populações reduzidas a níveis perigosamente baixos? O ICBP estima que no mínimo 1.666 espécies de aves estão ameaçadas ou correm perigo de extinção iminente — quase 20% do total de aves sobreviventes. Eu disse "no mínimo 1.666" porque esse número é subestimado, pela razão que mencionei. Estes números se baseiam unicamente nas espécies cuja situação chamou a atenção de um cientista, e não numa reavaliação da situação de todas as espécies de aves.

Outro modo de prever o que acontecerá é compreender os mecanismos pelos quais exterminamos espécies. As extinções causadas pelo homem podem continuar se acelerando até que a população humana e a tecnologia cheguem a um platô, mas nenhum dos dois dá sinal de estar chegando lá. A nossa população cresceu dez vezes, de meio bilhão em 1600 para mais de seis bilhões hoje, e continua crescendo em quase 2% ao ano. Cada dia traz novos avanços tecnológicos que afetam a terra e seus habitantes. A população em crescimento extermina espécies mediante quatro mecanismos principais: a caça em excesso, a introdução de espécies, a destruição do hábitat e o efeito dominó. Vejamos se estes mecanismos chegaram a um platô.

A caça em excesso — matar animais mais rapidamente do que sua taxa de reposição — é o principal mecanismo pelo qual exterminamos animais, dos mamutes aos ursos pardos da Califórnia. (O urso pardo figura na bandeira do estado onde vivo, mas muitos dos meus conterrâneos não se lembram que há muito tempo o símbolo do nosso estado foi exterminado.) Já matamos todos os grandes animais que podemos matar? É óbvio que não. O escasso número de baleias provocou a proibição internacional de caçá-las para fins comerciais, e então o Japão anunciou a decisão de triplicar o número de baleias mortas "por razões científicas". Todos vimos fotos da aceleração da mortandade dos elefantes e rinocerontes africanos em razão do marfim e dos chifres, respectivamente. Nas atuais taxas de mudança, em poucas décadas não só elefantes e rinocerontes, mas quase todas as populações da maioria dos grandes mamíferos da África e do Sudeste Asiático estarão extintas fora das reservas de caça e dos zoológicos.

O segundo mecanismo de extermínio é a introdução, intencional ou acidental, de certas espécies em partes do mundo onde elas não ocorrem. Exemplos conhecidos de espécies introduzidas e que estão firmemente estabelecidas nos Estados Unidos são os ratos da Noruega, os estorninhos europeus, o bicudo-do-algodoeiro e o fungo causador da doença do olmo holandês e da praga do castanheiro. A Europa também tem espécies introduzidas, das quais o rato da Noruega é um exemplo (ele é originário da Ásia, não da Noruega). Quando espécies são levadas de uma região para outra, elas costumam exterminar algumas espécies nativas que encontram, comendo-as ou provocando doenças. As vítimas evoluíram na ausência das pragas introduzidas e nunca desenvolveram defesas contra elas. Os castanheiros americanos foram praticamente extintos pela praga do fungo asiático, ao qual os castanheiros asiáticos são resistentes. De igual maneira, cabras e ratos exterminaram muitas plantas e aves nas ilhas oceânicas.

Já espalhamos todas as pragas possíveis pelo mundo? É óbvio que não. Diversas ilhas permanecem livres de cabras e de ratos da Noruega, e tenta-se impedir a entrada de vários insetos e doenças mediante quarentenas. O Departamento de Agricultura dos Estados Unidos vem tentando, a um alto custo e aparentemente sem êxito, evitar a entrada das abelhas assassinas e da mosca da fruta mediterrânea. Na verdade, o que provavelmente será a maior onda de extinção na época moderna, causada por um predador introduzido, acaba de começar no Lago Vitória, na África, lar de centenas de espécies de peixes extraordinários que não habitam nenhuma outra parte do mundo. Um grande peixe predador, chamado perca do Nilo, foi intencionalmente introduzido numa tentativa equivocada de criar uma nova piscicultura, e agora está devorando os peixes nativos do lago.

A destruição do hábitat é o terceiro modo como exterminamos. A maioria das espécies ocorre apenas num determinado tipo de hábitat: a mariquita do pântano só ocorre em pântanos, e a mariquita do pinheiro vive em florestas de pinheiros. Se drenarmos os pântanos e desmatarmos as florestas, eliminamos a espécie que depende destes hábitats de modo tão certeiro como se atirássemos em cada indivíduo da espécie. Por exemplo, quando todas as florestas da ilha Cebu, nas Filipinas, foram derrubadas, nove de um total de dez aves únicas na ilha se extinguiram.

No caso da destruição do hábitat o pior ainda está por vir, porque estamos apenas começando a realmente derrubar as florestas tropicais, os hábitats mais ricos em espécies. A riqueza biológica das florestas tropicais é legendária: por exemplo, mais de 1.500 espécies de besouros vivem numa única espécie de árvore na floresta tropical do Panamá. As florestas tropicais cobrem unicamente 6% da superfície do planeta, mas abrigam aproximadamente a metade das espécies da Terra. Cada área de floresta tropical possui um grande número de espécies exclusivas daquela área. Para mencionar só algumas das florestas especialmente ricas que estão sendo destruídas, o desmatamento da Mata Atlântica brasileira e da floresta das terras baixas da Malásia é quase total, e as de Bornéu e das Filipinas serão derrubadas nas próximas décadas. Em meados do século XXI, os únicos grandes trechos de floresta tropical que provavelmente sobreviverão estarão em partes do Zaire e da bacia amazônica.

Cada espécie depende de outras espécies para se alimentar e obter um hábitat. Então, elas estão ligadas entre si como as fileiras de um dominó. Assim como a queda de um dominó numa fileira faz cair os demais, o extermínio de uma espécie pode levar à perda de outras que, por sua vez, levarão outras consigo. Este quarto mecanismo de extinção pode ser denominado efeito dominó. A natureza consiste em tantas espécies ligadas entre si dessa maneira complexa que é praticamente impossível prever aonde pode levar o efeito da extinção de uma espécie em particular.

Por exemplo, mais de 50 anos atrás ninguém previu que a extinção dos grandes predadores (onça, puma e gavião-real) na ilha Barro Colorado, no Panamá, pudesse levar à extinção de três pequenos chororós e a mudanças drásticas na composição de espécies de árvores da floresta desta ilha. Mas isso ocorreu, porque os grandes predadores costumavam comer predadores de médio porte, como queixadas, macacos e quatis, e comedores de sementes de porte médio, como pacas e cutias. Com o desaparecimento dos grandes predadores houve uma explosão populacional dos predadores de médio porte, que passaram a comer os chororós e seus ovos. Os comedores de sementes de médio porte também se reproduziram rapidamente e passaram a comer sementes grandes caídas no chão, impedindo a propagação de espécies de árvores que produziam sementes grandes e favorecendo a disseminação de espécies de árvores de sementes pequenas. Por sua vez, essa transformação da composição florestal provoca uma explosão de ratos e camundongos que se alimentam de pequenas sementes e, com isso, a explosão no número de gaviões, corujas e jaguatiricas, que predam esses pequenos roedores. Dessa forma, a extinção de três espécies incomuns de grandes predadores vai provocar uma sucessão de mudanças em toda a comunidade de plantas e animais, inclusive a extinção de muitas outras espécies.

Mediante esses quatro mecanismos — a caça excessiva, a introdução de espécies, a destruição do hábitat e o efeito dominó — provavelmente metade das espécies existentes estará extinta ou ameaçada de extinção em meados do século XXI. Como muitos pais, às vezes penso se poderei descrever para os meus filhos gêmeos o mundo em que cresci e que eles nunca verão. Quando eles tiverem idade para virem comigo à Papua-Nova Guiné, um dos tesouros biológicos do mundo onde trabalho há 25 anos, a maior parte das terras altas do leste estará desmatada.

Quando somamos essas extinções que já provocamos às que estamos a ponto de causar, é evidente que a atual onda de extinção supera a colisão do asteroide que dizimou os dinossauros. Mamíferos, plantas e diversas outras espécies sobreviveram ilesas àquela colisão, mas a onda atual causa impacto em tudo, dos liquens e lírios aos leões. Assim, a chamada crise da extinção não é uma fantasia histérica nem apenas um risco sério para o futuro. É um evento em franca aceleração há 50.000 anos que chegará ao fim no lapso das vidas dos nossos filhos.

Por fim consideremos dois argumentos que aceitam a realidade da crise da extinção, mas subestimam sua importância. Primeiro, a extinção não é um processo natural, afinal de contas? Se é assim, por que tanto alarde diante das extinções que ocorrem hoje?

A resposta ao primeiro argumento é que a atual taxa de extinção causada pelo homem é muito mais elevada do que a taxa natural. Se a estimativa de que a metade do total de 30 milhões de espécies do mundo se extinguirá no século XXI estiver correta, então as espécies estão se extinguindo a uma taxa de cerca de 150.000 por ano, ou 17 por hora. As 9.000 espécies de aves do mundo se extinguem numa taxa de, no mínimo, duas por ano. Mas a extinção de aves em condições naturais ocorria numa taxa de menos de uma a cada século, então a taxa atual é pelo menos 200 vezes acima do normal. Subestimar a crise da extinção argumentando que ela é natural é como menosprezar o genocídio argumentando que a morte é o destino natural dos seres humanos.

O segundo argumento é simples: e daí? Estamos preocupados com os nossos filhos e não com os besouros; quem liga para a extinção de dez milhões de espécies de besouros? A resposta aqui também é simples. Como todas as demais espécies, dependemos das outras espécies para sobreviver. Algumas produzem o oxigênio que respiramos, absorvem o dióxido de carbono que exalamos, decompõem esgoto, fornecem alimentos, mantêm a fertilidade do solo e fornecem madeira e papel.

Então, não seria possível simplesmente preservar as espécies das quais necessitamos e deixar que as outras se extingam? Claro que não, porque as espécies de que necessitamos também dependem de outras espécies. Assim como os chororós do Panamá não podiam saber que precisavam das onças, a fileira ecológica de dominós é demasiado complexa para saber que peças podemos descartar. Por exemplo, alguém responda estas três perguntas, por favor: quais são as dez espécies que produzem a maior parte da pasta de celulose? Para cada uma delas, quais são as dez espécies de aves que se alimentam da maior parte de suas pragas de insetos, as dez espécies de insetos que polinizam a maior parte de suas flores e as dez espécies animais que disseminam a maior parte das sementes? De que outras espécies estas dez espécies de aves, insetos e animais dependem? Você saberia respondê-las se fosse o presidente de uma madeireira que tenta descobrir que espécies pode se dar ao luxo de permitir que desapareça.

Se você tentar avaliar a proposta de um projeto de urbanização que trará um milhão de dólares, mas poderá exterminar algumas espécies, seria tentador preferir o lucro certo ao risco incerto. Então, pense na seguinte analogia. Suponha que lhe ofereçam um milhão de dólares em troca do privilégio de cortar 50 gramas da sua valiosa carne de um modo indolor. Você calcula que 50 gramas representam só um milésimo do seu peso corporal, e que 999 milésimos do seu corpo permaneceriam intactos. O que é muito. Tudo bem se os 50 gramas forem retirados do seu excesso de gordura corporal e forem removidos por um cirurgião habilidoso. Mas e se ele retirar os 50 gramas de qualquer parte convenientemente acessível do seu corpo ou não souber que partes são essenciais? Você pode descobrir que elas vieram da uretra. Se você planejar vender a maior parte do seu corpo, como agora planejamos vender a maior parte dos hábitats naturais do planeta, certamente terminará perdendo a uretra.

PARA CONCLUIR, VAMOS colocar as coisas em perspectiva comparando as duas nuvens pairando sobre o nosso futuro que mencionei no início. Um holocausto nuclear certamente seria desastroso, mas não está ocorrendo agora, e pode ou não ocorrer no futuro. Um holocausto ambiental é igualmente desastroso, e a diferença é que já está ocorrendo. Ele começou há dezenas de milhares de anos e hoje causa mais danos do que antes, está se acelerando e chegará ao clímax em aproximadamente um século se não for interrompido. A única coisa que não sabemos é se o resultado afetará nossos filhos ou nossos netos e se optaremos por adotar agora várias medidas para evitá-lo.

Epílogo:
Nada aprendido e tudo esquecido?

DESENHEMOS AGORA OS TEMAS DESTE LIVRO TRAÇANDO A NOSSA ASCENsão nos últimos três milhões de anos e a recente reversão incipiente do nosso progresso.

As primeiras indicações de que nossos ancestrais eram incomuns dentre os animais são as ferramentas de pedra extremamente grosseiras que começaram a aparecer na África há uns dois milhões e meio de anos. A quantidade de ferramentas indica que elas começavam a ter um papel regular e significativo para nossa sobrevivência. Dentre os nossos parentes mais próximos, em contraste, o chimpanzé pigmeu e o gorila não usam ferramentas, enquanto o chimpanzé comum às vezes fabrica ferramentas rudimentares, mas dificilmente depende delas para sobreviver.

Todavia, aquelas ferramentas toscas não provocaram um salto no nosso sucesso como espécie. Por outro milhão e meio de anos permanecemos confinados à África. Há aproximadamente um milhão de anos começamos a nos espalhar pelas zonas quentes da Europa e da Ásia, tornando-nos assim a mais disseminada das três espécies de chimpanzés, mas ainda muito menos conspícua do que os leões. As nossas ferramentas se aperfeiçoaram num ritmo infinitamente lento, do extremamente tosco ao muito tosco. Cerca de cem mil anos atrás, ao menos as populações da Europa e do oeste asiático, os neandertalenses, usavam o fogo regularmente. Mas em outros aspectos continuávamos a ser só mais uma espécie de grande mamífero. Não havíamos desenvolvido nenhum traço de arte, agricultura ou alta tecnologia. Não se sabe se desenvolvemos a linguagem, o vício em drogas, nossos estranhos hábitos sexuais e ciclos vitais modernos, mas os neandertalenses raramente viviam mais de 40 anos e, portanto, talvez não tenhamos desenvolvido a menopausa feminina.

Evidências claras de um Grande Salto Para a Frente no nosso comportamento surgem subitamente da Europa por volta de 40.000 anos atrás, coincidindo com a chegada da África, via Oriente Próximo, do *Homo sapiens* anatomicamente moderno. Nessa época começamos a criar arte, tecnologia baseada em ferramentas especializadas, diferenças culturais entre um lugar e outro e inovações culturais. Esse salto comportamental sem dúvida surgiu fora da Europa, mas o seu desenvolvimento deve ter sido rápido, já que as populações do *Homo sapiens* anatomicamente moderno que habitavam o sul da África há 100.000 anos eram meros chimpanzés glorificados, a julgar pelos restos em suas cavernas. Seja o que for que provocou o salto, deve ter envolvido uma fração minúscula dos nossos genes, e a maior parte dessa diferença já estava desenvolvida muito antes do salto comportamental. A melhor dedução que consigo fazer é que o salto foi impulsionado pelo aperfeiçoamento da moderna capacidade para a linguagem.

Apesar de pensarmos nos Cro-Magnons como os primeiros portadores das nossas características mais nobres, eles possuíam os dois traços que estão na raiz dos nossos problemas atuais: a propensão a nos matarmos uns aos outros em massa e a destruir o meio ambiente. Mesmo antes da era dos Cro-Magnons, crânios humanos fossilizados perfurados por objetos afiados e quebrados para a extração do cérebro indicam assassinatos e canibalismo. A rapidez com que os neandertalenses desapareceram após o surgimento dos Cro-Magnons assinala que o genocídio se tornara eficiente. A capacidade de destruir a nossa própria fonte de recursos é sugerida pela extinção de quase todos os grandes animais da Austrália depois de sua colonização, há 50.000 anos, e de alguns grandes mamíferos africanos e eurasianos à medida que a tecnologia de caça foi se aperfeiçoando. Se as sementes da autodestruição estiverem tão intimamente ligadas ao advento de civilizações avançadas em outros sistemas solares, é fácil entender por que não fomos visitados por discos voadores.

EPÍLOGO

Ao final da última Idade do Gelo, por volta de dez mil anos atrás, o ritmo da nossa ascensão acelerou. Ocupamos as Américas, o que coincidiu com a extinção em massa de grandes mamíferos, que pode ter sido provocada por nós. Pouco depois surgiu a agricultura. Alguns milhares de anos mais tarde, os primeiros textos escritos começaram a documentar o ritmo da nossa inventividade técnica. Eles mostram que já éramos dependentes de drogas e que o genocídio se tornara rotineiro e admirado. A destruição do hábitat começara a minar diversas sociedades, e os primeiros povoadores polinésios e malgaxes exterminaram em massa um número ainda maior de espécies. A partir de 1492, a expansão mundial dos europeus letrados nos permite traçar detalhadamente a nossa ascensão e queda.

Algumas décadas atrás desenvolvemos meios para enviar sinais de rádio a outras estrelas, e também para nos implodir da noite para o dia. Mesmo se não fizermos essa besteira, o uso de grande parte da produtividade da Terra, o extermínio de espécies e os danos ao meio ambiente que causamos estão acelerando a taxas que não serão sustentáveis por outro século. Pode-se objetar que, se olharmos em volta, não veremos sinais claros de que o clímax de nossa história está próximo. Na verdade, os sinais ficam óbvios quando os vemos e os extrapolamos. A fome, a poluição e as tecnologias destrutivas estão aumentando; as terras agricultáveis, as reservas alimentares oceânicas e outros produtos naturais estão se esgotando. À medida que mais gente com mais poder disputar uma quantidade menor de recursos, algo acontecerá.

Mas o que pode acontecer?

Há diversos motivos para pessimismo. Mesmo se toda a raça humana morresse amanhã, os danos que já infligimos ao meio ambiente garantem que a degradação persistirá durante décadas. Inúmeras espécies já são "mortas-vivas", com populações reduzidas em níveis irrecuperáveis, apesar de nem todos os indivíduos estarem mortos. Apesar do comportamento autodestrutivo do passado, com o qual podíamos ter aprendido, muitos dos que deveriam saber disso refutam a necessidade de limitar o crescimento populacional e continuam a atacar o meio ambiente. Outros se unem ao ataque movidos pelo lucro egoísta ou por ignorância. Um número crescente de pessoas trava uma luta desesperada pela sobrevivência e não pode ser dar ao luxo de pesar as consequências dos seus atos. Todos esses fatos indicam que o colosso da destruição já alcançou um ímpeto irrefreável, que nós também somos parte dos mortos-vivos e que o nosso futuro é tão desolador quanto o dos outros dois chimpanzés.

A visão pessimista foi resumida numa frase cética de Arthur Wichmann, explorador e professor holandês, dita em outro contexto, em 1912. Wichmann dedicou uma década a escrever um tratado monumental, em três volumes, sobre a história da exploração da Papua-Nova Guiné. Em 1.198 páginas ele avaliou cada fonte de informação sobre a Papua-Nova Guiné que encontrou, dos primeiros relatos sobre a Indonésia às grandes expedições do século XIX e início do século XX. Ele se desiludiu ao compreender que os exploradores faziam as mesmas bobagens, uma atrás da outra: o orgulho injustificável por feitos exagerados, a recusa em reconhecer omissões desastrosas, a ignorância da experiência dos exploradores anteriores e a consequente repetição dos mesmos erros e, portanto, uma longa história de sofrimentos e mortes desnecessários. A frase amarga que fecha o último volume de Wichmann é: "Nada foi aprendido, tudo foi esquecido!"

Apesar de todos os motivos que mencionei para ser igualmente cético em relação ao futuro da humanidade, sou da opinião de que a situação não é desalentadora. Nós criamos os nossos problemas, então depende de nós resolvê-los. Nossa linguagem, arte e agricultura não são tão singulares, mas nós o somos dentre os animais pela capacidade de aprender com a experiência de outros da mesma espécie que habitam lugares distantes ou viveram no passado remoto. Dentre os sinais de esperança há diversas políticas realistas e muito debatidas com as quais é possível evitar o desastre, tais como limitar o crescimento populacional humano, preservar os hábitats naturais e adotar outras medidas preventivas. Muitos governos já estão fazendo algumas dessas coisas óbvias.

Por exemplo, a consciência dos problemas ambientais está se disseminando, e os movimentos ambientalistas ganham peso político. Os construtores civis não ganham todas as batalhas, e os argumentos econômicos míopes nem sempre prevalecem. Em muitos países a taxa de crescimento populacional diminuiu nas últimas décadas. O genocídio ainda não desapareceu, mas a difusão das tecnologias de comunicação tem o potencial de reduzir a nossa tradicional xenofobia, tornando mais difícil descartar povos distantes como sub-humanos, diferentes de nós. Eu tinha sete anos quando as bombas A foram lançadas em Hiroshima e Nagasaki e lembro perfeitamente a sensação de risco iminente de um holocausto nuclear que prevaleceu por muitas décadas depois disso. Porém mais de meio século transcorreu e as armas nucleares não foram usadas. O risco de holocausto nuclear parece mais remoto do que nunca desde 9 de agosto de 1945.

A minha visão é condicionada pelas minhas experiências desde 1979 como consultor do governo indonésio na criação de um sistema de reserva natural na Papua-Nova Guiné indonésia (denominada província de Irian Jaya). Aparentemente, a Indonésia não seria um lugar promissor para preservar hábitats naturais em extinção. Mas o país é um exemplo dos agudos problemas enfrentados pelo terceiro mundo tropical. Com mais de 200 milhões de habitantes, é o quinto país mais populoso do mundo e um dos mais pobres. A população cresce rapidamente; quase metade dos indonésios tem menos de 15 anos de idade. Algumas províncias com densidade populacional extraordinariamente alta estão exportando seu excedente populacional para as províncias menos povoadas (como Irian Jaya). Não existe um exército de observadores de aves nem movimentos ambientalistas autóctones. O governo não é uma democracia ao estilo ocidental, e a corrupção é considerada onipresente. A Indonésia depende da venda de madeira das florestas virgens, que só fica atrás do petróleo e do gás natural de petróleo como fonte de divisas estrangeiras.

Por tudo isso, não se pode esperar que a preservação das espécies e hábitats seja uma prioridade nacional seriamente buscada pelo país. Quando fui a Irian Jaya pela primeira vez, estava francamente cético quanto à possibilidade de criar um programa de conservação eficaz. Felizmente, o meu ceticismo à Wichmann estava equivocado. Graças à liderança de um grupo de indonésios convencidos do valor da conservação, hoje Irian Jaya possui um sistema incipiente de reserva natural que engloba 20% da área da província. Essa reserva não existe só no papel. À medida que o trabalho prosseguia, fui agradavelmente surpreendido ao ver serrarias abandonadas por entrarem em conflito com as reservas naturais, guardas florestais trabalhando no patrulhamento e planos de manejo sendo arquitetados. Essas medidas não foram adotadas por idealismo, mas pela compreensão fria e correta dos interesses nacionais. Se a Indonésia pode fazê-lo, outros países com obstáculos similares ao ambientalismo também podem, assim como muitos países mais ricos com amplos movimentos ambientalistas.

Não precisamos de tecnologias novas ou por serem inventadas para resolver nossos problemas. Só precisamos que mais governos façam muito mais das mesmas coisas óbvias que alguns já fazem. Tampouco é verdade que o cidadão comum carece de poder. Há diversas causas para a extinção que grupos de cidadãos vêm ajudando a reverter — por exemplo, a pesca comercial de baleias, a caça de grandes felinos para arrancar suas peles e a importação de chimpanzés caçados na natureza, para mencionar só alguns exemplos. Na verdade, essa é uma área em que a doação modesta de um cidadão comum causa grande impacto, porque todas as organizações conservacionistas têm orçamentos muito limitados. Por exemplo, o orçamento anual combinado de *todos* os projetos de conservação de primatas apoiados pelo World Wildlife Fund no mundo é de umas centenas de milhares de dólares. Alguns milhares de dólares a mais significam um novo projeto para um macaco ameaçado de extinção, um antropoide ou um lêmure que, sem isso, seriam ignorados. As páginas 414-15 indicam alguns pontos de partida nos Estados Unidos para os leitores interessados.

Estamos diante de graves problemas com prognóstico incerto, mas estou cautelosamente otimista. A frase cética do livro de Wichmann é equivocada: os exploradores da Papua-Nova Guiné que vieram depois dele aprenderam com o passado e evitaram as asneiras desastrosas de seus antecessores. Um lema mais apropriado para o nosso futuro está nas memórias do estadista Otto von Bismarck. Ao final de sua longa vida, ao refletir sobre o mundo à sua volta, ele tinha motivos para ser cético. Dono de um intelecto agudo e tendo trabalhado no centro da política europeia durante décadas, Bismarck testemunhara a repetição desnecessária de erros tão grosseiros quanto os que prevaleceram nos primórdios da exploração da Papua-Nova Guiné. Mas ele pensou que valia a pena escrever suas memórias, extrair lições da história e dedicá-las "aos [meus] filhos e netos, para que compreendam o passado, e como um guia para o futuro".

Com esse espírito, dedico este livro aos meus filhos e à sua geração. Se aprendermos com o passado que acabo de traçar, o futuro ainda pode ser mais brilhante do que o dos outros dois chimpanzés.

Agradecimentos

É com prazer que agradeço as contribuições de tantas pessoas para este livro. Com meus pais e os professores na Roxbury Latin School aprendi a aprofundar diversas linhas de interesse simultaneamente. A minha gratidão aos meus vários amigos papuas é óbvia pela frequência com que cito suas experiências. Sou também grato aos meus amigos cientistas e colegas de trabalho, que pacientemente me explicaram as sutilezas de seus temas de estudo e leram meus manuscritos. Versões preliminares de quase todos os capítulos foram publicadas como artigos nas revistas *Discover* e *Natural History*. Tive a sorte de ter John Brockman como agente e, como editores, Leon Jaroff, Fred Golden, Gil Rogin, Paul Hoffman e Marc Zabludoff na *Discover* e Alan Ternes e Ellen Goldensohn na *Natural History*, além de Thomas Miller na HarperCollins, Neil Belton na Hutchinson Radius Publishers e a minha esposa, Marie Cohen.

Outras leituras

Estas sugestões são para os leitores interessados em complementar o que leram neste livro. Além de livros e artigos fundamentais, dei preferência a referências que oferecem guias abrangentes para a literatura anterior. O título das publicações periódicas é seguido do número de volume, depois da vírgula figuram a primeira e a última página e o ano da publicação vem entre parênteses.

CAPÍTULO 1. A lenda dos três chimpanzés

A literatura para deduzir as relações entre o homem e outros primatas por meio do relógio do DNA consiste em artigos técnicos de periódicos científicos. C. G. Sibley e J. E. Ahlquist apresentam seus estudos em três artigos: "The phylogeny of the hominoid primates, as indicated by DNA-DNA hybridization", *Journal of Molecular Evolution* 20: 2-15 (1984); "DNA hybridization evidence of hominoid phylogeny: results from an expanded data set", *Journal of Molecular Evolution* 26: 99-121 (1987); e C. G. Sibley, J. A. Comstock e J. E. Ahlquist, "DNA hybridization evidence of hominoid phylogeny: a reanalysis of the data", *Journal of Molecular Evolution* 30: 202-236 (1990). Os diversos estudos de Sibley e Ahlquist sobre as relações entre as aves pelos mesmos métodos de DNA estão resumidos em dois livros: C. G. Sibley e J. E. Ahlquist, *Phylogeny and Classification of Birds* (New Haven: Yale University Press, 1990); e C. G. Sibley e B. L. Monroe, Jr., *Distribution and Taxonomy of the Birds of the World* (New Haven: Yale University Press, 1990).

Conclusões semelhantes sobre as relações entre humanos e primatas foram alcançadas mediante comparação do DNA usando um método diferente (denominado método tetraetilamônio clorídrico, em vez do método hidroxiapatito, usado por Sibley e

Ahlquist). Os resultados foram descritos por A. Caccone e J. R. Powell, "DNA divergence among hominoids", *Evolution* 43: 925-942 (1989). Um artigo dos mesmos autores explica como a similaridade na porcentagem do DNA pode ser calculada a partir de pontos de fusão de DNA: A. Caccone, R. DeSalle e J. R. Powell, "Calibration of the changing thermal stability of DNA duplexes and degree of base pair mismatch", *Journal of Molecular Evolution* 27: 212-216 (1988).

Os artigos acima comparam todo o material genético (DNA) de duas espécies mediante pontos de fusão para obter uma só medida da similaridade geral. Por outro lado, um método muito mais laborioso, que produz informações muito mais detalhadas sobre uma mínima fração do DNA de cada espécie, consiste em determinar a real sequência das unidades moleculares que formam aquela porção do DNA. Cinco estudos do mesmo laboratório aplicaram este método às relações entre humanos e primatas: M. M. Miyamoto et al., "Phylogenetic relations of humans and African apes from DNA sequence in the Ø –globin region", *Science* 238:369-373 (1987); M. M. Myamoto et al., "Molecular systematics of higher primates: genealogical relations and classification", *Proceedings of the National Academy of Sciences* 85: 7627-7631 (1988); M. Goodman et al., "Molecular phylogeny of the family of apes and humans", *Genome* 31: 316-335 (1989); M. M. Myamoto e M. Goodman, "DNA systematics and evolution of primates", *Annual Reviews of Ecology and Systematics* 21: 97-220; e M. Goodman et al., "Primate evolution at the DNA level and a classification of hominoids", *Journal of Molecular Evolution* 30: 260-266 (1990). O mesmo princípio foi aplicado às relações entre os peixes ciclídeos do Lago Vitória por A. Meyer et al., "Monophyletic origin of Lake Victoria cichlid fishes suggested by mitochondrial DNA sequences", *Nature* 347: 550-553 (1990).

Dois artigos criticam o relógio do DNA em geral e, particularmente, a aplicação de Sibley e Ahlquist às relações entre humanos e primatas: J. Marks, C. W. Schmidt e V. M. Sarich, "DNA hybridization as a guide to phylogeny: relationships of the Hominoidea", *Journal of Human Evolution* 17: 769-786 (1988); e V. M. Sarich, C. W. Schmidt e J. Marks: "DNA hybridization as a guide to phylogeny: a critical analysis", *Cladistics* 5: 3-32 (1989). Em minha opinião, as críticas de Sarich, Schmidt e Marks foram adequadamente respondidas. O bom acordo entre as conclusões sobre as relações humanos/primatas com base no relógio do DNA medidas por Sibley e Ahlquist, o relógio de DNA medido por Caccone e Powell e o posterior sequenciamento do DNA comprovam a validade destas conclusões.

Outros artigos sobre o relógio do DNA aparecem em dois exemplares do *Journal of Molecular Evolution* que também trazem alguns artigos citados acima: volume 30, números 3 e 5 (1990).

CAPÍTULO 2. O grande salto para a frente

Dentre os diversos livros que oferecem relatos detalhados da evolução humana, um que achei muito útil é o de Richard Klein, *The Human Career* (Chicago: University of Chicago Press, 1989). Relatos ilustrados e menos técnicos são os de Roger Lewin, *In the Age of Mankind* (Washington, D.C.: Smithsonian Books, 1988) e Brian Fagan, *The Journey from Eden* (Nova York: Thames and Hudson, 1990).

Há descrições de vários autores da evolução humana recente nos livros organizados por Fred H. Smith e Frank Spencer, *The Origins of Modern Humans* (Nova York: Liss, 1984), e por Paul Mellars e Chris Stringer, *The Human Revolution: Behavioural and Biological Perspectives on the Origins of Modern Humans* (Edimburgo: Edinburgh University Press, 1989). Alguns artigos recentes sobre a datação e a geografia da evolução humana são: C. B. Stringer e P. Andrews, "Genetic and fossil evidence for the origin of modern humans", *Science* 239: 1263-1268 (1988); H. Valladas et al., "Thermoluminescence dating of Mousterian 'proto-Cro-Magnon' remains from Israel and the origin of modern man", *Nature* 331: 614-616 (1988); C. B. Stringer et al., "ESR dates for the hominid burial site of Es Skhul in Israel", *Nature* 338: 756-758 (1989); J. L. Bischoff et al., "Abrupt Mousterian-Aurignacian boundaries at c. 40 Ka bp: accelerator ^{14}C dates from l'Arbreda Cave (Catalunya, Spain)", *Journal of Archaeological Science* 16:563-576 (1989); V. Cabrera-Valdes e J. L. Bischoff, "Accelerator 14C dates for Early Upper Paleolithic (Basal Aurignacian) at El Castillo Cave (Spain)", *Journal of Archaeological Science* 16: 577-584 (1989); E. L. Simons, "Human origins", *Science* 245: 1343-1350 (1989); e R. Grün et al., "ESR dating evidence for early modern humans at Border Cave in South Africa", *Nature* 344: 537-539 (1900).

Três livros com belas ilustrações da arte da Idade do Gelo são: Randall White, *Dark Caves, Bright Visions* (Nova York: American Museum of Natural History, 1986); Mario Ruspoli, *Lascaux: The Final Photographs* (Nova York: Abrams, 1987); e Paul G. Bahn e Jean Vertut, *Images of the Ice Age* (Nova York: Facts on File, 1988).

Matthew H. Nitecki e Doris V. Nitecki oferecem vários capítulos sobre a evolução da caça em *The Evolution of Human Hunting* (Nova York: Plenum Press, 1986).

A questão de se os neandertalenses realmente enterravam os mortos é debatida num artigo de R. H. Gargett, "Grave shortcomings: the evidence for Neanderthal burial", e nas respostas a ele, publicadas em *Current Anthropology* 30: 157-190 (1989).

Três fontes oferecem uma introdução à literatura sobre questões relacionadas à anatomia do trato vocal humano e se os neandertalenses podiam falar: o livro de Philip Lieberman, *The Biology and Evolution of Language* (Cambridge: Harvard University Press, 1984); o de E. S. Crelin, *The Human Vocal Tract* (Nova York: Vantage Press, 1987) e o artigo de B. Arensburg et. al., "A Middle Paleolithic human hyoid bone", *Nature* 338: 758-760 (1989).

CAPÍTULO 3. A evolução da sexualidade humana

CAPÍTULO 4. A ciência do adultério

Para qualquer pessoa interessada numa abordagem evolucionista do comportamento em geral (inclusive do comportamento reprodutivo), há dois livros fundamentais: E. O. Wilson, *Sociobiology* (Cambridge: Harvard University Press, 1975), e John Alcock, *Animal Behavior* (Sunderland: Sinauer, 1989).

Livros extraordinários que discutem a evolução do comportamento sexual são: Donald Symons, *The Evolution of Human Sexuality* (Oxford: Oxford University Press, 1979); R. D. Alexander, *Darwinism and Human Affairs* (Seattle: University of Washington Press, 1979); Napoleon A. Chagnon e William Irons, *Evolutionary Biology and Human Social Behavior* (North Scituate, Mass.: Duxbury Press, 1979); Tim Halliday, *Sexual Strategies* (Chicago: University of Chicago Press, 1980); Glenn Hausfater e Sarah Hrdy, *Infanticide* (Hawthorne, N. Y.: Aldine, 1980); Sarah Hrdy, *The Woman that Never Evolved* (Cambridge, Mass.: Harvard University Press, 1981); Frances Dahlberg, *Woman the Gatherer* (New Haven: Yale University Press, 1981); Nancy Tanner, *On Becoming Human* (Nova York: Cambridge University Press, 1981); Martin Daly e Margo Wilson, *Sex, Evolution and Behavior* (Boston: Willard Grant Press, 1983); Bettyann Kevles, *Females of the Species* (Cambridge, Mass.: Harvard University Press, 1986); e Hanny Lightfoot-Klein, *Prisoners of Ritual: An Odyssey into Female Genital Circumcision in Africa* (Binghamton: Harrington Park Press, 1989).

Livros que tratam especificamente da biologia da reprodução dos primatas são: C. E. Graham, *Reproductive Biology of the Great Apes* (Nova York: Academic Press, 1981); B. B. Smuts et al., *Primate Societies* (Chicago, University of Chicago Press, 1986); Jane Goodall, *The Chimpanzees of Gombe* (Cambridge, Mass.: Harvard University Press, 1986); Toshisada Nishida, *The Chimpanzees of the Mahale Mountains, Sexual and Life History Strategies* (Tóquio: University of Tokyo Press, 1990), e Takayoshi Kano, *The Last Ape: Pygmy Chimpanzee Behavior and Ecology* (Stanford: Stanford University Press, 1991).

Artigos sobre a evolução da fisiologia sexual e do comportamento incluem: R. V. Short, "The evolution of human reproduction", *Proceedings of the Royal Society* (London), série B 195: 3-24 (1976); R. V. Short, "Sexual selection and its component parts, somatic and genetical selection, as illustrated by man and the great apes", *Advances in the Study of Behavior* 9: 131-158 (1979); N. Burley, "The evolution of concealed ovulation", *American Naturalist* 114: 835-858 (1979); A. H. Harcourt et al., "Testis weight, body weight and breeding system in primates', *Nature* 293: 55-57 (1981); R. D. Martin e R. M. May "Outward signs of breeding", *Nature* 293: 7-9 (1981); M. Daly e M. I. Wilson, "Whom are newborn babies said to resemble?", *Ethology and Sociobiology* 3: 69-78 (1982); M. Daly, M. Wilson e S. J. Weghorst, "Male sexual jealousy", *Ethology and Sociobiology* 3: 11-27 (1982); A. F. Dixson, "Observations on the evolution and behavioral significance of 'sexual skin' in female primates", *Advances in the Study of Behavior* 13: 63-106 (1983); S. J. Andelman, "Evolution of concealed ovulation in vervet monkeys (*Cercopithecus aethiops*)", *American Naturalist* 129: 785-799 (1987); e P. H. Harvey e R. M. May, "Out for the sperm count", *Nature* 337: 508-509 (1989).

O capítulo 4 discute diversos exemplos que ilustram como as aves combinam o sexo extraconjugal com a monogamia aparente. Exemplos detalhados desses estudos constam dos artigos de D. W. Mock, "Display repertoire shifts and extra-marital courtship in herons", *Behaviour* 69: 57-71 (1979); P. Mineau e F. Cooke "Rape in the lesser snow goose", *Behaviour* 70:280-291 (1979); D. F. Werschel, "Nesting ecology of the little blue heron: promiscuous behavior", *Condor* 84: 381-384 (1982); M. A. Fitch e G. W. Shart, "Requirements for a mixed reproductive strategy in avian species", *American Naturalist* 124: 116-126 (1984) e R. Alatalo et al., "Extra-pair copulations and mate guarding in the polyterritorial pied flycatcher, *Ficedula Hypoleuca*", *Behavior* 101: 139-155 (1987).

CAPÍTULO 5. Como escolhemos os nossos pares e parceiros sexuais

Não é de surpreender que este tema tenha exigido muitos estudos científicos. Alguns artigos sobre a escolha do parceiro pelos humanos incluem: E. Walster et al., "Importance of physical attractiveness in dating behavior", *Journal of Personality and Social Psychology* 4: 508-516 (1966); J. N. Spuhler, "Assortative mating with respect to physical characteristics", *Eugenics Quarterly* 15: 128-140 (1968); E. Berscheid e K. Dion, "Physical attractiveness and dating choice: a test of the matching hypothesis", *Journal of Experimental Social Psychology* 7: 173-189 (1971); S. G. Vandenberg, "Assortative mating, or who marries whom?", *Behavior Genetics* 2: 127-157 (1972); G. E. DeYoung e B. Fleischer, "Motivational and personality trait relationships in mate selection", *Behavior Genetics* 6: 105-114 (1976); E. Crognier, "Assortative mating of physical features in an African population from Chad", *Journal of Human Evolution* 6: 105-114 (1977); P. N. Bentler e M. D. Newcomb, "Longitudinal study of marital success and failure", *Journal of Consulting and Clinical Psychology* 46: 1053-1070 (1978); R. C. Johnson et al., "Secular change in degree of assortative mating for ability?", *Behavior Genetics* 10: 1-8 (1980); W. E. Nance et al., "A model for the analysis of mate selection in the marriage of twins", *Acta Geneticae Medicae Gemellologiae* 29: 91-101 (1980); D. Thiessen e B. Gregg, "Human assortative mating and genetic equilibrium: an evolutionary perspective", *Ethology and Sociobiology* 1: 111-140 (1980); D. M. Buss, "Human mate selection", *American Scientist* 73: 47-51 (1985); A. C. Heath e L. J. Eaves, "Resolving the effects of phenotype and social background on mate selection", *Behavior Genetics* 15: 75-90 (1985) e A. C. Heath et al., "No decline in assortative mating for educational level", *Behavior Genetics* 15: 349-369 (1985). Também relevante é o livro de B. I. Murstein, *Who Will Marry Whom? Theories and Research in Marital Choice* (Nova York: Springer, 1976).

A literatura sobre a escolha do parceiro entre os animais é tão extensa como aquela sobre os humanos. Um bom ponto de partida é o livro organizado por Patrick Bateson, *Mate choice* (Cambridge, Mass.: Cambridge University Press, 1983). Os estudos de Bateson sobre a codorna japonesa estão resumidos no capítulo 11 desse livro e nos seus artigos "Sexual imprinting and optimal outbreeding", *Nature* 273: 569-660 (1978) e "Preferences for cousins in Japanese quail", *Nature*: 295: 236-237 (1982). Estudos sobre camundongos e ratos criados para preferir os odores da mãe e do pai foram descritos por T. J. Fillion e E. M. Blass, "Infantile experience with suckling odors determines adult sexual behavior in male rats", *Science* 231: 729-731 (1986), e por B. D'Udine e E. Alleva, "Early experience and sexual preferences in rodents", pp. 311-327, no livro citado de Patrick Bateson.

Finalmente, alguns outros artigos importantes estão citados nas sugestões para os capítulos 3, 4, 6 e 11.

CAPÍTULO 6. A seleção sexual e a origem das raças humanas

O relato clássico de Darwin continua sendo uma boa introdução à seleção natural: Charles Darwin, *Origem das espécies* (Rio de Janeiro: Ediouro, 1987). Um relato moderno extraordinário é o de Ernst Mayr, *Populações, espécies e evolução* (São Paulo: USP/CEN, 1977).

Três livros de Carleton S. Coon descrevem a variação geográfica humana, comparam-na à variação geográfica do clima e tentam explicar a variação humana segundo a seleção natural: *The Origin of Races* (Nova York: Knopf, 1962), *The Living Races of Man* (Nova York: Knopf, 1965) e *Racial Adaptations* (Chicago: Nelson-Hall, 1982). Três outros livros relevantes são os de Stanley M. Garn, *Human Races* (Springfield, Ill.: Thomas, 1965), especialmente o cap. 5; K. F. Dyer, *The Biology of Racial Integration* (Bristol: Scientechnica, 1974), especialmente os caps. 2 e 3; e A. S. Boughey, *Man and the Environment* (Nova York: Macmillan, 1975).

Interpretações sobre a variação geográfica da cor da pele entre os humanos segundo a seleção natural são apresentadas por W. F. Loomis, "Skin-pigment regulation of vitamin-D biosynthesis em man", *Science* 157: 501-506 (1967); Vernon Riley, *Pigmentation* (Nova York: Appleton-Century-Crofts, 1972), especialmente o cap. 2; R. F. Branda e J. W. Eaton, "Skin color and nutrient photolysis: an evolutionary hypothesis", *Science* 201: 625-626 (1978); P. J. Byard, "Quantitative genetics of human skin color", *Yearbook of Physical Anthropology* 24:123-137 (1981); e W. J. Hamilton III, *Lifee's Color Code* (Nova York: McGraw-Hill, 1983). A variação geográfica humana em resposta ao frio é descrita por G. M. Brown e J. Page, "The effect of chronic exposure to cold on temperature and blood flow of the hand", *Journal of Applied Physiology* 5: 221-227 (1952) e T. Adams e B. G. Covino, "Racial variations to standardized cold stress", *Journal of Applied Physiology* 12: 9-12 (1958).

O livro de Darwin também é uma boa introdução à seleção sexual: Charles Darwin, *The Descent of Man, and Selection in Relation to Sex* (Londres: John Murray, 1871). As leituras sugeridas no capítulo 5 sobre a seleção de parceiros pelos animais também são importantes para este capítulo. Malte Andersson descreve seus experimentos sobre como as fêmeas da viúva rabilonga reagem aos machos com caudas artificialmente encurtadas ou alongadas no artigo "Female choice selects for extreme tail length in a widowbird", *Nature* 299: 818-820 (1982). Três artigos de F. Cooke e C. M. McNally descrevem a escolha de parceiros entre gansos da neve brancos, azuis e rosas, "Mate selection and colour preferences in lesser snow geese (*Anser caerulescens*), *Behavior Genetics* 6: 127-140 (1976) e F. Cooke e J. C. Davies, "Assortative mating, mate choice and reproductive fitness in snow geese", pp. 279-295 no livro citado de Patrick Bateson, *Mate Choice*.

CAPÍTULO 7. Por que envelhecemos e morremos?

O artigo clássico em que George Williams apresentou uma teoria evolucionista do envelhecimento é "Pleiotropy, natural selection and the evolution of senescence", *Evolution* 11: 398-411 (1957). Outros artigos que empregaram abordagens evolucionistas são os de G. Bell, "Evolutionary and nonevolutionary theories of senescence", *American Naturalist* 124: 600-603 (1984); E. Beutler, "Planned obsolescence in humans and in other biosystems", *Perspectives in Biology and Medicine* 29: 175-179 (1986); R. J. Goss, "Why mammals don't regenerate — or do they?", *News in Physiological Sciences* 2: 112-115 (1987); L. D. Mueller, "Evolution of accelerated senescence in laboratory populations of *Drosophila*", *Proceedings of the National Academy of Sciences* 84: 1974-

1977 (1987); e T. B. Kirkwood, "The nature and causes of ageing", pp. 193-206 do livro organizado por D. Evered e J. Whelan, *Research and the Ageing Population* (Chichester: John Wiley, 1988).

Dois livros exemplificam a abordagem fisiológica (causa imediata) do envelhecimento: R. L. Walford, *The Immunologic Theory of Aging* (Copenhague: Munksgaard, 1969), e MacFarlane Burnett, *Intrinsic Mutagenesis: A Genetic Approach to Ageing* (Nova York: John Wiley, 1974).

Alguns artigos sobre reparo biológico são os de R. W. Young, "Biological renewal: applications to the eye", *Transactions of the Ophthalmological Societies of the United Kingdom* 102: 42-75 (1982); A. Bernstein et al., "Genetic damage, mutilation and the evolution of sex", *Science* 229: 1277-1281 (1985); J. F. Dice, "Molecular determinants of protein half-lives in eukaryotic cells", *Federation of American Societies for Experimental Biology Journal* 1: 349-357 (1987); P. C. Hanawalt, "On the role of DNA damage and repair processes in aging: evidence for and against", pp. 183-198 no livro organizado por H. R. Warner et al., *Modern Biological Theories of Aging* (Nova York: Raven Press, 1987), e M. Radman e R. Wagner, "The high fidelity of DNA duplication", *Scientific American* 259, nº 2: 40-46 (ago. 1988).

Os leitores conhecem as mudanças em seus próprios corpos provocadas pela idade, mas três artigos descrevem os cruéis fatos para três diferentes sistemas: R. L. Doty et al., "Smell identification ability: changes with age", *Science* 226: 1441-1443 (1984); J. Manken et al., "Age and infertility", *Science* 233: 1389-1394 (1986) e R. Katzman, "Normal aging and the brain", *News in Physiological Sciences* 3: 197-200 (1988).

"The Adventure of the Creeping Man" está *The Complete Sherlock Holmes*, de Arthur Conan Doyle (Nova York: Doubleday, 1960). Caso você pense que as tentativas de rejuvenescimento com injeções de hormônio são mera fantasia de Doyle, leia sobre como isso realmente foi tentado: David Hamilton, *The Monkey Gland Affair* (Londres: Chatto and Windus, 1986).

CAPÍTULO 8. Pontes para a linguagem humana

How Monkeys See the World (Chicago: University of Chicago Press, 1900), de Dorothy Cheney e Robert Seyfarth, não só é uma descrição agradável das comunicações vocais dos macacos-verdes, como uma boa introdução aos estudos sobre como os animais se comunicam entre si e veem o mundo.

Dereck Bickerton descreveu seus estudos sobre a crioulização e discorre sobre as origens da linguagem humana em dois livros e diversos artigos. Os livros são *Roots of Language* (Ann Arbor: Karoma Press, 1981) e *Language and Species* (Chicago: University of Chicago Press, 1990). Os artigos são "Creole languages", *Scientific American* 249 nº 1: 116-122 (1983); "The language bioprogram hypothesis", *Behavioral and Brain Sciences* 7: 173-221 (1984), e "Creole languages and the bioprogram", *Linguistics: The Cambridge Survey*, vol. 2: 267-284, org. por F. J. Newmeyer (Cambridge: Cambridge University Press, 1988). O segundo e o terceiro artigos incluem artigos de outros autores cujas opiniões divergem das de Bickerton.

Pidgin and Creole Languages, de Robert A. Hall, Jr. (Ithaca: Cornell University Press, 1966) é um trabalho mais antigo sobre esse tema. A melhor introdução ao neomelanésio é o livro de F. Mihalic, *The Jacaranda Diary and Grammar of Melanesian Pidgin* (Milton: Jacaranda Press, 1971). O livro de Roger Keesing, *Melanesian Pidgin and the Oceanic Substrate* (Stanford: Stanford University Press, 1988), investiga a história do neomelanésio.

Dentre os diversos livros influentes de Noam Chomsky sobre a linguagem temos *Linguagem e pensamento* (Rio de Janeiro: Vozes, 1971) e *Knowledge of language: Its Nature, Origin and Use* (Nova York: Praeger, 1985).

É interessante sugerir referências para alguns campos relacionados que mencionei brevemente no Capítulo 8. O livro de Susan Curtiss, *Genie: a Psycholinguistic Study of a Modern-Day "Wild Child"* (Nova York: Academic Press, 1977), relata uma tragédia humana desoladora e o estudo detalhado de uma criança cujos pais possuíam uma patologia que a isolou da linguagem e do contato humano normais até os 13 anos. Relatos recentes de esforços para ensinar a primatas em cativeiro uma comunicação semelhante à linguagem estão no artigo de Carolyn Ristau e Donald Robbin, "Language and the great apes: a critical review", *Advances in the Study of Behavior*, vol. 12: 141-255, org. de J. S. Rosenblatt et al. (Nova York: Academic Press, 1982); E. S. Savage-Rumbaugh, *Ape Language: From Conditioned Response to Symbol* (Nova York: Columbia University Press, 1986); e "Symbols: their communicative use, comprehension and combination by bonobos (*Pan paniscus*)", de E. S. Savage-Rumbaugh et al., *Advances in Infancy Research*, vol. 6: 221-278, org. de Carolyn Rovee-Collier e Lewis Lipsitt (Norwood: Ablex Publishing Corporation, 1990). Alguns pontos de partida na imensa bibliografia sobre o início do aprendizado da linguagem pelas crianças são o capítulo de Melissa Bowerman, "Language Development", em *Handbook of Cross-cultural Psychology: Developmental Psychology*, vol. 4: 93-185, org. de Harvey Triandis e Alastair Heron (Boston: Allyn e Bacon, 1981); Eric Wanner e Lila Gleitman, *Language Acquisition: The State of the Art* (Cambridge, Mass.: Cambridge University Press, 1982); Dan Slobin, *The Crosslinguistic Study of Language Acquisition*, vols. 1 e 2 (Hillsdale: Lawrence Erlbaum Associates, 1985), e Frank S. Kessel, *The Development of Language and Language Researchers: Essays in Honor of Roger Brown* (Hillsdale, N. J.: Lawrence Erlbaum Associates, 1988).

CAPÍTULO 9. A origem animal da arte

A arte do elefante, ilustrada com fotografias da artista e seus desenhos, está em David Guewa e James Ehmann, *To Whom it May Concern: An Investigation on the Art of Elephants* (Nova York: Norton, 1985). Para um relato similar da arte primata ver Desmond Morris, *The Biology of Art* (Nova York: Knopf, 1962). A arte animal também é examinada por Thomas Sebeok, *The Play of Musement* (Bloomington: Indiana University Press, 1981).

Há dois livros belamente ilustrados sobre os pássaros-arquitetos e as aves-do-paraíso com fotos de seus abrigos: E. T. Gilliard, *Birds of Paradise and Bowerbirds* (Garden City: Natural History Press, 1969), e W. T. Cooper e J. M. Forshaw, *The Birds of Paradise and Bowerbirds* (Sydney: Collins, 1977). Para um relato técnico, ver meu artigo "Biology of birds of paradise and bowerbirds", *Annual Reviews of Ecology and Systematics* 17: 17-37 (1986). Publiquei dois artigos sobre a espécie dos pássaros-arquitetos com os abrigos mais ornamentados: "Bower building and decorations by the bowerbird *Amblyornis inornatus*", *Ethology* 74: 177-204 (1987), e "Experimental study of bower decoration by the bowerbird *Amblyornis inornatus*, using colored poker chips", *American Naturalist* 131: 631-653 (1988). Gerald Borgia provou, por meio de experimentos, que a fêmea do pássaro-arquiteto se importa com a decoração feita pelos machos no artigo "Bower quality, number of decorations and mating success of male satin bowerbirds (*Ptilonorhynchus violaceous*): an experimental analysis", *Animal Behaviour* 33: 266-271 (1985). Aves-do-paraíso com hábitos similares são descritas por S. G. e M. A. Pruett-Jones, "The use of court objects by Lawes' Parotia", *Condor* 90: 538-545 (1988).

CAPÍTULO 10. Os benefícios ambivalentes da agricultura

As consequências para a saúde da substituição da caça pela agricultura são detalhadamente examinadas por Mark Cohen e George Armelagos em *Paleopathology at the Origins of Agriculture* (Orlando: Academic Press, 1984) e *The Paleolithic Prescription* (Nova York: Harper & Row, 1988), de S. Boyd Eaton, Marjorie Shostak e Melvin Konner. Os caçadores-coletores são apresentados no livro organizado por Richard B. Lee e Irven DeVore, *Man the Hunter* (Chicago: Aldine, 1968). Descrições do programa de trabalho dos calçadores-coletores, às vezes comparando-o aos dos agricultores, estão no mesmo livro, além do livro de Richard Lee, *The !Kung San* (Cambridge, Mass.: Cambridge University Press, 1979) e os seguintes artigos: K. Hawkes et al., "Aché at the settlement: contrasts between farming and foraging", *Human Ecology* 15: 133-161 (1987); K. Hawkes et al., "Hardworking Hadza grandmothers", pp. 341-366, em *Comparative Socioecology of Mammals and Man*, org. por V. Standen e R. Foley (Londres: Blackwell, 1987); e K. Hill e A. M. Hurtado, "Hunter-gatherers and the New World", *American Scientist* 77: 437-443 (1989). A lenta disseminação dos antigos agricultores pela Europa é descrita por Albert J. Ammerman e L. L. Cavalli-Sforza, *The Neolithic Transition and the Genetics of Populations in Europe* (Princeton: Princeton University Press, 1984).

CAPÍTULO 11. Por que fumamos, bebemos e consumimos drogas perigosas?

Amotz Zahavi explica sua teoria da desvantagem em dois artigos: "Mate selection — a selection for a handicap", *Journal of Theoretical Biology* 53: 205-214 (1975), e "The cost of honesty (further remarks on the handicap principle)", *Journal of Theoretical Biology* 67: 603-605 (1977). Dois outros modelos conhecidos sobre como os animais evoluem para escolher seus pares são o modelo de seleção pela fuga e o modelo exibicionista. O primeiro foi desenvolvido num livro de R. A. Fischer, *The Genetical Theory of Natural Selection* (Oxford: Clarendon Press, 1930); o segundo, num artigo de A. Kodric-Brown e J. H. Brown, "Truth in advertising: the kinds of traits favored by natural selection", *American Naturalist* 14: 309-323 (1984). Esses modelos são avaliados por Mark Kirkpatrick e Michael Ryan, "The evolution of mating preferences and the paradox of the lek", *Nature* 350: 33-38 (1991). Melvin Konner desenvolve outra perspectiva sobre os comportamentos humanos arriscados no capítulo "Why the reckless survive" em seu livro com o mesmo título (Nova York: Viking, 1990). Para discussões sobre o enema entre os índios americanos, ver o relato de Peter Furst e Michael Coe sobre a descoberta dos vasos maias de enema no artigo "Ritual enemas", *Natural History Magazine* 86: 88-91 (março 1977); o livro de Johannes Wilbert, *Tobacco and Shamanism in South America* (New Haven: Yale University Press, 1987) e *The Maya Vase Book*, 2 vols., de Justin Kerr (Nova York: Kerr Associates, 1989 e 1990), traz ilustrações dos vasos maias e análises dos detalhes de um vaso de enema, às pp. 349-361 do volume 2. Também relevantes são as leituras sobre seleção sexual e escolha de parceiro já listadas para os capítulos 5 e 6.

CAPÍTULO 12. Sós em um universo superpovoado

Cálculos pioneiros da existência de vida extraterrestre inteligente foram feitos por I. S. Shkloviskii e Carl Sagan, *Intelligent Life in the Universe* (San Francisco: Holden-Day, 1966). Argumentos pró e contra e o que poderia ocorrer se descobríssemos extraterrestres são o tema do livro *Extraterrestrials: Science and Alien Intelligence*, org. por R. Regis, Jr. (Cambridge, Mass.: Cambridge University Press, 1985).

CAPÍTULO 13. Os últimos primeiros contatos

O livro de Bob Connolly e Robin Anderson, *First Contact* (Nova York: Viking Penguin 1987), descreve o primeiro contato nas terras altas da Papua-Nova Guiné pelos olhos de brancos e papuas que se encontraram lá. A citação da página 251 é extraída desse livro. Outros relatos interessantes de primeiros contatos e das condições anteriores ao contato são os de Don Richardson, *Peace Child* (Ventura: Regal Books, 1974), sobre o povo sawi do sudoeste da Papua-Nova Guiné e de Napoleon A. Chagnon, *Yanomamo, The Fierce People*, (Nova York: Holt, Rinehart & Winston, 1983), sobre os índios ianomâmi da Venezuela e do Brasil. Uma boa história sobre a exploração da Papua-Nova Guiné é a de Gavin Souter, *New Guinea: The Last Unknown* (Londres: Angus & Robertson, 1963). Os líderes da Terceira Expedição Archbold descrevem a entrada no Grand Valley do rio Balim no relatório de Richard Archbold et. al., "Results of the Archbold Expedition", *Bulletin of the American Museum of Natural History* 79: 197-228 (1942). Dois relatos de exploradores anteriores que tentaram penetrar nas montanhas da Papua-Nova Guiné são os de A. F. R. Wollaston, *Pygmies and Papuans* (Londres: Smith Elder, 1912), e A. S. Meeek, *A Naturalist in Cannibal Land* (Londres; Fisher Unwin, 1913).

CAPÍTULO 14. Conquistadores acidentais

Livros que tratam da domesticação de plantas e animais e sua relação com o desenvolvimento da civilização incluem C. D. Darlington, *The Evolution of Man and Society* (Nova York: Simon and Schuster, 1969); Peter J. Ucko e G. W. Dimbleby, *The Domes-*

tication and Exploitation of Plants and Animals (Chicago: Aldeine, 1969); Erich Isaac, *Geography of Domestication* (Englewood Cliffs, N. J.: Prentice-Hall, 1970); e David R. Harris e Gordon C; Hillman, *Foraging and Farming* (Londres: Unwin Hyman, 1989). Referências sobre a domesticação animal incluem S. Bokonyi, *History of Domestic Mammals in Central and Eastern Europe* (Budapeste: Akademiai, 1974); S. J. M. Davis e F. R. Valla, "Evidence for domestication of the dog 12,000 years ago in the Natufian of Israel", *Nature* 276: 608-610 (1978); Juliet Clutton-Brock, "Man-made dogs", *Science* 197: 1340-1342 (1977) e *Domesticated Animals from Early Times* (Londres: British Museum of Natural History, 1981); Andrew Sherratt, "Plough and pastoralism: aspects of the secondary products revolution", pp. 261-305 do livro organizado por Ian Hodder et al., *Pattern of the Past* (Cambridge: Cambridge University Press, 1981); Stanley J. Olsen, *Origins of the Domestic Dog* (Tucson: University of Arizona Press, 1985); E. S. Wing, "Domestication of Andean Mammals", pp. 246-264 do livro organizado por F. Vuilleumier e M. Monasterio, *High Altitude Tropical Biogeography* (Nova York: Oxford University Press, 1986); Simon N. J. Davis, *The Archaeology of Animals* (New Haven: Yale University Press, 1987); Dennis C. Turner e Patrick Bateson, *The Domestic Cat: The Biology of Its Behaviour* (Cambridge: Cambridge University Press, 1988); e Wolf Herre e Manfred Rohrs, *Haustiere-zoologisch gesehen* (Stuttgart: Fischer, 1990).

A importância da domesticação do cavalo é o tema dos livros de Frank G. Row, *The Indian and the Horse* (Norman: University of Oklahoma Press, 1955); Robin Law, *The Horse in West African History* (Oxford: Oxford University Press, 1980), e Matthew J. Kust, *Man and Horse in History* (Alexandria, Va.: Plutarch Press, 1983). O desenvolvimento dos carros com rodas, inclusive os carros de guerra, é tratado nos livros de M. A. Littauer e J. H. Crouwel, *Wheeled Vehicles and Ridden Animals in the Ancient Near East* (Leiden: Brill, 1979), e Stuart Piggott, *The Earliest Wheeled Transport* (Londres: Thames & Hudson, 1983). Edward Shaughnessy descreve a chegada do cavalo e do carro à China em "Historical perspectives on the introduction of the chariot into China", *Harvard Journal of Asiatic Studies* 48: 189-237 (1988).

Para relatos genéricos sobre a domesticação das plantas, ver Kent V. Flannery, "The origins of agriculture", *Annual Review of Anthropology* 2: 271-310 (1973); Charles B. Heiser Jr., *Seed to Civilization* (Cambridge, Mass.: Harvard University Press, 1990), e *Of Plants and Peoples* (Norman: University of Oklahoma Press, 1985); David Rindos, *The Origins of Agriculture: An Evolutionary Perspective* (Nova York: Academic Press, 1984); e Hugh H. Iltis, "Maize evolution and agricultural origins", pp. 195-213 do livro organizado por T. R. Soderstrom et al., *Grass Systematics and Evolution* (Washington: Smithsonian Institution Press, 1987). Este e outros artigos de Iltis são uma fonte estimulante de ideias sobre as diferenças na domesticação dos cereais no Velho e no Novo Mundos.

A domesticação de plantas no Velho Mundo é tratada por Jane Renfrew, *Palaeoethnobotany* (Nova York: Columbia University Press, 1973), e por Daniel Zohary e Maria Hopf, *Domestication of Plants in the Old World* (Oxford: Clarendon Press, 1988). Sobre o Novo Mundo, ver Richard S. MacNeish, "The food-gathering and incipient agricultural stage of prehistoric Middle America", pp. 413-426 no livro organizado por Robert Wauchope e Robert C. West, *Handbook of Middle American Indians*, vol. 1:

Natural Environment and Early Cultures (Austin: University of Texas Press, 1964); P. C. Mangelsdorf et al., "Origins of agriculture in Middle America", pp. 427-445 no livro acima citado de Wauchope e West; D. Ugent, "The potato", *Science* 170: 1161-1166 (1970); C. B. Heiser, Jr., "Origins of some cultivated New World plants", *Annual Reviews of Ecology and Systematics* 10: 309-326 (1979); H. H. Iltis, "From teosinte to maize: the catastrophic sexual dismutation", *Science* 222; 886-894 (1983); William F. Keegan, *Emergent Horticultural Economies of the Eastern Woodlands* (Carbondale: Southern Illinois University, 1987); e B. D. Smith, "Origins of agriculture in eastern North America", *Science* 246: 1566-1571 (1989). Três livros pioneiros assinalam a disseminação assimétrica de doenças, pragas e ervas: William H. McNeill, *Plagues and Peoples* (Garden City, N.Y.: Anchor Press, 1976), e Aldred W. Crosby, *The Columbian Exchange: Biological and Cultural Consequences of 1492* (Westport: Greenwood Press, 1972), e *Ecological Imperialism: The Biological Expansion of Europe, 900-1900* (Cambridge: Cambridge University Press, 1986).

CAPÍTULO 15. Cavalos, hititas e história

Dois livros estimulantes resumem o problema indo-europeu: Colin Renfrew, *Archaeology and Language* (Cambridge: Cambridge University Press, 1987), e J. P. Mallory, *In Search of the Indo-Europeans* (Londres: Thames & Hudson, 1989). Pelas razões que expliquei no capítulo 15, concordo com as conclusões de Mallory e estou em desacordo com Renfrew quanto ao tempo e local aproximados das origens do protoindo-europeu.

Um livro de vários autores, antigo mas ainda útil e abrangente, é o de George Cardona et al., *Indo-European and Indo-Europeans* (Filadélfia: University of Pennsylvania Press, 1970). Um periódico intitulado *The Journal of Indo-European Studies* é a principal fonte de artigos técnicos neste campo.

A visão que Mallory e eu achamos mais convincente é corroborada pelos escritos de Marija Gimbutas, autora de quatro livros sobre o tema: *The Balts* (Nova York: Praeger, 1963). *The Slavs* (Londres: Thames & Hudson, 1971), *The Goddesses and Gods of Old Europe* (Londres: Thames & Hudson, 1982) e *The Language of the Goddesses* (Nova York: Harper & Row, 1989). Gimbutas também descreve seu trabalho em capítulos no livro de Cardona et. al. citado acima, nos de Polomé, Bernhard e Kandler-Pálsson citado adiante, e no *Journal of Indo-European Studies* 1: 1-20 e 163-214 (1973), 5: 277-338 (1977), 8: 273-315 (1980) e 13: 185-201 (1985).

Livros ou monografias sobre os povos indo-europeus incluem Émile Benveniste, *Indo-European Language and Society* (Londres: Faber & Faber, 1973); Edgar Polomé, *The Indo-Europeans in the Fourth and Third Millennia* (Ann Arbor: Karoma, 1982); Wolfram Bernhard e Anneleise Kandler-Pálsson, *Ethnogenese europäishcer Völker* (Stuttgart: Fischer, 1986); e Wolfram Nagel, "Indogermanen und Alter Orient: Rückblick und Ausblick auf den Stand des Indogermanenproblems", *Mitteilungen der Deutschen Orient-Gesellschaft zu Berlin* 119: 157-213 (1987). Livros sobre as línguas incluem os de Henrik Birnbaum e Jaan Puhvel, *Ancient Indo-European Dialects* (Berkeley: University of California Press, 1966); W. B. Lockwood, *Indo-European Philology* (Londres: Hutchinson, 1969); e Norman Bird, *The Distribution of Indo-*

European Root Morphemes (Wiesbaden: Harrassowitz, 1982), e Philip Baldi, *An Introduction to the Indo-European Languages* (Cardondale: Southern Illinois University Press, 1983). O livro de Paul Friedrich, *Proto-Indo-European Trees* (Chicago: University of Chicago Press, 1970) emprega as evidências de nomes de árvores, na tentativa de deduzir o berço do indo-europeu.

W. P. Lehmann e L. Zgusta fornecem e discutem um exemplo de protoindo-europeu reconstruído no capítulo "Schleicher's tale after a century", pp. 455-466 de *Studies in Diachronic, Synchronic, and Topological Linguistics*, org. de Bela Brogyany (Amsterdã: Benjamins, 1979). Para uma versão ligeiramente alterada dessa amostra, ver a página 274 deste livro.

As referências sobre a domesticação e importância dos cavalos citadas no Capítulo 14 também são relevantes para o papel dos cavalos na expansão indo-europeia. Artigos sobre este tema específico incluem os de David Anthony, "The 'Kurgan culture', Indo-European origins and the domestication of the horse: a reconsideration", *Current Anthropology* 27: 2991-313 (1986); e de David Anthony e Dorcas Brown, "The origins of horseback riding", *Antiquity* 65; 22-38 (1991).

CAPÍTULO 16. Em preto e branco

Três livros apresentam pesquisas gerais sobre o genocídio: Irving Horowitz, *Genocide: State Power and Mass Murder* (New Brunswick: transaction Books, 1976); Leo Kuper, *The Pity of It All* (Londres: Gerald Duckworth, 1977), e Leo Kuper, *Genocide: Its Political Use in the 20th Century* (New Haven: Yale University Press, 1981). Um psiquiatra brilhante, Robert J. Lifton, publicou estudos sobre os efeitos psicológicos do genocídio em criminosos e sobreviventes, incluindo *Death in Life: Survivors of Hiroshima* (Nova York: Random House, 1967) e *The Broken Connection* (Nova York: Simon and Schuster, 1979).

Livros que descrevem o extermínio dos tasmanianos e outros grupos de nativos australianos incluem N. J. B. Plomley, *Friendly Mission: The Tasmanian Journals and Papers of George Augustus Robinson 1829-1834* (Hobart: Tasmanian Historical Research Association, 1966); C. D. Rowley, *The Destruction of Aboriginal Society*, vol. 1 (Canberra: Australian National University Press, 1970), e Lyndall Ryan, *The Aboriginal Tasmanians* (St. Lucia: University of Queensland Press, 1981). A carta de Patricia Cobern, em que nega indignada que os australianos brancos tenham exterminado os tasmanianos, foi publicada como apêndice no livro de J. Peter White e James F. O'Connell, *A Prehistory of Australia, New Guinea and Sahul* (Nova York: Academic Press, 1982).

Dentre os vários livros e artigos que detalham o extermínio dos índios americanos pelos colonos brancos estão: Wilcomb E. Washburn, "The moral and legal justification for dispossessing the Indians", pp. 15-32 num livro organizado por James Morton Smith, *Seventeenth Century America* (Chapel Hill: University of North Carolina Press, 1959); Alvin M. Josephy, Jr., *The American Heritage Book of Indians* (Nova York: Simon and Schuster, 1961); Howard Peckham e Charles Gibson, *Attitudes of Colonial Powers Towards the American Indian* (Salt Lake City: University of Utah Press, 1969); Francis

Jennings, *The Invasion of America: Indians, Colonialism, and the Cant of Conquest* (Chapel Hill: University of North Carolina Press, 1975); Wilcomb E. Washburn, *The Indian in America* (Nova York: Harper & Row, 1975); Arrell Morgan Gibson, *The American Indian Prehistory to the Present* (Lexington, Mass.: Heath, 1980), e Wilbur H. Jacobs, *Dispossessing the American Indian* (Norman: University of Oklahoma Press, 1985). O extermínio dos índios yahis e a sobrevivência dos ishis são o tema do livro clássico de Theodora Kroeber, *Ishi in Two Worlds: A Biography of the Last Wild Indian in North America* (Berkeley: University of California Press, 1961). O extermínio dos índios brasileiros é tratado por Sheldon Davis, *Victims of the Miracle* (Cambridge: Cambridge University Press, 1977).

O genocídio sob o governo de Stalin é descrito nos livros de Robert Conquest, inclusive *The Harvest of Sorrow* (Nova York: Oxford University Press, 1986).

Relatos de mortes em massa de animais por outros animais da mesma espécie são apresentados por E. O. Wilson, *Sociobiology* (Cambridge: Harvard University Press, 1975); Cynthia Moss, *Portraits of the Wild* (Chicago: University of Chicago Press, 1982), e Jane Goodall, *The Chimpanzees of Gombe* (Cambridge, Mass.: Harvard University Press, 1986). O relato de Hans Kruuk sobre hienas que citei é de seu livro *The Spotted Hyena: a Study of Predation and Social Behavior* (Chicago: University of Chicago Press, 1972).

CAPÍTULO 17. A Idade de Ouro que nunca houve

A extinção de animais no último Pleistoceno e no Pleistoceno recente são descritas exaustivamente no livro organizado por Paul Martin e Richard Klein, *Quaternary Extinctions* (Tucson: University of Arizona Press, 1984). Para a história do desmatamento, ver o livro de John Perlin, *A Forest Journey* (Nova York: Norton, 1989).

Descrições exaustivas da fauna, flora, geologia e do clima da Nova Zelândia podem ser encontradas no livro organizado por G. Kuschel, *Biogeography and Ecology in New Zealand* (Hague: Junk, V. T., 1975). As extinções na Nova Zelândia estão resumidas nos capítulos 32-34 do livro de Martin e Klein. Atholl Anderson resumiu o nosso conhecimento dos moas em *Prodigious Birds* (Cambridge: Cambridge University Press, 1989). Os moas são também o tema de um suplemento do *New Zealand Journal of Ecology*, vol. 12 (1989); ver especialmente os artigos de Richard Holdaway às pp. 11-25 e de Ian Atkinson e R. M. Greenwood às pp. 67-96. Outros artigos importantes sobre os moas são os de G. Caughley, "The colonization of New Zealand by the Polynesians", *Journal of the Royal Society of New Zealand* 18: 245-270 (1988) e A. Anderson, "Mechanics of overkill in the extinction of New Zealand moas", *Journal of Archaeological Science* 16: 137-151 (1989).

As extinções em Madagascar e no Havaí são descritas nos capítulos 26 e 35, respectivamente, do livro acima citado de Martin e Klein; a história da Ilha de Henderson é contada por David Steadman e Storss Olson, "Bird remains from an archaeological site on Henderson Island, South Pacific: man-caused extinctions on an 'uninhabited' island", *Proceedings of the National Academy of Sciences* 82: 6191-6195 (1985). Ver as leituras sugeridas para o capítulo 18 dos relatos sobre as extinções nas Américas.

O triste fim da civilização da ilha de Páscoa é relatado por Patrick V. Kirch em *The Evolution of the Polynesian Chiefdoms* (Cambridge: Cambridge University Press,

1984). O desmatamento na ilha de Páscoa foi reconstruído por J. Flenley, "Stratigraphic evidence of environmental change on Easter Island", *Asian Perspectives* 22: 33-40 (1979) e J. Flenley e S. King, "Late Quaternary pollen records from Easter Island", *Nature* 307: 47-50 (1984).

Alguns estudos sobre a ascensão e queda dos assentamentos anasazis do Chaco Canyon incluem: J. L. Betancourt e T. R. Van Devender, "Holocene vegetation on Chaco Canyon, New Mexico", *Science* 214: 656-658 (1981); M. L. Samuels e J. L. Betancourt, "Modeling the long-term effects of fuelwood harvest on pinyon-juniper woodlands", *Environmental Management* 6: 505-515 (1982); J. L. Betancourt et al., "Prehistoric long-distance transport of construction beams, Chaco Canyon, New Mexico", *American Antiquity* 51: 370-375 (1986); Kendrick Frazier, *People of Chaco: a Canyon and Its Culture* (Nova York: Norton, 1986) e Alden C. Hayes et al., *Archaeological Surveys of Chaco Canyon* (Albuquerque: University of New Mexico Press, 1987).

Tudo o que se queira saber sobre os refúgios de *Neotoma cinerea* está descrito por Julio Betancourt, Thomas Van Devender e Paul Martin em *Packrat Middens* (Tucson: University of Arizona Press, 1990). O capítulo 19 analisa os refúgios de hirax em Petra.

A possível ligação entre os danos ambientais e o declínio da civilização grega é explorada por K. O. Pope e T. H. van Andel, "Late Quaternary civilization and soil formation in the southern Argolid: its history, causes and archaeological implication", *Journal of Archaeological Science* 11: 281-306 (1984); T; H. van Andel et al., "Five thousand years of land use and abuse in the southern Argolid", *Hesperia* 55: 103-128 (1986) e C. Runnels e T. H. van Andel, "The evolution of settlement in the southern Argolid, Greece: an economic explanation", *Hesperia* 56: 303-334 (1987).

Livros sobre a ascensão e queda da civilização maia incluem os de T. Patrick Culbert, *The Classic Maya Collapse* (Albuquerque: University of New Mexico Press, 1973); Michael D. Coe, *The Maya* (Londres: Thames & Hudson, 1984); Sylvanus G. Morley et al., *The Ancient Maya* (Stanford: Stanford University Press, 1983); Charles Gallenkamp, *Maya: The Riddle and Rediscovery of a Lost Civilization* (Nova York: Viking Penguin, 1985) e Linda Schele e David Friedl, *A Forest of Kings* (Nova York: William Morrow, 1990).

CAPÍTULO 18. *Blitzkrieg* e Ação de Graças no Novo Mundo

Três livros oferecem bons pontos de partida e diversas referências para a enorme e polêmica literatura sobre o assentamento humano e a extinção dos grandes animais no Novo Mundo. Eles são: o livro de Paul Martin e Richard Klein citado no Capítulo 17; Brian Fagan, *The Great Journey* (Nova York: Thames & Hudson, 1987) e Ronald C. Carlisle (org.) *Americans Before Columbus: Ice-Age Origins* (Ethnology Monograph n° 12, Department of Anthropology, University of Pittsburgh, 1988).

A hipótese da *Blitzkrieg* foi apresentada por Paul Martin no artigo "The Discovery of America", *Science* 179: 969-974 (1973) e calculada matematicamente por J. E. Mosimann e Martin em "Simulating overkill by Paleoindians", *American Scientist* 63: 304-313 (1975).

A série de artigos que C. Vance Haynes, Jr., publicou sobre a cultura Clovis e sua origem inclui um capítulo (pp. 345-352) no livro de Martin e Klein (acima), além dos seguintes artigos: "Fluted projectile points: their age and dispersion", *Science* 145: 1408-1413 (1961); "The Clovis culture", *Canadian Journal of Anthropology* 1: 115-121 (1980) e "Clovis origin update", *The Kiva* 52: 83-93 (1987).

Para a extinção simultânea da preguiça-terricol de Shasta e da cabra-montesa de Harrington, ver J. I. Mead et al., "Extinction of Harrington's mountain goat", *Proceedings of the National Academy of Sciences* 83: 836-839 (1986). Críticas ao pré-Clovis podem ser lidas no capítulo de George Owen, "The Americas: the case against the Ice-Age human population", pp. 517-563 do livro organizado por Fred H. Smith e Frank Spencer, *The Origins of Modern Humans* (Nova York: Liss, 1984); e Dena Dincauze, "An archaeo-logical evaluation of the case for pre-Clovis occupations", *Advances in World Archaeology* 3:275-323 (1984); Thomas Lynch, "Glacial-age man in South America? A critical review", *American Antiquity* 55: 12-36 (1990). Argumentos que apoiam uma data pré-Clovis de níveis da ocupação humana em Meadowcroft Rockshelter foram resumidos por James Adovasio em "Meadowcroft Rockshelter, 1973-1977: a synopsis", pp. 97-131 em J. E. Ericson et al., *Peopling of the New World* (Los Altos, Calif.: Ballena Press, 1982) e em "Who are those guys?: some biased thoughts on the initial peopling of the New World", pp. 45-61 do já citado *Americans Before Columbus: Ice-Age Origins*, org. de Ronald C. Carlisle. O primeiro de vários volumes programados com uma descrição detalhada do sítio de Monte Verde é de T. D. Dillehay, *Monte Verde: A Late Pleistocene Settlement in Chile, Vol. 1: Palaeoenvironment and Site Contexts* (Washington: Smithsonian Institution Press, 1989).

Os leitores interessados em acompanhar a história dos primeiros americanos e dos últimos mamutes gostarão de assinar um jornal quadrimestral, *Mamooth Trumpet*, do Center for the Study of the First Americans, Departamento de Antropologia da Oregon State University, Corvallis, Oregon, 97331.

CAPÍTULO 19. A segunda nuvem

Os Red Data Books, publicados pela União Internacional para a Conservação da Natureza e dos Recursos Naturais (IUCN), trazem informações de cada espécie extinta ou ameaçada de extinção. Existem livros para vários grupos de plantas e animais, e outros estão sendo publicados sobre diferentes continentes. Livros semelhantes sobre aves foram preparados pelo Conselho Internacional para a Preservação das Aves (ICBP): Warren B. King, org.: *Endangered Birds of the World: The ICBP Red Data Book* (Washington: Smithsonian Institution Press, 1981) e N. J. Collar e P. Andrew, *Birds to Watch: The ICBP World Checklist of Threatened Birds* (Cambridge: ICBP, 1988).

Um resumo e análise das extinções modernas e da Idade do Gelo e seus mecanismos estão no meu artigo "Historic extinctions: a Rosetta Stone for understanding prehistoric extinctions", pp. 824-862 do livro *Quaternary Extinctions*, de Martin e Klein, citado no Capítulo 17. O problema das extinções despercebidas é discutido no meu artigo "Extant unless proven extinct? Or extinct unless proven extant?" em *Conservation Biology* 1: 77-79 (1987). Terry Erwin estima o número total de espécies vivas no artigo "Tropical forests: their richness in Coleoptera and other arthropod species", *The Coleopteras Bulletin* 6: 74-75 (1982).

Outras leituras sobre as extinções no Pleistoceno são apresentadas nos Capítulos 17 e 18. Além disso, Storrs Olson trata da extinção de aves no artigo "Extinction on islands: man as a catastrophe", pp. 50-53 do livro organizado por David Western e Mary Pearl, *Conservation for the Twenty-First Century* (Nova York: Oxford University Press, 1989). O artigo de Ian Atkinson, às pp. 54-75 do mesmo livro, "Introduced animals and extinctions", resume o estrago causado por ratos e outras pragas.

EPÍLOGO: Nada aprendido e tudo esquecido?

Muitos livros excelentes discutem o presente e o futuro da crise da extinção e outras crises que a humanidade enfrenta, suas causas e o que fazer a respeito. Dentre eles estão os seguintes:

JOHN J. BERGER, *Restoring the Earth: How Americans are Working to Renew Our Damaged Environment* (Nova York: Knopf, 1985).
——, org., *Environmental Restoration: Science and Strategies for Restoring the Earth* (Washington: Island Press, 1990).
JOHN CAIRNS, JR., *Rehabilitating Damaged Ecosystems* (Boca Raton: CRC Press, 1988).
ANNE E PAUL EHRLICH, *Earth* (Nova York: Franklin Watts, 1987).
PAUL E ANNE EHRLICH, *Extinction* (Nova York: Random House, 1981).
—— *The Population Explosion* (Nova York: Simon & Schuster, 1990).
—— *Healing Earth* (Nova York: Addison Wessley, 1991).
PAUL EHRLICH ET AL., *The Cold and the Dark* (Norton, 1984).
D. FURGUSON E N. FURGUSON, *Sacred Cows and the Public Trough* (Bend: Maverick Publications, 1983).
SUZANNE HEAD E ROBERT HEINZMAN, orgs., *Lessons of the Rainforest* (San Francisco: Sierra Club Books, 1990).
JEFFREY A. MCNEELY, *Economics and Biological Diversity* (Gland: International Union for the Conservation of Nature, 1988).
JEFFREY A. MCNEELY ET AL., *Conserving the World's Biological Diversity* (Gland: International Union for the Conservation of Nature, 1990).
NORMAN MYERS, *Conversion of Tropical Moist Forests* (Washington: National Academy of Sciences, 1980).
—— *Gaia: An Atlas of Planet Management* (Nova York: Doubleday, 1984).
—— *The Primary Source* (Nova York: Norton, 1990).
MICHAEL OPPENHEIMER E ROBERT BOYLE, *Dead Heat: The Race against the Greenhouse Effect* (Nova York: Basic Books, 1990).
WALTER V. REID E KENTON R. MILLER, *Keeping Options Alive: The Scientific Basis for Conserving Biodiversity* (Washington: World Resources Institute, 1989).
SHARON L. ROAN, *The Ozone Crisis: The Fifteen-Year Evolution of a Sudden Global Emergency* (Nova York: Wiley, 1989).
ROBIN RUSSEL JONES E TOM WIGLEY, orgs. *Ozone Depletion: Health and Environmental Consequences* (Nova York: Wiley, 1989).

STEVEN H. SCHNEIDER, *Global Warming: Are We Entering the Greenhouse Century?* (San Francisco: Sierra Club Books, 1990).

MICHAEL E. SOULÉ, org., *Conservation Biology: The Science of Scarcity and Diversity* (Sunderland, Mass.: Sinauer, 1986).

JOHN TERBORGH, *Where Have All the Birds Gone?* (Princeton: Princeton University Press, 1990).

E. O. WILSON, *Biophilia* (Cambridge: Harvard University Press, 1984).

—— org., *Biodiversity* (Washington: National Academy Press, 1988).

Índice

Aborígines australianos, 264
  extinção de grandes animais da Austrália e, 354
  vítimas de genocídio, 299-306, 312, 314
Abuso de drogas, *ver* abuso de substâncias químicas
Abuso de substâncias químicas, 156-158, 213-225
  como afirmação de status, 220, 223-224
  como autodestruição, 225
  como inadaptação, 220
  em outras culturas, 222-223
  publicidade e 215-216, 221-223
  sinalização animal e 214, 217-219, 224-225
  traços autodestrutivos em animais e, 214, 217, 219, 225
Abuso do álcool 213-214, 220, 224-225
  anúncios publicitários e, 215-216
  ver também abuso de substâncias químicas
Adams, John Quincy, 332
Adultério, *ver* sexo extraconjugal
Afídeas, 234
African Genesis (Ardrey), 49

Africanos do Paleolítico Médio, 55-56, 58
Agricultura 156, 199-211, 391
  altura e, 205
  aumento da produção de alimentos e armazenamento, 199-200, 209, 259
  como benefício ambivalente, 156, 158, 199, 209
  crescimento populacional e, 209, 246, 259, 289
  desigualdade de classe e 157, 199, 207
  desnutrição e 157, 206
  diferenças entre eurasiana, americana e australiana 257-269
  disseminação da, 204
  doenças infecciosas e, 157, 199, 206-207
  fome e 204, 207
  precedentes animais da 157, 201-202
  status das mulheres e, 156, 199, 208
  tempo de vida e, 157, 205-206
  tempo ocioso com, dando origem à arte 201, 208
  teste da, 202-204
  visão progressivista da, 201
Águia gigante, 347

ÍNDICE

Ahlquist, Jon, 28, 32-33
Albatrozes, 149, 155
Alca, 378
Alexander, Richard, 92
Alpaca, 263, 269
Altruísmo recíproco, 189
Altura dos caçadores-coletores, 205
Amboseli, Parque Nacional, 162
América do Norte
   dispersão europeia na, *ver* expansão eurasiana nas Américas e Austrália
   extinção dos mamíferos da, 262, 339, 353, 365-374, 382-383, 391
América do Sul
   disseminação dos europeus pela, *ver* expansão eurasiana nas Américas e Austrália
   extermínio dos grandes mamíferos da, 353, 365-374, 382-383, 391
Anasazi, civilização, 339, 356-357, 361-362
Anatomia comparativa 25
Anderson, Robin, 253
Anemia falciforme, 37
Anthony, David, 290
Antropoides, 23-25
   ameaçados, 39-40, 394
   arte dos, 190-191
   ciclo vital dos, 70
   composição genética dos, 28-33
   comunicação simbólica pelos, 65-66
   comunicação vocal dos, 169-171
   enjaulamento dos, 38
   ensino da linguagem aos, 65, 157, 168, 184
   expectativa de vida dos, 139
   pesquisa médica sobre 37-40, 237
   variação racial nos, 134
   ver também espécies específicas: chimpanzé comum, gorilas etc.
Antropologia física, 20, 84

Anúncio
   abuso de substâncias químicas e, 214-216, 220-223
   dos machos para atrair as fêmeas 216-218, 225
Árabes, Zanzibar 312, 326
Archbold, Expedição, terceira 245-246, 248-249, 253, 256
Archbold, Richard 245, 249
Ardrey, Robert 49
Arecibo, radiotelescópio 228, 235, 237
Argelinos, 311-312
Argentina, 307, 309, 318-319
Armas nucleares, 11-12, 256, 300, 375, 393
   ameaça de holocausto nuclear, 375-376, 388, 393
   Hiroshima, 321, 330, 375, 392
   tendências genocidas e, 300
Armênios, 274, 308, 311, 326
Armindo do Ártico, 129
Arqueologia, 19
   importância da, 361
Arroz, 206
Arte, 157, 224
   agricultura permite tempo ocioso para, 200-201, 208
   animal, 157, 187-98
      dos chimpanzés, 191, 198
      dos elefantes, 187-188, 190-191
      dos pássaros-arquitetos, 192-196, 198
   como força por trás da sobrevivência grupal, 197
   Cro-Magnon, 58-60, 189, 196, 198, 209
   distinções dos humanos:
      não utilitária, 189, 196
      prazer estético, 189-190, 196
      transmissão do aprendizado, 189-190, 196
   diversidade, perda da, 253
   dos caçadores-coletores, 208
   escambo por alimentos,197

ÍNDICE

primeira, humana, 189
  utilidade da, 196-197
Árvore genealógica do *Homo sapiens*, 25, 44
Asiáticos, 55, 57, 65
Assassinato, *ver* matança
Astecas, 260
Atahualpa 237, 262, 269
Ataques para obtenção de escravos, 189
Austrália
  Cro-Magnons se disseminam pela, 59
  expansão eurasiana na, *ver* expansão eurasiana nas Américas e Austrália
  extinção de grandes animais da, 354, 383, 390
  genocídio cometido por povoadores da, 299-306, 310, 312, 316, 323
Australopithecus africanus, 43
Australopithecus robustus, 43-44
Ave-do-paraíso, 196, 215-216
Aves
  anúncio dos machos, para atrair fêmeas, 216-218
  espécies ameaçadas, 383
  extermínio de espécies, 375-379, 383, 385, 387
    pelos malgaxes, 350-352
    pelos polinésios, 343-349
  mecanismos de reparo, 150
  relações sexuais de, 75, 114
    estratégia de acasalamento das, 104-105
  taxonomia, 26
  variações das espécies, 127
Azzarri, Liliana Carmen Pereyra, 319

Babuínos, 74, 133
Baleias, 384, 394
Balkar, 313
Bangladesh, 309, 320, 328
Bantengues, 259
Banto, 254
Barreiras culturais, 246
Basco 254, 290, 294

Batatas, 204, 267, 269
Betancourt, Julio, 356
Bickerton, Derek, 180-181, 183-284
Bicudo-do-algodoeiro, 384
Big South Cape, ilha de, 347-348
Biologia molecular, 19-21, 26, 28
Bisão, 368, 371
Bismarck, arquipélago de, 349
Bismarck, Otto von, 394
Bodes expiatórios, genocídio dos, 313
Bôeres, 307, 312, 324
Boxímanes, 203-204, 307
Boxímanes do deserto de Kalahari, 203-204
Brasil, genocídio no, 310-311, 328
Broughton, William, 302
Búfalo, 259
Burley, Nancy, 92-93
Burros, 251, 259
Burundi, 320, 328-329

Cabra-montesa de Harrington, 369
Cabras, 259
Caça, 48-50, 78, 204
  extermínio de espécies pelos, 337, 343-354, 367-374, 384, 390
  pelos africanos do Paleolítico Médio, 55-56
  pelos Cro-Magnons, 58
  pelos neandertalenses, 53
  por outros animais, 79
  ver também caçadores-coletores
Caçadores-coletores
  adoção da agricultura, 200, 203
  arte dos, 209
  expulsos pelos agricultores, 210
  saúde dos, 204-207
  tempo de ócio dos, 203
  transição dos, 266
Calmucos, 313
Cambojanos, 310, 312, 320
Camelo, 365

Camundongos, seleção de parceiro pelos, 121
Cancro do castanheiro, 384
Canguru arborícola, 347
Cantos de aves, 190
Características físicas
  seleção natural e, 19-20, 128-132
  seleção sexual e, 117-128, 133-137
Caribe, 353
Carnívoro de Madagascar relacionado com o mangusto, 351
Casamento, 74, 99
  Casamentos arranjados, 120
Católicos, 313
Cavalos
  domesticação dos, 259-260, 262, 290, 292
  extinção na América, 263, 368
  valor militar dos, 261-262, 268, 291, 295
Centeio, 263
Cervos
  Anões, 353
  renas, ver renas
Cevada, 264-265, 268
Chaco Canyon, 356-357, 361-362
Chechenos, 313
Cheney, Dorothy, 163-164, 170
Chimpanzés comuns, 30-34, 45, 74, 79-80, 86, 92, 98, 389
  brigas entre, 242, 314-318
  ensino de linguagem aos, 169, 184
  pesquisa médica com, 37-40, 237
  promiscuidade entre, 80, 84-85, 89, 99-100, 113
Chimpanzés pigmeus, 30-31, 389
  biologia reprodutiva dos, 30
  composição genética, 30-33
  ensino da linguagem aos, 169, 184
  pesquisa médica com, 37-40, 237
  posição de cópula, 86
  promiscuidade, 80, 84-85, 89, 99-100, 113

Chimpanzés, 83
  ameaçados, 39-40, 394
  Anatomia comparativa, 25
  arte dos, 190-191, 198
  comuns, ver Chimpanzés comuns
  cuidado parental, 69
  dieta dos, 79
  genocídio, 189, 313-317
  pesquisas médicas com, 37-40, 237
  Pigmeus, ver Chimpanzés pigmeus
  relações sexuais dos, 75, 81, 83, 85, 89-90, 113
  separação do ancestral comum com Homo, 20, 29, 34
  similaridade genética com os humanos, 10, 15, 20, 28-33, 37, 73, 390
  tamanho do pênis dos, 83, 86
  testículos dos, 82, 85, 95
China, 296
Chineses, 181
Chipre, 353
Chomsky, Noam, 182
Ciclo vital dos humanos, 69, 152
  base genética do, 73
  cuidado parental, ver cuidado parental
  envelhecimento, ver envelhecimento
  expectativa de vida, ver expectativa de vida
  menopausa, ver menopausa
  número de filhos, 69, 146
  relações sexuais, ver relações sexuais
  relações sociais entre adultos, 81
  seleção de parceiro, ver seleção de parceiro
Ciganos, 274, 296, 311
Cigarros, ver tabagismo
Cio, período do, cópula durante, 74, 80, 91-92, 99
Circuncisão, mulheres, 108
Ciúme, sexual, 108-109
Civilização da Ilha de Páscoa, 339, 342, 354-356
Civilização harappiana, 360
Cladística, 33-34

Cobern, Patricia, 306, 329
Código de Hamurabi, 221
Codorna japonesa, 121
Colégio Real de Cirurgiões, 304
Coleta de plantas comestíveis, 50, 78
  ver também caçadores-coletores
Comida, *ver* dieta
Comunicação simbólica, 65-66
Conceito de *trade-off*, 72, 75, 85
Concepção, 88-89
Conflitos étnicos que levam ao genocídio, 312
Connoly, Bob, 253
Conselho Internacional para a Preservação das Aves, 377, 393
Conservacionistas, 342-343, 345, 360
Cor da pele
  seleção natural e, 129-132
  seleção sexual e, 133, 136
Cor dos cabelos
  seleção natural e a, 132
  seleção sexual e a, 135
Cor dos olhos
  seleção natural e a, 132
  seleção sexual e a, 135
Cormorão-de-luneta, 378
Cortés, Hernán, 262
Crescimento populacional, 12, 88, 210, 338, 358
  agricultura e, 209, 247, 259, 288
  do povo Clovis, 370
  extinção de espécies, pista para falta de controle, 337, 383, 392-393
  futuro, 12, 383, 392-393
  risco de destruição da base de recursos, 338
Creta, 353
Crick, Francis, 27
Croatas, 312
Cro-Magnons, 21, 57-68, 390
  anatomia dos, 57, 61
  arte dos, 59-60, 189, 196-197, 209
  caça pelos, 47

extinção dos neandertalenses e, 62-64, 390
  ferramentas dos, 57-60, 389
  lapso de vida dos, 61, 75, 140
  moradas dos, 58
Crowther, Dr. W. L., 304
Cruzadas, 313, 358
Cuidado parental, 69
  entre humanos, 70, 113-114
  evolução da menopausa e, 150-151
  necessidades alimentares, 78-80
  entre outros animais, 70
Cultura châtelperroniana, 63
Cultura Sredny Stog, 290

Darwin, Charles, 10, 38, 72, 110, 126-127, 173, 277
  Origem das espécies, 38, 126
  teoria da seleção sexual, 126, 133, 135
De Kooning, Willem, 187
Dentes, 20, 43, 140
  advento da agricultura e, 206
  dos neandertalenses, 51
Departamento de Agricultura, EUA, 385
Desenvolvimento cultural, 53-54
  Cro-Magnons, 57-61
  Neandertalenses, 52-54
  nos últimos 40.000 anos, 68
Desflorestamento, 354-359, 385
Desigualdade de classes, agricultura e, 157, 199, 207
Desnutrição, agricultura e, 157, 206
Destruição do hábitat, 385
  na Idade de Ouro, 354-360, 391
Dia do massacre de São Bartolomeu, 313
Dieta
  cuidado parental e humano, 78-80
  dos africanos do Paleolítico Médio, 56
  dos primeiros hominídeos, 43, 45, 48-49
  tamanho do cérebro e humana, 78
Dinastia Tang, 107
Discurso sobre a origem da desigualdade (Rousseau), 342

Diversidade cultural
  isolamento das populações e, 251
  perda da, 247, 253, 255-256
Diversidade linguística, 240
  isolamento de populações e, 251
  perda da, 255, 271-272
DNA (ácido desoxirribonucleico), 27, 34-36
  funções do, 35
  hibridização do, 27-32
  reparo do, 142
Dodôs, 337
Doença de Tay-Sachs, 35
Doença do olmo holandês, 384
Doenças infecciosas
  agricultura e, 157, 199, 206-207
  europeias, disseminação de, 259
Doenças
  advento da agricultura e, 157, 199, 206
  infecciosas, 259
Domesticação das plantas, 263-267
  origem humana, 202
  pelos animais, 201, 234
Domesticação dos animais, 259-263
  origem da prática humana, 203
  para puxar veículos com rodas e como montaria, 290
  pelos animais, 201-202
  ver também animais individualmente
Doyle, Arthur Conan, 154
Duração de uma civilização, 236
Dwyer, Michael, 249

Efeito dominó, 384, 386
Efeito fundador, 136
Elefantes-marinhos, 81
Elefantes, 372-373, 384
  anões, 353
  arte e, 187-188, 190-191
  caça do, 372
Elementos lexicais, 172
Elos perdidos, 10
Enema, drogas ingeridas por, 214, 223

Enterro dos mortos, 54
Envelhecimento, 72, 75, 139-153
  busca da causa do, 153
  explicação dos biólogos evolucionistas para, 141, 144-154
  explicação dos fisiologistas para, 141-144
  menopausa e, *ver* menopausa
  mudanças simultâneas envolvidas no, 153
Escambo entre os Cro-Magnons, 59-60
Escandinavos, cor da pele dos, 131
Eslavos, 296
Especialistas em kung fu, ingestão de querosene, 214, 222
Espécies ameaçadas, 39-40, 383, 394
Espécies promíscuas, 74, 80, 98
Espessura do crânio, 20
Esquimós, 209, 318
Estorninhos europeus, 384
Estratégia reprodutiva mista, *ver* sexo extraconjugal
Estrelas-do-mar, 143
Estrutura hierárquica da linguagem humana, 172, 176-177, 185
Estupro, 108
Ética, questões, 38-40
Evolução convergente, 230-232
Exobiologia, 229
Expansão eurasiana nas Américas e Austrália, 241, 257-270
  diferenças no desenvolvimento político e tecnológico, 257-258
  domesticação das plantas e, 263-266
  domesticação de animais e, 259-263
  explicação racista da, 258
  machados do Velho e do Novo Mundos e, 267-269
Expectativa de vida, 69, 150
  agricultura e, 157, 206
  de outros animais, 70, 139
  dos Cro-Magnons, 60, 75, 139
  dos humanos, 70-71, 74-75, 139
  dos homens *versus* as mulheres, 150

dos neandertalenses, 54, 139
transmissão de habilidades aprendidas e, 54, 75, 140
Expedição do Jubileu da União de Ornitólogos Britânicos, 247
Expedição Kremer, 248
Extermínio de espécies, 12, 156, 376-388, 390
   argumentos que menoscabam o, 387
   desde 1600, 376-381
   futuro, 383-388, 391-392
   na Idade do Ouro, *ver* Idade do Ouro do ambientalismo, extermínio de espécies na
   pela troca de predadores, 336
Extinção de espécies
   esgotamento da provisão de alimentos, 337
   pelo extermínio, *ver* extermínio de espécies

Fala
   base anatômica da, 64-68
   precursores animais da, 156-157, 160-172
      aprendida, 167
      macacos-verdes, 65-66, 161-172
      referente externo, 166
      vocabulário, 168
      voluntária, 166
   ver também linguagem(ns)
Falconer, Steven, 358
Fall, Patrícia, 358
Falocarpo, 87
Fêmeas
   agricultura e status das, 157, 199, 208
   caça masculina e expectativa de vida das, 48
   expectativa de vida, 150
   ovulação, *ver* ovulação
   probabilidade da concepção humana, 88
   receptividade constante da humana, 88

seios, 82, 84
tamanho corporal com relação aos machos, 81-85
Ferramentas, 19, 43
   de pedra, 47
   início do uso regular das, 45-46
   do povo Clovis, 367-368, 373
   dos africanos do Paleolítico Médio, 56
   neandertalenses, 21, 51-54
   dos Cro-Magnons, 57-60
   tamanho do cérebro e sofisticação das, 20-21
Figuras femininas, 60
Fiji, 349
Filhotes por ninhada, número de, 70
First Contact (Connolly e Anderson), 253
Florestas tropicais, 362, 385
Fogo, 46, 54, 390
Fome, 204, 206
Forma do crânio, 46
Formigas-cortadeiras, 234
Formigas
   domesticação de plantas e animais pelas, 157, 201-202, 233
   guerra e ataques para escravização, 189, 242, 314
Fórmula Banco Verde, 229
Fósseis, 19, 25-26, 42-47
   africanos do Paleolítico Médio, 55
   asiáticos, 55
   neandertalenses, 51, 62
França, genocídio dos argelinos, 311, 323
Franklin, Benjamin, 332
Freud, Sigmund, 99
Fromm, Erich, 318
Futuro, o, 391-394
   crescimento populacional no, 13, 383, 392-393
   do genocídio, 330-332, 392
   extermínios de espécies, 376, 383-388, 391-392
   razões para o otimismo, 392-394

Gaivota, 89
Galeno, 24
Ganso da neve, 99, 105, 134-135
Garça, 103-104
Garças-azuis, 104
Gauro, 259
Gazelas, sinalização das, 217-219, 224, 260
Genética, 19-20
  alegações de superioridade genética dos povos conquistadores, 241
  ciclo vital e, 72-73
  influências ambientais e, 35
  similaridade entre humanos e chimpanzés, 10, 15, 20, 28-33, 37, 73, 390
Genitália
  seleção natural e, 132
  seleção sexual e, 136
  ver também tamanho do pênis; tamanho dos testículos; vagina
Genocídio, 156, 243, 299-333, 390-391
  ausência de resposta a, 326-330
  casos de, 299-310
    de 1492 a 1900, 307
    de 1900 a 1950, 308
    de 1950 a 1990, 309, 320
    na sociedade pré-letrada, 320
  definição, 306-313
    governo versus atos isolados, 310
    intenção, 311
    motivação, 312-313
    números envolvidos, 310
    provocação, 311
  no futuro, 330-332, 392
  precursores animais do, 189, 313-318
  racionalizações, 323-326
  tecnologia e, 320-330
  xenofobia e, 392
Gentry, Alwyn, 380
Gibões de Kloss, 40
Gibões-de-crista, 40
Gibões, 24, 40, 80, 95, 128
  composição genética dos, 28-32
  comunicação dos, 171

  monógamos, 80, 82, 99
  seleção de parceiro pelos, 114
  variação racial, 127
Girassóis, 269
Glotocronologia, 284
Goodall, Jane, 242, 315
Gorilas, 24-25, 84, 389
  brigas entre, 315
  características sexuais secundárias, 82
  composição genética dos, 28-32
  das montanhas, 40
  ensino da linguagem aos, 170
  frequência das relações sexuais, 85
  políginos, 82
  tamanho do pênis dos, 83, 85-86
  testículos dos, 82-83
Gorjeador de Bachman, 378
Gramática, 170-173, 179, 185
  base genética da, 180-184
  neomelanésio, 175-176
Grande Salto Para a Frente, 41-43, 46, 57-68, 159
Grande Vale, Papua-Nova Guiné, 245-249
Gregos, 342
  Xenofobia, 392
Guepardos, 261
Guerra, 242, 320
  nuclear ver Armas Nucleares ver também genocídio
  precursores animais da, 189, 242, 313-318
  valor militar dos cavalos
Guiné Equatorial, 328

Habitação
Haldane, J. B. S., 258
Haréns, 80-81
Harrison, William Henry, 333
Havaí
  crioulização da língua no, 180-181
  extinção de espécies de aves no, 348
Haynes, Vance, 367, 373
Hemíono, 262

Heródoto, 128, 174
Heyerdahl, Thor, 355
Hienas, 242, 260, 314
Hipopótamos pigmeus, 351-353
Hírax, 358-359
Hiroshima, 321, 330, 375, 392
Hitler, Adolf, 320, 323
Homem de Java, 46
Homem de Pequim, 46
Homens
  expectativa de vida dos, 150-151
  tamanho corporal com relação às mulheres, 81-85
Homicídio, 108-109
Hominídeos, 33
Hominoides, 33
Homo erectus, 44-46
Homo habilis, 43-45
Homo sapiens, 128
  anatomia comparativa, 25
  árvore genealógica, 25-26, 43-45
  ciclo vital do, *ver* Ciclo vital dos humanos
  como o terceiro chimpanzé, 34
  expansão geográfica do, 240-241
  primeiro, 44, 46
Homo, 34
Horowitz, Irving, 310
Hotentotes, 134, 269, 312
Hrdy, Sarah, 92
Hungria, 273, 292
Hunos, 286, 295

Iaque, 259
Idade de Ouro do ambientalismo, 339-343
  aprendendo com, 362
  crença na, 339-343
  destruição do hábitat, 354-360, 391
    Ilha de Páscoa, 339, 343, 354-355
    Petra, 358-360
    pueblos do sudoeste americano, 355-356

extermínio de espécies, 343-354, 381-384
  em Madagascar, 350-352, 382
  na Nova Zelândia, 343-349, 382
  no Caribe, 353
  nos continentes, 353, 367-374, 382-383
  lições práticas da, 361
  padrões de dano ambiental, 360
Idade na primeira reprodução, 147-149
Idades do Gelo, 51, 367-368, 391
Igreja católica, 88
Ilha Barro Colorado, 386
Ilha de Henderson, 349
Ilhas Chatham, 349
Ilhas Cook, 349
Ilhas Marquesas, 349
Ilhas Salomão, 125, 312, 349, 379
Ilha Malekula, 220
Ilhéus de Siassi, 197
Iltis, Hugh, 265
Imagens de busca, 115, 120-124
Império bizantino, 359-360
Incas, 261
Índios aché, 324, 326
Índios da Amazônia, 311, 318, 328
Índios americanos, 206
  cavalos e, 290
  extermínio de espécies e, 343, 353-354
    povo Clovis, 367-374, 391
  línguas, 255
  origens dos, 366
  razões da conquista eurasiana de ver expansão eurasiana nas Américas e Austrália
  vítimas de genocídio, 310, 312
    política de americanos famosos, 332-333
    racionalizações para, 323-326
Índios araucanos, 312, 323
Índios cherokees, 311
Índios choctaws, 311
Índios creeks, 311
Indígenas da Tierra Del Fuego, 173

Indígenas do noroeste do Pacífico, 209
Índios das Grandes Planícies, 63, 291, 318
Índios guaiaquis, 311
Índios sioux, 313
Índios yahis, 325
Indonésia, *ver também* Papua-Nova Guiné
Infanticídio, 109-110, 209, 315, 337-338
Infibulação, 108, 110
Ingestão de querosene, 221-222
Inglês *pidgin*, 175
Inovação, 54, 61
Instrumentos musicais, 60, 189
Introdução de espécies, extermínio de outras espécies, 341-348, 384-385
Irwanto, Andy, 221
Ishi, 325, 327, 330
Ives, Charles, 191

Jackson, Andrew, 311, 333
James, Helen, 348
Jefferson, Thomas, 332
Jericó, massacre em, 320
Judeus, 110, 296, 308, 311, 313, 324, 326, 330-331

Kafka, Franz, 191
Khan, Gengis, 262, 286
Khmer Vermelho, 310, 312
Kibutz, 123
Koestler, Arthur, 314

Lanner, William, 303-304
Latim, 277-278
Leahy, Michael, 249, 252-253
Lebres, 58, 336
Legítima defesa como racionalização do genocídio, 323, 326
Lehmann, W. P., 297
Lêmures, 351-352
Leões, 79-81, 134, 242, 314
Lhama, 263, 269
Líbano, 310, 328
Lifton, Robert Jay, 330

Lindquist, Cynthia, 358
Língua albanesa, 274-275
Língua Anatólia, 274-275, 283
Língua armênia, 274-275
Língua austronésia, 278
Língua celta, 274, 278, 280, 286
Língua estoniana, 278
Língua etrusca, 279, 290, 294
Língua finlandesa, 278
Língua fino-ugriana, 287, 295
Língua germânica, 274
Língua grega, 274-276, 279, 283
   Escrita Linear B, 283
Língua hitita, 283, 287, 289, 295
Língua húngara, 278
Língua irlandesa, 287
Língua itálica, 274-275
Língua lapônia, 288
Língua lituana, 288
Língua tocariana, 274-275, 286, 292
Língua turca, 286, 295
Língua vietnamita, 277
Linguagem de sinais, 65
Linguagem(ns), 271-298, 390
  animal, 156-157, 159-172
    antropoide, 169-171, 185
    aprendida, 166-167
    macacos-verdes, 65-66, 161-172, 184
    referente externo, 166
    tecnologia que permite análise da, 161
    vocabulário, 168
    voluntária, 166
  barreiras linguísticas, 246, 251
  desenvolvimento da, 20, 67, 177-185
  distinções da linguagem humana
    estrutura hierárquica, 172, 185
    gramática ou sintaxe, 171-173, 184-185
    vocabulário, 167-171
  diversidade na, *ver* diversidade linguística
  ensino, aos antropoides, 65, 157, 185
  fala, *ver* fala

indo-europeia, *ver* línguas indo-europeias
  origens da, 160
  primitiva humana, 160, 173-186
    programa genético para, 180-183
    sinais, de, 65
    ver também línguas específicas e famílias linguísticas
Línguas bálticas, 288
Línguas bantas, 278
Línguas crioulas, 175, 178-185
Línguas eslavas, 274, 276
Línguas fino-ugrianas, 287, 295
Línguas indo-europeias, 241, 262, 271-298
  diferenças entre as, motivos para, 278
  disseminação das, 241, 262, 271-273
    antes de 1492, 273-275, 286
    depois de 1492, 273
    teoria da, 291-296
  evidências de substituição de línguas hoje desaparecidas pelas, 274-279
  protoindo-europeu (PIE), *ver* proto-indo-europeu
  sons e formação vocabular das, 274-277
  sufixos das, 274
  teorias racistas sobre os indo-europeus, 296
  vestígios de línguas não indo-europeias sobreviventes, 279, 287
  vocabulário compartilhado pelas, 272, 274
Línguas indo-iranianas, 274-275, 283
Línguas pidgin, 175, 178-180, 185
Línguas românticas, 277-278
Lobos, 81, 189, 242, 314, 318
Lorenz, Conrad, 313, 321
Luz solar e cor da pele, 129-130

Macaco-de-gibraltar, 99
Macacos-capuchinhos, 171
Macacos, 131
  composição genética, Velho Mundo, 28-30

Macacos-verdes, 65-66, 161-172, 184
  comunicação dos, 65-66, 161-172, 184
    aprendida, 166-167
    referente externo, 166
    vocabulário, 168
    voluntária, 166
  predadores, 161-163
  relações sociais, 161-162
Madagascar, 350
  extinção de espécies em, 350-351, 382, 391
Mães, *ver* cuidado parental
Maias, 214, 222, 343, 360
Malásia, 379-380
Malgaxes, 339
  extinção de espécies pelos, 350-353, 382, 391
Mallory, J. P., 285
Mamíferos, 24
Mamutes, 367-368
Maoris, 343-349
Marshall, John, 333
Marsupiais, 71
Marte, missão Viking a, 228
Martin, Paul, teoria da *Blitzkrieg* de, 369-372
Mastodonte, 368
Matança, 11-12, 108-110, 390
  entre espécies animais, 189, 242, 314
  genocídio, *ver* genocídio
  xenófoba, 17, 242
Meadowcroft Rock Shelter, 371
Meio ambiente, 11-12, 16
  ver também extermínio de espécies; destruição do hábitat
Menopausa, 61, 71, 75, 147
  evolução da, 140, 151-153
Método da tabelinha, 88
Metrodoro, 228
Milho, 206, 264, 269
  ancestral do, 266
Moas, 344-349
Mongóis, 295-296
Mongólia, 296

Monogamia, 70, 73, 80-82, 95
  tamanho do corpo macho-fêmea e, 82
Monroe, James, 332
Monte Verde, Chile, 371-372
Montezuma, 262
Morcegos-vampiros, 189
Mórmons, 101
Morte, 72
Muçulmanos, 313, 324
Mulheres, *ver* fêmeas
Músculos da mandíbula, 18
Museu tasmaniano, 304
Mutações, 34-35

Nações Unidas, Convenção sobre o Genocídio, 311, 328
Nayares da Índia, 101
Nazistas, 296
  genocídio cometido pelos, 300, 310-313, 320, 323, 326-328, 331
Neandertalenses, 41-42, 44, 50-55, 57, 128, 390
  abrigos dos, 53
  anatomia dos, 51-52
  arte dos, 189
  cuidado dos doentes e anciãos, 54
  dentes dos, 52
  enterro dos mortos, 54
  extinção dos, 62-65, 390
  ferramentas, 20-21, 52-54
  registros fósseis, 51, 62
  tamanho do cérebro dos, 20, 52
  tempo de vida dos, 54, 139
Neomelanésio, 175-178, 181, 185-186
  gramática, 175-176, 186
  organização hierárquica do, 176
  vocabulário, 176
Nigerianos, 324
Noonan, Katherine, 92
Nova Caledônia, 330
Nova Guiné, 14-15, 49, 53, 106, 392, 394
  arte da, 196, 253
  diversidade cultural da, 255
  grupos primitivos no século XX, 240
  primeiro contato, 245-253
  conhecimento do mundo exterior, 249-252
  razões da existência, 247
  guerra, 320
  línguas da, 169, 174-178, 185-186, 254, 272, 276-279
  pássaro-arquiteto, 192-198
  pássaros da, 379
  ver também Indonésia; Papua-Nova Guiné
Nova Zelândia, 343-348

Olson, Storrs, 348-349, 353
On aggression (Lorenz), 313
Orangotangos, 24-25, 40, 80, 83
  composição genética dos, 28-33
  estupro pelos, 189
  relação pai-filhotes, 79-80
  tamanho do pênis dos, 83, 85
  vida sexual dos, 80, 85
Organização de Estados Africanos, 328
Oriente Médio, 357-360
Origem das espécies, A (Darwin), 38, 126
Órix árabe, 337
Otimização da seleção natural, 145-146
Ovelha, 259
Ovídio, 342
Ovulação
  cópula durante, 87
  oculta, da fêmea humana, 88-90
  teorias explicativas, 89-96

Pais, *ver* cuidado parental
Paleontologia linguística, 284-285
Paleopatologia, 205
Paleopoesia, 93-94
Papua-Nova Guiné, 175
  ver também Nova Guiné
Papuas, 241, 245-248
Paraguai, 311, 324, 326, 328
Parto, 93, 151
Pássaros-arquitetos, 192-193, 195-196, 198

Paternidade, certeza da, 80-81, 92, 94-95, 98
   entre espécies fertilizadas externamente, 101
   estratégias de acasalamento das aves, 103-106
   leis sobre o adultério, 107-108
   medidas coercitivas, 108
Pato labrador, 378
Patos, 189
Peixe, 385
Peixes *cichlid* do Lago Vitória, 37
Perca do Nilo, 385
Periquito Carolina, 378
Perissodátila, 261
Perseguição religiosa, 313
Pesquisa médica em animais, 37-40, 237
Petra, 358-360
Petrel, 149
Pica-pau de bico mármore, 378
Pica-paus, 231-234, 237
Pidgins, 178-181, 185
PIE, *ver* protoindo-europeu
Pintura rupestre de Lascaux, 61, 189
Pintura rupestre, 60-61, 189
Pizarro, Francisco, 262
Playboy Press, 104
Poder invasor, genocídio por
Poliândrica, 100
Poligamia, 100-101, 103
Poliginia, 81-82
Polinésios
   desmatamento da ilha de Páscoa, 355
   extermínio de espécies pelos, 343-350, 382, 391
Pombo viajante, 378
Pongídeos, 33
Pontas Folsom, 368, 371
Porco-da-índia, 262, 269
Porcos, 255
Postura ereta, 20, 25, 32-33, 43
Povo Clovis, 367-368
Povo Dani, 249, 252-253, 255
Povo elopi, 250
Povo fayu, 250
Povo foré, 174, 251
Povo hutu, 310, 312, 324
Povo ibos, 310, 324
Povo ingush, 313
Povo iyau, 169, 174
Povo Karachais, 313
Povo moriori, 310
Povo temne, 101
Povo tre-ba, 101
Povo tutsi, 310, 312, 324
Povos conquistadores, reivindicação de superioridade genética dos, 241
Povos pré-industriais, Idade de Ouro dos *ver* Idade de Ouro do ambientalismo
Preguiça terrestre de Shasta, 353, 365, 368-369
Preguiças, 369
Primatas, 24-25, 29-30, 66
Primeiros contatos, 245-256
Protestantes, 313
Protoindo-europeu, 281-297
   fábula no, 297
   onde foi falado, 285-294
   quando foi falado, 282-285
   raízes das palavras, 280-282, 284, 288-289
   reconstrução, 280, 284
   revolução econômica eurasiana e, 290-293
   teoria da disseminação do, 290-296
Psamético, rei, 174
Pueblos do sudoeste dos EUA, 320, 354-355, 361
Puhvel, Jaan, 297

Racismo, 258, 362
Rádios, 231-232, 234-236, 391
Ratos da Noruega, 384
Ratos, 74, 121, 324, 336, 344, 347, 382
Real Sociedade da Tasmânia, 304
Relações sexuais, 69, 94
   duração do coito, 86

em privado, 71, 89-90
  teorias explicativas, 89-96
monogamia, *ver* monogamia
ovulação oculta, 88-90
  teorias explicativas, 88-96
poligamia, 81, 101
poliginia, 81-82
por prazer, 95
posições da cópula, 86
seleção do parceiro, *ver* seleção sexual
sexo extraconjugal, *ver* sexo extraconjugal
só na época da ovulação, 71, 87-88
sociobiologia e, 109-111
ver também espécies específicas
Relações sociais entre adultos, 69, 80
  humanos, 80-81
Relatório Kinsey, 99
Religião, 54
Renas, 260-261, 337-338
Renfrew, Colin, 289
Reparo, biológico, 142, 147, 151
  custo da, 144, 148-149
Revoluções econômicas na Eurásia
  agricultura e pastoreio, 288-290
  uso ampliado de animais domésticos, 290-293
Rinocerontes, 384
Rituais *potlatch*, 219
Robinson, George Augustus, 302
Roca, general Julio Argentino, 323
Roggeveen, Jakob, 354
Romanos, antigos, 342, 359
Roosevelt, Theodore, 333
Rousseau, Jean-Jacques, 342
Ruanda, 328
Rússia, 58
  estepes e terra natal do PIE, 287-289, 291-295
Russonorsk, 179
Russos, 296, 313

Sânscrito, 283, 287
Schleicher, August, 297

Seio das fêmeas humanas, 82
  seleção sexual e, 134-136
Seleção de parceiro, *ver* seleção sexual
Seleção natural, 72
  comportamento social e, 108-111
  maximização da produção reprodutiva, 147-148
  para a menopausa, 151-153
  todo *versus* característica singular, 145-146
  variação racial e, 126-133
Seleção sexual, 69, 74, 113-124
  características autodestrutivas e, 214-219, 225
  características com os maiores coeficientes de correlação, 115-116, 119
  dos pássaros-arquitetos, 192-196
  imagens de busca, 115, 119-124
  negociação e, 117
  pelas características físicas, 116-128, 132-137
  proximidade e, 117
  variação racial e, 74, 114, 125-128, 132-137
separação do ancestral comum com os chimpanzés, 20, 29, 32
similaridade genética com chimpanzés, 10, 16, 20, 28-33, 37, 73
Serviço florestal dos EUA, 361
Sérvios, 312
Sexo antes do casamento, 99
Sexo extraconjugal, 70, 72-74, 97-111
  casamentos arranjados e, 120
  certeza sobre a paternidade, *ver* paternidade, certeza da
  diferenças entre os sexos, 105-106
  estratégia de acasalamento das aves, 103-105
  extensão do, 97-99, 104
  leis sobre o adultério, 107
  sociobiologia, 109-111
  teoria dos jogos, 100-104
Seyfarth, Robert, 163-164

Sheridan, general Philip, 331
Sibéria, 58
Sibley, Charles, 27-28, 32
Similaridade Ótima Intermediária, Princípio da, 121
Sinais dos animais, 214, 217-220, 225
Sintaxe, 171-172, 178
Sociobiologia, 109-111
Sondas espaciais, 228
Stalin, Josef, 310, 313, 320
Steadman, David, 349
Stokell, Dr. George, 304
Struhsaker, Thomas, 162-163
Substituição das células corporais, 142-143, 148
Sudão, 309, 320, 328
Symons, Donald, 91

Tabagismo, 214
  ver também abuso de substâncias químicas
Tabu do incesto, 118, 123
Taiti, 349
Tamanho do cérebro
  aumento do, 20, 25, 45-46
  dieta e humanos, 78
  dos neandertalenses, 20, 52
  sofisticação das ferramentas e, 20-21
Tamanho do pênis, 83, 85-87
  dos humanos, 71, 83, 85-87, 95
Tamanho dos testículos, 70-71, 83-86, 95
Tapir, 368
Tártaros da Crimeia, 313
Tartarugas, 149
Tartarugas, terrestres, 351-252
Tasmanianos
  cor da pele dos, 132
  vítimas de genocídio, 301-306, 310, 312, 324
Tatuagem, 219
Taxonomia, 34
"Teoria da peituda ruiva", 119
Teoria dos jogos

limite máximo de traços vantajosos e, 144
sexo extraconjugal e, 100-104
Teosinto, 266
"Terceiro Homem", 44-45
Territorialidade, 242, 250
Thompson, Fred, 380
Timor Leste, 328
Tonga, 349
Tribo daribi, 331
Tribo te ati awa, 310
Tribo tudawhe, 331
Trigo, 206, 263-265, 267-268
Trolope, Anthony, 305
Truganini, 302-305
Turcos, 205, 295, 308, 311, 326

Ucranianos, 313
Uganda, 320, 328
Urso, 368

Vacas, 259
Vagina, 87
  Infibulação, 108, 110
Van Devender, Thomas, 356
Variação racial, humana, 74, 128
  seleção natural e, 126-133
  seleção sexual e, 74, 114, 125-128, 132-137
Varíola, 259
Veículos com rodas, 290
  com tração animal, 289-290
Ventris, Michael, 283
Vestimentas, 58
Viagem, 230, 299
Vicunha, 261
Vida após a morte, 229
Vida inteligente extraterrestre, 158, 227-237
  argumentos contrários, 231-237
  argumentos favoráveis, 230
  esforços para detectar, 228
  evolução convergente, 230-233

fórmula Banco Verde, 229
resultados da interação com, 237
sinais detectáveis da, 228
Vietnã, 329
Viva, 86
Vocabulário, 167-171, 178-179
   compartilhado das línguas indo-europeias, 274
   datação do PIE, 285
   neomelanésio, 176
   raízes das palavras PIE, 281-282, 284, 288-289

Washington, George, 325
Watson, James, 27
Wichmann, Arthur, 392-394

Wilde, Oscar, 189, 196
Williams, George, 148
Witkin, Jerome, 187
Wollaston, Alexander, 247
World Wildlife Fund, 394

Xenofobia, 16, 240, 242, 246
   armamentos modernos e, 256
   genocídio e, 322, 392
Xenofonte, 322

Zahavi, Amotz, 217-220
Zanzibar, 312, 326, 328
Zgusta, L., 297
Zoológico, enjaular animais no, 38